U0174916

施普林格气味手册(下)

Springer Handbook of Odor

〔德〕安德莉亚·比特纳　主编

王　凯　蒋举兴　冯　涛　刘　强　者　为　译

科学出版社

北京

图字：01-2018-7639 号

内 容 简 介

本套书(上、中、下三册)根据原著 2017 版翻译，分别从气味分子特征及其合成路径、食品和风味、气味分析及感官评价、气味感知和生理效应、气味感知的心理-生理特征、人体气味及其对沟通和行为的影响、语言与文化中的气味等方面对气味和气味物质进行了较全面的介绍。本册共计 11 章，主要从语言学、创作、应用的角度对气味研究进行了阐释，并介绍了气味的分析、评价、监测等内容。

本套书可供从事或对日常生活中各种气味感兴趣的读者使用，如气味嗅辨员、感官受体研究人员、生理/心理学家、食品工程师、调香师、香精香料技术人员、化学家、爱好气味的个人和普通读者。

First published in English under the title

Springer Handbook of Odor

edited by Andrea Buettner

Copyright © Springer international publishing Switzerland,2017

This edition has been translated and published under licence from

Springer Nature Switzerland AG.

图书在版编目(CIP)数据

施普林格气味手册.下/(德)安德莉亚·比特纳(Andrea Buettner)主编；王凯等译. —北京：科学出版社，2021.6

书名原文：Springer Handbook of Odor

ISBN 978-7-03-068859-0

Ⅰ.①施… Ⅱ.①安… ②王… Ⅲ.①气味–手册 Ⅳ.①TS207.3-62

中国版本图书馆 CIP 数据核字(2021)第 095306 号

责任编辑：张　析/责任校对：杜子昂

责任印制：吴兆东/封面设计：东方人华

科 学 出 版 社 出版

北京东黄城根北街 16 号

邮政编码：100717

http://www.sciencep.com

北京中科印刷有限公司印刷

科学出版社发行　各地新华书店经销

*

2021 年 6 月第 一 版　　开本：787×1092 1/16

2023 年 1 月第二次印刷　　印张：19 1/2　插页：4

字数：465 000

定价：198.00 元

(如有印装质量问题，我社负责调换)

编译委员会

主　编　安德莉亚·比特纳(德)

主　译　王　凯　蒋举兴　冯　涛　刘　强　者　为

副主译　马溪芮　朱瑞芝　张翼鹏　师建全　阴耕云

　　　　王明锋　肖　冬　朱玲超　雷　声　张凤梅

审　校　王　凯　蒋举兴　冯　涛

各章节著、译、译校人员

章节	著者	译者	译校者
原书序	皮埃尔·库尔泽内、莫里斯·鲁塞尔、埃尔韦·蒂斯	王凯	冯涛
原书前言	安德莉亚·比特纳	冯涛	王凯
第48章	迈克尔·车尔尼	张华、邱军强、张翼鹏	朱瑞芝
第49章	乔纳森·比彻姆、艾瑞卡·扎尔丁	张华、何胜华、邱军强、李丹、肖冬	张翼鹏、朱瑞芝
第50章	诺伯特·克里斯多夫、安婕·谢伦伯格、韦伯克·萨尔德、格哈德·克拉默	常金翠、师建全、阴耕云	王凯、冯涛、者为
第51章	布莱恩·格思里	孙婕、尹国友、朱瑞芝	蒋举兴
第52章	安德烈·布尔达克-弗赖塔格、安雅·海因莱因、弗洛里安·梅耶尔	常金翠、张凤梅、师建全、肖冬	者为、雷声
第53章	珍妮特·努斯莉·古斯、玛伦·朗特	马溪芮、贾雨萱、王明锋	蒋举兴、朱玲超
第54章	埃莉斯·萨拉兹	王帅、雷声	冯涛
第55章	曼弗雷德·丹格迈尔、罗兰·布拉克	马溪芮、朱玲超	王明锋、刘秀明
第56章	娜塔莉·尼贝、欧利奇·奥思	苏嘉怡、马溪芮、阴耕云	朱瑞芝、张凤梅
第57章	卡廷卡·特默	李盛明、师建全	蒋举兴
第58章	马丁·里希特	李盛明、张凤梅	刘强、李源栋

译 者 序

万物皆有香。这里的香实际上是指气味。在我们了解了气味的产生机理以及其感知与传递机制之后，我们认为是时候讨论气味的文化属性了。在中国的甲骨文中，香的上半部像禾黍成熟后散落的许多籽粒，下半部像盛放粮食的器皿，合起来表示农作物成熟后散发出香味。"香"最初之义是指黍稷成熟后，将其储粮收藏。香的本义指谷类散发的气味，泛指芳香，也可作香气所载的产物，即香料。中国香文化发源于春秋战国时期，是中华民族在长期的历史进程中，围绕各种香品的制作、炮制、配伍与使用而逐步形成的能够体现出精神气质、民族传统、美学观念、价值观念、思维模式与世界观之独特性的一系列物品、技术、方法、习惯、制度与观念。

人们对于生活中的气味已越来越敏感，如纸和纸包装中的气味，可能会影响我们对商品的选择，特别是食品。传统的气味检测方法已不能适应现在人们对气味实时分析的需要，尤其是对鼻后嗅觉的研究，在线化学电离质谱法正发挥其特有的优势。天然源香精的市场正逐渐成为各大香精公司下一个追逐的重要目标，而稳定同位素比值分析则是香精天然度判断的国际公认的方法。随着人工智能的兴起，机器嗅觉将走近我们的生活。后疫情时代，如何有效控制物料气味释放，从而调节室内空气质量？在东西方不同语言学的背景下，如何理解气味描述上的差异？许多人对定制化香水产生越来越浓厚的兴趣，我们需要怎样专业的知识来进行香水的创作？虚拟现实（VR）中如何运用气味创造更加真实的体验、市场营销中如何通过气味获得更多消费者的青睐、香氛的选择与建筑空间的设计有何关系、在不同的场景中如汽车车厢、首饰以及口罩内芯中的气味如何通过微量投放实现人的最佳感知？

为了回答上述问题，本册将主要从"纸和纸板包装中的气味"、"基于在线化学电离质谱法检测气味"、"用于真实性控制的稳定同位素比值分析"、"机器嗅觉"、"物料气味释放与室内空气质量"、"语言学视角下的气味描述"、"香水的创作"、"沉浸式环境中的气味"、"市场营销中的气味"、"建筑中的感觉认知"和"气味的微量投放"共11章解答气味的这些与我们的生活息息相关的问题。

本册使我们领略的是以气味的文化属性为主的一种新的知识体系，它将给我们的生活经验带来更多细致入微的影响，我们也必将循着气味的特殊功能去创造更有价值的明天。

本册及本书的编译，得到了气味相关领域诸多专家的鼎力支持与帮助，得到了Springer Nature 出版公司的授权和云南中烟工业有限责任公司的大力支持，我们谨向Springer Nature 出版公司以及为本书翻译和出版提供帮助的所有人士表达诚挚的感谢。

由于时间仓促和译者知识水平有限，本书仍然难以避免存在一些不足，还请读者批评指正。

王 凯 冯 涛

2021 年 4 月于昆明

原 书 序

我们需要更多的知识!

与气味有关的工作门类很多,但不管是哪一种,当从业者充满激情时,一切都很美好,即使我们身处不同的研究领域,激情也是我们三人的共同点。顺便说一下研究领域,首先需要进行一些分析才能看得更清楚,这样我们才能更明白要为气味王国做什么。

我们三人都认为:伦勃朗(Rembrandt)是一位艺术家,他不是房屋油漆工;另一方面,当房屋油漆工干活时,是不需要夹杂情感的,即使会涉及一些艺术的东西,他或她就是一个技术工人。吸引力是伦勃朗画作最妙不可言之处。

我们并不是说技术比艺术更好,或艺术比技术更好,因为两个领域的评价标准并不相同。我们个人更喜欢艺术甚于技术吗?可能不是,因为有时我们需要给墙刷漆,伦勃朗在这方面就毫无用处,而有时我们需要不同的东西,那么伦勃朗就变得很有趣了。

所有的这些都表明我们的选择须仔细分析,这对气味领域尤为重要,因为于其而言人人皆有偏好。当然,这很容易理解,"它闻起来好"实际上意味着"我就喜欢这种气味",因此我们可以提出个人偏好的合理性问题,即使这句话是来自调香大师。调香大师的偏好比非专业人士的偏好更重要多少?这是第一个问题……我们建议不回答。我们的目的是:提出问题,希望你能够思索并给出自己的答案。

回到主题,这里提出的假设是考虑到有许多不同的工作,分别涉及艺术、工艺、技术、科学领域。为了避免高下之分,我们按字母顺序给它们排序:艺术、科学、工艺和技术。

有些人,例如调香师 Maurice Roucel,或者法国大厨 Pierre Gagnaire,都不愿自称艺术家,因为他们无意炫耀自己,而觉得实事求是最重要。正如我们之前所说,伦勃朗不是房屋油漆工,他的作品是有感情的,虽然绘画也包括了熟稔的技巧和商业元素。

在艺术方面,人们对"美"充满激情,正如 Pierre Kurzenne 所说,人们对艺术的完美追求永无止境,所以需要培养大量新人。我们苦苦追寻,我们热情工作。激情往往意味着从业者能够发现工作的迷人之处,但就"美"而言,这一话题十分广大。

在厨房里,重点不是看菜品,而是品尝它们。这里的"好"意味着美味可口;如同对于音乐,"好"意味着悦耳动听(我们并不在乎演奏者是否盛装打扮)。人们很容易理解,就气味而言就是要创造出我们期望的美好气味。

于是,"美"成了艺术的主要问题,有趣的是在过去几个世纪中它有数千种定义,但它总是与情感和文化有关。气味也是如此:气味艺术家的作品可以使人欢愉、快乐、愤怒、沉醉……但永远不会让你无动于衷。

对于柏拉图来说,艺术是坏的,因为它(如调配的杬果、橄榄油等气味)意味着与真相的双重脱离,但与此同时,哲学家们无法回避讨论艺术,他们不得不解决这其中的难题,如对完美的迷恋,就像葡萄的油画看起来如此真实以至于鸟儿都受到了诱惑!

无论如何,柏拉图被亚里士多德驳斥了!"所谓的"树莓气味并不存在:任何特定的树莓都有特殊的气味，这意味着期望制造"所谓的"树莓气味是一个失败的努力，我们只能在无限多的树莓气味中制造一种选定的气味。这是现实主义对理想主义的古老争论。

调香师或调味师想要阐释哪种特殊的树莓气味？为什么？这是一个个人问题，也是空间、时间的问题……此外，关于复制，我们必须承认复制品永远都不是原件，这就是为什么 Hervé This 提出新的分子烹饪不应是复制(见下文)，而是创造。音乐合成器也是如此：人们确实可以再现小提琴的乐声，但为什么呢？如果一个人喜欢音乐，为什么不去探寻未知的声音、木材乃至音乐？

现在让我们转向工艺。在这里，由于目标是制造、建造，其涵盖极广。希腊语中的"Techne"意为"去做"。对于工艺的要求是精准地复制、规范和传承。经过几十年对烹饪的研究，我们中一人认为传承技艺是厨师们的最重要之处，因为它意味着通过烹饪食物给予人们快乐，并潜移默化人们的喜好。

这里存在两种情况：一种是重现过去先辈们在不懂现代化学、物理学和生物学情况下所做的东西，另一种是利用现代技术获得的新工艺而创造出的新产品。

对于气味，这些技术可用在各种情况下，如香水、风味剂、护理产品、技术工艺等。但在所有情况下，关键是如何处理气味化合物的混合物(即可以与嗅觉受体关联的化合物)与基质的相互作用，以使气味物质从混合物中按不同的速率被释放。对于香水，这个定义很明确，但对于风味剂呢？事实上，当我们吃树莓时，我们就会感受到这种树莓的风味。根据定义，风味是基于许多不同感知的综合感受，例如稠度、颜色、味道、气味、三叉神经感受等，我们每年发现越来越多的风味，例如长链不饱和脂肪酸或钙离子对味蕾的特有感受，很可能我们还会发现得更多。

气味只是一项因素，食品中气味化合物的存在并不仅仅意味着气味，因为很多食物还有味道和三叉神经感受！气味过去经常被认为是风味中最重要的因素，但事实并非如此，如热土豆灼口后再吃可以很容易地证明：即使气味仍然存在，但所有味道都会消失。我们必须明白，没有必要减少一些其他感受以使某些(气味)感受变得更重要。如果我们认识到这一点，我们将能够更好地理解风味中的气味！

在这里，通过新知识产生新技术的观点，让我们做一下总结。本书的目的是尽可能地提供新知识，这就是本书的重点：新知识等于现代化技术。

"Technology"一词源于 techne 和 logos，而技术的改进问题实际上就是技术的目标。我们中一人出版了一本书，提出有两种技术，一种叫区域化技术(技术人员或其周边的人提出新的更合理的做法)，另一种叫全球化技术，即工程师搜寻科学成果，选择有用的科学技术，并将它们移植到本技术领域。本书各章节由相应领域的专家撰写，为创新奠定了基础。创新，是行业的关键词！

最后我们看看科学。在这里我们需要给出一个解释，因为此处有很多令人困惑的东西。事实上，科学这个词意味着知识，这就是为什么鞋匠科学、厨师科学、调香师科学都是合理的说法。然而，我们在此处讨论的科学大为不同：我们将广义的科学限定为自然科学或自然哲学。

对于自然科学，其目的是利用基于以下方面的科学方法揭示表象的机理：

①观察现象。

②测量并得到大量数据。

③将这些数据规律化(如形成方程式)。

④总结得到理论,即与数据相符的量化解释。

⑤进行理论预测及验证。

科学和艺术之间是否存在联系?纵然艺术家和科学家之间存在密切关系,如存在直觉、自由、好奇心、热情等共同点,我们中一人(Hervé This,一位科学家),历经数十年与 Pierre Gagnaire(当然是艺术家)保持亲密友谊和合作,他会非常肯定的回答:没有。实际上,科学和艺术的目标是不同的(一个是机理,另一个是情感),实现它们的方式(methodon,希腊语,意为方法)也不同。

上面所述的科学方法,对应于艺术则是基于直觉、经验、个人情感、交流欲望等。如果一个科学家想要走向艺术,他或她必须远离科学技术,而想要走进科学的艺术家则须摈弃技艺。艺术与科学之间没有关系,但科学的应用(与科学大大不同)和艺术技能(与艺术大大不同)之间却存在关联。

综上所述,我们三人都同意,我们工作中一个非常重要的部分是正确的思考和用词,并充分注意语义。很多时候,调配气味的年轻艺术家们没有找到准确的词汇,他们无法选择合适的原料,这会产生技术性后果。对于自然科学来说,词汇也是非常重要的,现代化学的奠基者,伟大的化学家 Antoine Laurent de Lavoisier 引用 Condillac 的观点来说明为什么命名法是进步的基础:科学探索现象,为了研究现象我们必须思考;为了思考我们需要词汇。这就是为什么 Lavoisier 说:你不能在不改进词汇的情况下提升科学,反之亦然。

顺便说一下,我们三个人都认为,对于气味或风味,我们期望有更多的科学知识。

想象一下,你没有考虑三叉神经效应而创造了一种气味;想象一下,你在没有胡椒的情况下制作食物:菜肴不会有它应有的味道;想象一下,你不知道气味分子对嗅觉受体的一些特殊的相互作用:结果不会有它应有的气味。这些就如在音乐中,钢琴只有有限的音符。我们需要更多关于气味化合物分子结构及其相互之间关系的知识;我们需要更多关于气味释放的知识,这意味着对基质内外气味扩散的物理和化学的描述,包括超分子缔合;我们需要更多关于气味感受和各种相互作用的知识,然后闻一闻,以更好理解感官的愉悦感受。当然,所有这些都适用于食物!

调香师以现有的技术凭经验取得成功,如用香柠檬调配更浓郁的香草韵,而不是增加香兰素的用量!这就是我们两个人(皮埃尔·库尔泽内和莫里斯·鲁塞尔)头衔的对比,调香师也会使用诸如热辣或闪闪发光之类的比喻词,并且在将来能更好地理解其含义。

关于这些研究,过去已对未来的发展做出了推进:诺贝尔奖被授予气味研究的前沿领域(萜烯、嗅觉受体),但还有很多工作要做!在这一点上,特别是对特定化学结构的气味预测依然遥不可及,并且气味混合物的效用仍是难以捉摸。当然,探索"上帝的商店"很重要,但我们必须认识到,尽管我们的想法很完美,但"自然"远非完美!难道大家没有碰到过瘟疫、火山爆发还有海啸等等吗?我们使用衣服、建筑和香水,那是因为在某种程度上我们正在与自然抗争,因为人类归于文明。

将气味分为有毒和无毒是件奇怪的事,同样奇怪的是,一些有气味的化合物并不像它们应该的那样。为什么铅盐味道甜却有毒?为什么某些苦味(想想啤酒)能被接受,而苦却往往与有毒生物碱有关？一些气味物质也是如此！

　　让我们最后谈一谈法规监管的问题。很明显，公众应该受到保护，但用什么来保护？首先我们得明白危险(刀是危险的)和风险(刀可以用来杀人，但如果放在封闭的抽屉里，那就没有风险)之间存在很大差异。危险无处不在，但我们可以降低风险。在这方面，了解危险和风险有助于制定法规，但这些规则应该只关注风险，而不是危险。

　　现在，回到自然/文化问题，应该说香水或香精产业的产品都不是天然的，因为它是生产出来的！让我们记住，未经人类改造的事物才是天然的。如要从花中提取精油，就必须种植花才能提取，这就不再是天然的了，可谁在乎呢？一些文化作品比天然产品要好得多，请记住 Rembrandt、Matthias Grünewald、Zao Wo-Ki、Bach、Mozart、Debussy 等人。

　　此外，在这方面，分子烹饪学的问题对于气味工业的发展可能非常重要。这种新的烹饪方式是由 Hervé This 于 1994 年首次提出的，它是合成音乐的烹饪等同物。人们不是使用长笛和小提琴，而是使用纯粹的声波来制作声音，之后音乐就会被创作出来。对于烹饪，基本元素不是声波，而是化合物，并且分子烹饪不使用传统佐料(动物的和植物的)，而是使用纯化合物以烹制菜肴。

　　分子烹饪对于法规监管非常重要，因为它可以消除特定类型添加剂和调味剂的需求：用于制作食品的化合物仅仅是食品中的成分。我们在哪里可以找到所需的化合物？可以提取或合成，当然，我们必须告知公众！不管是提取还是合成，香兰素总是香兰素，水总是水。今天一部分公众对化学有所担心，但实际上，这是因为大家不理解它。避免恐惧的一种方法是让它变得可取、流行、时尚，甚至是被禁止。这就是 Augustin Parmentier 在法国大革命之前成功地让法国人吃土豆的方法：他邀请国王吃掉它们！该策略已用于分子烹饪的推行。

　　让我们想象一下，我们成功地开发了这种新的烹饪方法，那我们该怎么做饭？如今还在摸索的好方法是先设计外观和质地，然后设计颜色、味道、气味和三叉神经感受的部分，如同我们在传统菜肴中添加香料。由于调味分子与基质的不同组分存在化学和物理作用，调香师必须知道需要什么样的知识来指导调配以获得所需的感受。厨师们必须学习，这意味着他们需要与调香师合作。当然，烹饪者可以靠想象使用调味剂，如同我们使用芳香植物和香料，但使用特定气味的纯溶液(如极低浓度的 1-顺-己烯-3-醇普通油溶液)或气味套件来制作全新的风味(食用香水)难道不会更有趣吗？根据经验，厨师们还没有准备好让调香师在菜肴中占据主导地位，这意味着使用调味溶液可能不是未来的趋势。如果气味套件或纯溶液是未来的发展趋势，那么气味行业必须准备好制造全新的产品。

　　最后，通过本书的撰写，我们认识到生活之精彩，特别是气味世界令人神魂颠倒。关于艺术、工艺、技术、科学，还有很多悬而未决的问题！这些问题期待我们追寻答案，这使我们充满热情地工作！对气味的热情、对想象力的热情、对情感的热情、对知识的热情……

　　伟大的数学家 David Hilbert 说：我们必须知道，我们必将知道！

皮埃尔·库尔泽内　莫里斯·鲁塞尔　埃尔韦·蒂斯

原 书 前 言

　　人类的嗅觉属于感觉范畴，它经常被低估或被完全忽视，人们普遍认为嗅觉在人类感知经验中只起很小的作用。考虑到视觉和听觉在日常交流中的主导地位，并通过触摸来增强与周围环境的相互作用，人们对嗅觉的误解是可理解的。众所周知，那些更为突出的感官模式会对人类产生生理和心理影响(如声音/噪声、光/视觉和温度/气候)，从而对我们的整体健康产生影响。此外，我们的嗅觉通常被认为不如动物的嗅觉；如许多物种能够在很远的距离追踪气味来源，或习惯性地受到挥发性化学物质(如信息素类化合物)的强烈调控，这些化学物质可能在攻击、交配或养育后代方面发挥作用。虽然缺乏科学依据，但并不能排除人类也具有上述这种非凡的能力，不过人们普遍忽视了人类嗅觉的重要性和影响。表面上看，这很可能与原始的、类似动物的行为以及由气味引起的潜在的无法控制的影响和反应有关，这些影响和反应被认为是不理性的，因此，更适用于动物；具有更高智力的智人当然不会屈从于这种原始的行为反应！

　　然而，人类的嗅觉非常灵敏。突破性的研究发现了越来越多的证据，表明气味在塑造我们的生活中起着至关重要的作用。从出生起，我们就学会了利用嗅觉与环境进行互动。进化过程产生了一种多方面的交流，这种交流被嗅觉所支持，甚至被嗅觉所支配。这个过程可能产生了培育母子关系或影响伴侣选择的气味、造成我们食物偏好的香味，或为我们提供风险预警的气味。

　　在现代社会中，我们越来越多地接触到我们祖先未曾遇到的气味。这些气味在我们当今的环境中无处不在，充斥于日常生活的每一方面，其来源包括人造材料、工业、运输、居家用品等，几乎无穷无尽。在材料、产品和应用开发中，这一不断演变的过程的结果是，我们已经能够忍受许多现代气味，甚至是尚未意识其存在，尽管这些气味常常弥漫在我们四周，而且性质多样。相比之下，与食品等产品的喜好有关的气味，几十年来一直吸引着人们强烈的研究兴趣，最早的发现可以追溯到化学还处于萌芽阶段时。具体地说，早期的研究重点是诱人的香原料和化合物(如作为体香或室内香水)，通过巨大的努力来获得和富集香气物质，以使能对其分子进行化学分析；在分析技术和相应仪器还不成熟时，这样的努力是非常耗时费力的。如今，我们可以使用一系列方法来解析哪怕是最复杂的气味混合物，并可以在极低浓度下获取单个分子的结构；因此，早期的研究受限于灵敏度和分辨率不足，而目前的气味分析由于获取的信息太多，以至于在其中找出某个气味分子好似大海捞针。

　　随着生物化学、生物医学和神经科学的不断进步，对嗅觉的研究也随之扩展到气味对人类的影响方面，并引起人们的强烈关注。这一新的方向揭示了气味是如何被感知、处理和记忆的，以及气味会怎样影响我们的日常生活。尽管如此，许多气味的性质以及它们对感知、生理和健康的影响尚不清楚。对于现代气味更是如此，我们每天都会在家里、工作中或是外出时接触这些气味。

从古代到现代、从罕见到常见，对于影响我们生活的气味，尚无详尽论述。这本书的目的是弥合这一差距，通过感官-化学-分析技术来表征人类所遇到的气味，揭示气味的形成方式和释放路径，并阐明人类在不同的生命阶段对这些气味的感知特征、行为及生理反应。气味对人类生活具有广泛影响，而该研究领域迄今却被忽视，本书旨在为其奠定基础，鼓励加强跨学科探讨，期望能拓宽读者的视野并得到进一步的发现。

安德莉亚·比特纳

于德国慕尼黑

2016 年 10 月

原书主编简介

安德莉亚·比特纳，于德国慕尼黑路德维希·马克西米利安大学攻读食品化学本科学位，1995～2002年在德国食品化学研究中心（DFA）和慕尼黑工业大学完成了研究生和博士后研究。2007年担任教授后，还兼任两个职位，一个是德国弗劳恩霍夫过程工程与包装研究所（Fraunhofer Institute for Process Engineering and Packaging IVV）的创始人兼感官分析部主任，另一个是德国弗里德里希-亚历山大埃尔朗根-纽伦堡大学[Friedrich-Alexander-Universität（FAU）Erlangen-Nürnberg]的气味和香气研究小组组长。Andrea 的研究成果曾获多项荣誉，包括德国化学会食品化学部颁发的 Kurt-Täufel 青年科学家奖（2010年）、美国化学会食品和农业部颁发的青年学者奖（2011年）、达能创新奖（与 Caroline Siefarth 共同获得，2012年）和纽迪希亚科学奖（2013年）。自2012年以来，Andrea 在埃尔朗根的 FAU 担任香气研究教授。

Andrea 的专业方向包括香气、香味和常见气味中主要气味物质的表征，具体而言，Andrea 以鉴别和表征与日常生活相关的典型香气、香料、香水和气味中的主要成分而闻名。Andrea 的工作基于将气味分子的化学分析和人类感官表征相结合，对从食物到现代人造材料的气味进行分离和重建，其专业领域扩展到通过在线监测气味的分散传递过程以实现气味释放的表征。如 Andrea 阐明了食物基质、唾液、黏膜、咀嚼和吞咽对风味释放和感知的综合影响的重要性。基于气味接触和摄取相关的生理过程，Andrea 最近的研究方向为气味物质通过呼吸、尿液、汗液和母乳进行的气味吸入、吸收、生物转化和消除的药代动力学。Andrea 的研究旨在提高对人类生活中气味及其重要性的认识，特别是对日常生活中的气味，其目标是将技术、化学或生理结合起来为气味研究提供新方法。与嗅觉相关的新的或改良的技术、方法、工艺和分析工具是 Andrea 研究更进一步的方向，最终目的是将化学、分析、材料和过程工程科学与社会学、生态学、心理学和生理学联系起来，进行跨学科的交叉研究。

目　　录

彩图

跋

第48章 纸和纸板包装中的气味

纸质包装材料通常用于包装食品，如面粉、食用香料、大米、面条和冷冻食品等。与其他用于包装的材料一样，纸板和纸张必须符合相关法律法规的要求，以避免负面和有害成分转移到食品中。在这些相关法规中，对包装食品感官特征的负面变化也有涉及。因此，为了评价纸质包装材料对食品感官特征方面的影响，现已建立了相关的方法和标准。

在本章中，针对几种常用于纸板和纸张感官质量评价(尤其是人体嗅觉测试)的方法作了回顾。这些标准及方法能够快速、可靠地检测和分析出包装材料产生的气味，但气味的来源却很难确定。因此，仪器分析方法，例如气相色谱-质谱联用法(GC/MS)，或气相色谱-嗅辨法(GC/O)，是识别不良气味的有效工具。采用这些技术，通过基于化学物质结构、产生途径和前体物质的检测，可制定减少或消除包装气味的策略。

48.1 纸 张

48.1.1 历史

早在公元前 4 世纪，古埃及人就用当地的纸莎草植物，作为制造纸张的第一种原料。将从这种植物中取出的细长的木茎，交叉放置在一起，然后用锤子敲打，从木茎中流出的浆液，有助于木茎之间的黏合[1]。与今天所使用的纸更为相似的纸，则是在距今 2000 多年前产生的。公元 105 年，中国的朝廷官员蔡伦，利用废弃的纺织品、树皮和渔网，把它们加工成光滑的薄片材料，他也是第一个发明纸的人，直到 8 世纪中叶，这种独特的造纸工艺一直被秘密相传。后来，由于中国的战争原因，这种造纸技术传到了阿拉伯世界，然后阿拉伯的其他运动使造纸技术从东方传播到西方。

造纸技术于 13 世纪传到了欧洲。据文献记载，欧洲第一家造纸厂建于西班牙的瓦伦西亚，而德国的第一家造纸厂，则于 1390 年建于纽伦堡[2,3]。1799 年造纸机的发明满足了人类对纸张迅速增长的需求，并随后形成了第一批的纸张制造厂家[1]。如今我们所使用的纸，是由植物纤维通过毛毡成型和胶合工艺制成的。根据生产过程中各种参数的不同，可以分为 3000 多种不同类型的纸张。2012 年，全球纸张和纸板产量达 4 亿吨[4]，在全球范围内生产区域分布如图 48.1 所示。

48.1.2 工业用纸的生产

造纸工艺涉及木材的机械和化学处理，木材是纸张生产的主要原料之一。在化学处

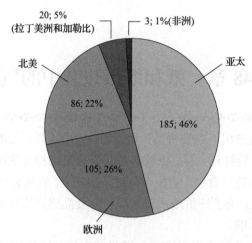

图 48.1　2012 年纸和纸板生产的区域分布(百万吨和百分比)[4]

理过程中，木片在含硫酸或碱的溶液中煮沸[1]，木质素几乎完全溶解，可以很容易地将木质纤维分离出来。经化学处理后产生的棕色浆液，可用于制造瓦楞纸板。而对于纸张和纸板,则需要将棕色浆液进行漂白(造纸的第二个步骤),以满足纸张使用的白度要求。

在机械加工过程中，由于机械力的作用,同样会产生木质纤维较容易分离的浆液[1]，机械作用产生的浆液和化学作用产生的浆液，统称为原纤维。除对植物加工产生的原纤维外，通过废纸回收,可以得到二次纤维。根据纸张的类型不同，将原纤维和二次纤维以及添加剂调配在一起，可以提高纸张的质量和稳定性[5]。

通常，这些粥样的纸浆含水率高达 99%,纤维物质会悬浮于浆液中，纸浆进入造纸机后，通过移动筛过滤排除水分并形成一层纸。这一步会除去大部分水分，形成的纸幅强度较低，纸幅水分含量约 80%,并随后进入吸水垫，在压榨辊的压力作用下，将水分进一步降低至 60%～65%。之后进入蒸汽干燥筒中进行加热干燥，纸浆残余含水量会降低至 5%～8%,强度增加。此时，如不需要做进一步的精加工来提升纸张的表面印刷质量，则使用钢制滚轴进行表面磨平并卷制即可。如需要进一步提高纸张的印刷性能和质量，则可使用化合物或聚合物在纸张表面进行涂层[5]。

48.1.3　纸和纸板的分类

纸是纸张、纸板和卡纸的总称。不同类型的纸可以用单位面积的质量作为指标来进行区分。根据 DIN 6730[6]规定，纸张的克重范围为 7～225 g/m²。超过此值时称为纸板。卡纸目前还没有官方较正式的定义，根据文献[7],卡纸单位面积的质量介于纸张和纸板之间(表 48.1),值得一提的是，这三种纸质材料的生产制造工艺原理基本相同[5]。

纸板被广泛用作包装材料，它的质量比纸张大得多，这使它具有更好的刚度和强度，这些是选择适用包装材料时的关键特性。

纸板具有多层结构，但与纸张的组成材料相同，不同的原材料(原纤维)会产生不同类型的纸板，如 DIN 19303(表 48.2)所述，不同类型的纸质材料对应不同的字母/数字编码。代码有三个字母/数字，第一个字母表示表面涂层的类型，第二个字母表示使用的纸浆类型，末尾的数字表示纸张背面的颜色[8]。

表 48.1　根据文献[7]对纸、卡纸和纸板的分类

类别	克重/(g/m²)
纸	8～150
卡纸	150～450
纸板	>450

食品行业使用的纸板的一个典型例子是 GC1，它是一种由机械纸浆制成的颜料涂层纸板，背面为白色。GC1 和 GC2 型纸板的唯一区别在于背面的颜色（表 48.2）。

表 48.2　纸板类别代码[8]

类别	代码	解释
涂层	A	烧铸涂层
	G	颜料涂层
	U	未涂布
材料	Z	漂白化学纸浆处理
	N	化学纸浆处理，未漂白
	C	机械浆处理
	T	纸板和再生纸
	D	带再生纸的纸板，灰色中间层和底层
颜色	1	白色
	2	奶油色
	3	棕色

48.2　法律基础：食品立法

许多不同的干燥食品（如面粉、香料、糖果、大米、面条和糖），以及高脂肪含量的食品（如巧克力、冷冻食品）都用纸或纸板包装。这些包装材料中，含有可能迁移到食品中的化合物，导致食品污染，对食品本身和人体健康产生负面影响。为了保护食品和消费者免受负面影响，一些国家的立法机构制定了关于食品包装、纸张和纸板的法规要求。

48.2.1　欧洲立法

在欧洲，没有专门针对纸张、纸板和卡纸使用的相关法规。在欧盟的第 1935/2004 号法规[9]中，仅描述了食品包装的一般适用性。本法规第 1 章第 2 款，将材料和物体定义为：

- 与食物接触或已经接触到食物，并且为了达到这个目的，或者在正常或可预见的使用条件下，可合理预测与食品接触或将其成分转移到接触的食品中。

第 3 章第 1 款，规定了包装材料和食品之间的一般要求和相互作用。因此，材料和包装物的制造必须符合良好的规范，以便在正常或可预测的使用条件下，其成分不会转移到食品中，导致危害：

- 人体健康或食物的成分发生不可接受的变化使其感官特性恶化。

除本法规外，第 10/2011 号法规[10]是 1935/2004 号法规[9]的具体措施，包含可用于食品包装制造的单体和添加剂的许可清单。

尽管欧洲的食品立法正在协调推进过程中，但仍有必要在国家一级制定有效的法律法规。以德国为例，作为欧盟成员国，《德国食品和饲料法典》(Lebensmittelund Futtermittelgesetzbuch, LFGB)涵盖了食品制造过程的所有阶段，并侧重于食品安全[11]。与欧洲其他国家相同，德国的食品立法没有针对纸质包装材料的具体规定。《德国食品和饲料法典》(第 30 条，第 1 款)，禁止消费品的制造或处理方式在预期使用时，其材料成分，特别是有毒物质或污染物对健康造成伤害。第 31 条则涵盖有关物质迁移到食品中的规定，包括健康风险、化合物转移量以及避免因包装(包括纸和纸板)而对食品的香气、味道和外观造成负面影响。这两个条款均采用了第 1935/2004 号法规(第 2 条和第 3 条)[9]。

除第 1935/2004 号和第 10/2011 号法规(EC)外，德国没有制定更适合的法规，而是采用德国风险评估研究所(Bundesinstitut für Risikobewertung，BfR)的建议。在本建议第 36 条中，涵盖了纸张、纸板和卡纸，并列出了可能用于造纸的所有原材料、辅助材料和装饰材料，这些材料不受欧盟法律的约束[12]。

48.2.2　美国立法

食品药品监督管理局(FDA)负责美国食品和药品的批准和监督。食品药品监督管理局对纸张和纸板的规定见《联邦法规》第 21 章(食品和药品)[13]，其中的第 174.5 节仅给出了一般要求，例如良好制造规范或包装材料的感官稳定性。

48.3　分　析　方　法

48.2 节所述的法律基础，要求纸基包装材料的制造，应确保其释放的化合物不会对所包装食品产生负面影响(健康风险)。为了评估纸张和纸板中影响感官的化合物的存在以及在食品中的迁移，目前已经建立了集中检测方法。通常，有两种方法可用于检测和描述食品的感官特性：

①人体感官测试，通常情况下，由经过专业培训的评价员组成感官小组，利用感官(尤其是气味和味道)对包装材料或包装食品进行评估。

②仪器分析测试，重点是通过色谱和检测工具识别包装材料释放的化合物。

所有报道中导致纸和纸板产生负面感觉的化合物都是挥发性的，在存在转移的情况下，食物的气味也会受其影响。迁移的味觉物质引起食品变味的作用较为有限或根本没有，因为要影响食品感官质量，味觉物质的用量要比嗅觉物质多得多。以己醛(一种典型的不饱和酸自氧化产物)和蔗糖为例，它们在 1 升水中的阈值分别为 10 微克和 8200 微克，相差 820 倍[14,15]。因此，仪器分析方法的目的是通过气相色谱-质谱联用技术(GC-MS)对挥发物进行分析。

以下各节特别介绍了在欧盟和美国建立的感官分析方法。这些分析方法非常相似，在大多数情况下易于测试纸张和纸板的感官质量，以及它们向包装食物传递气味的可能性。同时，在近期也有以气味物质鉴定为目的的仪器分析方法和分离技术的相关报道。

48.3.1　感官分析方法

根据 DIN EN ISO 5492:2009，感官分析的定义为，通过人体感官评估产品感官特性的科学，即通过视觉、嗅觉、味觉、触觉和听觉来评估产品的感官特性[16]。从食物或包装材料中发出的化学和物理刺激，被相关感觉器官的受体吸收和检测，转化为刺激模式并传递到中枢神经系统。以气味为例，具有挥发性和气味活性的化合物从纸张或纸板挥发到空气中，然后被人吸入。挥发物到达位于鼻子里的嗅觉感受器，然后信号被传送到大脑，这被认为是一种气味(第 22 章)。

感官分析允许对产品感官特征进行表征，从而确定其感官质量。通过感官评价小组对纸张和纸板的感官质量进行表征的规定程序的标准已建立。为使感官测试结果客观化，对测试设备、测试执行、培训和评价人员的选择等方面的要求已在附加标准中作了规定。表 48.3 列出了与纸和纸板包装的感官评价特别相关的几个标准。

表 48.3　纸和纸板评价用感官试验标准

标准	标题
DIN EN 1230-1:2010	与食品接触的纸和纸板感官分析第 1 部分：气味
DIN EN 1230-2:2010	与食品接触的纸和纸板感官分析第 2 部分：异味
ISO 13302:2003	感官分析——评估包装引起食品风味变化的方法
ASTM E619-09	纸包装中异味评定的标准实施规程
DIN EN ISO 8586:2012	感官分析——选择、培训和监督选定评估员和专家感官评估员的一般指南
ISO 8589:2007	感官分析——实验室设计一般指南
DIN EN ISO 4120:2007	感官分析——方法学-三点检验法
DIN EN ISO 5495:2007	感官分析——方法学-成对比较试验法
DIN EN ISO 10399:2010	感官分析——方法学-对比试验法
DIN ISO 8587:2010	感官分析——方法学-排序法
DIN EN ISO 13299:2010	感官分析——方法学-建立感官轮廓的一般指南

1. DIN EN 1230

DIN EN 1230 分为两部分，第一部分(DIN EN 1230-1)涉及当纸张和纸板被用作食品包装材料时其内在气味的感知[17]。第二部分(DIN EN 1230-2)描述了挥发性成分从纸张和纸板转移到食品的过程[18]，这两个部分仅适用于纸和纸板包装。根据标准 DIN EN ISO 8586[19]的培训感官评价小组和根据 ISO 8589[20]的感官分析实验室同样需要进行试验。

DIN EN 1230-1。本标准适用于直接或间接接触食品的所有类型的纸张和纸板，包括涂层和/或印刷材料。试验程序描述了规定尺寸纸张或纸板(6 dm^2)的取样。将样品插入玻璃罐(体积为 500 毫升)，用盖子封闭，并在 23℃(±2℃)下黑暗中储存 20~24 小时。样品和空白样品(无样品的玻璃瓶)的气味最终由一个含有至少八名训练有素评价员的感官小组进行评估。评价员必须打开罐子的盖子，闻一闻样品，然后在五分标度的范围内给整个气味的强度打分(表 48.4)。

表 48.4　根据 DIN EN 1230-1 评估纸张和纸板气味强度所用的五分标度[17]

分数	强度
0	无明显气味
1	仅能感觉到的气味
2	中等气味
3	中度偏强气味
4	强烈气味

使用属性对气味的描述可以从分数 2 开始表示。算术平均值根据单个评估计算,并四舍五入到 0.5 的分数单位。

DIN EN 1230-2。与 DIN EN 1230-1 相比,纸张和纸板通过气相转移到食品中的成分,由 DIN EN 1230-2[18]所规定的方法进行测试。所有类型的纸张和纸板,包括与食品接触的涂层和/或印刷材料,都要进行检测。

该标准要求除了纸张和纸板外,还必须对食品进行检测。如果可行,应使用与纸张或纸板包装的同类食品作为试样。如果无法做到这一点,则应选择气味强度较低的合适食品(试样)。标准中规定了一些食品试样的建议,例如黄油或人造黄油(模拟肉和奶酪)、曲奇(干的和脱脂食品),以及水(奶制品和其他饮料)。

将食物(或测试样品)和包装材料插入玻璃罐中,避免任何直接接触。图 48.2 显示了将食品与包装分开的一个例子:将饱和硝酸镁或氯化钠溶液添加到玻璃罐中,分别将湿度调节到 53%或 75%。在溶液上方放置装有试样的器皿。在盘子上方插入一个网格,并将包装样品放置在网格上。同时,使用该装置制备不含任何食品或试验样品的空白样品。玻璃罐在 23℃(±2℃)下黑暗中储存 44~48 小时。根据 DIN EN ISO 4120[21],感官小组使用三点检验法来评价测试和空白样品的差异。三点检验法包括三个试验容器,一个装有样品 A(例如试样)的容器和两个装有样品 B(空白样品)的容器(图 48.3)。评估人员必

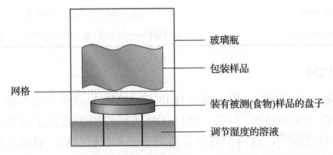

图 48.2　根据 DIN EN 1230-2 测试纸张和纸板气味转移到食品中的实验装置示例[18]

图 48.3　根据 DIN EN ISO 4120 的三点检验法装置

须评价样品，并给出检测样品与其他样品在感官上的差异。根据评价人员的数量和正确答案，可以确定两个样品的显著性差异，从而确定包装气味向食品的转移。

2. ISO 13302

与 DIN EN ISO 4120-1 和 DIN EN ISO 4120-2 相比，标准 ISO 13302[22]中包括了所有食品包装材料，例如，塑料、箔材、厨房用具等，而前者只包括纸张和纸板。这些标准的判断程序是相似的。根据标准 DIN EN ISO 8586 培训的感官小组再次被要求进行测试[19]。应该用实际食品进行测试，但储存条件(温度、接触时间等)应符合食品包装系统的要求。虽然在本标准的附录 C 中提供了更多相关食品型号和规格的信息，但用纸质材料包装食品的储存条件与 DIN EN ISO 4120-2 相同。

包装材料的固有气味或转移到食品中的气味所造成的影响，可以根据整体气味强度进行评估，例如，可使用表 48.4 中列出的标度进行评估，除采用三点检验法(DIN EN ISO 4120)[21]外，还可以采用进一步的感官试验，来确定食品风味的变化：

- 成对比较试验法(DIN EN ISO 5495)[23]：将一个试验样品和一个空白样品进行比较，该试验通过询问评估员：哪个样品受到污染？
- 具有恒定参考值的对比试验法(DIN EN ISO 10399)[24]：试验包括评价员已知的空白样品(参考)，另外还有一个空白样品和试验样品(评价员不知道这两个样品)。评价人员必须检测出这两个未知样品中偏离参考值的样本。
- 排序法(DIN ISO 8587)[25]：如果需要比较三个或更多的样品，并且已知污染，则采用该试验方法。几个样品(可能包括空白样品)根据异味的强度进行排序，然后应用统计学方法确定受影响的样品。

3. ASTM E619-09

美国标准 ASTM E619 涵盖了更广泛的纸制品，包括[26]：所有纸质包装产品和辅助部件，如涂料、油墨和黏合剂，以及与纸张结合使用的塑料材料。详细描述了几种制备方法[直接检查包装(有/无限制)、润湿方法、气味传递试验]，并建议根据材料情况进行使用。由经过培训的评价员组成的感官小组，在规定的试验室要求条件下，对样品(纸张、辅助成分、用于转移试验的食物)的气味强度按五分标度进行评分(表 48.5)。

表 48.5　根据 ASTM E619-09 用于评估纸张和纸板气味强度的五分标度[26]

强度	分数范围	
	A	B
无	1	0
很轻微	2	0.5
轻微	3	1
适中	4	2
强	5	3

计算出单个分数的算术平均值，在强度评分后，评价员应描述感知到的异味。

4. DIN EN ISO 13299:2010

在 48.3.1 节所述的感官测试方法中，DIN EN 1230、ISO 13302、ASTM E619-09 易于操作并能够在短时间内(通常为一天)提供测试结果。然而，更详细的污染信息有时对气味特征及其强度有帮助，例如，根据 DIN EN ISO 13299:2010[27]建立感官特征。例如，在开发和优化(新)包装材料时，可以使用这种方法。

常规剖面检验是四种不同类型剖面检验方法中最为常用的剖面检验方法之一。根据 DIN EN ISO 8586[19]，对感官小组评价员进行培训是测试的先决条件，包装材料的气味属性由感官小组在第一次讨论会议中确定，包括对用于包装材料特性进行描述的现有术语或专用术语的定义。在第二步中，选择一个合适的强度尺度，比如序数尺度(与强度相关的一系列数字)或区间尺度(非结构化线)。最后，在选定的尺度上评估每个特征描述符的内容，计算算术平均值，结果可显示为蜘蛛网图，如图 48.4 所示。

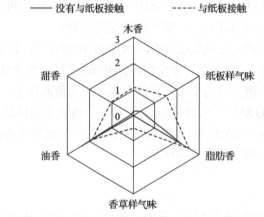

图 48.4　有无纸板接触的向日葵油的常规剖面图(试验条件根据 DIN EN 1230-2[21]，图改编自文献[28])

48.3.2　仪器分析方法

感官方法能够快速、可靠地检测和鉴定包装气味，但是，包装材料气味的来源却很难通过感官方法来识别，因为通过感官方法无法确定气味物质的性质等信息。对气味物质的化学结构的了解有助于识别传播路径、前体和污染源，以便能够提出减少或消除包装材料异味的策略。因此，一些研究小组的目标是通过气相色谱-质谱联用的方法，来阐明挥发性物质的组成。

1. 挥发性化合物的分离

采用气相色谱分析挥发性化合物的先决条件是将其从纸张和纸板包装材料中分离出来。一般来说，采用两种分离原则：顶空萃取和溶剂萃取。

在过去的几十年里，已经成功地建立了一些这样的方法。下面，对纸张和纸板挥发性成分的分离技术做简要介绍。

固相微萃取 固相微萃取(SPME)是一种顶空制备技术[29]。虽然从液体(包括非挥发性物质)中直接提取也具有可行性,但顶空法是最常用的方法。SPME 的基本原理是将顶空中的挥发物吸附或吸收到熔融石英纤维的聚合物或吸附剂涂层,纤维与钢针相连,纤维和钢针都插入隔膜穿刺针中,通过连接到针架上,钢针尖端的纤维可以从穿刺针中穿过,暴露在拟分析样品上方的气相中。

为了达到这一目的,将要分析的样品放入小瓶中,用带有隔膜的盖子密封,让挥发物蒸发至平衡。穿刺针随后穿过盖子的隔膜,纤维接触到样品顶空挥发物而被吸附在涂层上。拔出后,纤维被移到穿刺针中,穿刺针也从隔膜中取出。随后,将针头引入加热的分流/不分流进样器中,露出纤维,对挥发物进行热解吸和气相色谱分析。

SPME 是一种无须溶剂的快速分离技术。根据吸附剂和选择的解吸条件,纤维的使用次数可达 100 次。当使用这种方法时,挥发性较低的挥发物被区分。

同时蒸馏萃取 挥发性成分也可以通过用溶剂从纸张和纸板中提取得到。通常选择沸点较低的溶剂(如正戊烷、乙醚、二氯甲烷),因为必须通过蒸馏溶剂来浓缩萃取物,再进行气相色谱分析,因此,沸点低于溶剂的挥发物会丢失。此外,像脂肪这样的非挥发性物质也被提取出来,对非挥发性物质需要进行分离去除,否则可能会在气相色谱分析过程中带来麻烦。

1964 年,Likens 和 Nickerson 开发了一种分离技术,可以专门提取挥发性成分[30]。这种同时蒸馏萃取(SDE)技术使用一种特殊的玻璃工具。将样品加入装有水的烧瓶中,然后将该烧瓶连接至装置。煮沸后,水蒸气和蒸发挥发物的混合物被引入混合室。在与同时蒸馏萃取装置相连的另一个烧瓶中,不溶于水的有机溶剂通过沸腾蒸发并转移到混合室,蒸汽被冷凝,挥发物从水中被提取到有机相中。由于密度不同,水和有机溶剂在各自的蒸馏过程中返回到相应的烧瓶中。随后浓缩有机溶剂提取物并用于气相色谱分析。

SDE 可以相对快速地分离挥发物,但沸腾过程中样品的热处理可能会由于前体生成化合物或通过热增强的化学反应降解挥发物而掺杂挥发性部分的成分。

溶剂辅助风味蒸发 溶剂辅助风味蒸发(SAFE)技术是一种在高真空条件下,通过温和蒸馏从溶剂提取物中分离挥发物的方法[31]。该方法通常选择低沸点溶剂,假如在蒸馏之前先进行搅拌溶解,则固体物质也可被萃取。在一些情况下,液体(如果汁、啤酒)可以直接蒸馏而不需要任何额外预处理。

用于蒸馏的玻璃装置如图 48.5 所示。设定真空度约为 $10^{-1}\sim10^{-2}$ Pa(由高真空泵提供)。左捕集瓶用液氮冷却,右蒸发瓶根据萃取所用溶剂类型,可加热至 40~50℃。将有机提取物注入储液罐中,并通过阀门滴入蒸发烧瓶。溶剂和挥发物蒸发后转移到捕集瓶中进行浓缩和冷却。最后,将冷却后的馏出物从烧瓶中移出,并进行最终的浓缩。

因为加热温度较低,SAFE 是一种非常温和的分离方法。缺点是蒸馏过程有时所需的时间相对较长,蒸馏物浓缩过程中沸点低于溶剂的挥发物会有一定程度的损失,以及高沸点化合物较难以鉴别[31,32]。

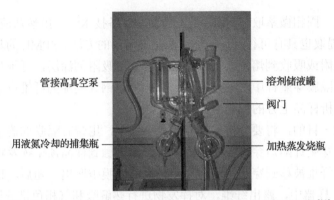

图 48.5　用于溶剂辅助风味蒸发(SAFE)技术的玻璃装置照片[31]

2. 气相色谱/质谱法

GC/MS 是分离挥发性混合物和鉴定挥发性化合物的标准方法。GC/MS 系统(图 48.6)包括一个进样器(如分流式/无分流式，色谱柱)，将纸张和纸板提取的溶剂注入其中，或将含有吸附挥发物的 SPME 纤维插入其中(见 48.3.2 节)，注射器与毛细管柱相连[33]。

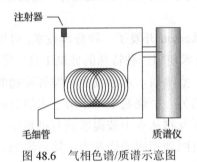

图 48.6　气相色谱/质谱示意图

通过向进样器施加载气流(如氦气)并随后进入毛细管柱，挥发物被转移到毛细管柱中，并通过色谱过程进行分离(此时需要设置温度程序)。毛细管柱的末端安装在质谱仪中，分离出的挥发物在质谱仪中进行转移。在电子碰撞模式(MS-EI)中，化合物被电子束电离并碎裂。离子由检测器记录，产生每种挥发性物质的特征质谱(碎裂模式)[34]。通常，将质谱和保留时间与假定参考化合物的性质进行比较，可以确认挥发物的结构。

3. 气相色谱/嗅辨法(GC/O)

用 GC/MS 分析挥发物，能够揭示化合物的化学结构。然而，挥发物的气味活性变化幅度至少为 10^9[18]，很难获得单一化合物气味活性的信息。因此，人类嗅觉被引入分析领域，并于 20 世纪 80 年代建立了气相色谱/嗅辨法(GC/O)。

在 GC/O 分析中，使用带进样器和毛细管柱的常规气相色谱仪。与 GC/MS 相比，毛细管柱末端洗脱的化合物通常被 Y 切割器分成两个毛细管，分别通向检测器[火焰离子化检测器(FID)，MS]和具有加热功能的嗅觉测定口[33](图 48.7)。一名经验丰富的评价员在嗅觉测定口嗅闻由气相色谱分离的挥发性物质，并记录对气味活性的感知或语音记录系统中的化合物。为了评价每种检测到的气味物质的相对贡献，可以进行香味稀释抽提分析法（AEDA）[33]。用萃取溶剂按规定的比例（通常为 $1:2$，V/V）逐步稀释提取物，每次稀释后重复 GC/O 分析，直到感觉不到气味为止。最终仍可检测到气味时的最高稀释倍数定义为稀释因子（FD），稀释因子可以被测定，并可评估气味活性物质对气味的相对影响。

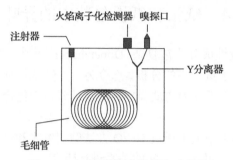

图 48.7　气相色谱/嗅辨系统示意图

4. 二维气相色谱/质谱/嗅辨法

用 GC/O 和质谱联用可以对某些气味物质进行鉴别。然而，许多气味物质都是气味阈值在 ppb 范围内甚至更低的痕量化合物[18]，由于共洗脱非气味活性化合物质谱的影响，GC/O/MS 方法往往难于鉴别这些气味物质。因此，在鉴定实验之前，需要对气味物质进行纯化和分离。例如，可以采用硅胶柱层析法对提取物进行划段，但这需要时间和材料。二维气相色谱结合质谱和嗅辨（2D-GC/MS/O）是一种分析替代方法[35]。有关该方法的详细说明，请参阅第 16 章和 17 章。本章仅简要介绍主要功能。

该系统由两个气相色谱仪组成，它们通过低温阱连接（图 48.8）。第一个气相色谱仪配有一个注射器和一个毛细管柱。毛细管的末端被分成一个嗅探口和一个检测器（火焰离子化检测器）。萃取的化合物通过气相色谱进行分析，第一个气相色谱中检测到的气味活性化合物，通过转移装置转移到低温阱，在第二个气相色谱中检测。化合物经捕集和热脱附后，在第二个气相色谱仪的毛细管柱上分离后进行分析。第二个毛细管柱与第一个 GC 的毛细管柱的极性不同，通常选择极性（FFAP，第一个 GC）和非极性（DB-5，第二个

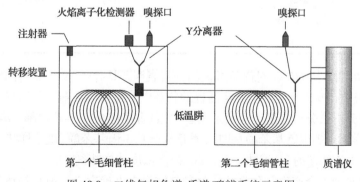

图 48.8　二维气相色谱-质谱/嗅辨系统示意图

GC)的柱组合,这样,被导入的化合物就能实现进一步分离。同样,化合物在色谱柱的末端被分流,然后被引入质谱仪和一个嗅探口,在那里通过嗅辨来检测气味,通过嗅辨和同时记录质谱来检测气味活性化合物,并提供有关气味物质化学结构的所需信息,在相同的气相色谱条件下对参比物进行分析,最终对分析结果进行验证。

48.4　纸张和纸板包装中的异味剂

纸张和纸板中的挥发性成分非常复杂。Donetzhuber 等[36]在欧洲制造商的产品中发现了 200 多种化合物,并做了进一步的分析,迄今为止,有报道的挥发物数量已增加到 291 种[28,36-46]。这些挥发物属于不同的物质类别,特别是芳香族化合物、醛类、醇类、酮类、酯类和脂肪烃(表 48.6)。

此外,还有一些文献中报道了通过 GC/O 方法阐明纸张和纸板中的气味活性化合物,以及对挥发性物质浓度与气味阈值之间的关系进行研究。

新制造的纸板通常有微弱的气味,因此,人们发现了各种挥发性化合物也就不足为奇[41]。特别是不饱和醛类,如具有脂肪和蘑菇样气味的(E)-2-壬醛、(E,E)-2,4-壬二烯醛、(E,E)-2,4-癸二烯醛和 1-辛烯-3-醇,由于这些物质检测到的浓度以及已知的高气味活性,被认为是纸板气味的贡献者,因此,木材树脂中的不饱和脂肪酸被认为是自氧化产生的气味的前体物质。

表 48.6　商业用纸和纸板的挥发性化合物[28,36-46]

物质类别	化合物数量
芳香族化合物及环状化合物	51
醛类	46
醇类	35
酮类和醚类	34
脂肪烃	33
酯类和酸类	31
杂项	28
萜类	19
杂环化合物	14
总计	291

SPME 萃取后,用 GC/O 对商品纸板的分析表明,具有 4~9 个碳链的饱和醛与不饱和的$(2E)$-烯醛类,被认为是产生异味活性的物质[42]。应用溶剂辅助萃取提取挥发物并用香味稀释抽提分析法分析,进一步揭示了香兰素(香草样味)、γ-壬内酯、δ-十内酯、γ-十二内酯(椰子样味)、2-甲氧基苯酚(烟味、香草样味)、3-丙基苯酚(皮革样味、墨水样味)、4-甲基苯酚和 4-乙基苯酚(马厩味、粪便味)是高浓度的异味剂[28]。

将乳胶涂在纸上会产生一种气味,这种气味没有准确定义,但被描述为乳胶特有的气味[43]。用 GC/FID 和 GC/MS 对涂有丁苯基乳胶的纸张与无异味纸张进行对比分析,认为 4-苯基环己烯是纸张中唯一产生乳胶气味的成分。该化合物被认为是乳胶制造过程中侧链反应的产物(苯乙烯与 1,3-丁二烯的 Diels-Alder 缩合产物，图 48.9)。本研究采用了一种有趣的 GC/O 方法来阐明该化合物的气味影响：将火焰熄灭后，用 GC/FID 系统中的火焰离子化检测器(FID)作为嗅探口，嗅辨显示，4-苯基环己烯是唯一一种显示出典型乳胶气味的物质。定量分析了几种原料乳胶中的 4-苯基环己烯，检测浓度为 35～331 mg/kg，远高于测定的 4-苯基环己烯气味阈值(10 μg/kg 水，5.2 mg/kg 乳胶涂层纸)。在另一项调查中，通过对 SDE 法获得的提取物进行 GC/O 分析，确认 4-苯基环己烯是乳胶涂覆未印刷纸的关键气味物质[46]。为了最大限度地减少异味剂的形成，需要对乳液涂布纸进行优化和控制。

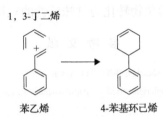

1，3-丁二烯

苯乙烯　　　　　　4-苯基环己烯

图 48.9　1,3-丁二烯和苯乙烯的缩合反应生成 4-苯基环己烯

据报道，胶印是纸板气味的另一个来源[44]。GC/O 分析清晰证实了存在几种气味活性的不饱和醛类和酮类[如 1-辛烯-3-酮、(E,E)-2,4-壬二烯醛、(E,E)-2,4-癸二烯醛]。胶印油墨干燥过程中纸板表面不饱和脂肪酸的自氧化是异味形成的关键步骤。适应干燥过程(温度、时间)可以是一种策略，以尽量减少或避免自氧化产生异味。

使用再生纸基材料生产的纸板会受到化学味、霉味和酸味的影响[45]。通过 GC/O 分析，在高气味强度的纸板上鉴定了 1-辛烯-3-酮(蘑菇样味)、1-辛烯-3-醇(蘑菇样味)、苯甲醛(苦杏仁样味)、未指定的 2-壬烯异构体(叶味、脂肪味)、苯乙酮(甜味、蜂蜜样味)、3-甲基丁酸(霉味、下水道味、汗味、辛辣味)和一种未指定的甲基愈创木酚的异构体(酚味)。结果表明，再生纸板的异味与芳香族香料(苯甲醛、苯乙酮、甲基愈创木酚)和脂质自氧化产物(1-辛烯-3-酮、1-辛烯-3-醇、2-壬烯醛)有关。

微生物是未印刷纸和纸板中异味的另一个潜在来源。尤其是造纸厂引入封闭式水循环系统，会因厌氧细菌(芽孢杆菌和梭状芽孢杆菌)的大量生长而导致气味问题[46]。它们能够将纤维素和淀粉代谢成短链脂肪酸，如带有干酪味和汗味的丁酸、2/3-甲基丁酸和戊酸，从而产生异味。为了减少细菌数量和消除这些令人不快的气味，成功应用了杀菌剂和黏液控制剂[47]。

48.5　小　　结

食品包装用纸张和纸板的制造必须确保食品的感官特性不会受到负面影响。为了客观地检测和描述纸张和纸板的气味，已经开发了几种感官测试方法。这些方法快速且易于应用，但通常很难获得有关气味来源的信息。相比之下，气相色谱/嗅辨法提供了这种可能性。通过对气味活性物质的检测和鉴定，在分子水平上表征纸张和纸板的气味，阐明气味的途径和来源，并采取措施减少和控制气味。

使用气相色谱/嗅辨法(GC/O)对引起纸张和纸板气味的来源和气味途径进行了说明。总结如下以及可能的避免策略(括号内给出)：

- 纸张涂布过程中，苯乙烯和1,3-丁二烯的副产物4-苯基环己烯的形成(优化乳胶涂料，使4-苯基环己烯浓度与气味无关)。
- 在胶版印刷过程中，不饱和脂肪酸的自氧化作用产生高气味活性的不饱和醛和酮(用另一种试剂代替不饱和脂肪酸、氧化还原和温度控制)。
- 介绍了再生造纸过程中的异味剂(被污染再生纸的预选)。
- 微生物将纤维素和淀粉生物转化为气味活性的短链脂肪酸(杀菌剂的使用)。

参 考 文 献

[1] R. Weidenmüller: Papiermachen (Falken, München 1980), in German

[2] Arbeitgeberverband Schweizerischer Papierindustrieller: Papiermacher Taschenbuch (in German) (Dr. Curt Haefner, Heidelberg 2003)

[3] L. Göttsching: Papier in unserer Welt (ECON, Berlin 1990), in German

[4] Food and Agricultural Organisation of the United Nations: 2012 Global Forest Products Facts and Figures (FAO, Rome 2014)

[5] H. Jung, A. Hutter: Energierückgewinnung in der Papierindustrie, Proc. 11th Hannoversche Industrieabwassertagung (Inst. für Siedlungswasserwirtschaft und Abfalltechnik der Universität Hannover, Hannover 2010), in German

[6] DIN 6730:2011: Papier und Pappe-Begriffe. German Institute for Standardisation (Ed.) (Beuth, Berlin 2011)

[7] E. Jeitteles: Handbuch für Pappe (Keppler, Frankfurt/Main 1954), in German

[8] DIN 19303:2011: Karton-Begriffe und Sorteneinteilungen, German Institute for Standardisation (Ed.) (Beuth, Berlin 2011)

[9] Regulation (EC) No 1935/2004 of the European Parliament and Council of 27 October 2004 on Materials and Articles Intended to Come in Contact with Food

[10] Regulation (EC) No 10/2011 of 14 January 2011 on Plastic Materials and Articles Intended to Come in Contact with Food

[11] Lebensmittel-, Bedarfsgegenstände-und Futtermittelgesetzbuch (LFGB) (Lebensmittel-und Futtermittelgesetzbuch, German Food and Feed Code) (Behr's, Hamburg 2013)

[12] Bundesinstitut fuer Risikobewertung (BfR): Recommendation XXXVI. Paper and Board for Food Contact (Bundesinstitut für Risikobewertung (BfR), Berlin 2014)

[13] Code of Federal Regulations (CFR): Food and Drugs (Title 21). Part 170 Food Additives, Food and Drug Administration

[14] M. Czerny, M. Christlbauer, M. Christlbauer, A. Fischer, M. Granvogl, M. Hammer, C. Hartl, N. Moran Hernandez, P. Schieberle: Re-investigation on odour thresholds of key food aroma compounds and development of an aroma language based on odour qualities of defined aqueous odorant solutions, Eur. Res. Food Technol. 228, 265-273 (2008)

[15] H.-D. Belitz, W. Grosch, P. Schieberle: Food Chemistry (Springer, Berlin, Heidelberg 2009)

[16] DIN EN ISO 5492:2008: Sensory analysis-vocabulary. German Institute for Standardisation (Ed.) (Beuth, Berlin 2008)

[17] DIN EN 1230-1:2010: Paper and board intended to come into contact with foodstuffs-Sensory analysis-Part 1: Odour. German Institute for Standardisation (Ed.) (Beuth, Berlin 2010)

[18] DIN EN 1230-2:2010: Paper and board intended to come into contact with foodstuffs-Sensory analysis-Part 2: Off-flavour (taint). German Institute for Standardisation (Ed.) (Beuth, Berlin 2010)

[19] DIN EN ISO 8586:2012: Sensory analysis-General guidelines for the selection, training and monitoring of selected assessors and expert sensory assessors. German Institute for Standardisation (Ed.) (Beuth, Berlin 2012)

[20] ISO 8589:2007: Sensory analysis-General guidance for the design of test rooms (International Organisation for Standardisation, Geneva 2007)

[21] DIN EN ISO 4120:2007: Sensory analysis-Methodology-Triangle test. German Institute for Standardisation (Ed.) (Beuth, Berlin 2007)

[22] ISO 13302:2003: Sensory analysis-Methods for assessing modifications to the flavours of foodstuffs due to packaging (International Organisation for Standardisation, Geneva 2003)

[23] DIN EN ISO 5495:2007: Sensory analysis-Methodology-Paired comparison test. German Institute for Standardisation (Ed.) (Beuth, Berlin 2007)

[24] DIN EN ISO 10399:2010: Sensory analysis-Methodology-Duo trio test. German Institute for Standardisation (Ed.) (Beuth, Berlin 2010)

[25] DIN ISO 8587:2010: Sensory analysis-Methodology-Ranking. German Institute for Standardisation (Ed.) (Beuth, Berlin 2010)

[26] ASTM E619-09: Standard practice for evaluating foreign odors in paper packaging American Society for Testing Materials (Ed.) (Beuth, Berlin 2009)

[27] DIN EN ISO 13299:2010: Sensory analysis-Methodology-General guidance for establishing a sensory profile. German Institute for Standardisation (Ed.) (Beuth, Berlin 2010)

[28] M. Czerny, A. Buettner: Odor-active compounds in cardboard, J. Agric. Food Chem. 57, 9979-9984 (2009)

[29] J. Pawliszy: Handbook of Solid Phase Micro Extraction (Elsevier, Amsterdam 2011)

[30] S.T. Likens, G.B. Nickerson: Detection of certain hop oil constituents in brewing products, Am. Soc.Brew. Chem. Proc. 5, 5-13 (1964)

[31] W. Engel, W. Bahr, P. Schieberle: Solvent assisted flavour evaporation-a new and versatile technique for the careful and direct isolation of aroma compounds from complex food matrices, Eur. Food Res. Technol. 209, 237-241 (2009)

[32] C. Hartmann, F. Mayenzet, J.-P. Larcinese, O. Haefliger, A. Buettner, C. Starkenmann: Development of an analytical approach for identification and quantification of 5-α-androst-16-en-3-one in human milk, Steroids 78, 156-160 (2013)

[33] W. Grosch: Evaluation of the key odorants of foods by dilution experiments, aroma models and omission, Chem. Senses 26, 533-545 (2001)

[34] H.H. Hill, D.G. McMinn: Detectors for Capillary Chromatography (Wiley, New York 1992)

[35] J. Reiners, W. Grosch: Odorants of virgin olive oil with different flavor profiles, J. Agric. Food Chem. 46, 2754-2763 (1998)

[36] A. Donetzhuber, B. Johannson, K. Johannson, M. Lövgren, E. Sarin: Analytical characterization of the gas phases in paper and board products, Nord. Pulp Pap. Res. J. 14, 48-60 (1999)

[37] S. Pugh: Taint and odour in carton-based packaging systems, Surf. Coat. Int. 5, 254-257 (1999)

[38] S. Pugh, J.T. Guthrie: Development of taint and odour in cellulosic carton-based packaging systems, Cellulose 7, 247-262 (2000)

[39] A. Donetzhuber: Odour and taste components in packaging materials, Papier 34, 59-63 (1980), in German

[40] M. Lustenberger, G. Ziegleder, G. Betz: Off-odours in the paper and cardboard industry, Wochenbl. Papierfabr. 22, 899-902 (1994), in German

[41] G. Ziegleder: Volatile and odouous compounds in unprinted paperboard, Packag. Technol. Sci. 11, 231-239 (1998)

[42] E. Leinter, W. Pfannhauser: Identification of aroma active compounds in cardboard using solid phase microextraction (SPME) coupled with GC-MS and GC-olfactometry. In: Frontiers of Flavour Science, ed. by P. Schieberle, K.-H. Engel (German Research Institure for Food Chemistry, Garching 2000)

[43] J. Koszinowski, H. Müller, O. Piringer: Identification and quantitative analysis of odorants in latex-coated papers, Coating 13, 310-314 (1980), in German

[44] P. Landy, S. Nicklaus, E. Semon, P. Mielle, E. Guichard: Representativeness of extracts of offset paper packaging and analysis of the main odor-active compounds, J. Agric. Food Chem. 52, 2326-2334 (2004)

[45] G. Ziegleder: Odourous compounds in paperboard as influenced by recycled material and storage, Packag. Technol. Sci. 14, 131-136 (2001)

[46] G. Ziegleder, E. Stojacic, M. Lustenberger: Cause and detection of off-odours in unprinted paperboard, Packag. Tecnol. Sci. 8, 219-228 (1995)

[47] G. Claus: Geruchsbekämpfung in eingeengten Fabrikationswasser systemen, Wochenbl. Fapierfabr. 115, 24-29(1987), in German

第49章 基于在线化学电离质谱法检测气味

人类的嗅觉受体使我们在暴露的环境中，几乎可以瞬间检测并感知到气味，并且在一个宽浓度范围内到非常痕量水平都能感受到气味。快速而灵敏地检测气味分子于分析实验室而言是一项迄今为止尚未实现的艰巨的尝试。基于化学电离(CIMS)的在线质谱法既包括先进的分析技术，也可以满足气味检测中的一些关键要求，即快速的响应时间和直接分析，痕量检测限以及对一系列气味(或者更具体地说是气味物质)的高灵敏度。本章讨论在线 CIMS 及其在选定领域中的气味检测的应用。著名的 CIMS 技术被认为是由选择离子流管质谱法(SIFT-MS)、质子转移反应质谱法(PTR-MS)和大气压化学电离质谱法(APCI-MS)构成的，本章简要介绍了它们的发展历史并讨论了它们的操作特性和对气味检测的适用性，然后回顾了它们在不同研究领域中气味测量方面的广泛应用。

化学电离质谱法(CIMS)是指利用特定的离子对气相中性分析分子进行化学电离的质谱技术。尽管化学电离也被应用于其他系统，例如 GC-MS，而除了更常用的电子电离(EI)外，本章中的 CIMS 是指特定的 MS 技术，此技术允许电离并且可直接且连续地(即实时)检测气相挥发性有机化合物(VOC)，而无须进行样品的预处理(如富集、脱水或者色谱分离)。

值得一提的是，本章主要讨论的在线 CIMS 技术，并不都是专门用来测量气味活性分子的发明，其最初的应用主要是在与香气或气味分析之间仅有松散联系的领域。由于 CIMS 技术对挥发性化合物的检测有效且灵敏，因此顺带成为用于气味物质检测的特定方法，而并不考虑目标分子的气味活性。在气味相关领域工作的研究人员对这种应用的认可引导着他们的早期和后续研发，并在不同的研究领域中越来越多地用于气味检测。

本章从回顾 CIMS 技术的发展开始，讨论了当前在不同学科中用于在线气味检测的主要 CIMS 分析工具，重点集中于它们的发展和基本操作原理。随后的讨论转向这些在线 CIMS 技术在气味检测的各个领域中的不同应用。由于 CIMS 的特性，所以无论是否有气味，都可以检测到大量的挥发性有机化合物(VOC)，因此部分讨论不可避免地暗示了要对无味分子进行检测。此外，有很多研究报道了气味分子的检测，而没有考虑它们的气味活性。就本章而言，着重于气味分子的检测，这些气味分子若在典型的浓度下遇到适合的环境条件或者适当的应用，就会被广泛认为是可以在人体鼻中产生气味印象的任何化合物。还有一个方面特别重要，因为许多分子仅在高于特定浓度阈值时才会表现出气味属性，而在日常生活中通常不会达到这种浓度阈值。

CIMS 具有悠久历史，且与其相关的实时工具在过去的几十年(尤其是近年)有了快速发展，本章的重点绝非显示权威，而是对过去和现在不同在线 CIMS 技术检测气味的进步和发展所付出的努力进行广泛的概述,并提示其潜在的应用。应该注意的是,本章中进行实验的气味物质是通过 CIMS 进行检测的,只是进行必要的浅层次的检测,而不是对其(生物)化学来源性质进行详尽的讨论,因为这是本书其他章节的重点。此外,由于本章所涵盖的领域中,关于技术的应用和最佳的实践正在不断地更新,并且新进展也快速不停地涌现,因此建议读者参考最新的科学文献以获得有关特定方法和热点的最新消息。

　　根据定义,质谱法是一种分析方法,该方法根据质荷比(m/z)检测离子化的目标原子或分子。换句话说,一个离子到达系统内检测器所引起的信号响应取决于质谱仪中与 m/z 相关的设置。然后,与该 m/z 信号相对应的电离分子或其质谱可以根据已知的电离途径和碎裂模式识别,也可以根据理论模型或通过对纯化合物的类比分析识别。在本章中出现的缩写 m/z 表示无量纲的量,被普遍用作质谱中的自变量。气味浓度以单位体积中的个数表示,以体积计算个数时常用单位为 10^{-6}、10^{-9}、10^{-12},分别对应 ppm_v、ppb_v 和 ppt_v。尽管此度量单位表示体积混合比率(VMR),但严格来说,它并不是浓度,它被认为最适合进行气味丰富度和阈值/检测水平的相关讨论,因为它满足了这些讨论的所有意图和目的,它可以变通地被称为浓度。

49.1　技　术

　　本章在讨论气味检测的应用之前,先介绍了目前用于挥发性(有气味)化合物的主要在线 CIMS 技术,从简要的发展历史开始,随后对每种技术的操作原理进行概述,并对有关气味检测在分析方面的优势和不足进行了论述。

49.1.1　CIMS 的简要历史

　　化学电离质谱法是半世纪前由美国德克萨斯州 Baytown 的石油和炼油公司的 Burnaby Munson、Frank Field 及其同事在实验工作中构想得到的,他们发现了质谱里一种基于气相中通过化学反应形成未知物质离子的技术[1],由于是通过化学电离反应形成产物离子,因此他们把这项新技术命名为化学电离[2]。在介绍这种新电离方法的具有开创性的论文中,Munson 和 Field 表明,在实验中,他们发明的质谱仪在 1 托(≈133.3 Pa,或 1.33 mbar)的高压下运行,并将反应气体添加到电离室中,甲烷与少量的添加剂或目标化合物一起,生成了稳定的一次离子(CH_5^+ 和 $C_2H_5^+$),该离子不会与甲烷进一步反应,但是会通过质子或氢化物转移与有机添加剂进行反应,生成后者的相对清晰和稳定的质谱,包括相当数量的准分子离子[1]。与传统的电子(碰撞)电离(EI)方法相比,由于中性目标电离时会生成大量碎片,因此会产生复杂的质谱图,这种新技术被认定在化合物定性和定量分析方面都有特殊的意义。这是化学电离质谱技术的诞生,也是当今在线 CIMS 技术发展的基础。Field 的回忆性文章[2]提供了发现 CIMS 技术的初始实验和后续进展的系统性事件年表,在这些早期研究中观察到的离子化学的更多详细信息在 Munson 的历史性综述论文[3]中得到了叙述。

　　本章的重点是,CIMS 随后的发展发明了衍生技术,并出现了分支。在美国科罗拉多州博尔德,由美国国家标准局[后来成为美国国家海洋与大气管理局(NOAA)]高层大气和空间物理分部的 Eldon Ferguson, Fred Fehsenfeld 和 Art Schmeltekopf 进行的实验,在 20 世纪 60 年代中期导致了一种已知技术——流动余辉(FA)的发展，该项技术用于研究地球高层大气中的离子分子反应[4,5]。该系统由微波放电源组成，可产生氦离子，这些氦离子通过喷嘴的引导进入流管中，在流管中添加中性反应气体，以被随后的氦离子电离[4]。余辉的名称来源于在下游等离子体中由电子离子重组引起的光电效应，因此表明流管中存在离子[6]。与该系统耦合的四极杆质谱仪可以进行质谱选择，并检测从流管中流出的离子，并为限定条件下研究离子分子反应提供了方便。对于进一步的阅读，Ferguson 对于 FA 早期发展的回顾以及有关离子分子化学的第一个实验可以在科学文献[6]中找到。

McFarland、Albritton 和前述各位研究人员 20 世纪 70 年代初期在 NOAA 航空实验室的后续工作中，集成于 FA 系统中，产生了流量漂移管(FDT)[7]。这是新技术的关键特征，因为它使反应区域中的相对离子中性动能从热条件增加到几个电子伏特(eV)动能，并可精确控制腔内条件。

在进行获得 FDT 实验的同时，英国伯明翰大学的 Adams 和 Smith 也进行了研究，利用了与 FA 系统耦合的四极质量过滤器，该过滤器被置于低压离子源和 FA 区之间，允许单个反应离子被预先选择，并通过吸气器注入流管[8]。特别是该技术允许以足够低的能量将这些选定的物质(主要是 H_3O^+, O_2^+ 或 NO^+)注入流管，以减少离子碰撞造成的碎片。基于反应离子预选的功能，Adams 和 Smith 将他们的技术命名为选择离子流管(SIFT)，并且其最初的研究应用于探究和表征地面高层大气和星际云中的离子-中性分子反应[9]。

NOAA 组的 FDT 系统中采用了在引入流管反应室之前先选择反应离子的概念，以创建选择的离子流漂移管(SIFDT)[10]。这种组合式系统的优势在于提供了纯净的反应离子束，该离子束通过文丘里管入口孔注入反应室中，具有电场漂移管的多功能性，可以使离子加速到几个 eV 动能[7,10]。与 SIFT-MS 仪器一样，选择离子流漂移管质谱仪(SIFDT-MS)广泛应用于研究离子分子反应，而不是用作分析检测系统。

直到 20 世纪 90 年代中期，这些 CIMS 技术的使用才从基础研究工具转变为用于化合物检测的应用分析仪器。在 SIFT-MS 技术被引入的 20 年后，才证明了其可以应用于呼出气体中挥发性成分的检测，这一研究领域当时还处于起步阶段，但肯定是 SIFT-MS 设备的优势所在[11]；类似的研究也用 SIFDT-MS 仪器得到了验证[12]。大约在同一时间，奥地利因斯布鲁克大学离子物理研究所的 Werner Lindinger、Armin Hansel、Alfons Jordan 及其同事用空心阴极放电离子源代替了 SIFDT-MS 系统的预选四极质量过滤器，以产生水合氢离子，或更准确地说，是氧鎓离子或氢鎓离子，H_3O^+，纯度≥99.5%的反应离子通过文丘里管入口导入下游 FDT；中空阴极中高纯度反应离子的产生消除了对预选质量过滤器及其相关的笨重真空泵系统的需求，从而使仪器更加紧凑。由于 FDT 反应室的化学电离仅通过质子转移反应(PTR)从水合氢反应离子到中性目标分析物进行，因此该系统被称为质子转移反应质谱(PTR-MS)[13]。与 SIFT-MS 仪器不同，PTR-MS 系统的开发旨在将其用作挥发性有机化合物 VOC 的分析检测系统，而不是用于离子分子反应动力学研究。因此，根据该工具的概念确定了其关键应用领域[13-15]。

大气压电离技术(API)的早期发展发生在许多独立的研究实验室中，每个实验室都有自己的设备和特定的电离模式，并且独立于 FA 和 FDT 系统的进展而进行。虽然在大气压下使用反应室的实验在 20 世纪 60 年代被报道，但是 API 的首字母缩写首次出现是在 20

世纪 70 年代初 Horning、Carroll 和同事的研究中[16,17]。在他们的系统中，使用 ^{63}Ni 辐射源将 N_2 电离，并将参考化合物直接注入纯氮气载气流中。该系统被认为特别适合用作气相色谱或液相色谱系统的超灵敏检测器[18,19]。带有电晕放电电离源的替代设备，在离子进入质谱仪之前，会利用帘气促进离子进行除簇，从而使潮湿的空气被直接采样并电离[18-20]。可能需要注意的是，在 API 中包含术语"化学"，例如，通常采用大气压化学电离(APCI)来更好地区分在非常高压的条件下运行的CI系统和其他高压离子源(如等离子体放电)[20]。

APCI-MS 的发展和多样化应用已经在许多综合评论文章中被报道[20-24]。然而，就本章而言，在为 APCI-MS 设计直接样品进样方面的一项重要进展是：Lovett 和同事在 20 世纪 70 年代后期完成了在线分析所需的技术，他们将烟嘴采样器连接到商用 APCI-MS 系统[痕量大气气体分析仪 TAGA (Sciex Inc., 加拿大安大略省多伦多)]，用于呼出气体中挥发物的实时分析[25]。他们的呼吸分析稀释入口系统包括一个烟嘴，通过该烟嘴呼出呼吸气体，在加压的零级空气源中，通过锥形玻璃移液管将呼出气体混合成载气，以便随后引入 TAGA 仪器。使用此系统，可以在几秒钟之内直接分析呼吸中的氨以及气体代谢物和内源性化合物(如丙酮)，与常规呼吸分析(涉及样品后处理、衍生化、柱分离等)所需的几个小时相比，这是一项重大突破。Benoit 及其同事报道了这种直接进样系统的进一步发展，他们构造了一个呼吸入口系统，该系统由过滤器、阀门和一个腔室组成，目的是使样品在进入 API-MS 的离子室之前，将呼出气体和载气混合[26]。这种发展带来的主要进步是，该界面消除了 Lovett 和同事设计的较早系统中观察到的高氨及其相关干扰，但仍对呼出气体中的其他物质(如甲醇、乙醇)有较高敏感度。

在文章中还报道了使用膜[27]或纤维[28]来改善 APCI-MS 的呼吸分析应用界面(特别是食品风味应用)的替代采样器，它们都可以显示出在食物咀嚼过程中形成的香味化合物的实时评估结果。20 世纪 90 年代中期，英国诺丁汉大学的 Robert Linforth 和 Andrew Taylor 在 APCI-MS 上进行了另一项重要的开发，并将其应用于气味检测中。他们构造了一个新的用于直接分析呼出气体的采样接口，将其命名为 MS 鼻，通过提供最小的死体积和快速的线性流速进行采样，克服了先前尝试的不足[29,30]。他们的系统由短的钝化熔融石英毛细管组成，该毛细管包裹在装有氮气流的管中，从而使呼出气体通过文丘里管转移到电晕放电电离源中。该系统的优点在于它可以保持恒定的速率并实时不断地进行末端呼出气体采样，而无须调节呼出气体流量，这可以通过对食物应用中释放的挥发性香料化合物的分析得以论证[30]。随后，出现了用于优化采样的直接注射 APCI-MS 的替代接口，显示了用于食品风味释放研究的出色功能[31]。

值得一提的是，这三项技术几乎都是在专用于检测气体样品的挥发物(而不是用于研究离子分子反应动力学)的在线工具中同时出现的，部分原因可能在于研发这些技术的先驱者之间的互动和思想交流。

49.1.2　采样与测量

在线 CIMS 技术的独特之处在于能够实时检测浓度范围跨越数个数量级并降级至超痕量水平的多种化合物。在这里，对于在线 CIMS 技术的采样和测量的一般特性进行了简要讨论。

1. 化学电离

国际纯粹与应用化学联合会(IUPAC)将化学电离定义为气态分子与离子相互作用形成新的电离物质的过程,可能涉及电子、质子或其他带电物质在反应物之间的转移[32]。尽管化学电离(CI)可以通过正化学电离和负化学电离进行,但一般而言,术语 CI 指正化学电离,而负化学电离则需要特别说明,例如 NICI 电离。本章仅考虑阳离子 CI 的应用,正如本章讨论的三种主要在线 CIMS 技术中所应用的(虽然在线 APCI-MS 并未广泛用于与气味有关的应用,但有可能注意到 NICI 也经常用于 APCI-MS 中)。

在 CI 中,不是像 EI 中那样通过高能电子轰击来使中性目标分子电离(例如在光电离过程中通过光子或在电场电离过程中通过高电位电极),而是利用了离子分子反应的过程,该过程在较低能量下进行,从而减少目标分子获得电荷后产生的碎片[18]。CI 中的电离能一般从热能到只有几个 eV。相比之下,商用 GC-MS 系统中的常规 EI 通常在约 70 eV 的能量下发生。因此,CI 被称为软电离方法,可以显示电离时较低能量的本质情况。与已知由 EI 产生的各种分子碎片相反,这种软电离过程的直接结果是,它通常产生可测量丰度的分子离子或准分子离子。而且如上所述,通过 CI 获得的目标分析物的特征质谱图通常是稳定的,干扰较少且重现性高。

CI 对中性分子的电离可通过以下四种模式:

①质子转移。

②电荷交换(或转移)。

③阴离子剥离。

④亲电加成[18,33]。

本章讨论的三种主要在线 CIMS 技术利用了质子转移和电荷交换反应,因此在这里不再进一步讨论类型③和类型④。

2. 反应离子与质子亲和力

这里讨论的三个在线 CIMS 系统的一个共同特征是,它们主要使用质子转移反应来电离中性目标分子,更具体地说是用 H_3O^+ 作反应离子。因此,这里有必要简要介绍和讨论质子亲和力(PA)的概念。IUPAC 将质子亲和力定义为分子 M 和质子在气相反应焓变的负值[32],例如,在指定温度(通常为 298 K)下,反应 $M+H^+ \longrightarrow [M+H]^+$[34]。或者,可以考虑为在反应 $MH^+ \longrightarrow M+H^+$ 中将质子 H^+ 与物质 M 分离所需的能量。广义来讲,如果中性分子 M 遇到质子化离子 RH^+,质子将被转移到中性分子上。例如,$RH^++M \longrightarrow MH^++R$,M 的质子亲和力大于 R。使用质子转移的一个巨大好处为反应是放热的,并且反应迅速,反应速率接近碰撞率 10^{-9} cm^3/s[3,35]。而且,这些反应产生稳定的单电荷产物离子,且很少进一步分解。相比之下,吸热反应相对较慢,不太适合在线应用。

在质子转移反应中使用水合氢离子作为反应离子特别适合用于检测空气中的 VOC,因为空气中主要成分的质子亲和力,例如 N_2、O_2、CO_2、Ar 等小于水,因此这些中性分子在与 H_3O^+ 碰撞时不会发生电离。相反,大多数 VOC 的质子亲和力大于水的亲和力(如图 49.1 所示,并在文献[36]、[37]中进行了汇编),因此每次碰撞都会被电离。这幸运地意

味着空气或纯 N_2 可以被用作样品的载气，无须提取稀释或过滤。此外，分析高水蒸气含量的潮湿气体样品(如呼出气)也没有问题，这可以通过仔细控制和减少进入离子源的水量[30]，或者适当校准仪器来解决。有关质子转移和配体转换反应的知识涉及水合氢离子。

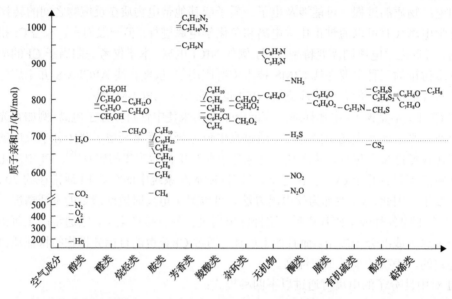

图 49.1　　质子亲和力(PA)的量表示水在空气和选定(香料)挥发性有机物中(弗劳恩霍夫协会)的位置
数值选自文献[37]、[41](烷烃)，文献[42]($C_6H_{12}O$，己醛)和文献[38](C_4H_4O，呋喃；C_7H_8O，对甲酚)

如上所述，SIFT-MS 以及采用选定(可切换)反应离子(SRI)[43]的改进 PTR-MS 系统，都利用了来自 NO^+ 或 O_2^+ 前体离子的反应。尽管涉及 O_2^+ 反应离子的反应仅通过电荷交换进行，但是多个其他反应过程可能通过与 NO^+ 发生，比如：氢化物离子、氢氧化物离子或烷氧基离子转移或离子分子缔合反应[44]。来自 O_2^+ 的电荷转移反应具有很高的能量，会产生中性分析物的多个碎片，从而导致它们的使用不太适合一般的 VOC 分析。但是，通过 O_2^+ 进行 CI 的好处，特别是在检测气味物质方面，是可以使小分子(如氨 NH_3 和二硫化碳 CS_2)离子化，否则就无法使用水合氢离子通过 PTR 进行检测。此外，来自 O_2^+ 的电荷交换反应可以检测到某些烷烃，例如甲烷和戊烷[44]。通过 NO^+ 前体离子的电离会使某些同量异位物质产生独特的碎片图谱，从而会在 H_3O^+ 和 O_2^+ 与 CI 结合使用时有助于化合物的鉴定。关于涉及 O_2^+ 或 NO^+ 和中性分子反应的离子化学的进一步讨论，此处不予以叙述，可以在文献[9]、[43]、[44]中查到。然而，重要的是，这三种用于中性分子电离的前体的联合使用，拓展了分析范围，并可以改善化合物的鉴定，因为使用单一反应离子的技术无法区分同量异位物质或同分异构体分析物。由于其用途有限且相当特殊，此处对于其他反应离子(如 Kr^+ 或 Li^+)将不进行化学电离，但是可以在相应的文献[45]、[46]中找到。

3. 气体试样

根据定义，在线 CIMS 技术可以实时检测气体基质(如空气)中痕量水平存在的挥发性化合物。相应地，在线 CIMS 技术也可以直接对空气或其他气体进行采样，而无须进行事先的脱水或浓缩。这保证了进样口系统可以连续取样，然后将样品气体输送到电离室或反应室中，这通常需要使用小直径采样线状毛细管来实现，其内径约为 0.25～1.5 mm，通常由诸如特氟龙[全氟烷氧基(PFA)]或者聚四氟乙烯(PTFE)、聚醚醚酮(PEEK)或钝化不锈钢(如 Silcosteel)等惰性材料制成。通常将进样口系统的入口管线温度加热到高于环境温度，范围为 40～150℃，以避免在采样管内发生冷凝或化合物吸附。优点是，在这样高的温度下，尽管具有低蒸气压的化合物有可能会黏附在入口系统的内表面上，但热不稳定的化合物也可以完整地到达电离室；这些通常都是含氧物质，例如萜类和倍半萜、呋喃和羧酸等。通过进气系统的样品气体流量通常是可变的，范围从每分钟几十毫升到每分钟几升。样品气体流量的选择取决于测量的应用目的：通常情况下，缓慢的流量用于限制源处样品平衡状态的扰动；而快速的流量可用于评估快速的过程，从而使样品在入口系统中的停留时间最短，并有效地增加检测的响应时间。

通常对顶空气体(即样品正上方和周围的气体)进行采样并分析其构成的气味化合物，来实现对实物样品气味释放的评估。在静态顶空分析中，将被研究的样品在规定的条件下放入密闭的容器(如玻璃小瓶)中，经过一段平衡后，将样品气体抽出并进行相应的分析。尽管这种分析模式通过对成分气味物质和定量相对丰度进行指纹识别来提供相关信息，但对于排放过程动力学方面的信息却提供甚少。从特定样品基质中释放的气味物质的动态特性在许多学科中都受到关注，例如在香精香料的研究中，食物中释放的香气，或建筑材料释放的气味及室内空气质量，以及本章中描述的其他几种应用。尽管直接进样 GC-MS 以便携式仪器的形式存在，但用于此类分析的标准台式 GC-MS 方法是对固体或液体样品的顶空气体进行间歇性气体采样，例如在固相微萃取(SPME)中，通过在吸附剂上或容器里吹扫捕集或通过吸附到纤维上。随后需要进一步的解吸步骤，以将分析物释放到载气和色谱柱中，从而创建动态释放的固有不连续描绘。使用在线 CIMS 进行动态顶空分析中，在规定的条件下连续测量样品的顶空气体，以生成更详细的释放动力学图。因此，这种不间断的采样和色谱步骤的缺乏提供了以高时间分辨对样品进行动态分析的方式，而这是 GC-MS 无法实现的。

4. 测量原理和模式

大多数在线 CIMS 仪器都配备了四极质谱仪(QMS)，该质谱仪的作用是沿着滤棒的轴建立在限定范围内的电磁场，从而允许特定离子——或更确切地说，特定 m/z 离子通过检测器。因此，每个设置仅通过质谱仪传输一个 m/z。这对检测速度造成了限制，因为每个 m/z 的单独设置和相应的产物离子必须依次循环进行，每次检测所需的最短检测时间约为几十毫秒，具体取决于系统和目标化合物的丰度。这通常被称为 QMS 的占空比。这些基于四极杆的系统可按两种模式之一运行，即在单个离子检测的基础上被称为选择离子检测(SID)，选择离子监测(SIM)或多离子检测(MID)模式(随后称为 SID 模式)，或在预定义的 m/z 上对单个 m/z 进行全扫描范围，称为扫描模式。每种分析模式都适合特定的应用。

SID 模式通常在先验已知化合物时使用，并允许对单个或多个分析物进行有针对性的动态分析。由于仅针对选定的分析物，因此这种分析模式具有减少采样时间的优势。

此外，如果只选择了少量分析物，则仪器将通过延长 MS 的累积或驻留时间，有效降低检测限，而不会在很大程度上损害检测时间。累积时间是将四极杆滤波器设置为选择特定 m/z 值的时间段：延长该时间段将使痕量分析物有更多的时间到达检测器，在特定的 m/z 值处，为了获得更高的精度和灵敏度，并相应地降低更高等级的统计噪声。虽然停留更长的时间可以在扫描模式下进行测量，但由于整个扫描周期中各个停留时间的累积，而引入了延长的分析周期。

在分析成分未知的气体样品时，通常采用扫描模式。在此模式下，整个质谱在限定的 m/z 范围内通常反复进行测定，以提供有关组成化合物的线索。扫描模式可以连续进行以进行监视，尽管与 SID 模式相比，测量的时间分辨率较低，具体取决于所选择的停留时间和 m/z 范围。通常，质谱扫描测量对于样品的全质谱指纹分析很有用，并且通常伴随着数据挖掘工具的后续应用以识别与目标样品特性特别相关的独特 MS 模式。该应用程序将在 49.2.1 节中进行更详细的讨论。

用飞行时间(TOF)质谱仪替代 QMS 已针对 APCI-MS[30]进行了测试，可作为 PTR-MS 中的标准配置使用，例如，PTR-TOF-MS[47]。TOF 质谱仪依靠高真空将离子群注入无电磁场的区域中。离子以相等的初始动能进入飞行室，但由于它们的速度不同，它们在穿过飞行室时会在空间和时间上分离。这种现象使离子可以根据其到达时间(即其飞行时间)在检测器上计数。TOF-MS 和 QMS 之间的固有区别在于，在 TOF-MS 中，仅存在测量的扫描模式，因为通常没有用于预选单个离子的过滤器。取而代之的是，所有离子都被脉冲进入飞行室，这与脉冲计数电子设备的设置有关，即数据采集和后续处理中应包含哪个限定的 m/z 范围。这提供了明显的优势，即无须进行先验选择即可记录测量范围内的所有产物离子信号，这是 QMS 所要求的。快速的脉冲和飞行时间导致扫描时间仅为几分之一秒，因此与 QMS 相比，整个质谱的收集速度要快得多[48]。此外，飞行时间的高精度记录提供了更大的质量分辨能力，使许多同量异位化合物(即具有相同标称质量但化学组成不同的化合物)得以分离[49,50]。

使用 QMS 或 TOF-MS 的第三个替代选择是离子阱 MS(IT-MS)。基于 IT-MS 的系统相对于 QMS 具有明显的优势，主要涉及以下方面：几乎同时扩展了数百 m/z 的分析范围，还可能引发碰撞诱导解离(CID)反应，该反应通过生成特征性片段图谱而提高了分辨率，从而在许多情况下会进行同量异位化合物的分离。在此将不讨论 IT-MS 的详细信息，读者可以参考有关该主题[51-54]的几篇评论文章，但应注意的是，从原型到商用仪器，这里讨论的某些在线 CIMS 技术都采用了 IT-MS，特别是 APCI-ITMS[31]和 PTR-ITMS[55-57]。

49.1.3　在线化学电离质谱技术

在许多使用质谱的在线分析仪器中都利用了化学电离，但就流行程度而言，三种系统，特别是在过去的 20 年中一直处于科学研究的最前沿，即 SIFT-MS、PTR-MS 和 APCI-MS，因此成为本章的重点。图 49.2 给出了每种仪器的示意图。

尽管这三种技术已在本章概述的大多数气味检测领域中得到了使用，但从历史上看，每种技术都可以主宰特定领域：SIFT-MS 用于医疗目的的呼出气体分析，PTR-MS 用于环境科学和各种专业应用，以及 APCI-MS 用于食品和风味相关的研究。在本章中，这将

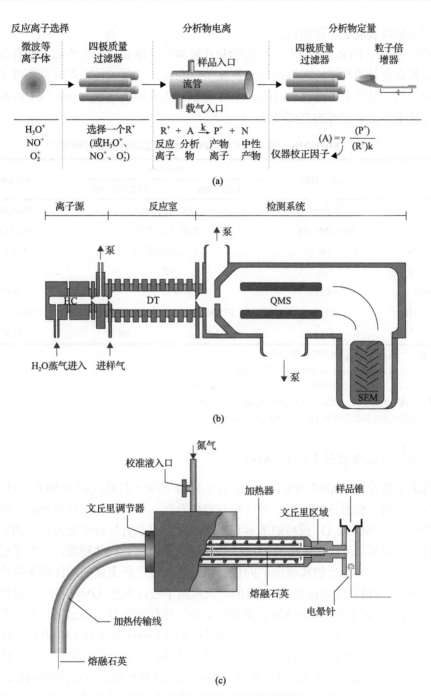

图 49.2　在线 CIMS 技术的示意图

(a)SIFT-MS；(b)PTR-MS(HC-空心阴极，DT-漂移管，QMS-四极杆质谱仪，SEM-二次电子倍增器)；(c)APCI-MS。转载自(a)Syft Technologies Ltd.，新西兰；(b)德国 Fraunhofer IVV，以及(c)英国 Waters 公司和英国诺丁汉大学的 Robert Linforth

在相关研究的引文权重中显而易见。然而，近年来，在讨论中显而易见的是，这些 CIMS 技术中的每一种在这些主要领域以及其他专业领域中都已经多样化和扩展。因此本章的重点是在线 CIMS 在气味检测中的应用，此处将其操作的技术细节减至最少，读者可以参考引用文献以获取更多详细信息。

APCI、SIFT、PTR-MS 对食品、医学和环境科学中感兴趣的生物挥发性有机化合物的快速监测和定量的性能比较综述已经发表[58]，总结了主要的技术差异并提供了这些领域的应用实例。根据上述内容改编的表 49.1 提供了本章中所述的三种在线 CIMS 技术之间的主要技术特征和差异的有用概述。

表 49.1 　SIFT-MS、PTR-MS 和 APCI-MS 主要功能的比较概述[58]

特征	SIFT-MS	PTR-MS		APCI-MS
		PTR-QMS	PTR-TOF-MS	
离子源	电晕放电	空心阴极放电[a]		微波放电
反应离子[b]	H_3O^+, NO^+, O_2^+	H_3O^+ (NO^+, O_2^+)[c]		$(H_2O)_nH^+$
缓冲气体	He	空气(样品基质)		N_2(干)
样品稀释	是	否		是
反应区	快速流管	流量漂移管		没有
质量分析仪	四极杆	四极杆	飞行时间	四极杆，QqQ
探测器[d]	SEM	SEM, MCP[e]	MCP	SEM

a 直流放电[59]或被报道过的放射性 α 粒子[60]。
b 仅指正电离模式：SIFT-MS 和 APCI-MS 均提供负电离。
c 通过使用可选的反应离子(SRI)接口[43]，可以使用 NO^+和 O_2^+模式。
d SEM，二次电子倍增器；MCP，微通道板；QqQ，三重四极杆。
e 大多数 PTR-QMS 仪器使用 SEM，但有些仪器配备 MCP。

1. 选择离子流管质谱法(SIFT-MS)

选择离子流管 MS(SIFT-MS)，结合使用了 H_3O^+的质子转移反应和 NO^+与 O_2^+的电荷交换反应，可用于检测各种应用中的气相有机化合物。与质子转移反应不同，电荷转移涉及中性分子与 NO^+或 O_2^+反应的能量更高，通常会引起目标分子更大程度的断裂。但是，这是一种理想的效果，可在 SIFT-MS 中利用它来分离异构体种类，并基于已知的裂解途径改善未知气体混合物质谱图中的化合物鉴定。这三种主要的前体离子的产生是在外部离子源(通常是微波谐振器)中实现的，反应离子通过预选 QMS 从中选择性地转移到流管中[图 49.2 (a)][11]。在该质量过滤器的出口，这些初级离子通过文丘里管类型的节流孔注入快速流动的惰性载气[通常约为 100 Pa (或约 1Torr)的纯 He]中，并作为沿着流管长度的热化离子群。包含中性目标化合物的样品气被添加到下游气流中，这些成分相互作用并与反应离子反应形成正产物，从而允许随后通过通道加速器/倍增器的脉冲计数系统[38]进行质量过滤和检测。早期使用 SIFT-MS 研究离子-中性分子反应的离子化学已经建立了一个包含数以千计的离子-分子反应的动力学数据的数据库，对于理解检测痕量气体成分时产生的质谱非常有价值，并为从理论上对这些化合物进行广泛定量提供了一种手段，而无须进行校准。

文献中包含有关 SIFT-MS 中发生的操作方面和离子-中性分子动力学的大量信息，有兴趣的读者可以参考文献[11,38,44]以获得更详细的阅读材料。

2. 质子转移反应质谱法(PTR-MS)

质子转移反应 MS(PTR-MS),传统上利用从水合氢离子反应离子到中性目标分子的质子转移反应[13],尽管最近商用仪器引入了选择性(或可转换)反应离子(SRI)功能拓宽了电离机制,以替代使用通过 NO^+ 或 O_2^+ 和其他如 $Kr^{+[43,45,61]}$ 进行的电荷交换反应(如 SIFT-MS 中)。PTR-MS 仪器包括一个单独的前端离子源,以生成必要的反应离子,这些离子随后被转移到流动漂移管(FDT)区域,在此它们会遇到样品气体的中性分析物 [图 49.2(b)]。使用空心阴极放电离子源通常可以生成高纯度(≥99.5%)的反应离子[13],虽然还存在直流放电[59]和 ^{241}Am 放射性离子源[60]。

将含有挥发性目标物的样品以微量浓度加入并流经 PTR 系统的 FDT,然后遇到离子源中的反应离子,这些反应离子通过外加电场沿管漂移,通常为 40~60 V/cm。质子转移反应在每次水合氢离子与中性分析物样品气体碰撞时发生,电离靶分子随后受到电场的作用,并与前体离子沿反应室轴向漂移。到达漂移管末端的离子通过离子传输透镜传输到质谱仪中,在质谱仪中根据 m/z 进行分离并传输到检测系统。常规 PTR-MS 系统运行四极杆质量过滤器,因此有时也称为 PTR-QMS。但最近的修改包括将 PTR 反应室与飞行时间质谱仪(TOF)耦合以创建 PTR-TOF-MS[47,62]。这一技术进步为 PTR 技术融合了 TOF 质谱分析独特的技术优势:高质量的分辨能力——比传统的 PTR-QMS 系统至少高三个数量级——以及对完整质谱的快速(瞬时)分析。通过质量过滤器离子的检测是通过 PTR-QMS 中的二次电子倍增器(SEM)或 PTR-TOF-MS 中的微通道板(MCP)实现的。还值得注意的是,已经研究了 PTR 与离子阱质谱仪的组合,但是由于没有广泛应用于气味检测,因此在此不再赘述,感兴趣的读者可以参考有关这些开发的文献[55-57,63,64]。

漂移管的使用,即对流管施加电场,可以将电离能控制到一定程度,典型的离子动能为 1~2 eV。众所周知,质子转移反应的反应速率通常从文献报道或基于中性目标的极化率和永久偶极矩的理论计算中得到。这可以通过计算实现中性分析物的定量,尽管通过系统校准可以将准确度大大提高±15%~30%[35,65]。在这种情况下,应该注意的是,由于离子迁移率的变化,被分析样品的初级气体成分会影响 FDT 反应室内的离子能。与 SIFT-MS 或 APCI-MS 不同(SIFT-MS 或 APCI-MS 分别使用大量包含 He 或 N_2 的单独缓冲气体),在 PTR-MS 中,样品气体本身充当缓冲气体。因此,样品气体成分的选择很重要。举个例子,呼气或发酵罐废气中的二氧化碳和水蒸气的含量升高,通常为百分之几,已知这两种成分都会影响电离过程并导致漂移管内聚集[66]。尽管这是一个关键问题,但是可以通过在检测器上对信号响应进行适当的归一化[67,68]或使用相同的初级气体基质组成[39]对仪器进行校准,轻松解决和纠正此类变化。

有关 PTR-MS 的工作原理以及该技术的各种应用的更多详细信息,请参见综述文章 [35,69]和最近出版的有关 PTR-MS 的综合教科书[70]。

3. 大气压化学电离质谱法(APCI-MS)

在本章中,大气压化学电离质谱法(APCI-MS)是一种利用质子化水离子的质子转移反应进行化学电离和随后检测 VOC 的技术。在 APCI 中,离子通过软碰撞而发生热化,从而为放热质子化反应中的多余能量提供了有效的排泄通道[33]。因此，APCI 通常比传统 CI 中的电离过程更温和，对检测碱性化合物(指气相碱性)或电离能较低的化合物特别灵敏。相反，APCI 对许多非碱性化合物不够灵敏，而且通常无法检测到[3]。尽管 APCI-MS 的不同表现形式已广泛用作液相色谱和气相色谱检测器(分别为 LC 和 GC)，但此处讨论的在线 APCI-MS 技术是一种能够对气相挥发物进行直接、连续和实时分析的系统。

与 SIFT-MS 和 PTR-MS 不同，APCI-MS 不包括单独的离子源，而是在一个小区域内进行前体离子形成、电荷交换和聚集的过程[71]。样品气体通过文丘里管氮气流引入反应室，以确保样品气体充分稀释并控制湿度[图 49.2 (c)]。该流量中样气与氮气的混合比约为 5～50 mL/min：10 L/min[30]。反应区域内的反应离子等离子体是通过电晕针和用作对电极的腔室之间的电晕放电产生并保持的，对电极通常保持在 4 kV[33]。通过样品空气成分的电离，主要形成水合氢离子水团簇 $H_3O^+(H_2O)_n$[72]，正如前面讨论过的，在该放电区域中形成前体离子，随后根据质子亲和力所施加的条件，将样品气体中存在的中性有机目标分析物质子化。然后，也通过质量过滤器(通常是 QMS)将试剂和产物离子转移到检测系统中，尽管还使用 TOF-MS 和 IT-MS 进行了测试[30,73]。通过对护套气体和辅助气体(相对湿度 88%～98%)进行加湿[74]，可以提高湿气样品中化合物的检测灵敏度，特别是与呼气中测量到的食品香气化合物相关的灵敏度(见 49.2.1 节)；在干燥条件下观察到目标分子发生了强烈的断裂，与干燥条件相比，在大多数测试的化合物中，加湿导致质子化母体离子的产生。

在线 APCI-MS 的构造以及电离和检测过程的技术细节及其应用可以在文献[30,31]和专利文件[29]中找到。

4. 其他在线 CIMS 技术

分子离子反应质谱法(IMR-MS)是一种在线 CIMS 技术，密切反映了 SIFT 和 PTR 的操作原理。但是，与那些方法不同的是，IMR-MS 利用由惰性气体(Hg，Xe 或 Kr)通过 EI 生成的初级离子与中性分析物进行离子分子反应[75,76]。类似于 SIFT-MS，离子源下游的预选质量过滤器用于将高纯度离子束引导到 IMR 腔室中。该技术是由奥地利因斯布鲁克大学开发的，与 PTR-MS 一样，该技术源自 20 世纪 90 年代初期在离子物理实验室进行的对离子分子反应的 SIFDT-MS 研究。IMR-MS 作为微量气体分析仪已经取得了良好的商业成功，尤其是在汽车工程行业中用于废气排放测量，在饮料行业中，它作为监控回收瓶中杂质的快速质量控制工具，仅举几例。迄今为止，IMR-MS 在气味化合物本身检测中的直接应用还受到限制，因此，本章将不再讨论基于 CIMS 的方法。

离子迁移谱(IMS)是一种根据化学物质的气相离子迁移率对其进行表征的方法[77]。分析物与主要由放射性 β-辐射源产生的电离载气分子(N_2 或空气)的碰撞引起化学电离。严格来说，IMS 不是经典的质谱系统，因为它不涉及通过质量过滤器对带电分子进行离散分离，而是利用迁移率和被分析物离子的 m/z 的组合特性。通过将在前端离子源中产生的分析物离子置于固定长度和规定电场强度的漂移管中，并在环境压力下确定其漂移时间(与迁移率的倒数成正比)，来完成分析。在这种条件下漂移的离子群经历了分离过程，该分离过程除其他仪器参数外，还基于各个离子的尺寸、结构和离子迁移率常数，决定了它们的漂移速度。然后，在终止撞击的法拉第板检测到离子。由于结构上的依赖性，可以分离异构(而不是对映体)离子，因此所得的离子迁移谱包含有关样品气体中存在的不同痕量化合物性质的信息。由于离子分子反应的发生和所形成物质的相对较低的分辨率，IMS 通常不用于鉴定未知化合物，而是越来越多地应用于已知挥发物的情况。它已广泛用于检测各种物质，包括气味物质，如本章相关部分所述，在各种应用领域中都有广泛应用，并且已普遍用于安全和安保应用中[78]。有关 IMS 技术的更多详细信息，有兴趣的读者可以参考文献中的评论文章[79,80]。

离子附着质谱仪(IAMS)是一种不太流行的 CIMS 技术，它利用锂离子(Li^+)附着物产生仅由准分子离子组成的质谱图[46,81]。该方法最初是通过将商业化的 APCI-MS 系统改为包含锂离子源来产生 Li^+，随后用于化学电离反应室[81,82]。Li^+ IAMS 已成功演示检测空气中痕量浓度的有机化合物，包括从草莓中检测香气化合物的方法[83]，这在本书中的 49.2.1 做了简要介绍。

5. 混合技术

在线 CIMS 技术的主要缺点是质谱中复杂气体基质(如食物顶空,呼气或环境气味)(即挥发物成分先验未知的混合气体)在化合物识别方面存在固有的困难。之所以如此，是因为从准分子离子的 m/z 值或其同位素分布模式可以推断出有限的化学结构信息，但这也是大多数情况下 QMS(安装在大多数 CIMS 仪器上)的质量分辨率较低(名义上)的结果。会导致各个同量异位化合物或片段产生一定程度的信号重叠。此外，由于对映体 VOC 无法通过 CIMS 解析，因此缺乏色谱分离步骤限制了对立体异构体气味活性化合物的阐明。

尽管可以通过使用不同的前体离子来辅助化合物鉴定，例如，在 SIFT-MS[84]和具有 SRI 功能的 PTR-MS 中用于鉴别异构体化合物[60]，或通过高分辨质谱系统如 PTR-TOF-MS 来分离同量异位化合物[47]，仅通过 CIMS 很难实现复杂 VOC 混合物中许多(或大多数)化合物的明确鉴定。尽管将气相色谱系统连接到 CIMS 仪器的混合技术的发展已经解决了这个问题，但是这始终以快速解析和实时检测为代价。在此给出了有关这些进展的简要说明，但鉴于迄今为止报道的在气味检测中的有限用途，因此将不进行详细讨论。

气相色谱(GC)是用于检测气味的分析规范标准。本书的另一章(第 16 章)详细讨论了该技术，但在此简要概述其主要功能。在气相色谱中，样品中的气相分子组分可通过色谱柱进行分离。该流出物包含间歇洗脱的化合物，这些化合物会连续转移到 MS 中，其中单个化合物会经历 EI(或 CI，取决于应用和分析意图)以产生与定义好的洗脱时间相匹配的特征质谱。作为保留时间或与参考化合物结合使用，或与碎片图谱用于高可靠性的化合物鉴定。数千种 VOC 的特征 EI 质谱图是众所周知的，并且可在多种库中获取，在定义的色谱柱中，多种化合物的保留指数也是如此。气味检测的另一个功能是 GC-嗅辨法(GC-O)，成为序列的信号流被分成两部分，其中之一通往检测器[一个 MS 检测器或一个火焰离子化检测器(FID)]，另一个通往气味检测端口，允许通过人工嗅辨方式进行检测，从而提供了一个额外的方式来评价每种化合物引起的气味特征。

GC-MS 提供的优势使该技术成为与在线 CIMS 技术耦合的明显选择。SIFT-MS[85]，PTR-MS[86-88]和 APCI-MS[89]的组合非常成功，但是过去这些系统的缺点是实时检测功能的固有损失。最近开发的另一种联用系统将短的气相色谱柱与 PTR-TOF-MS 仪器联合使用，可以在直接分析和气相色谱分析之间进行在线切换，由于该色谱柱的电阻加热能力达到一定速率(30℃/s)，因此可以在 90 s 内完成色谱分离[90]。这种 fastGC 方法在获取实时数据和实现化合物识别之间提供了一个有希望的折中方法。在上述研究中，该系统用于分析葡萄酒顶空中的挥发物，GC 分离表明葡萄酒顶空中存在几组异构体(香气)化合物。此外，当乙醇分子大量存在时，由于螯合了反应离子，这通常会在酒精饮料的 PTR-MS 分析中引起问题[91,92]，通过 fastGC 接口引导样品还提供了"去除"乙醇的额外优势；见 49.2.1 节，由于其较早从色谱柱中洗脱出来，因此随后可以无阻碍地检测到痕量香气化合物。正如最近的一篇评论文章[93]中所讨论的，该 fastGC-PTR-TOF-MS 系统也已被证明适用于其他饮料的顶空分析。另一种 GC 类型的接口方法是使用多毛细管柱(MCC)，类似于 IMS 中使用的[94]。MCC 由大约 1000 个紧密堆积的毛细管构成，用于平行分离气态样品中的挥发物。这种结构允许足够的气流直接与 PTR-MS 连接，而无须额外的载气流，并且每 5~10 分钟提供一次完整的分析。耦合的 MCC-PTR-TOF-MS 系统已成功证明了其许多应用，包括明确检测混合物中的单个醛，以及分离酮异构体[94]。

49.1.4　仪器性能

给定分析方法完成其预期任务的能力和适用性通常以其性能参数表示。出于本章的目的，这被定义为一种仪器在给定的浓度水平和动态测量范围内检测感兴趣物质的能力。下面定义了这里讨论的在线 CIMS 技术的最重要的性能参数。

1. 定义

灵敏度是对给定刺激信号响应强度的度量。对于此处讨论的在线 CIMS 技术，刺激是给定浓度下的挥发性有机化合物(VOC)，信号对检测系统计数单元的响应通常以电流[如毫安(mA)]形式给出，或者转换为以每秒计数为单位的响应频率(cps)或赫兹(Hz)。然后将灵敏度表示为每单位浓度的响应，因此通常以 cps ppb_v^{-1} 或类似的形式报道。在该表示法中，灵敏度表示以 cps 为单位的信号强度，用于检测目标化合物的 1 ppb_v 刺激。灵敏度与化合物有关，可以使用含有所关注化合物的认证气体标准品通过系统校准来确定[39]。

检测限(LOD)和定量限(LOQ)提供了可以可靠地检测和定量的最低分析物浓度的度量。在线 CIMS 仪器的 LOD 通常定义为最小气相浓度，在该浓度时，化合物会引起与仪器噪声有明显区别的仪器信号，后者是没有刺激的信号。通常，这是通过测量不含 VOC 分析物的空白气体基质来确定的，所产生的仪器信号称为噪声水平。LOD 通常以高于噪声的三个标准偏差给出，即信噪比为 3。相比之下，LOQ 被定义为可以在确定的置信度水平(通常为 95%)下报告的最低分析物浓度。LOQ 通常表示为 3.3×LOD，或空白标准偏差的 10 倍。对于此处描述的在线 CIMS，LOD 和 LOQ 依赖于 VOC，但主要在 ppt_v 到 ppb_v 范围内。

动态范围(测量)是线性比例的被测分析物的浓度范围到仪器的信号响应：对于此处考虑的在线 CIMS 技术，其范围从 LOD(ppt_v 或 ppb_v)到数十 ppm_v，超过该水平时，构成这些方法的离子分子反应可能会偏离规定的动力学，并产生不利的结果。

质量分辨能力是质谱仪的一个参数，表明区分不同精确质量离子的能力。普遍采用的质量分辨能力 R 的定义是基于质谱峰的半峰全宽（FWHM），由下式给出：

$$R = \frac{m_{nominal}}{\Delta m_{FWHM}} \tag{49.1}$$

对于标称峰中心在 $m_{nominal}$ 的两个离子，术语 m_{FWHM} 表示在 FWHM 处峰中心的最小分隔，这使得可以清楚地区分这两个离子。请注意，R 与质量有关，因此随所测化合物而变化。由于此处评测的在线 CIMS 系统通常装有四极杆质量过滤器（PTR-TOF-MS，PTR-ITMS 和 APCI-ITMS 除外），因此实现的质量分辨能力仅限于 1，即仅整数 m/z 被测量，因此名义上的同量异位化合物无法解析。PTR-TOF-MS 提供了一个例外，即 TOF-MS 提供数千的质量分辨能力（>5000~10000，取决于系统[95]）；因此，如果两个相邻峰的 FWHM 之间的间隔足够大，则峰的中心将产生被测质量，其准确度足以确定许多挥发性（气味）化合物的化学组成[49,50]。同样，以 IT-MS 为基础的系统，例如 APCI-ITMS，具备更强大的分辨能力，因此要优于 MS 系统[31,74,96]。

特异性与准确（明确）检测特定化合物的技术能力有关。由于使用了四极杆质量过滤器，因此存在 PTR-QMS 和 APCI-MS 中的问题，这限制了分离同量异位物质和异构体的能力（参见质量分辨能力）。尽管 SIFT-MS 还结合了 QMS，但可以通过交替使用 NO^+ 和 O_2^+（与 H_3O^+）反应离子进行分析物的电荷交换反应，将此类碎片产物分离达到一定程度的成功。PTR-SRI-MS 类似地使用这些替代反应离子以达到相同的效果。PTR-TOF-MS 具有高质量分离能力，可分离同量异位物质。因此，结合使用 PTR-SRI-TOF-MS 系统，原则上可以确定检测许多同分异构和同量异位的物种。增加的 fastGC 系统进一步扩展了此功能。APCI-ITMS 利用离子阱的 MS^n 功能在获得明确定义的条件下进行碎裂，许多气味物质表现出独特的碎裂，因此使其确定检测成为可能[97]。

准确性反映了报告的测量值与估计的真实值之间的接近程度。通常通过对系统进行校准来评估。在线 CIMS 的校准通常是通过重复测量带有经认证的纯度和浓度的 VOC 标准品来进行的，然后依次用不含 VOC 的载气稀释以产生浓度确定的分析物[39]。还采用了后一种方法来建立仪器的定量性能或灵敏度，即评估仪器对给定 VOC 刺激浓度的反应。对于此处包含的在线 CIMS 技术，已知和未知分析物的定量准确度范围大约为±10%~±50%，具体取决于该技术以及是否通过认证的 VOC 标准进行外部校准。从这个意义上说 10%的准确度表示报告的测定浓度在真实浓度的±10%以内。

精密度是在规定的和可重复的分析条件下重复测量参考样品之间的一致性的度量。或者，它是在恒定浓度下（例如，由于信号稳定性的波动）与连续刺激的偏离程度。由于通过在线 CIMS 系统进行的 VOC 测量通常不需要样品处理步骤，因此精度主要受采样模式的影响，例如动态顶空与静态顶空。精确度为 2%，表示给定恒定刺激信号的波动仅为 2%。

响应时间定义为实际发生变化后系统响应或检测到刺激变化所需的时间。该参数由进气系统的气流和到达检测区域之前样品气体在进气中的相应停留时间决定。对于此处通过评测的技术，这通常在几分之一秒的范围内，例如 PTR-QMS 报告为 85 毫秒[98]。

2. 在线 CIMS 可检测到的气味类别

通过使用此处介绍的灵敏的实时 CIMS 技术,可以适当地研究许多重要的气味(或更确切地说是气味物质)。通过各种前体离子进行的软电离赋予选择性,并产生相对简单的(简洁的)质谱图。对于经验丰富的用户来说,质谱解析和化学鉴定通常可以在不依靠专用 MS 软件的情况下进行,这是 MS 中 EI 谱解析通常所需要的,并且对反应方案和动力学参数的了解可以实时进行绝对定量,并通常具有可接受的准确性。与所有分析系统一样,每种技术都具有自己的优势和劣势。表 49.2 概述了通过 SIFT-MS、PTR-MS 和 APCI-MS 的三种在线 CIMS 技术通常可检测到的挥发物类别,并列出了属于这些类别的常见气味物质的例子。

表 49.2　通常由 SIFT-MS、PTR-MS 和 APCI-MS 检测到的挥发性化合物类别,包括示例化合物及其描述性特征气味属性

化合物类别	子群	示例化合物 [a]	典型的气味属性
无机物		氨气 [b]	氨、辛辣气味
		硫化氢	臭鸡蛋气味
醇类		甲醇、乙醇、丁醇	乙醇、酒糟气味
脂肪烃 [b]	烷烃	甲烷、乙烷、丙烷、丁烷、戊烷、己烷	无气味,汽油气味
胺类		三甲胺、腐胺、尸胺	鱼腥、腐烂气味
芳香烃	单环	苯、甲苯、二甲苯	汽油气味
	氯代物	氯苯、三氯乙烯	氯气、溶剂气味
羰基	醛类	甲醛 [b]、乙醛、己醛、辛醛、2-甲基丁醛	青香/青草、肥皂/柠檬味、麦芽气味
	酮类	丙酮、2,3-丁二酮	溶剂、黄油气味,甜味
羧酸		甲酸、乙酸、丁酸	酸味,醋味,酸败气味
酯类		乙酸丁酯、甲酸丁酯	果味,花香味
杂环烃	芳香族	吡啶、吲哚、粪臭素	粪便气味
氮氧化物 [c]		NO_2、N_2O	辛辣、刺激气味,甜味
酚类		苯酚、对甲酚	墨水味、粪便气味
有机硫	还原硫	二硫化碳	臭鸡蛋气味
	二硫代物	二甲基硫醚、二硫醚、三硫醚	腐烂的白菜、大蒜气味
	硫醇	甲硫醇	腐烂、硫磺气味
萜烯、萜类		异戊二烯	
	单萜	α-蒎烯、(R)-/(S)-柠檬烯、3-蒈烯	木质、柠檬、刺鼻气味,霉味
	倍半萜	石竹烯、金合欢烯	胡萝卜、欧芹、泥土气味

a 给出了常用的化合物名称。

b 由于它们与水的质子亲和力较低/相似,因此从 H_3O^+ 进行质子转移无法检测到的化合物。其中包括链长<C_8的烷烃、烯烃、链长<C_5的环烷烃、氨、甲醛等。可以通过使用 O_2^+ 和/或 NO^+ 进行电荷交换来检测此类化合物(如在 SIFT-MS 和 PTR-SRI-MS 中)。

c 无法检测到。

49.2　应　　用

本章中讨论的各种在线 CIMS 技术具有多种应用领域。由于它们对大多数挥发物灵敏，而与该化合物的气味活性无关，因此，它们用于检测无味 VOC 的方法不可避免地要比用于气味活性化合物的方法更广泛。本节重点介绍主要与气味活性化合物的检测相关的在线 CIMS 的选定应用，尽管出于完整性考虑，还包括一些无味的应用。研究包括与环境和气候相关的大气或生物 VOC 的测量，安全应用(如非法药物或化学战剂的检测)以及通过呼出气中挥发物进行的医学研究。

49.2.1　食品和气味

人类最常见、最频繁和最规律接触的气味分子是来自食物相关的气味，更恰当地说是芳香化合物。西方饮食传统上是一天三餐，相当于每年有一千多次定期和不同的气味接触，尽管在常规膳食中加入一些风味小吃或饮料。因此，采食是与气味分子的主要且最重要的相互作用之一，尤其是鉴于其主要是正向关联。读者可以参考本书的其他章节，以更深入地了解食品风味物质及其对我们作为消费者的生理和心理影响。

在过去的二十年中，与食物有关的香气研究一直是在线 CIMS 研究的重要领域。这些技术的实时检测功能使其成为调查与食物香气释放相关的动态变化的重要工具。不像 GC-MS 需要通过提取、富集和除水对样品进行预处理，在线 CIMS 技术最大限度地将采样频率限制在几分钟之内，因此无须进行预处理即可对样本进行分析，从而使采样频率达到几赫兹(Hz)，如上所述。

由于食品的本质和在线 CIMS 的调味品研究应用必然检测出气味活性(香气)化合物，并且这些技术在该领域的普及程度越来越高，因此无法对本小节中所有已发表的食品调味品进行全面的论述，对于食品调味品的论述本身就是一章。因此，这里将基于代表性的研究和近年来的重点做出概述。

使用在线 CIMS 进行的食品和调味品研究基本上可以分为两类：体内或鼻腔分析以及体外或顶空分析。前者可用于研究采食过程中香气释放的程度，将动力学与食品基质的特性、采食行为和消费者所感受到的感觉联系起来；后者为研究不同配方的香气化合物的保留和释放，解析降解过程(如在存储过程中的氧化和微生物变质)提供了机会，或者与多变量分析结合使用时，可以筛选出可能对其类型进行分类的产品、原产地或真实性。这些主要的研究方面将在此节的各个小节中进行讨论。在线 CIMS 的快速测量能力对于这两种类型的研究都是必不可少的。在体内研究中，在咀嚼食物期间会检测到食物基质中香气分子的释放，因此需要快速检测。同样，在线功能还允许通过顶空分析(如在不同条件下的存储过程中)来释放模型系统的风味，或者评估消费者在食用前所经历的香气成分(如葡萄酒的香味或新鲜调制咖啡的香气)。

20 世纪 90 年代中期，APCI-MS 的 MS-鼻接口开发的特定目的是使该技术可用于风味释放研究(49.1.1 节)；同样，PTR-MS 在同一时期的关键应用领域之一是食品风味释放。相比之下，SIFT-MS 只是在最近才看到其在风味研究中的应用，但同样迅速地成为风味释放研究的公认工具。尽管如此，APCI-MS 和 PTR-MS 还是实时风味释放的子学科，这可以从此处引用的相关研究中明显看出。

通常，APCI-MS 和 PTR-MS 用于检测单个香气化合物已被很好地表征(可能要注意的是，科学文献中已经报道了有关 SIFT-MS 的 VOC 检测的广泛研究，但是这些大多不是专门针对气味物质的)。科学文献中有许多论文报道了单个香气化合物在不同的仪器操作条件下以及信号响应线性度和检出限范围内的特征质谱(碎片模式)[30,99-103]。一些研究者已经在 APCI-MS 和 PTR-MS 之间进行了直接比较：一项这样的研究表明两种技术在挥发性香气化合物检测中的性能相似[104]，而另一项研究则声称 APCI-MS 与 PTR-MS 相比，有低 10 倍的 LOD 和宽 10 倍的动态范围[105]。后一项研究的作者将 PTR-MS 的较差性能归因于高度碎片化，但指出可以优化设置以用于香气化合物检测：此处可能要注意，后一项研究中使用的 PTR-MS 操作环境的确不是通常用于食品风味研究中的，这提供了警告，因为必须针对特定的应用领域优化本章中讨论的任何在线 CIMS 技术的设置。研究还比较了单独的在线 CIMS 技术与其他工具(如 GC-MS)，例如在干发酵香肠加工过程中使用 SIFT-MS 和 SPME-GC-MS[106]从肉和肉类产品中检测挥发物的情况[107]和干辣椒的香气分析[108]，据此发现，PTR-MS 产生的数据比起 APCI-MS，更与 GC-MS 和 GC-FID 相当。

1. 食物顶空分析

从食物系统释放香气的关键驱动因素是所讨论香味物质的疏水性和亲脂性。固体和液体食品基质的不挥发成分和流变性都具有很高的多样性，这决定了特定香气化合物在生产、储存、制备和采食过程中的释放程度。因此，在线 CIMS 在体外和体内研究模型和真实系统中的风味释放的潜力似乎是无穷无尽的。事实上，科学文献中报道的这类研究已经有数百种，因此这里无法完全被包含，只是呈现了一些典型的应用。

利用在线 CIMS 技术，对食品中单个化合物进行外部监测分析，例如，考虑到香气彰显或用作质量标记(如指示变质；请参阅食品变质的相关小节)，或通常用于分析食品顶空的整套挥发物，通常使用随后的多元数据挖掘分析来区分样品。在首先讨论了有关气味释放的基础研究之后，将简单介绍这两种应用模式。

风味成分和释放 顶空分析是确定香气化合物检测的关键参数之一，是从食物基质的固相或液相到顶空的气相分配的程度。这种现象是由许多因素驱动的，这些因素包括所讨论的挥发性化合物的理化性质以及从中释放出它的食物基质的配方。对于后者，相态(液体、固体、泡沫、凝胶)，pH，不挥发物(如糖、蛋白质、脂肪)的相对组成以及其他因素是决定性的(第 13 章)。方便的是，在线 CIMS 技术的快速分析能力，允许将这些因素间的关系进行有效区分。在液体环境下，采用专门的技术，对细胞进行剥离[109]，同时，在真实环境中(如咖啡)[110]，关于亨利定律常数的信息，可以解释在风味释放机制和味觉感知中的不确定性。此外，关于食物基质成分对香气释放的影响，也有相关的研究结论，对于许多模型配方，包括凝胶、淀粉和果胶凝胶及其相关性研究、糖类物质组成[111]，结构特性如强度[112]和弹性[113,114]，机械处理方式[115]，用于水包油乳化液，低黏度和高黏度水溶液含糖和膨松剂的碳水化合物模型系统中的作用[118,119]，以及缓冲液和温度的影响[106]，而在具有保湿性能的粉末中，则重点关注了蛋白质、脂类和碳水化合物组成[120]。还研究了与液体系统中碳酸化程度有关的香气释放程度，例如，在从人工喉咙模型中释放出六种香气化合物之后的 PTR-MS 测量中，结果证明了增加的碳酸化作用通常会促进香气释放，而香气释放的程度主要由化合物的理化性质决定[121]。

　　许多研究使用口部模型或人工喉咙来模拟体内情况，并使用在线CIMS监测气味释放。为上述水包油型乳剂研究而开发的口部模型[122]，还用于研究舌压和口服条件对挥发物释放的作用[123]。特别是在不同的咀嚼条件下监测释放了包括1-丁醇、丁酸乙酯和己酸乙酯在内的多种风味化合物。在恒定的舌压和咀嚼持续时间下，评估上下舌咀嚼的初始位置是否不同。PTR-MS 提供的实时数据显示，每一次舌头咀嚼后都有一个初始的味觉爆发(图 49.3)。还开发了其他口部模型系统，并用于研究咀嚼率和唾液对香气释放的影响[124-126]。在综述文章[127]和本书的另一章(第 14 章)中提供了使用口部模型模拟和研究风味释放的综合方法。

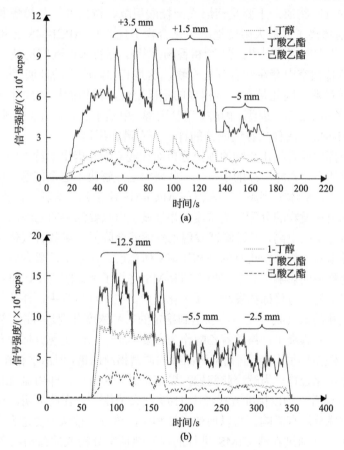

图 49.3　在恒压(25 kPa)和持续时间(0.4 s)期间，在口部模型中的向下(a)和向上(b)
舌头咀嚼期间，1-丁醇、丁酸乙酯和己酸乙酯的风味释放[123]
距离标签(以毫米为单位)指的是舌头的初始位置(正号位于表面以上；负号位于表面以下)

　　除了研究各种参数对模型系统中香气释放的影响外，在线 CIMS 还被广泛用于表征不同食物中的一般挥发性成分。这些大量研究的细节将不在这里讨论，而是给出了一个选择，以表明这类研究的多样性。PTR-MS 已用于红芸豆[128]、果汁和奶冻[129]的顶空挥发分析，用于评估红橙汁[130]、各种奶酪[131-133]、浆果[134,135]、苹果[136]、面包[137]、谷物棒[138]、咖啡[139-142]和红柿子椒[143]的加热处理与压力处理的不同。近年来，越来越多地使用 SIFT-MS 进行下列分析，如在橄榄油[144]中，在酵母发酵过程[145]、干发酵香肠[146]、大西洋鳕鱼[147]和帕玛森奶酪[148]中确定 VOC 排放的动力学。对不同的水果和蔬菜的组成挥发物进行了 SIFT-MS 顶空研究，科学文献也对此进行了评论和报道[149]，包括对草莓储藏过程中脂氧合酶(LOX)活性而形成的挥发物的研究，草莓的不同栽培品种或不同成熟度[150]，风干过程中切成薄片的胡萝卜[151]，西红柿和西红柿泥[152,153]，以及冷冻和解冻过程中的甜椒和墨西哥胡椒，或酶活性的影响[154,155]。此外，已经使用 SIFT-MS 对坚果、种子和谷物进行了研究，其中焙烤成为某些目标研究的重点，例如，研究焙烤过程中或在不同 pH 下的可可挥发物[156,157]或调查烤甜杏仁、花生和南瓜子的效果[158-161]。这样的应用可以扩展到食品加工；一个例子是 SIFT-MS 使用顶空分析来研究与罗勒和香蒜酱相关的影响特征的气味物质，主要是萜烯类肉桂酸甲酯、桉树油、芳樟醇和甲基胡椒酚，使用 NO+ 作为前体离子以最大限度地减少化合物干扰[162]。APCI-MS 已被用于研究多种食品，例如奇异果[163]、牛奶[164]、茶[165]和香肠[166]等。尽管未得到广泛使用，但 Li+ IAMS 仍被用于检测草莓顶空中存在的香气化合物，这是其实际应用的证明[83]。尽管质谱峰的鉴定主要基于质量数，因此带有一定程度的不确定性，但仍能检测到并鉴定出几种化合物，包括甲醇、乙醛、乙醇、丙酮、丙醇、甲基丙醇、甲基丁醇，证明该技术如 APCI-MS、PTR-MS 和 SIFT-MS，在食品香气成分的评估中有潜在用途。

酒精饮料中挥发性香气化合物的顶空分析对在线 CIMS 提出了特殊的挑战，因为乙醇浓度的变化以及质子化乙醇产品的干扰。一些研究已经解决了这个问题。使用乙醇模型系统并通过吹扫气将乙醇添加到源中，来评估 APCI-MS 测量此类饮料的能力[167]。所开发的系统用于测量选定挥发物的分配平衡浓度，并且显示出只要源中的乙醇浓度高于一定阈值，就能实现一致且定量的电离，经过测试发现乙醇溶液会降低大多数香气化合物的分配系数。随后在动态条件下对乙醇系统进行的 APCI-MS 研究已经探索了乙醇含量、温度和气体流速对香气化合物释放的影响[168,169]。使用 PTR-MS 进行了类似的尝试，将质子化的乙醇用作反应离子，用于随后与目标挥发物的质子化反应。在一项研究中，样品的顶空通过汽提池稀释到乙醇饱和的氮气载气流中，以达到稳定的乙醇浓度并促进 H3O+ 初级离子转化为质子化的乙醇和乙醇簇离子，伴随着乙醇作为主要离子，从而实现目标挥发物的后续质子化反应[92]。该技术已成功用于不同葡萄酒品种的质谱指纹图谱，但由于存在复杂的质谱图，因此很难单独鉴定化合物。为解决此问题，提出了另一种方法，即用氮气将样品顶空稀释为 1：40 倍，目标香气物以标准方式经由 H3O+ 被离子化[91]。在此证明，顶空中的乙醇浓度对葡萄酒顶空成分没有影响，与以前的方法相比，该方法被认为更适合常规应用。

质谱指纹图谱　通过在线 CIMS 进行的挥发性顶空分析或质谱指纹图谱已成功用于区分食品。在此类研究中，迅速记录了样品顶空的全部挥发物谱，并对所得数据进行了多元分析，例如偏最小二乘判别分析(PLS-DA)、主成分分析(PCA)或方差分析(ANOVA)等。这些功能强大的统计工具可在大型数据集之间建立关联，例如提供相似度或差异度的指示。通过这些方法，可以根据其顶空挥发物特征对样品进行分类，以实现不同的目标，包括区分不同的地理来源或具有受保护的来源指定(PDO)状态的产品、预测感官印象或区分各种食品或特定食品的类型。下面给出了每种应用的示例。

根据地理来源来区分产品的做法是基于这样一个前提，即这些产品在生长、饲养或生产过程中，其挥发性特征成分或多或少受到许多因素的影响。对于植物性食品，这些因素包括土壤条件和生长气候、植物或水果的基因型以及成熟条件。对于动物产品，其他因素也可以发挥作用，包括品种、饲养方式（这也取决于饲料和影响其生产的因素）以及饲养程序。植物性食品和动物性食品的挥发性特征都受到后续加工的影响，因此显然有许多因素在起作用。在线 CIMS 技术已经证明，带有化学计量数据处理的质谱图可以成功地应用于食品，以区分不同的地理来源，这有可能作为一种快速、无损的食品认证工具，用于与 PDO 状态或欺诈性生产相关的评估。仅举几例，例如，腰果[171]、蜂蜜[172,173]、伊比利亚火腿[174]（SIFT-MS）、橄榄油[175]、干腌火腿[170]、咖啡[140,176]、葡萄酒[91]（PTR-MS）、斯蒂尔顿奶酪和切达干酪[177,178]和苹果[179]（APCI-MS）。上述关于干腌火腿的研究涉及对 138 个样品进行快速 PTR-TOF-MS 顶空分析，这些样品包括一式三份的 46 种火腿，这些火腿来自四种类型（伊比利亚、帕尔马、圣丹尼尔和托斯卡纳）[170]。质谱指纹共有 700 个峰，这些峰经历了 PCA 以及随机森林和判别性 PLS，所得得分图表明样品的分离度相当好（图 49.4）。此类研究证明了质谱指纹图谱在潜在地筛选食物 PDO 状态方面的效用。

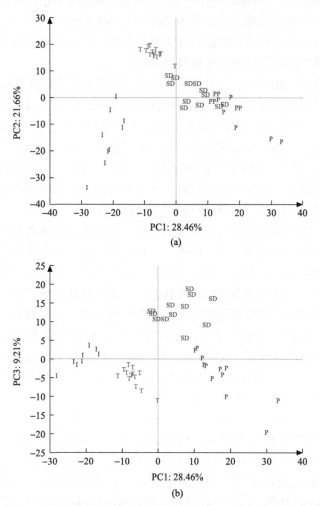

图 49.4　基于四种火腿的 PTR-TOF-MS 质谱图的主成分分析（PCA）得分图

I-伊比利亚；P-帕尔马；SD-圣丹尼尔；T-托斯卡纳，代表 (a) 第一与第二和 (b) 第一与第三主要成分。

对 46 个火腿样品三次重复进行的顶空分析产生了 700 多个质谱峰。PCA 可以很好地区分样本

　　使用质谱指纹技术预测感官特征是一项强大的技术,也是在线 CIMS 潜在应用的关键领域,因为它有可能使制造商根据挥发性(香气)顶空曲线快速评估产品质量。传统上,此类评估是由训练有素的感官评估员执行的,但行业希望使用在线分析仪器来监控生产过程中(如咖啡烘焙过程中)的感官质量,或用作快速样品通量的筛选工具,在生产线上标记有问题的样品(如由于氧化而导致的香味受损)。它也可以用于更基础的研究中,以确定相关产品的某些一般香气成分。

　　通过在线 CIMS 顶空分析进行感官分析已经在一些案例中被报道。在一项有关马苏里拉奶酪的研究中,多变量统计数据分析表明,CIMS 方法和经过训练的感官小组均提供了可比的样品描述[133]。通过 PTR-MS 顶空数据预测了意式浓缩咖啡的感官特征,并在很大程度上反映了熟练的感官小组报告的风味[139]。APCI-MS 在啤酒上也有类似的用途,根据关键的香气化合物[180]对样品进行区分,或在瑞士奶酪中,根据其挥发性有机化合物(VOC)特征和相关气味活性值(OAV)区分奶酪[181]。SIFT-MS 顶空分析已有类似地应用,例如,研究全麦通心粉中减钠奶酪酱的香味相互作用,从而将 SIFT-MS 检测到的挥发物与带有和不带有酱料的意大利面的味道属性进行了比较[182]。

　　在筛选方法方面,SIFT-MS 已用于区分从不同花朵上产的蜂蜜[183]。PTR-MS 已被用作通过挥发性物质的顶空分析快速评估橄榄油氧化变化的潜在工具,从而对质谱数据进行多变量分析,生成的模型可以可靠地将油分类为特级初榨油或有缺陷油。在质谱图中,有许多峰(主要是醛)与油的过氧化物值相关,可以独立测定,因此表明这是测定过氧化物的合适的无损工具[184]。类似地,基于释放到顶空的挥发物(主要是硫化合物以及羧酸)对瑞士奶酪的熟化进行了研究,由此发现,在奶酪的固化过程中丙酸的形成与关键风味冲击性硫化合物(如二甲硫醚和甲硫醇)的产生同时发生[185]。

　　食物变质　食物变质时会散发出难闻的气味,这通常是表明食物不再适合消费者食用的首要指标。这些气味是微生物、酶促、氧化性或其他降解性食物基质分解和代谢的副产品。与其他应用一样,在线 CIMS 技术特别适合调查食物变质,因为它们可以进行连续、无损的分析,因此可随着时间的推移监测此类挥发性臭味变质代谢产物的发展。尽管该法合适,但很少有研究报道使用在线 CIMS 进行肉类腐败测量,且这些研究仅涉及 PTR-MS 或 SIFT-MS;在科学文献中没有发现使用 APCI-MS 检测挥发性腐败代谢产物的报道。此类研究的主要重点是识别可用于快速评估食品质量的潜在挥发物变质标志物,并最终根据特定化合物的排放来开发智能食品新鲜度指标(FFI),该指标在食品已达到保质期结束且不应再食用时发出信号。

　　在技术发展成熟之后不久,出现了通过 PTR-MS 对肉类变质的研究,并针对包装条件、细菌种类和菌落生长相关的各种肉类进行了一系列研究。关于该主题的第一篇 PTR-MS 出版物涉及在有氧或厌氧(真空包装)条件下,在 13 天的存储期内测量牛肉、猪肉和家禽肉的 VOC 排放曲线[186]。连续几天对单个样品的顶空进行分析,以创建不同肉类和储存条件的 VOC 曲线。尽管发现的化合物显然比所报道的要多,该论文仅列举了少数几种化合物,包括 2-丁烯醛和 C_4 酯,与预期的一样,它们均随存储量的增加而增加。在空气包装和真空包装的样品之间,还观察到了各个化合物的生成差异。后续进一步研究了变质过程中肉上生长的特定微生物种类[187]。再次发现变质过程中产生了大量 VOC,

并且浓度升高，这与细菌数量的增加相对应。检测到的异味化合物包括甲硫醇、二甲基硫醚、硫代乙酸甲酯、二甲基二硫醚和 2,3-二甲基三硫醚等含硫化合物。在这些化合物中，发现二甲基硫醚与细菌变质的相关性最高。在一项补充研究中，同一位研究人员调查了猪肉的臭氧处理是否会影响微生物的生长，并使用二甲基硫醚来确定后者[188]。尽管已观察到该化合物在暴露于臭氧的猪肉(与氧气或未经处理的样品相比)顶空的浓度要低得多，但不管怎样处理，细菌数量都很高。与食物变质有关的另一项研究着眼于降解肉类的不同细菌培养物中的挥发性排放物，即大肠埃希氏菌、福氏志贺菌、肠道沙门氏菌和热带念珠菌[189]。该研究利用 PTR-MS 通过在线采样设置重复连续监测四个样品。发现总的质谱图以及各个 VOC 的时间动态因微生物的种类而有很大的不同。然而，另一个发现是细菌数量通常与 VOC 丰度不相关，这主要是由于随时间变化，浓度变化很大，并且与任何此类研究中的离线测量相比，都需要实时进行分析。

利用 PTR-MS 从不同的角度对牛奶的变质进行了研究。在一项研究中，在 17 天的时间内对微生物引起的新鲜牛奶变质进行了跟踪，将叠氮化钠处理的样品(抑制细菌生长)与未处理的样品进行了比较[190]。根据一系列挥发性有机化合物，这些挥发性有机化合物在牛奶样品储存期间顶空的浓度与细菌数量相比有所增加，据报道，只有在达到一定的微生物活性阈值丰度后，牛奶才会出现变质的迹象，这对发展食品新鲜度指标具有潜在的实用性。在另一项研究中，通过 PTR-MS 在线监测牛奶的光氧化变质，与未暴露的样品相比，几种化合物在牛奶的光照过程中显示出明显的增加[191]。后续的试点研究为使用 PTR-MS (或任何在线 CIMS 技术)探讨此类反应的动力学提供了比离线分析方法更详尽的案例。PTR-TOF-MS 同样已用于牛奶的动态顶空分析，不过不是为了变质研究，而是用于研究乳酸发酵[192]。顶空测量是通过不连续采样(即非恒定监视)进行的，但是仍然提供了具有约 20 分钟时间分辨率的半动态数据。发酵过程中观察到了许多关键的香味或异味化合物，包括二乙酰、甲硫醇、二甲基硫醚和糠醛。

最近的研究表明，基于 SIFT-MS 的在线采样功能的优势，SIFT-MS 可用于食品变质监测。在改良的气氛下包装牛肉是此类试验的重点，其中 SIFT-MS 用于监测脂质氧化过程中产生的 VOC[193]。这些试验的显著结果是，与互补的 SPME-GC-MS 分析相比，SIFT-MS 能够在较早的阶段检测肉类样品中的差异，从而突出了其对脂质氧化监测的潜在适用性。在对甜椒的乳酸细菌变质的另一项研究中，SIFT-MS 用于监测在不同气氛下包装样品顶空的 VOC 组成[194]。与其他常规方法相比，使用 SIFT-MS 进行此类分析的明显优势是无须打开包装(可能会改变挥发物的浓度)进行分析带来的便利，但此外，该分析还模拟了消费者在打开包装时所经历的感官印象。

有报道利用 SIFT-MS 对鱼类和甲壳类动物的微生物变质进行了研究，特别是虹彩鲨鱼片[195]、鳕鱼片[196]和褐虾[197]。在前者中，开发了一种 SIFT-MS 方法来监测包装鱼片上细菌的生长和代谢产生，无论是在空气、真空包装还是改进的大气包装(MAP)下，用 SPME-GC-MS 进行补充 VOC 分析[195]。观察到在变质过程中几种挥发性物质(包括具有气味活性的候选物质)会增加，特别是乙醇、2,3-丁二醇、二乙酰、丙酮、乙酸乙酯、乙酸和硫化合物。在上述的后一项对褐虾的研究中，对样品接种了特定细菌菌株后，每天通过 SIFT-MS 监测样品顶空中选定的 17 种挥发物[197]，包括醇、酸、酮、胺和硫化合物，结果发现顶空中 VOC 浓度和菌落形成单位呈现出相似增加。为比较酸败感觉[198]或确定抗氧化剂[199]，SIFT-MS 还被开发为监测和建立油脂中氧化状态的潜在工具。

2. 食物气味鼻腔分析

食用食物时，咀嚼和吞咽过程会从食物基质中释放出香气成分。当暴露于具有气味活性的挥发性化合物时，它们在呼气过程中通过鼻腔的鼻咽转移会引起嗅上皮的反应。这种简化的解释没有考虑到此过程的复杂性，例如各个香气化合物的物理化学性质[200]、咀嚼过程的变异性、唾液的组成、口腔和鼻腔的解剖结构[127]或化合物通过鼻腔的可能生物转化[201]；这些现象将在本书的其他章进行详细讨论。就本章而言，在香味研究中，假设食用食物时鼻腔的呼出气，通常反映了到达嗅裂并在消费者中引起香味印象的挥发性香气化合物的组成和数量。在线 CIMS 工具使鼻息分析成为可能，鼻息是指直接从鼻孔排出的气体，被认为是鼻后香气感知的代表。此方法有一个很重要的需要注意事项，即在鼻息中检测到的气味浓度未必反映气味强度印象，气味强度印象由气味阈值和气味的效应强度以及大脑对多种感觉刺激的非线性或累积性综合决定；的确，APCI-MS 在鼻息分析中的应用提供了明确的证据，证明了非挥发性和挥发性香味化合物之间的感知相互作用，从而表明薄荷香味口香糖的香味感受取决于唾液中蔗糖水平的时间变化曲线。而不是鼻呼出气的薄荷酮浓度，薄荷酮浓度保持稳定，而蔗糖和香味感知水平一致下降(图 49.5)[202]。在其他食品基质(如不同配方的草莓味酸奶)上也进行了类似的研究，据此，通过 PTR-MS 测量，果味化合物丁酸乙酯、(Z)-己-3-烯醇和 3-甲基丁酸乙酯的香气释放被甜味物质抑制[203]。

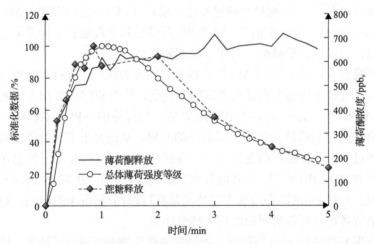

图 49.5　咀嚼口香糖过程中薄荷酮释放的 APCI-MS 鼻息分析[202]
薄荷酮强度虽然很高，但薄荷的感觉强度却遵循蔗糖释放曲线

APCI-MS 的多项独立开发使其特别适合于测量鼻后气味释放。前面讨论过的[25,26](见49.1.1 节)用于将呼吸气体直接注入 APCI-MS 电离室的早期接口结构，为 Taylor、Linforth 及其同事[30]的后续开发通过鼻息分析来测量风味释放铺平了道路。其他的 APCI-MS 开发，以优化通过呼吸的香气释放特性，包括将 IT-MS 与新型样品气体注入系统结合使用[31]，

以及基于 APCI-MS 时间分辨数据的表征释放数学模型的开发[96]。

使用上述 APCI-MS 系统[204]，研究了摄入水溶液后六人小组呼吸中几种挥发性香气化合物的持久性。发现所有小组成员的持久性程度相似，其中疏水性和蒸气压是影响香气化合物体内行为的关键因素。还通过使用 APCI-MS[205]对薄荷糖释放的薄荷酮进行了鼻息分析，以研究个体间的差异程度。根据严格的口腔运动规程测试的 68 名受试者中的薄荷酮释放主要受吞咽作用和口中甜味降解程度的影响，这与蛋白质，特别是唾液中酶的含量有关。相比之下，发现舌头和颌骨的运动对香味释放没有影响。还进行了其他使用 APCI-MS 鼻息分析对香味释放动力学进行建模的尝试[206]，从而发现个体间的差异非常大，这主要归因于受试者之间的吞咽和呼吸方式不同，因此需要鼻息数据进行风量校正，以便具有可比性。研究得出结论，在鼻腔中发现了香味分子主要来自吞咽后残留在喉咙中的液体。使用 APCI-MS 表征香味释放的相似研究得出相似的结论，主要香味印象是由于咽部而不是嘴部吞咽而产生的，吞咽后立即通过呼气将富含香味的空气输送到鼻子[207]。APCI-MS 已被用于研究柑橘味模型饮料中的味道-香气相互作用，方法是通过遵循香气释放曲线，以及由一个经过对多种酸和糖类型培训的小组的感官分析[208]。这项研究强调了由于糖类型而不是物理因素引起的香味感知的差异，这表明感知过程涉及不同的受体或受体机制。

使用 APCI-MS 研究了食物基质组成的个体差异和对鼻后香气释放的影响[209]。该研究结果是由 30 位食用 9 种不同食品的受试者组成的小组进行的，结果表明，鼻后香气释放的程度是特定于个体的，并且相对独立于所食用食物的类型，无论食物是半流质还是固态，受试者都表现出较高的鼻后香气释放曲线。然而，有人建议，可以定制食物以增加鼻后香气刺激，以期可能增加饱腹感，从而减少摄入量，这与目前西方世界肥胖的流行有关[210]。

PTR-MS 已被广泛应用于口内香气释放和鼻后感知的研究。两项此类研究评估了(风味乳清蛋白凝胶的)质地如何影响香气释放和感知[211,212]。另一项研究以薄荷味的碳酸饮料为例，比较了三叉神经、味觉和香气的感知，从而发现向饮料中添加二氧化碳会诱导理化修饰以及与味觉和香气的感官相互作用[213,214]。

通过使用 PTR-MS 的鼻息分析，将调和草莓香气的奶冻模型用于研究与口腔加工和食物质地的相互作用有关的香气释放[215]。接受自由咀嚼方案的评审小组成员的食用行为可以根据吞咽时间分为几类，相对快速吞咽的受试者从较硬的奶冻中释放的香气比从较软的奶冻中释放的香气更高，而吞咽较慢的那一组从较软奶冻中显示出较高的香气释放，进一步突出了个体间的差异性。同样，用 PTR-MS 对香蕉的逐口香气释放进行了研究，并将成熟和未成熟的香蕉进行了比较[216]。特别是对成熟香蕉的两种特征风味影响化合物，即乙酸异戊酯和乙酸异丁酯与未成熟香蕉的两种特征风味影响化合物 2-E-己烯醛和己醛进行了监测和比较。

咖啡的流行性和丰富的香气复杂性使其成为使用在线 CIMS 进行体内和体外研究的关键食品。一项结合体内 PTR-TOF-MS 鼻息分析测量感知时间优势(TDS)的研究，调查了焙烧程度和添加糖对特浓咖啡香气释放和感知的影响[217]。发现焙烧的程度对香气释放和感知都具有较高的影响，而添加糖尽管对咖啡的感知风味有影响，但对前者没有影响，因此突出了感官上的一致性作用。在一项 PTR-MS 研究中对鼻腔香气释放测量数据与感官数据进行了类似的比较，比较了 PTR-MS 数据与使用严格的呼吸和消耗规程进行的时间强度感官释放的感知测量[218]。

尽管最近才将 SIFT-MS 应用于食品和风味释放监测，但该技术已被证明适用于鼻息分析，例如从黏果酸浆和不同品种的番茄（与顶空的香气释放相比）[219]或加工后的草莓[150]香气释放情况。

49.2.2　环境气味

气味对人类产生一系列生理和心理影响，涵盖了从愉悦和放松到刺激症状和负面健康影响的整个范围。通常公认的是，长时间暴露于负面环境气味中会引起各种反应，从情绪压力（如焦虑、不安或抑郁）到身体症状，如头痛、眼睛和呼吸道刺激、呼吸系统问题或恶心[220]。环境中的恶臭可能会降低受影响者的生活质量，使人难以忍受，并引发工人和居民的抱怨，因此需要设施管理部门采取缓解措施，地方当局制定监管法案[221,222]（第21 章）。然而，在评估社区和个人气味暴露的特征以及气味物质的可变气味感知阈值方面的困难阻碍了气味缓解措施。据报道，气味烦扰与空气污染物（无论这些污染物是否为气味物质）之间的心理-生理联系很复杂，涉及多个因素，包括性别、年龄、健康状况、社会、地理和环境背景[223]。负面健康影响通常不能与环境气味的化学成分相一致[224]，包括环境气味的化学成分或浓度，因为气味特性、暴露、敏感性和个体反应（如烦扰或感官刺激）之间存在多方面的关系[225]。总的来说，已报道的烦扰事件与空气污染物浓度之间的联系，被证明存在剂量响应曲线[226]，但这种关系是复杂的，严重依赖于评估的嗅觉质量和快感情况，如喜欢或不喜欢[227]，而发作的频率和强度有助于总体气味影响评估。由于气味的浓度比引起上呼吸道刺激的浓度低得多，因此在暴露的工人或社区中，嗅觉和刺激之间存在混淆：这个因素再加上个体对气味的敏感性和反应的差异，使不良影响或烦扰的评估复杂化[225]。

一种环境气味可能由数十种非气味物质和少数具有低气味阈值的化合物组成，而在这两种类别中，它们的浓度通常都处于痕量水平（即气体体积混合比的范围从 ppm$_v$ 下降到 ppt$_v$ 或更低）。通常通过不连续的主动或被动采样进行室外和室内化学分析气味监测，然后在实验室进行离线分析。这大多是通过热解吸（TD）与 GC 分离和 MS 检测（TD-GC-MS）联用，结合嗅觉检测端口（就像在 GC-MS/O，第 16 章）等技术来实现。为此，将带有异味的离散环境空气样本收集到 VOC 吸附材料上，通过便携式泵，填充有多孔聚合物吸附剂 Tenax TA 或活性炭（Carbotrap/Carbopack）等吸附树脂的管道吹扫样气[228]，或被动收集到多孔材料或纤维上，例如，Radiello 扩散采样器[229]或顶空 SPME 纤维[230]。这些方法可以在几分钟到几天的时间内对 VOC 的气味进行时间平均定量。然而，在短期或急性恶臭事件发生时，通常需要立即捕获气体样本。瞬时气味采样的常见替代方法包括将一定体积的样气捕获或采集到真空惰性气体滤罐（如具有钝化内表面涂层的苏玛罐或硅烷化苏玛罐）中，或通常由聚氟乙烯（Tedlar 袋）或聚对苯二甲酸酯共聚物（Nalophan NA）制成的聚合物材料袋中。关于这些取样方法在加臭剂回收、样品稳定性和假象问题方面的相对效率的有用比较，已有相关报道[231-233]。使用最广泛的 VOC 样品收集和离线分析协议是美国环境保护局(EPA)的《环境空气中有毒有机化合物的测定方法》(TO 方法)，通常称为 US EPA TO 方法组[234]。这些定制分析规程对于理解环境和室内气味至关重要，因为 GC-MS 技术能够分离、化学定性和定量分析复杂混合物，尽管 GC-MS 技术在分析每个 TO 方法验证的整套目标 VOC 化合物类别中有一定的局限性[235]。然而，明显的是，这些方法容易产生明显的采样伪影和分析干扰，而且许多活性较高的气味物质(尤其是酸和羰基化合物)可能不够稳定，无法承受取样、样品处理和热解吸，可能在到达分析仪前就发生化学转化了。一般来说，储存过程中的损失和稳定性问题限制了上述所有取样方法中 VOC 的回收率[236]。此外，由于工作密集和不连续性的原因，这些方法不适用于在野外或室内对 VOC 源进行长期、高时间分辨率和定向监测，而这通常是解决气味投诉的理想方法。快速、可现场部署的设备(如手持式 GC-MS 系统)的开发已部分克服了不连续顶空、吹扫捕集或样品捕获方法的缺点[237]。但是，由于内置气相色谱柱的局限性，该设备在复杂环境气味问题上的应用受到了一定的限制，其灵敏度低于实验室气相色谱-质谱仪(GC-MS)，且局限于可在痕量水平上监测的挥发性有机化合物。为了提高灵敏度，需要进行某种形式的样品预浓缩，而化学鉴定和准确定量仅限于运行参考标准的化合物。

　　长远来看，美国 EPA TO 方法组中概述的不连续采样和离线分析方法不能提供足够的时间分辨率，无法捕获周围空气中气味化合物的实时波动，并且容易受到分析假象的影响。尽管通过现场便携式 GC-MS 和开放式傅里叶变换红外(OP-FTIR)光谱技术已部分克服了这些缺点，但只有在气体危害化合物已知的情况下，才能获得最佳性能，因此仪器可以用作源监测工具。在线 CIMS 技术的优势在于，不管感兴趣的化合物是否事先已知，都能提供环境空气成分的瞬时数据。由于缺乏所需的样品处理、高时间分辨率和更高的灵敏度以及可检测到的广泛的非特异性 VOC，在线 CIMS 技术可在投诉时对样品空气中的未识别化合物混合物进行高时间分辨的记录，因此可以用作快速筛选工具。然后可以对生成的 VOC 浓度数据集进行后期分析，重点是为 VOC 指纹图谱选择特定离子。但是，经过评测的技术主要是用于快速监控和气相指纹图谱的工具，而不是用于未知化合物的化学结构解析。尽管这些可以提供有关目标分析物的分子量信息，但分离同量异位分析物和异构体(或特定的气味立体异构体)以及明确确定未知分析物的化学特性的能力仍然较慢，且是特定 GC-MS 技术的强项。

　　在本节中，将讨论在线 CIMS 作为即时监测室内和室外复杂空气混合污染物的研究工具的现状，其范围是描述 CIMS 在 VOC 或以 VOC 为标记的环境气味中的应用，因此将省略通常使用高度特定的检测器或传感器进行的无机气味物的测量。但是，如果不提及 CIMS 技术与电子鼻(e-noses)技术的相对地位，那么关于环境气味检测的论文将是不完整的，电子鼻是一种对多种气味敏感并采用复杂算法进行模式识别的半特异性气体传感器阵列；本书另一章(第 51 章)详细概述了该技术的工作原理和性能。

　　在线 CIMS 仪器是一种研究工具，能够显示采样空气中分子和结构的化学信息，而与构成 VOC 的气味属性无关，电子鼻是一种快速、半专一的筛选工具，旨在检测从一开始就知道其气味特征的选定挥发性有机化合物[238]。本章讨论的在线 CIMS 技术没有具体说明，因此是用于未知气味的复杂混合物的理想分析工具。而且，潜在的软电离过程几乎不会产生母离子碎片,从而更容易从得到的质谱图推导来获取化学信息。这些技术产生的质谱基本上代表了目标分子或混合物的气相指纹图谱,而不管其气味活性如何。为了完整性,必须注意,当已知特定气味或有限范围的 VOC 会在某些区域中从环境空气中排放,但其来源分配未知时,可通过应用 OP-FTIR 实现最接近的在线和连续痕量水平监测。最近,这种光学光谱技术已成功应用于沿着不同的光路连续监控 VOC,从而通过针对一组有限的气味物质或无味羽流示踪剂(如甲烷)来识别多种气味源[239-241]。

1. 室内气味

室内环境中的气味可能会产生感觉刺激和烦扰,从而导致心理影响,包括工作分心和随之而来的生产力损失[242]。室内气味将在本书的另一章(第 52 章)中进行深入讨论。此处不做细述,而是讨论监测此类气味的 CIMS 技术应用状况。

人们主要根据室内空气的气味和对相关健康风险的感知来评估室内空气的质量。导致室内气味的主要因素是人体气味(即体臭)、环境烟草烟雾、建筑挥发性物质、生物气味(特别是霉菌、人类和动物衍生的物质)、空气清新剂、香水和清洁产品的残留物。这些大多以复杂的混合物形式存在,从而使气味问题的总体评估复杂化[243]。

需要注意的是,许多主要从室内源排放的挥发性有机化合物,如建筑材料、空调、家具、地板和地毯材料、清洁产品、打印机等,并不具有气味活性[244]。因此,尽管它们可能是引起全身不适的原因,但通常认为感觉到的气味才是罪魁祸首。此外,即使建筑物内某些具有气味活性的 VOC 的浓度远远低于其报告的气味阈值,低于检测阈值水平的复合效应也可能导致情况恶化,从而引起投诉[245,246]。此外,VOC 和氧化剂(如臭氧、氮氧化物与电磁辐射)之间的化学反应,会产生氧化的 VOC[247]和次生有机气溶胶(SOA)[248],这可能是所报道症状的原因,然而,到目前为止,吸附在颗粒上或形成 SOA 的有毒化合物的总体影响尚未阐明[249]。

考虑到上述论述,在线 CIMS 已在许多近期研究中对室内环境气味或相关刺激性VOC 进行了调查。CIMS 技术可以在投诉时提供空气成分的即时分析,但是为了明确地识别和表征活性气味,必须将其与离线技术(通常为 TD-GC-MS/O)结合使用,以进行详细的化学识别及对质谱中测得的化合物进行定量,以解决在线 CIMS 系统无法区分的异构或同量异位化合物的问题。

在作为室内空气污染特定标志的气味活性化合物中,甲醛是一种有大量文献记载的室内刺激性物质[250],具有特征刺激性气味[251]。甲醛可以通过所有描述的 CIMS 技术进行测量,尽管在某些情况下,由于试剂和分析物的质子亲和力相似,当使用水合氢离子进行质子转移反应时,其检测受到干扰物、湿度和低灵敏度的影响(图 49.1 和表 49.2)。PTR-MS[252]就是这种情况,尽管优化的操作模式可以显著提高其在低绝对湿度下在线甲醛检测的性能[253]。

常见的萜烯,如柠檬烯、α-蒎烯、香茅醛、香叶醇和芳樟醇是几乎所有清洁剂或环境空气清新剂的主要气味成分。它们很容易与臭氧发生反应,由此产生的氧化产物具有很高的刺激性[250,254],部分原因是甲醛的形成,并且同样具有气味活性[255]。因此,柠檬烯浓度较高的臭氧环境($\geqslant 0.1 \, mg/m^3$)(如办公环境)中,可能会引起臭氧和萜烯反应形成产物[256]。在环境模拟箱(如聚四氟乙烯箱和氟塑料袋)中,通过 PTR-MS 测量了几种萜烯(单萜烯、倍半萜烯和含氧萜烯)与臭氧反应的气相氧化产物[257,258]。跟踪了甲醛、乙醛、甲酸、丙酮、乙酸和诺蒎酮等产品浓度(初步由 m/z 确定)的时间演化,但未对这些挥发物的潜在气味和刺激性进行讨论,因为这些研究的基本原理是关于室外和室内大气化学和气溶胶形成的动力学。同样,APCI-MS 也用于室内研究,以跟踪不同臭氧比下萜烯氧化过程的动力学[259],重点关注与气溶胶形成相关的气相示踪剂的形成动力学以及随后的建模。已有关于通过 SIFT-MS 对 H_3O^+、NO^+ 和 O_2^+ 与各种单萜类进行离子分子反应的背景研究[260],研究了将这些离子用作主要反应物通过 SIFT-MS 检测单萜类的可行性。尽管在研究的单萜的混合物中,每种成分的浓度只能通过假设平均速率常数和产物分布从 SIFT-MS 质谱中近似得出,但发现单个单萜与每种离子的反应以碰撞速率进行。

　　尽管检测到的有机化合物的浓度接近或低于其报告的气味阈值,但许多建筑材料始终被认为是有气味的[261]。尽管 PTR-MS 在该应用领域中是一种优越的技术,本章概述的任何在线 CIMS 技术都是确定建筑材料 VOC 排放特征的有效工具[262]。PTR-MS[263]报道了一种直接测量建筑材料排放的方法,其结果与人类对气味的可接受程度的测量结果密切相关,从而可以对材料的释放模式进行指纹分析和化学计量分析。使用 PTR-QMS 和 PTR-TOF-MS[264]成功地对建筑产品进行了一系列排放测试以及油漆添加剂释放的表征。与 PTR-QMS 相比,由于 PTR-TOF-MS 仪器具有更高的灵敏度和特异性,因此被认为是更适合获得 VOC 数据集的工具,该数据可进行多变量分析以明确室内 VOC 的复杂模式,或用于预测无法直接测量的参数。此外,经证明,PTR-MS 提供的实时检测能够比 TD-GC-MS 更详细地揭示释放动力学,如新涂涂料中三甲胺的排放[264](图 49.6)。

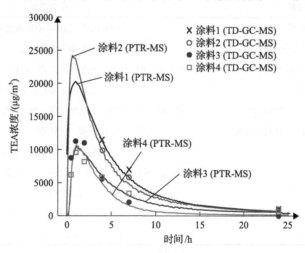

图 49.6　PTR-MS 和 TD-GC-MS 对四种新涂油漆中三甲胺(TEA)释放的分析比较[264]

　　在该领域中另一个所选的但并非详尽的应用实例是通过 PTR-MS[265]评估香气和香薰蜡烛燃烧产生的挥发性 VOC 的排放特性,其中揭示了燃烧开始时的浓度分布和数十种 VOC 的排放速率,以及其他室内空气污染物,如 NO_x 和颗粒物(后者通过专用技术测量)。APCI-MS 的在线检测能力也被用于通过使用吸烟机检测卷烟烟气中的 VOC,通过对包括丙烯腈、巴豆醛、苯和甲苯在内的 VOC 的逐口分析证明了该在线方法的适用性[266]。

一般来说，使用在线 CIMS 技术在这些领域进行的研究已经揭示了以前在室内污染物调查中被忽视的化合物的存在，反映了通常用于此类监测目的的分析方法的局限性。此外，将单变量和多变量统计模型应用于在线 CIMS 获得的复杂化学数据集中，可以预测无法直接测量的参数，例如气味对 VOC 浓度的影响。

2. 室外气味

环境气味监测的主题是本书另一章(第21章)的主题，因此这里仅概述其主要挑战以及在线 CIMS 技术为分析解决方案做出贡献的潜力。当监测室外环境气味时，一个特殊的分析挑战在于气味丰富度的高度瞬态性质，该性质受气象和局部分散条件的影响。此外，有必要从背景环境空气中辨别出气味信号，该环境空气通常由城市、农业、垃圾填埋场或工业等混合来源的复杂组合构成[268]。气味投诉涉及广泛的行业和运营，包括农业和畜牧业、污水处理厂、油漆、塑料、树脂和化学制造厂、精炼业务、提炼厂、制浆厂和垃圾填埋场，这些是最普遍的。根据不同的来源，一系列无机和有机化合物会产生工业和环境气味。常见的具有强烈气味特性的无机物包括农业和畜牧业生产的氨(NH_3)、饮用水和游泳池中氯消毒的无机胺(如氯胺，NH_2Cl)、石油化工、造纸和影像工业中包括硫化氢(H_2S)在内的无机硫化合物，以及污水管和需氧污水处理所排放的二氧化硫(SO_2)和二硫化碳(CS_2)[269]。然而，有机挥发物是迄今为止最常见的引起环境气味投诉的原因。在环境气味投诉研究中通常调查的挥发性有机化合物包括的类别如表49.3所示。

表49.3　与工业过程有关的气味化合物的化学类别

工业过程	化学类别
石油炼制	羧酸、醛、硫醇、有机硫化物、酚
车辆(燃料不完全燃烧)	脂肪烃和芳香烃、氮氧化物
纸浆/造纸加工	醇、醛、酮、硫醇、还原硫化合物、有机硫化物、萜烯和倍半萜
制药生产	有机胺、还原硫化合物
农业(化肥、农药、动物饲养)	醇、醛、胺、羧酸、氯化物、酯、酮、硫醇、酚、还原硫化合物
化学工业(油漆、溶剂、塑料、橡胶)	羧酸、醇、醛、胺、氯代芳烃、酯、酮、硫醇、酚
冶金	羧酸、醛、芳香烃和脂肪烃
污水/市政废水处理	羧酸、醛、氨、脂肪烃和芳香烃、硫化氢、有机硫化物、萜烯
生物废物堆肥	羧酸、醇、醛、酯、呋喃、酮、有机硫化物、萜烯
废物管理(垃圾填埋、焚烧、堆肥、分类)	羧酸、酯、酮、萜烯
提炼厂	醛、酯、酮、芳香烃、卤代烃、有机硫化物

表49.3列出的一个例子是应用在线 CIMS 监测动物生产设施(特别是养猪场)的臭味排放，这一点最近被进行了综述[270](及其中的参考文献)。养猪场是大分子量范围内且具有多种理化性质的挥发性有机化合物的复杂混合物的来源，所排放的挥发性有机化合物优先与猪棚内外的较小尺寸的尘埃颗粒结合。被调查的主要挥发性有机化合物(VOC)来源包括谷仓内的空气、粪肥仓库或堆肥的顶空，或废水和养猪场周围上方的露天大气。一些研究还包括液态猪粪，因为它被用作农肥。在至少两项独立研究中被定量的最丰富

的挥发性有机化合物(VOC)包括乙酸、丁酸、异戊酸、戊酸、丙酸、二甲基硫醚,以及空气中的二硫化物、对甲酚、粪臭素和三甲胺,大多数研究使用了一系列基于 GC 和 LC 的不连续采样、制备和分析方法,并带有不同的检测器。据报道只有两项研究对空气样本中的有气味 VOC 进行连续和实时监测,均采用 PTR-MS。最近,PTR-MS 已用于畜牧业研究,主要用于养猪业[267,271-274](图 49.7),但也用于监测牛的排放情况[275,276]。此外,在线 CIMS 技术的应用还包括在实验室环境中使用 SIFT-MS[277]测量猪粪和尿液的顶空气体。

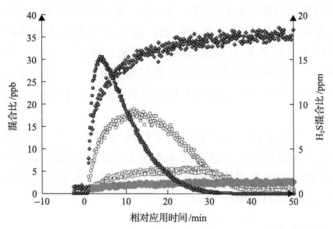

图 49.7　通过 PTR-MS 测量施用猪粪后,静态排放的室内存在硫化氢(黑色闭合圆圈)、甲硫醇(空心圆)、
二甲基硫醚(空心方块)、4-甲基苯酚(空心菱形)和 3-乙基苯酚(闭合灰色圆圈)

为了实现环境气味浓度的实时准确测定,非常需要将在线 CIMS 与嗅觉评估工具结合使用。例如,通过测量堆肥厂中气味过滤器的臭味排放和减排效率,对这种方法进行了测试[278,279],这是臭味滋扰投诉的一个常见来源。在该研究中,通过多变量校准将 PTR-MS 仪器信号响应与嗅觉评估相关联的方法可以很好地估算气味浓度。在线 CIMS 在环境空气监测中的另一种应用是测量异味滋扰实例,并通过将挥发物质谱特征轮廓与库数据进行比较以确定其来源,例如通过猪或鸡牲畜独特的挥发排放物质谱特征轮廓[280,281]。

在线 CIMS 的应用使人们能够对局部或扩散的大气和生物源 VOC 排放进行详细测量,从而在大气环境研究和植物生理学方面取得了前所未有的进展。这些化合物除了对人的鼻子有固有的气味外,还与环境和气候有关。通过 PTR-MS[282]和 SIFT-MS[283]对植被中生物源 VOC 的排放进行了关键性研究,如异戊二烯、萜烯和萜类化合物(其中包括气味难闻的蒎烯和柠檬烯等)。在线 CIMS 在环境气体监测中的另一个潜在应用领域是检测石油或天然气开采中的碳氢化合物渗漏,已证明 SIFT-MS 可以满足高精度检测小分子链状碳氢化合物的需求[284]。

总之,混合气体的化学成分(室内或室外空气)并不代表气味感知,气味感知是人类嗅觉的主观印象。尽管如此,无论是在现场还是在模拟条件下,在线 CIMS 监测小型有机化合物对于调查室内和室外空气质量以及相关的气味问题非常有用,例如在气体和烟雾试验室研究中。然而,在应用这些技术时,深入了解这些技术的局限性、干扰以及与测量数据相关的不确定性是至关重要的。然后,必须将 CIMS 获得的化学成分和浓度信息与社区和个人气味暴露的特征联系起来,同时还要考虑到气味物质的主观气味感知阈值。需要注意的是,补充人体感官评估对于识别气味印象必不可少,通过在线 CIMS 进行室内和室外 VOC 监测正在生成前所未有的具有高时间分辨率和化学信息的数据,因此可用以测量物质的排放因子和通量,这无疑代表了该领域的研究前景。

49.2.3　人体气味排放

人体是其周围环境的持续性气味源。从身体散发出的异味主要来自呼吸,通常以口腔异味和汗液的形式出现(第 43 章和 44 章),或更具体地讲,是由于口腔中食物颗粒或分泌后的汗液成分被细菌分解而引起的。此外,大多数其他体液中也存在气味物质,即使这些呈味物质对个人的外部气味没有影响。血液、尿液、粪便、人乳、精液和阴道分泌物都含有不同的挥发性分子(包括气味物质),这些成分可能会受到健康状况和饮食的影响;这些体液中的挥发性成分的总数(至少包含 1840 种 VOC)已被称为人体挥发物[285,286]。

迄今为止,通过在线 CIMS 从人体介质中检测气味的方法一直受到限制,这主要是因为这些样本不需要快速检测,且这些样本本质上产生得很缓慢或不常获得。这种气味物质的生理和心理作用已在本书的其他章节进行了论述。本节详细介绍了在线 CIMS 在检测这些释放物方面所起的作用。

1. 呼气分析和口腔异味

近年来,随着新技术的出现,呼出气体分析得到了高度重视,这些新技术能够快速、全面地分析呼气成分。首先,呼吸分析的重点是寻找呼出的呼吸气体、气溶胶或冷凝物的挥发性或非挥发性成分,这些成分是独特的生物标志物,可作为健康状况或特定疾病的指标。与其他体液(如血液或尿液)相比,分析呼气中的疾病生物标记物的主要优势在于呼气是不竭的,可以进行无创采样,并可以提供即时护理结果。在本章中,对呼气中的气味分子的关注点主要是口腔异味方面,而大多数呼出气体研究则集中在呼气末端——潮末呼气,即来自深肺的气体。感兴趣的读者可以参考有关呼气分析和生物标志物的综述论文,而不是有选择性的气味活性化合物的论文[287,288]。此外,据报道,最近在各种体液中发现的 VOC 的综述突出了人体挥发物的复杂性,并提供了人体内源性气味分子的进一步指示[285,286]。

在本章概述的在线 CIMS 技术中,就呼气挥发物在呼气分析中的累积实现而言,其中两种是在呼出气挥发物分析中占主导地位的技术,即 SIFT-MS 和 PTR-MS[44]。从 49.2.1 节中可以明显看出,APCI-MS 已广泛应用于分析食物采食过程中呼出的香气化合物,即鼻息分析,以表征体内香气释放。相比之下,尽管该技术是第一个用于分析呼气的在线 CIMS 工具,但它在分析内源性呼气成分或口腔异味方面的应用非常有限。确实,如引言中所述,在 20 世纪 70 年代末和 80 年代初为 APCI-MS 开发的直接呼气采样接口是当今建立直接注射 CIMS 技术方法的催化剂[25,26]。研究报道了对呼吸中最主要的挥发物的检测,即氨、丙酮、甲醇和乙醇。最近使用 APCI-MS 进行的呼气研究包括分析呼吸中的脂肪酸蒸气[289],并在模拟呼吸气氛中检测包括吡啶、异戊二烯和硫化氢在内的挥发物,因为其可用于监测暴露或疾病生物标志物[290,291]。但是,通过 APCI-MS 进行医学相关的呼气分析仍然是一个应用领域。

如上所述，SIFT-MS 和 PTR-MS 已在呼气研究中得到更广泛的应用，并且这两种技术在其开发初期就被确定为最适合检测呼气中 VOC 的工具。与 APCI-MS 一样，它们满足了呼气分析有利方面的关键要求，即通过快速直接检测并立即获得结果。此外，与通常对特定化合物类别具有选择性的离线分析方法（如 GC-MS）不同，在线 CIMS 技术可提供 VOC 的非选择性检测，因此目标分子不一定是事先已知的。此外，呼出气体的高湿度在适当考虑的情况下不会妨碍分析，因此样品在分析前不必脱水[44]。

为了发现疾病特异性生物标志物，大量研究已经调查了呼出气体中存在的挥发物。如前所述，这些研究通常不关注有气味的化合物，但这里理所应当地给出一个简短总结。大多数关于潜在疾病生物标志物的研究都采用了发现法，检测呼气中的一系列挥发性有机化合物，并对数据进行统计分析，以发现显著的相关性。或者，有针对性的研究调查已知的挥发性有机化合物，并检查它们与特定疾病的相关性。就一般呼出气体分析而言，SIFT-MS 已被用于研究内源性挥发物，如甲醇[292]、异戊二烯[293]、乙醇和乙醛[294]、$C_3 \sim C_{10}$ 醛[295]和二氧化碳[296]，用于疾病特异性生物标志物的发现，如戊烷作为肠道疾病的标志物[297]，或用于暴露监测，如在暴露后对呼气和血液中二甲苯和三甲苯含量水平的研究[298]，或用于呼气中的污染暴露监测[299]。PTR-MS 在呼气分析中的应用也同样广泛，范围包括运动或睡眠期间内源性化合物如异戊二烯和丙酮的动力学研究[300-303]，吸烟者呼气中特定化合物的检测[304-306]，化合物如 1,8-桉叶素在摄入药物制剂后的药代动力学[307]，或医学状况调查，如肾移植[308]、肝硬化[309,310]、腹腔疾病[311]、妊娠糖尿病[312]等，使用在线 CIMS 的其他与呼气相关的研究已经调查了呼气取样和储存的程序，以及这些程序如何影响检测到的挥发成分[233,313-317]，或者呼出的呼气挥发物和呼出的呼气冷凝物中存在的挥发物之间的比较（EBC）[318]。使用 SIFT-MS 和 PTR-MS 进一步的呼气相关研究的概述可在综述论文[44]或最近专门讨论这些技术的杂志特刊[319,320]中获得。

现在让我们回到本章的重点，即与呼气有关的气味检测。口臭是由呼出气体中一系列有气味的挥发性有机化合物引起的。令人不快的气味主要直接在口腔中产生，但是在某些情况下，口臭与肠道中存在的食物相关挥发物的嗳气发作有关，或者与系统性挥发物的肺部排泄有关，例如在酮病或三甲胺尿症的情况下。引起口腔恶臭的主要候选挥发物是挥发性硫化合物（VSCs），通常是硫化氢、甲硫醇、二甲基硫醚和其他硫化物，但也包括短链脂肪酸，如丙酸、丁酸、戊酸和 4-甲基戊酸，多胺，如尸胺和腐胺，氮杂环化合物，如吲哚、粪臭素和吡啶，以及含氮化合物，如尿素和氨，这些都有助于口腔恶臭，具体取决于医疗状况[321]。不幸的是，对于口臭患者来说，这些化合物的特征不仅在于它们令人不快的气味，而且它们通常具有非常低的气味阈值，使得它们即使在超痕量浓度下也表现出强烈的气味。为了更深入地了解口臭及其感官评估，读者可以参考相关的论述文章[321,322]。

在线 CIMS 技术提供的极低检测限，加上减少这些不稳定物质潜在损失的直接采样能力，使这些工具成为研究口腔恶臭的理想工具。尽管如此，使用在线 CIMS 技术对口腔恶臭的研究远远少于一般的呼气分析研究；事实上，到目前为止，只有 SIFT-MS 被用于口臭相关的研究。一项关于口腔恶臭的案例研究中使用了 SIFT-MS 来表征与不同反应离子在恶臭化合物吲哚和 3-甲基吲哚(粪臭素)上发生的离子分子反应,结果表明,与健康对照相比,具有临床显著口腔恶臭受试者的口腔空气中这些化合物的浓度更高[323]。SIFT-MS 还被证明可以检测多胺(尸胺和腐胺),它们可能存在于口腔空气中[324]。另一项研究使用体外基质生物膜灌注模型,根据 SIFT-MS 检测到的 H_2S 和其他挥发性硫化合物的浓度,以及使用 SIFT-MS 验证基于微生物燃料电池的 H_2S 传感电极[325],来测试假定的抗微生物或抗恶臭活性物的治疗效果。该研究显示,治疗后对照样本和阴性治疗样本中的挥发性有机化合物水平较高,而用活性剂治疗后的水平降低。

呼气中的氨一直是 SIFT-MS 分析的主题,由此表明这种化合物主要在口腔中产生,而不是来自体内循环,这为一般的呼气分析中提供了一个注意事项,即来自口腔的挥发物的贡献可能是显著的[326],并且是一个潜在的混杂源。硫化合物的研究也采用了相似的方式并使用 SIFT-MS,比较了嘴和鼻子呼出的气体以及口腔中的浓度。发现硫化氢、甲硫醇、二甲基硫醚和二甲基二硫醚的浓度在紧闭的口腔中比在鼻呼出的呼气中高,表明它们主要在口腔中产生[327]。

在一项与饮食相关的恶臭研究中,SIFT-MS 被用于研究饮用牛奶对抑制或消除与食用大蒜相关的口臭的影响。研究表明,牛奶能有效地减少大蒜在呼气中的主要气味化合物,即二烯丙基二硫化物、烯丙基甲基二硫化物、烯丙基硫醇、烯丙基甲基硫化物和甲硫醇,全脂牛奶比脱脂牛奶产生更大的减少效果[328],尽管在后续研究中对其他处理进行了研究[329]。类似地,PTR-MS 也被用来研究食用大蒜后产生的化合物。在这项研究中,大蒜的挥发性硫化合物成分在摄入生大蒜后的长达 30 小时的呼出气中被检测出[330]。烯丙基甲基硫化物和烯丙基甲基二硫化物、二烯丙基硫化物、二烯丙基二硫化物和二烯丙基三硫化物以及二甲基硫化物都在呼出气中被检测到,其中大多数化合物在 2~4 小时内出现短暂的增加和减少,但二甲基硫化物除外,摄入大蒜后 30 小时呼出气中的二甲基硫化物仍然升高。

2. 体臭

人体气味主要与汗液的微生物分解有关,汗液会产生并释放具有气味活性的化合物。饮食可以影响身体散发的气味,食物中的香气化合物可以通过汗腺排出,或者以未改变的形式排出,或者代谢并转化为衍生物后排出。到目前为止,使用在线 CIMS 来调查身体气味或皮肤散发物的方法是受限的。根据对人体受试者的直接分析,一项 PTR-MS 研究调查了志愿者腋窝中羧酸的存在,比较了一周内除臭剂和止汗剂的使用情况[331]。这些测量使用了一个特别设计的取样装置,使志愿者的腋窝成杯状,直接测量腋窝的气味,发现乙酸、丙酸、丁酸、戊酸和己酸的浓度很高。虽然数据仅代表一个受试者,但止汗剂的使用和选定脂肪酸浓度的反作用是明显的,这一点由感官评定者的主观印象所证实。这项研究具有潜在的高商业价值,因为它可以通过化学分析方法验证使用腋下除臭剂或止汗剂后对腋臭的感觉评估。

研究腋窝气味的另一种方法是用穿过的衣服作为替代品,正如在一项旨在区分不同类型织物的 PTR-MS 研究中所做的那样[332]。短链羧酸是调查的重点,调查发现,与羊毛或棉花相比,穿旧的聚酯织物具有明显更高水平的气味化合物,这在感官评估中得到证实。通过 PTR-MS 类似地研究了三种不同纺织品对体臭化合物的吸附程度，发现特定纺织品对化合物的吸附效率较低或较高，癸醛和环己酮在羊毛上的吸附更多，乙苯和丁酸甲酯在聚酯上的吸附更多，包括棉花在内的所有三种纺织品均显示出对苯酚的高吸附[333]。另一项研究使用穿过的衣服作为皮肤散发的替代物，调查了与典型的空中旅行高度相关的臭氧浓度下，臭氧暴露对皮肤的影响。参与者被要求穿上 T 恤过夜，然后把它们放在一个模拟的飞机机舱里，然后用臭氧冲洗，机舱空气由 PTR-MS 监测[65]。臭氧的存在导致生成了饱和与不饱和醛和羧酸，参比对照样品表明，与臭氧暴露之前相比，臭氧暴露后机舱内的气味更高。臭氧引发脂质氧化的问题之后，进一步进行了臭氧暴露后皮肤散发的 PTR-MS 直接测量[334]。特别是调查显示氧化产物如二羰基化合物可能是呼气刺激物。在一项将皮肤暴露于紫外线的研究中，对挥发性脂质过氧化产物进行了类似的研究。PTR-MS 用于监测暴露期间和之后的反应产物，其中乙醛和丙醛等化合物，以及一些未鉴定的产物离子，紫外线暴露期间在皮肤上方的浓度显著增加[335]。

SIFT-MS 应用的一个与体臭略微相关的例子是在禁食状态下摄入葡萄糖后对皮肤散发物进行的实验，以及对呼出气体的相应分析[336]。这些结果并没有在呼气和皮肤的时间发展方面产生直接相关的反应，但是证明了大多数化合物都存在于两者中，其中氨被研究者标记为在未来的应用中具有特殊的价值，例如用于监测血液透析治疗的功效。丙酮排放与呼气和皮肤散发的血糖相关性最高，同样有望在未来临床应用。APCI-MS 已被用于通过使用二次电喷雾电离(SESI)和随后使用 APCI-MS 的检测来研究皮肤中的脂肪酸，由此观察到乳酸和一系列饱和与不饱和单脂肪酸，以及其他代谢物，如酮、一元羧酸和羟基一元羧酸[337]。

3. 体液

除了上面讨论的口臭和体臭之外，在线 CIMS 技术已经被用于表征存在于其他体液如血液、尿液和粪便中的挥发物。与呼气分析一样，大多数对这些身体介质的在线 CIMS 研究侧重于表征总体挥发性排放物，而不是特意观察气味物质，目的是识别疾病特异性挥发性生物标志物。然而，由于气味活性挥发物不可避免地在这些流体中被测量，为了完整起见，在此包括对该领域研究的简要回顾。

血液或尿液中挥发性成分的在线 CIMS 分析，通常以直接分析顶空进行，即通过对液体样品正上方的气体进行取样。举例来说，SIFT-MS 已被用于评估饮酒后呼气和血液中乙醇浓度之间的相关性。直接分析和通过取样袋分析的呼气乙醇水平与通过 SIFT-MS 测量的血液顶空乙醇水平之间的比较，以及血液中乙醇水平的常规临床测定数据，显示了高度相关性，并揭示了呼出气体中的乙醇与血液中的乙醇处于平衡状态，这是执法部门用于酒后驾驶的酒精呼气测试仪的主要前提[298]。其他研究也类似地比较了呼气和血液中挥发性有机化合物(主要是内源性化合物)的浓度。例如，在检测这类化合物时，PTR-MS 被用来研究呼气作为血液替代品的可能性，尽管在这些研究中，只有呼气而不是血液被用于 PTR-MS 分析[338,339]。

应用 SIFT-MS 已经分析了尿液顶空中的几种化合物，包括乙腈[340]、丙酮、丁酮、戊酮、己酮和庚酮[341]，以及 3-羟基丁酸和其他酮[342]，或研究潜在的挥发性代谢产物，用于分析胃-食道癌[343]。一项对尿液中的乙腈进行的类似研究,目的是将尿液中的乙腈含量与吸烟习惯联系起来,其中,与不吸烟的对照组相比,重度吸烟者尿液中的乙腈含量明显更高[344]。最近还对尿液的顶空进行了分析,以确定其成分在剧烈行走后的变化,其中乙酸和其他代谢物被确定为运动效果的重要标志[345]。

4. 分解气味和诱捕气味

尸体分解后的气味和被捕获的人体气味是法医学和搜索救援工作所关注的。大多数调查人体气味排放的研究都是通过联用气相色谱技术离线进行的[346],而气相色谱-质谱无疑是获得对人体气味良好解析的关键,从包括呼出气体、血液、尿液到组织分解[346-352]。

执法和救援机构长期以来一直利用高度敏感的犬类嗅觉来定位自然或人为灾难后的人类遗骸或幸存者[353]。尽管训练有素的狗在这项任务中具有非凡的能力,但它们的使用也有某些缺点,例如训练成本高、疲劳的快速出现导致工作时间有限(通常只能工作 20分钟就需要休息几个小时来恢复)、平均工作寿命只有 6～8 年。因此,开发模拟犬科动物定位活人或遗体能力的野外便携式分析仪器是非常有意义的。

本章所述的在线 CIMS 技术在该领域具有广泛的潜在应用:该设备能够以足够低的LODs 连续且可重复地运行,这是检测人体气味散发所必需的,并且其快速的时间分辨率能够在感兴趣的点实时监控人体气味散发的间歇性。虽然这些技术还不能达到犬科动物鼻子的灵敏度,但是它们可以在该领域中用作辅助工具,例如用于大型位点的初步筛选。

为了提高搜救地表和地下人类幸存者或尸体的准确率,用于犬类训练和仪器校准的人工分解(或体液)气味替代物应近似模拟真实场景下遇到的成分和时间强度释放曲线。也许在线 CIMS 在这些领域更广泛应用的最大障碍是缺乏对人体分解气味的气味特征(化学指纹)和体液(即人体挥发性物质[286])发出的大范围挥发性有机化合物的完整描述,从而限制了全面的合成气味替代物的可用性,例如用作犬训练辅助物的合成气味替代物[354,355]。此类合成气味混合物还应用于校准在线 CIMS 信号响应和改善质谱识别,同时应通过应用类似于本章其他地方描述的用于评估食品风味成分和气味物质输送系统的程序,彻底评估其作为培训和仪器校准辅助工具的准确性和适当性。

尽管在法医学和搜索救援领域成功应用的潜力很大,但技术文献目前缺乏关于实施在线 CIMS 的报告。据报道,近实时应用仅用于多毛细管柱离子迁移谱(MCC-IMS)。具体而言,这些方法涉及尿液气味的指纹分析[356],可用于废墟下的受试者定位,封闭空间中人体排放的挥发性有机化合物[357],以及皮肤气味的一般指纹分析[358]。最近的进展,在灵敏和定量检测被困人员皮肤的挥发性生物标志物已经由 PTR-SRI-TOF-MS技术实现[359]。

尽管在线 CIMS 的化学识别能力还没有达到气相色谱-质谱的水平,而且气味混合物的复杂模式不能像电子鼻或传感器阵列那样立即辨别(后者在这些领域的应用仍然有限[360]),但本章所述的技术具有明显的优势,有助于幸存者或尸体定位的现场应用。它们提供特定目标挥发性有机化合物的高灵敏度测量,无须样品分离,从而实现基于分子质量的快速筛选目的,此外,与离线气相色谱方法所需的多个步骤和处理相比,它们可在现场部署,并为样品分析提供相对较低的成本和较高的通量。因此,一旦体液和分解气味的化学指纹被缩小到一组核心的示踪挥发性有机化合物，预计 CIMS 在这些类型调查中的应用将在不久的将来激增。

49.2.4　嗅觉

嗅觉领域，即嗅觉的研究，已经在本书的数个章节中进行了广泛的讨论。在线 CIMS 技术在这一研究领域的某些方面是有用的，但至今还远未被开发。与活体组织释放或呼出气体气味研究一样，特定的嗅觉相关研究可以极大地受益于在线 CIMS 的实时分析能力。在线 CIMS 在嗅觉相关研究中的应用大致可以分为两个分支：验证用于嗅觉学的工具，以及人类生理学和嗅觉的研究。这些将在下面简要介绍。

1. 用于嗅觉研究的验证工具

根据人类嗅觉的敏感性和功能(或功能障碍)，对嗅觉的评估通常是通过向受试者提供特定的气味物质或一系列特定浓度的单独气味物质来进行的。就嗅觉能力而言，这可能涉及在一系列不同的气味中识别或命名一种特定的气味。对于灵敏度，气味和感知阈值可以通过确定所呈现的气味浓度来确定，在该浓度以下，人们不再能检测或感知它。对于与不同形式的嗅觉缺失相关的功能障碍，采用了类似的方法，由此在呈现不同浓度的特定气味物质期间，必须对气味进行命名或指出气味的感知。

耳鼻喉科医生在确定嗅觉能力时，使用的大多数嗅觉相关工具都经过了严格的临床评估，但很少有工具经过化学分析验证。换句话说，它们已被证明是用于预期目的的可靠测试，尤其是嗅觉灵敏度测试，其中所呈现的气味物质浓度是测试的一个关键特征——在此类测试中使用的气味物质很少被精确地分析量化，而是基于其制备方法进行推测。

日常使用的评估嗅觉的工具多种多样，其中最突出的是宾夕法尼亚大学气味识别测试(UP-SIT)[361]、康涅狄格州化学感觉临床研究中心测试(CCCRC)[362]，以及使用嗅探棒进行气味识别、辨别和阈值评估的组合[363]。人类嗅觉功能评估方法在本书的其他章(第19 章)有更详细的论述。与本章概述的其他应用一样，使用在线 CIMS 进行此类研究的好处是可检测化合物的范围广、可测量浓度的动态范围宽以及实时能力强。

嗅探棒已被广泛用于测试嗅觉灵敏度和敏锐度[363]，阈值测试包括一组覆盖一定浓度范围的正丁醇的气味笔，用于确定人类对象对该特定气味物质的阈值，并据此推断其嗅觉的敏锐度。这种测试系列已经得到过临床验证[364,365]，但以前从化学分析的角度来看，验证的程度并不大，只有一项研究使用气相色谱-质谱进行了测量[366]，报道了正丁醇从单支笔尖的释放情况。PTR-MS 最近被用于对从嗅探棒嗅觉阈值测试装置的尖端释放的正丁醇的气相浓度的全面验证评估，包括浓度线性和随时间的稳定性[367]。根据用于测试人类受试者的相同程序，通过定制的分析装置将气味笔呈现给 PTR-MS。通过连续监测正丁醇信号，可以确定气味笔之间的气相浓度线性；对于这些特定的研究，可以显示从笔尖释放的气相正丁醇在整个浓度范围内是线性的，正如之前假设的那样。此外，对旧气味笔的评估表明，只要气味笔储存正确，气味(浓度)稳定性良好。这个例子突出了在线 CIMS 的能力，可以以快速和可靠的方式验证这些工具。

空气稀释嗅辨仪是一种产生预定浓度和预定脉冲持续时间的气味脉冲装置[368,369]。它可用于气味传递，同时通过脑电图测量嗅觉事件相关电位，以评估对气味暴露的神经活动。与上面概述的工具一样，通常只计算呈现给接受检查的对象的气味物质浓度。在这种情况下，根据系统的具体条件进行计算，即（假定的）饱和气味气体和空气稀释流的设定混合比。过去的验证尝试使用光电离检测系统等传感器来测量气味脉冲的时间分辨率，但通常依赖气相色谱-质谱分析进行定量[369]。在线 CIMS 技术提供了高时间分辨率和精确的定量，因此非常适合验证这些工具。PTR-MS 最近被用于表征由一个这样的空气稀释嗅辨仪产生的气味脉冲[370]。集中在有气味的化合物硫化氢、丁酸乙酯、己酸乙酯和2，3-丁二酮上，PTR-MS 分析揭示了释放的气味浓度对脉冲持续时间的依赖性。特别是最短暂的 50 毫秒脉冲产生的 H_2S 浓度不到最长脉冲 3.2 秒的一半。此外，嗅辨仪设定的相对气味物质浓度不一定反映在它的输送口，并且观察到由嗅辨仪从水溶液输送的气味物质的浓度减少。这些结果表明，这种气体稀释嗅辨仪系统不应在系统已准确设定浓度的前提下进行操作，但仍认为该设备适合于其临床使用中通常遇到的设置[370]。最近，SIFT-MS 还验证了两种商用野外嗅辨仪产生精确稀释的能力，特别是对于乙酸、丙酸、正丁醇、二甲基硫醚和二甲基二硫化物[371]。两个系统之一显示出良好的性能，尽管在最高浓度下化合物击穿了活性炭过滤器；另一系统被发现产生线性浓度，尽管这些浓度高于理论预期。

APCI-MS（MS-电子鼻）用于测量源自牛奶（全脂和脱脂奶样品）的化合物丁酸乙酯在体内的风味释放，并通过气体稀释嗅辨仪的特定气味脉冲进行复制[372]。然后使用相同的 APCI-MS 对后者进行验证，结果显示在大多数情况下，风味释放曲线下的区域是一致的。这项研究进一步展示了如何使用在线 CIMS 技术校准气味传递工具，如气体稀释嗅辨仪。最近，APCI-MS 还被用于评估几种常用于人体感官测试的简单系统的气味传递的可变性，这些系统包括可挤压的洗瓶、带铰接盖的塑料嗅壶、放置在试管中的化妆棉签以及通过精细烧结将空气从气味溶液中清除的动态系统[373]。在典型的应用过程中，使用含有八种不同物理化学性质化合物的气味混合物来研究来自这些系统的气味传递，例如挤压洗瓶10 秒钟进行取样，然后以重复的方式暂停 30 秒钟。通过在线 APIC-MS 检测进行的评估显示，对于大多数化合物，不同系统的顶空浓度从初始值到随后的挤压、开盖和吹扫时间迅速降低，其中后两个系统的 3-甲基丁醇和二乙酰变化最小。然而，在初始浓度下降后，浓度水平稳定下来，产生相当一致的浓度。尽管测试的系统主要用于确定气味属性，而不是阈值评估，因此绝对浓度的波动可能不会太严重，但本研究表明需要验证这些方法以确保一致性。此外，作者将可挤压洗瓶的化合物浓度的一些损失归因于单个化合物与瓶子的塑料材料的相互作用，进一步强调了在处理挥发性气味化合物时选择合适材料的重要性。

2. 人类嗅觉

在线 CIMS 技术的快速和灵敏的检测能力长期以来被用于食品风味研究，用于与食品风味释放相关的香气检测，特别是以呼出的鼻息香气化合物浓度与感知的感官印象的相关测定形式，如 49.2.1 节中所报告和讨论的。尽管从这些研究中获得了丰富的信息，但批评家们经常表达他们的担忧，即从鼻孔排出的呼出气体中检测到的气味浓度，不一定代表那些到达位于鼻腔顶端的嗅裂处的鼻上皮并与上皮细胞相互作用而在大脑中引起气味印象的气味浓度。这些论点的基础是，单个气味物质的物理化学性质和它们对鼻黏膜的亲和力将决定它们能够成功穿过鼻腔的程度；口腔中释放的气味物质通过嗅裂（鼻后知觉）的途径不同于通过鼻孔（鼻前知觉）的途径。因此，在人类嗅觉领域中，希望直接在它们的生理检测部位，即在鼻上皮处，测定气味物质的浓度。尽管如此，在线 CIMS 在这一研究领域基本上被忽略，但最近在几项研究中被用于对鼻子内不同位置的特定气味进行验证性评估。

过去很少有研究通过对鼻腔内的气味物质进行体内检测并在这方面取得进展。其中，通过同时鼻内检测该化合物，在鼻内不同位置研究了与二氧化碳（CO_2）直接刺激暴露相关的三叉神经感觉[374]。然而，在该研究中，没有考虑刺激的时间属性，这是感知的一个关键参数，而是仅在鼻内 CO_2 浓度稳定后才检测。另一项研究使用采样速率为 8.3 赫兹的电子鼻传感器，在两种刺激浓度（2 ppm$_v$ 和 10 ppm$_v$）下检测和量化嗅裂处的 H_2S，并比较鼻前和鼻后气味给药途径[375]。这项研究成功地证明了嗅觉物质可以通过鼻内以高时间分辨率进行测量，表明在嗅裂处观察到的浓度与鼻前或鼻后给药没有差异；这里应该注意的是，其他气味物质可能会对这种特定的化合物产生不同的作用。

基于使用传感器系统在鼻内检测单一气味物质的初步成功，通过测量从模型奶冻中释放的特定香气化合物的刺激浓度和时间分布，使用 PTR-MS 进行了与感知和给药途径相关的多种香气物质检测试验[376]。特别是在鼻腔内的四个位置，即鼻孔中、中鼻甲前部、嗅裂区域和鼻咽中，测量所选择的香气化合物，当咀嚼两种不同黏度的奶冻：一种液体和一种固体奶冻时，所述香气化合物通过口腔释放。高时间分辨率的测量显示了化合物之间以及单个化合物的奶冻黏度之间释放的明显差异。此外，观察到所有化合物的浓度最大值在鼻咽处最高，在嗅裂处最低，不同的位置也显示出化合物到达的延时不同。

在一项类似的研究中，PTR-MS 被用于检测与呈现模式相关的从鼻孔排出的个体气味物质，由气体稀释嗅辨仪产生的离散气味脉冲的鼻前或鼻后刺激[377]。特别是在同侧和对侧的鼻前和鼻后刺激之间进行了比较，即在鼻孔处来自脉冲的气味物质浓度之间进行了比较，所述脉冲呈现在与采样位置相同的鼻腔一侧或相反的一侧。研究显示，如直觉所预期的，由于含有气味物质的空气基本上在鼻子的两个腔室之间均等地流动，所以对于同侧和对侧采样，从鼻后刺激呈现离开鼻孔的气味物质浓度是相似的。相比之下，在对侧（与同侧相比）检测期间，鼻前刺激呈现在鼻孔处引起的浓度低得多，因为气味物质需要从一个鼻孔流入和从另一个鼻孔流出。这项研究的一个有趣发现是，从嗅辨仪中直接检测到的气味物质的浓度与鼻内检测相比有很大差异。研究者解释说，这种现象是鼻腔内气味物质分布和黏膜层对气味物质吸附的结果，其程度取决于气流、鼻腔解剖和所讨论化合物的物理化学性质[200]。除了对皮层嗅觉过程的评估（详述如下），食物摄入的吞咽过程的可视化提供了在这种情况下对嗅觉的额外见解。上述研究使用了口腔和咽部过程的视频透视法[378]，并结合 PTR-MS 鼻息分析来确定鼻后香气释放的进食行为。在一个使用不同硬度的模型食品凝胶的例子中，视频透视显示，小组成员倾向于用他们的舌头将凝胶压在硬腭的前部区域，而没有直接的咀嚼动作[377]。研究发现，个体的进食模式极大地影响了味道的释放,因此非咀嚼者的舌膜边缘保持关闭,直到样品被吞咽,与咀嚼样品的小组成员相比,随后的吞咽呼吸强度更高。

随后的研究采用了在线 CIMS 来评估嗅闻方式如何影响单个气味物质的鼻内浓度。一项研究调查了气味物质 2,3-丁二酮(二乙酰)如何被传递到与受试者嗅闻行为相关的嗅裂区域,比较了正常吸气、快速嗅闻和单次强制嗅闻[379]。正常的嗅闻被观察到在嗅裂处引起最大浓度,这有趣地反映了主观感知的最高强度。在一项进一步的研究中,将嗅裂处正丁醇的浓度(通过 PTR-MS 检测)与个体受试者的气味阈值(通过气味笔确定)进行比较。鼻内浓度和气味阈值的比较表明,嗅裂处的正丁醇浓度与相应的气味阈值以及受试者报告的他们感知到或没有感知到气味(错误/正确的感知反应)总体一致[380]。此外,气味笔中的浓度通常与裂缝处的浓度呈正相关,这提供了气味笔性能的证据——如单独的研究[367]中类似证明的那样——证明了此类鼻内取样方法在执行相应的主观阈值和气味传递测试方面的有效性。

转到离体研究,使用 APCI-MS 进行了一系列测量,以研究气味结合蛋白(OBP)对气味吸收的动力学[381,382]。为这些研究开发的动态生物测量气味结合系统(DyBOBS)的特征在于毛细管,其内表面涂有重组 OBP 的薄水膜,已知浓度的气味物质通过该毛细管,并通过在线 APCI-MS 检测其吸收和释放。该系统显示出随时间的变化和显著的高重现性,为研究气味物质从 OBP 的气相到液相的传质提供了一种有前景的技术。在线 APCI-MS 还被用于验证鼻后嗅觉刺激系统,该系统将自动气味刺激传递系统与大脑活动的功能磁共振成像(fMRI)采集相结合,以补充皮层嗅觉处理方面的基础感觉研究[383](见第 33 章)。

这几项研究展示了在线 CIMS 技术在嗅觉领域研究中的应用,并强调了在化学感觉领域工作的科学家在未来几年更多地使用这些工具的优点。

49.2.5 其他应用

本节的最终部分,报告了已配备在线 CIMS 技术的仅与气味检测松散关联的机会市场及领域。为完整起见,此处包含为读者提供的对在线 CIMS 工具其他使用领域的一些见解。不可避免的是,还有一些在科学文献中没有记载的次要应用领域,在此未有提及。

1. 化学战剂和有毒工业化合物

在探测挥发性有气味化合物的大背景下,此处简要介绍化学战剂(CWA)和高毒性工业化合物(TIC)。在线 CIMS 技术用于诸如实时、现场威胁的检测场景,例如对战争或恐怖袭击的第一反应者,或者用于保护在化学设施或环境污染场所工作的工人。TICs 还可能作为攻击或污染物扩散,因此属于 CWA 的同一类别。值得注意的是,这种情况通常涉及的 CWA 或 TIC 为痕量,低于人体气味感知或检测阈值。

化学战剂是一种低分子量的合成化合物,其特点是作用迅速,且在极低的水平下可能对人类致命。典型化合物包括神经毒气沙林(GB)和塔本(GA),或糜烂毒剂芥子气(HD)和路易氏剂 1(L1)。文献[384]中给出了 CWA 类物质的化学结构、25℃时的挥发性和吸入毒性数据。大多数这些物质在室温下以低挥发性的稳定液体或固体形式存在;这些物质有时会表现出特有的气味(如芥子气闻起来像大蒜、洋葱或芥末),仅吸入几次,人类的嗅觉在暴露后通常会很快变得麻木。广泛生产、运输和储存的普通化学品也可归类为 TIC，即毒性高且易于蒸发的化学品。这些物质在高浓度下释放时尤其有害，可能包括氨、甲醛、二氧化硫、光气、氯丙酮、氯苯乙酮等化合物，以及许多其他编入健康危害清单的物质。

化学战剂和高毒性工业化合物通常以蒸气或气溶胶的形式释放，主要通过吸入或皮肤接触进入体内，因此需要在气体和/或颗粒相中进行检测。由于通常具有快速的作用和高致死率，因此需要快速和可靠的方法，用于在感兴趣的地方进行早期检测和识别 CWA、TIC 及其降解产物(因此便携性也是这些方法的一个要求)，通常在几秒钟至不到一分钟的时间内，并且需要高检测特异性以避免假警报[385]。由于低浓度水平的急性毒性，所需的检测限在 ppb_v 至 ppt_v 水平范围内。例如，沙林的检测要求是气相浓度 150 $\mu g/m^3$(约 25 ppb_v)[384]，这必然远低于毒性水平(1 分钟内的半数致死浓度)，而且对人类而言通常处于亚气味阈值。来自排放物的干扰性环境信号，例如攻击或事故现场燃烧材料产生的废气或烟雾，以及可变样品气体湿度的影响，对这些物质的可靠检测和定量提出了严格要求。

根据《化学武器公约》，对化学战剂建议的现场分析检查包括气相色谱-质谱和离子迁移谱现场检测[386]。应用要求是快速分析(<30 秒)、高灵敏度、对特定试剂的高选择性，以及具有宽动态范围和合适准确度的良好精度。虽然市售便携式气相色谱和气相色谱-质谱能够对空气中的化学战剂进行高度灵敏和特定检测，但所需的实时检测往往无法实现。IMS 已发现广泛用于筛查 CWA[387-391]，然而该技术受到低灵敏度和低特异性(后者导致频繁的错误警报)的影响，并且由于 CWA 在装置内表面的强吸附作用，反应和恢复时间相对较长[384,392]。辅助试剂气体(如氨)影响电离过程，并且在基于 IMS 的 CWA 检测器中非常普遍，用于有效抑制裂解，从而允许在现场应用中实现自动反应识别的算法。

长期以来，APCI-MS 一直被报道为一种能够在正负电离模式下实时检测低至 ppt_v 水平的 CWA 的检测器[393-395]。最近，通过使用逆流引入 APCI-MS，开发了一种灵敏和选择性检测 CWA 的改进方法。这种最新技术依靠电晕放电形成反应离子，然后通过与气流方向相反的电场驱动反应离子，从而消除干扰中性分子臭氧和氮氧化物，使目标化合物更有效的电离，特别是在负电离模式[396]。

SIFT-MS 还被用于 CWA 检测，一篇论文报道了 15 种 CWA 前体和替代物与水合氢离子、NO^+ 和 O_2^+ 反应离子反应的速率常数和支化比，从而实现定量检测[397]。对于大多数被研究的化合物，在检测时间为 10 秒时，实时 LODs 在 ppb_v 至 ppt_v 范围内。尽管其前景看好，但自上述论文发表以来，文献中没有出现 SIFT-MS 进一步应用于 CWA 检测的工作。

PTR-MS 显示出了作为一种灵敏的、选择性的和快速检测 CWA 和 TIC 的合适技术的应用前景，特别是具有 PTR-TOF-MS 仪器的配置[398]能够提供更高精度的质谱分辨率，而且在更简单和紧凑的 PTR-QMS 模型中也是如此。这两种系统都已经使用水合氢离子作为检测 CWA 和 TIC 的主要反应离子进行了试验[399]。此外，氨已被用作反应离子，与降低的漂移电压相结合，以有效地抑制神经毒剂沙林、梭曼、环沙林和塔本[400]的产物离子碎片，这对于在现场应用中产生和实施自动毒剂识别算法是必要的。另一方面，特定片段的出现可能会传递额外的信息。利用这些效应可以在碎片和分子离子峰之间切换，因此，靶向片段化可用于确认基于分子峰检测的鉴定。

总之，所有的在线 CIMS 技术都满足了化学战剂和高毒性工业化合物的即时检测和连续现场监测的必要要求。目前，商用和研究级在线 CIMS 仪器的检测限估计为 ppt_v 至 ppq_v 水平，随着理论研究和离子化学性质测量的进步，在线 CIMS 可检测 CWA 和 TIC 试剂的范围正在不断扩大[401]。

2. 过程分析

加工业作为一个整体，包括化学、制药、生化、化妆品和食品加工部门，正努力实现同步分析和连续过程控制。该任务的信息是通过集成各种分析仪提供的包括近红外光谱、电化学探针和多阵列气体传感器，以从化学或生物过程中产生数千个不同的实时信号。提供随线/在线/近线和原位测量必须满足特定要求，例如保证无菌条件、同时检测大量分析物，且过程不中断。配备有精心设计的入口接口（在某些情况下为 CIMS 技术）的在线质谱已在多个工业领域和生物处理中得到广泛应用[402]，在这些领域中，其实时样品分析和高分析通量的能力实现了对化学或生物化学反应动力学以及不稳定中间体或代谢物动力学的深入了解[403]。尽管这类挥发性有机化合物严格来说不属于气味物质类别，但为了完整起见，下面提供了工业过程监控领域的在线 CIMS 应用选择。

PTR-MS 目前已应用于生物制药行业，以支持对生产过程的了解和控制，并从提高产品产量的角度对这些过程进行监控，生物反应器内顶空气体的测量证明了这一应用[404]。通过实时监控大肠埃希氏菌发酵的反应器顶空的挥发性有机化合物成分，并将其与生物质干物质质量和重组蛋白生产率进行比较，确定了与这些生物过程参数相关的 20 种挥发性有机化合物，并建议将其作为在线监测发酵过程的潜在指标。此外，先进的细胞培养废气在线监测也已通过配置 PTR-MS 而实现[405,406]。PTR-MS 还在沼气生产设施中得到应用，用于监测有气味的痕量杂质，如 H_2S，这给操作和环境带来了挑战，同时监测挥发性有机化合物作为沼气产品的质量指标[407]。在化学加工方面，PTR-MS 用于工业费托工艺中合成气的分析，以检测各种挥发性有机和无机化合物，如 HCN、H_2S、RSH、羰基化合物、酸、醇和其他物质，以及潜在的有气味的挥发性有机化合物[407]。

49.3　结论与展望

在线化学电离质谱(CIMS)在过去的二十年里已经发展成为一种强大的工具，用于实时检测挥发性有机化合物，包括气味化合物。此类系统在气味物质检测中的应用已从少数专业和经典研究领域发展到广泛的应用领域，包括食品香味、环境和室内气味、嗅觉相关研究、化学战剂检测、法医学等等。本章介绍和讨论了目前三种主要的在线 CIMS 技术，即选择离子流管质谱(SIFT-MS)、质子转移反应质谱(PTR-MS)和大气压化学电离质谱(APCI-MS)以及它们在不同学科中检测有气味化合物的应用。还介绍了不太常见的技术，如离子分子反应质谱(IMR-MS)、离子迁移谱(IMS)和离子附着质谱(IAMS)，并在适当的地方给出了与气味相关的特定应用的参考。本章对使用这些强大 CIMS 工具的研究进行了汇编。

本章中回顾的在线 CIMS 技术的主要优势，在于提供了对挥发性有机化合物(包括有气味化合物)的非常快速和高度灵敏的分析，同时实际上消除了常规分析方法中必需的预处理、样品储存和热解吸步骤所产生的分析假象和样品损失。快速在线 CIMS 技术的使用克服了气相色谱-质谱方法通常要求的不连续吹扫捕集或预分离或预浓缩步骤的需求，从而允许在不同的应用领域中实时检测低至超痕量的有气味的挥发性有机化合物。因此，CIMS 技术大大增加了现场分析的样本数量，从而显著降低了数据的不确定性，并提高了确定快速气味排放或释放过程的时间分辨率。此外，分析固体或液体样品的方法是无损的，因为测量仅在来自样品顶空的气相中进行，因此样品可以重复分析，如监测食品变质或香味形成的情况。

尽管在线 CIMS 技术可应用于本章所述的领域，但重要的是在了解其优势和局限性的情况下应用它们，认识这些主要是用于实时测量、气相指纹和挥发性有机化合物非目标筛选的工具，而不是用于已知和未知分析物的详尽化学结构解析。虽然在线 CIMS 可以提供一些关于目标分析物的化学结构信息，但是彻底分离和鉴定同量异位素、异构体以及在许多情况下特定气味立体异构体的能力仍然较弱，分析这些物质仍然是速度较慢和专一的气相色谱-质谱技术的长处。对于某些应用，只有通过气相色谱-质谱技术，尤其是联用(气相色谱-气相色谱)系统，才能对选定的气味物质进行准确的浓度评估，尽管有证据表明在线 CIMS 技术在某些应用中表现更好，但常规的定量程序(如内标添加或稳定同位素稀释分析)在定量方面提供了无与伦比的准确度和精密度[58,408,409]。此外，就定量而言，在线 CIMS 技术的一个特别优势是有机会对动态变化进行相对比较，这可以通过在更宽的气相浓度范围内对分析物的大部分线性响应来实现。

由在线 CIMS 提供的大的、化学上详细的和高度时间分辨的浓度数据集为强大的多元统计方法的应用开辟了道路，包括化学计量学、数据挖掘和统计建模技术。这些可用于解决指纹识别、分类或校准问题，几乎涵盖本章所述的所有应用领域。成功的例子已被描述为被应用的 SIFT-MS[148]、APCI-MS[179]、PTR-MS[131]和 PTR-TOF-MS[282]。不断努力提高检测灵敏度，降低检测限，并通过改进化合物鉴别来扩大可检测化合物的范围，这些都是受欢迎的发展，将扩大在线 CIMS 技术对气味检测的吸引力。由于质谱检测器(QMS、TOF-MS)和本章中描述的化学电离方法已经达到了稳定的发展状态，最新的技术进步将在分析物离子进入检测器之前对其进行更好的校准和预选。这些发展中的一些技术已经在研究或商业仪器中实施，并且已经被证明能够进一步提高检测灵敏度、扩大检测范围、提高质量分辨率和增强选择性。例如，在 APCI-ITMS 中，离子阱提高了多氯联苯的检测灵敏度，并允许对环境空气进行监测[410]。

两用漂移管/离子漏斗可与各种类型的质谱仪耦合，以提高检测灵敏度，这已在 PTR-MS 中以射频离子漏斗的形式进行了报道[411]。另外，在 PTR-QiTOF-MS 中，四极离子导向器预选进入 TOF-MS 区域的离子，以提高质量分辨率[95]。在 PTR-MS 仪器上安装 fastGC 附加装置，通过在中性分析物分子发生质子附着之前将其分离，提供了快速的气相色谱性能，这反过来又增强了辨别能力，并允许识别异构体。这在食品和风味研究中很容易找到应用，例如葡萄酒香气分析或医学应用，如呼出气体研究[90,94]，以及生物排放[412]。最近推出的带有负反应离子的商用 SIFT-MS 仪器，即 O⁻、O₂⁻、OH⁻和 NO₂⁻，扩大了可检测化合物类别的分析范围，包括酸性气体(HCl、HF、SO₂)、温室气体(CO₂、CH₃、NO₂、H₂O)、光化学烟雾前体(NOₓ、臭氧、过氧乙酰硝酸酯 PAN)和示踪气体(如六氟化硫 SF₆)。这一领域有待开发的项目还包括计划推出一种专门用于灵敏的挥发性有机化合物在线检测的商用 APCI-MS。

尽管在线 CIMS 的分析范围不仅限于有气味的物质，但它们在气味检测方面的应用非常有效，这一点从本章回顾的各种应用中可以明显看出。迄今为止，检测气味分子的应用一直主要是在香气研究领域，但许多专业领域可以受益于在线 CIMS 技术的分析能力，如 SIFT-MS、PTR-MS 和 APCI-MS，尤其是它们的实时检测能力、宽动态范围和低检测限。当然，一旦这种技术的潜力得到充分发挥，它将越来越多地应用于这些领域。

致　　谢

作者感谢以下人员提供了本章所讨论的主要技术资料。他们是新西兰克赖斯特彻奇市 Syft 技术有限公司的 Murray McEwan 和 Vaughan Langford(SIFT-MS)；奥地利因斯布鲁克市 IONICON Analytik 股份有限公司的 Jens Herbig 和 Lukas Märk(PTR-MS)；法国第戎市法国农业科学研究院的 Jean-Luc Le Quéré、英国莱斯特郡山地沃尔瑟姆镇玛氏宠物护理公司的 Andy Taylor、英国诺丁汉市诺丁汉大学的 Robert Linforth 和英国威尔姆斯洛镇沃特斯公司的 Ed Sprake(APCI-MS)。

参 考 文 献

[1] M.S.B. Munson, F.H. Field: Chemical ionization mass spectrometry. I. General introduction, J. Am. Chem. Soc. 88, 2621-2630 (1966)

[2] F.H. Field: The early days of chemical ionization: A Reminiscence, J. Am. Soc. Mass Spectr. 1, 277-283 (1990)

[3] B. Munson: Development of chemical ionization mass spectrometry, Int. J. Mass Spectrom. 200, 243-251 (2000)

[4] F.C. Fehsenfeld, A.L. Schmeltekopf, P.D. Goldan, H.I. Schiff, E.E. Ferguson: Thermal energy ion-neutral reaction rates. I. Some reactions of helium ions, J. Chem. Phys. 44, 4087-4094 (1966)

[5] E.E. Ferguson, F.C. Fehsenfeld, A.L. Schmeltekopf: Flowing afterglow measurements of ion-neutral reactions. In: Advances in Atomic and Molecular Physics, ed. by D.R. Bates, I. Estermann (Academic, New York 1969)

[6] E.E. Ferguson: A personal history of the early development of the flowing afterglow technique for ion-molecule reaction studies, J. Am. Soc. Mass Spectr. 3, 479-486 (1992)

[7] M. McFarland, D.L. Albritton, F.C. Fehsenfeld, E.E. Ferguson, A.L. Schmeltekopf: Flow-drift technique for ion mobility and ion-molecule reaction rate constant measurements. I. Apparatus and mobility measurements, J. Chem. Phys. 59, 6610-6619 (1973)

[8] N.G. Adams, D. Smith: The selected ion flow tube (SIFT); A technique for studying ion-neutral reactions, Int. J. Mass Spectrom. Ion Phys. 21, 349-359 (1976)

[9] D. Smith, P. Španěl: Ions in the terrestrial atmosphere and in interstellar clouds, Mass Spectrom. Rev. 14, 255-278 (1995)

[10] F. Howorka, F.C. Feshsenfeld, D.L. Albritton: H⁺ and D⁺ ions in He: observations of a runaway mobility, J. Phys. B-At. Mol. Phys. 12, 4189 (1979)

[11] D. Smith, P. Španěl: The novel selected-ion flow tube approach to trace gas analysis of air and breath, Rapid Commun. Mass Spectrom. 10, 1183-1198 (1996)

[12] A. Lagg, J. Taucher, A. Hansel, W. Lindinger: Applications of proton transfer reactions to gas analysis, Int. J. Mass Spectrom. Ion Proc. 134, 55-66 (1994)

[13] A. Hansel, A. Jordan, R. Holzinger, P. Prazeller, W. Vogel, W. Lindinger: Proton-transfer-reaction mass-spectrometry-Online trace gas-analysis at the ppb level, Int. J. Mass Spectrom. Ion Proc. 149/150, 609-619 (1995)

[14] W. Lindinger, A. Hansel, A. Jordan: Proton-transfer-reaction mass spectrometry (PTR-MS): on-line monitoring of volatile organic compounds at pptv levels, Chem. Soc. Rev. 27, 347-354 (1998)

[15] W. Lindinger, A. Hansel, A. Jordan: On-line monitoring of volatile organic compounds at pptv levels by means of proton-transfer-reaction mass spectrometry (PTR-MS): Medical applications, food control and environmental research, Int. J. Mass Spectrom. Ion Proc. 173, 191-241 (1998)

[16] D.I. Carroll, I. Dzidic, R.N. Stillwell, M.G. Horning, E.C. Horning: Subpicogram detection system for gas phase analysis based upon atmospheric pressure ionization (API) mass spectrometry, Anal. Chem. 46, 706-710 (1974)

[17] E.C. Horning, M.G. Horning, D.I. Carroll, I. Dzidic, R.N. Stillwell: New picogram detection system based on a mass spectrometer with an external ionization source at atmospheric pressure, Anal. Chem. 45, 936-943 (1973)

[18] A.G. Harrison: Chemical Ionization Mass Spectrometry (CRC Press, Boca Raton 1992)

[19] E.C. Horning, D.I. Carroll, I. Dzidic, K.D. Haegele, M.G. Horning, R.N. Stillwell: Liquid chromatograph-mass spectrometer-computer analytical systems: A continuous-flow system based on atmospheric pressure ionization mass spectrometry, J. Chromatogr. A 99, 13-21 (1974)

[20] J.B. French, B.A. Thomson, W.R. Davidson, N.M. Reid, J.A. Buckley: Atmospheric pressure chemical ionization mass spectrometry. In: Mass Spectrometry in Environmental Sciences, ed. by O. Hutzinger, F.W. Karasek, S. Safe (Plenum, New York 1985)

[21] A.P. Bruins: Mass spectrometry with ion sources operating at atmospheric pressure, Mass Spectrom. Rev. 10, 53-77 (1991)

[22] D.I. Carroll, I. Dzidic, E.C. Horning, R.N. Stillwell: Atmospheric pressure ionization mass spectrometry, Appl. Spectrosc. Rev. 17, 337-406 (1981)

[23] T.R. Covey, B.A. Thomson, B.B. Schneider: Atmospheric pressure ion sources, Mass Spectrom. Rev. 28, 870-897 (2009)

[24] A.J. Taylor, R.S.T. Linforth: On-line monitoring of flavour processes. In: Food Flavour Technology, ed. by A.J. Taylor, R.S.T. Linforth (Wiley-Blackwell, Chichester 2010)

[25] A. Lovett, N. Reid, J. Buckley, J. French, D. Cameron: Real-time analysis of breath using an atmospheric pressure ionization mass spectrometer, Biomed. Mass Spectrom. 6, 91-97 (1979)

[26] F.M. Benoit, W.R. Davidson, A.M. Lovett, S. Nacson, A. Ngo: Breath analysis by atmospheric pressure ionization mass spectrometry, Anal. Chem. 55, 805-807 (1983)

[27] W.J. Soeting, J. Heidema: A mass spectrometric method for measuring flavour concentration/time profiles in human breath, Chem. Senses 13, 607-617 (1988)

[28] M.B. Springett, V. Rozier, J. Bakker: Use of fiber interface direct mass spectrometry for the determination of volatile flavor release from model food systems, J. Agric. Food Chem. 47, 1125-1131 (1999)

[29] R.S.T. Linforth, A.J. Taylor: Apparatus and methods for the analysis of trace constituents in gases, European Patent, EP 0819 937 A2 (1998)

[30] A.J. Taylor, R.S.T. Linforth, B.A. Harvey, A. Blake: Atmospheric pressure chemical ionisation mass spectrometry for in vivo analysis of volatile flavour release, Food Chem. 71, 327-338 (2000)

[31] J.-L. Le Quéré, I. Gierczynski, E. Sémon: An atmospheric pressure chemical ionization-ion-trap mass spectrometer for the on-line analysis of volatile compounds in foods: A tool for linking aroma release to aroma perception, J. Mass Spectrom. 49, 918-928 (2014)

[32] IUPAC: Recommendations for nomenclature and symbolism for mass spectrometry, Pure Appl. Chem. 63, 1541-1566 (1991)

[33] J. Gross: Mass Spectrometry (Springer-Verlag, Berling, Heidelberg 2011)

[34] K.K. Murray, R.K. Boyd, M.N. Eberlin, G.J. Langley, L. Li, Y. Naito: Definitions of terms relating to mass spectrometry (IUPAC Recommendations 2013), Pure Appl. Chem. 85, 1515-1609 (2013)

[35] J. de Gouw, C. Warneke: Measurements of volatile organic compounds in the Earth's atmosphere using proton-transfer-reaction mass spectrometry, Mass Spectrom. Rev. 26, 223-257 (2007)

[36] E.P. Hunter, S.G. Lias: Evaluated gas phase basicities and proton affinities of molecules: An update, J. Phys. Chem. Ref. Data 27, 413-656 (1998)

[37] K.C. Hunter, A.L.L. East: Properties of C-C bonds in n-alkanes: Relevance to cracking mechanisms, J. Phys. Chem. A 106, 1346-1356 (2002)

[38] D. Smith, P. Španěl: Selected ion flow tube mass spectrometry (SIFT-MS) for on-line trace gas analysis, Mass Spectrom. Rev. 24, 661-700 (2005)

[39] J. Beauchamp, J. Herbig, J. Dunkl, W. Singer, A. Hansel: On the performance of proton-transfer-reaction mass spectrometry for breath-relevant gas matrices, Meas. Sci. Technol. 24, 125003 (2013)

[40] C. Ammann, A. Brunner, C. Spirig, A. Neftel: Technical note: Water vapour concentration and flux measurements with PTR-MS, Atmos. Chem. Phys. 6, 4643-4651 (2006)

[41] E.S.E. van Beelen, T.A. Koblenz, S. Ingemann, S. Hammerum: Experimental and theoretical evaluation of proton affinities of furan, the methylphenols, and the related anisoles, J. Phys. Chem. A 108, 2787-2793 (2004)

[42] R.S. Blake, M. Patel, P.S. Monks, A.M. Ellis, S. Inomata, H. Tanimoto: Aldehyde and ketone discrimination and quantification using two-stage proton transfer reaction mass spectrometry, Int. J. Mass Spectrom. 278, 15-19 (2008)

[43] A. Jordan, S. Haidacher, G. Hanel, E. Hartungen, J. Herbig, L. Märk, R. Schottkowsky, H. Seehauser, P.Sulzer, T.D. Märk: An online ultra-high sensitivity proton-transfer-reaction mass-spectrometer combined with switchable reagent ion capability (PTR+SRI-MS), Int. J. Mass Spectrom. 286, 32-38 (2009)

[44] D. Smith, P. Španěl, J. Herbig, J. Beauchamp: Mass spectrometry for real-time quantitative breath analysis, J. Breath Res. 8, 027101 (2014)

[45] A. Edtbauer, E. Hartungen, A. Jordan, G. Hanel, J. Herbig, S. Jürschik, M. Lanza, K. Breiev, L. Märk, P. Sulzer: Theory and practical examples of the quantification of CH_4, CO, O_2, and CO_2 with an advanced proton-transfer-reaction/selective-reagent-ionization instrument (PTR/SRI-MS), Int. J. Mass Spectrom. 365/366, 10-14 (2014)

[46] R.V. Hodges, J.L. Beauchamp: Application of alkali ions in chemical ionization mass spectrometry, Anal. Chem. 48, 825-829 (1976)

[47] A. Jordan, S. Haidacher, G. Hanel, E. Hartungen, L. Märk, H. Seehauser, R. Schottkowsky, P. Sulzer, T.D. Märk: A high resolution and high sensitivity proton-transfer-reaction time-of-flight mass spectrometer (PTR-TOF-MS), Int. J. Mass Spectrom. 286, 122-128 (2009)

[48] L. Cappellin, F. Biasioli, E. Schuhfried, C. Soukoulis, T.D. Märk, F. Gasperi: Extending the dynamic range of proton transfer reaction time-of-flight mass spectrometers by a novel dead time correction, Rapid Commun. Mass Spectrom. 25, 179-183 (2011)

[49] J. Herbig, M. Muller, S. Schallhart, T. Titzmann, M. Graus, A. Hansel: On-line breath analysis with PTR-TOF, J. Breath Res. 3, 027004 (2009)

[50] E. Zardin, O. Tyapkova, A. Buettner, J. Beauchamp: Performance assessment of proton-transfer-reaction time-of-flight mass spectrometry (PTR-TOF-MS) for analysis of isobaric compounds in food-flavour applications, LWT-Food Sci. Technol. 56, 153-160 (2014)

[51] R.G. Cooks, R.E. Kaiser: Quadrupole ion trap mass spectrometry, Accounts Chem. Res. 23, 213-219 (1990)

[52] R.E. March: An introduction to quadrupole ion trap mass spectrometry, J. Mass Spectrom. 32, 351-369 (1997)

[53] J.F.J. Todd: Ion trap mass spectrometer–past, present, and future (?), Mass Spectrom. Rev. 10, 3-52 (1991)

[54] J.F.J. Todd, A.D. Penman: The recent evolution of the quadrupole ion trap mass spectrometer-An overview, Int. J. Mass Spectrom. Ion Proc. 106, 1-20 (1991)

[55] L.H. Mielke, D.E. Erickson, S.A. McLuckey, M. Müller, A. Wisthaler, A. Hansel, P.B. Shepson: Development of a proton-transfer-reaction-linear ion trap mass spectrometer for quantitative determination of volatile organic compounds, Anal. Chem. 80, 8171-8177 (2008)

[56] P. Prazeller, P.T. Palmer, E. Boscaini, T. Jobson, M. Alexander: Proton transfer reaction ion trap mass spectrometer, Rapid Commun. Mass Spectrom. 17, 1593-1599 (2003)

[57] C. Warneke, J.A. de Gouw, E.R. Lovejoy, P.C. Murphy, W.C. Kuster, R. Fall: Development of proton-transfer ion trap-mass spectrometry: Online detection and identification of volatile organic compounds in air, J. Am. Soc. Mass Spectr. 16, 1316-1324 (2005)

[58] F. Biasioli, C. Yeretzian, T.D. Märk, J. Dewulf, H. Van Langenhove: Direct-injection mass spectrometry adds the time dimension to (B)VOC analysis, TrAC Trend. Anal. Chem. 30, 1003-1017 (2011)

[59] S. Inomata, H. Tanimoto, N. Aoki, J. Hirokawa, Y. Sadanaga: A novel discharge source of hydronium ions for proton transfer reaction ionization: Design, characterization, and performance, Rapid Commun. Mass Spectrom. 20, 1025-1029 (2006)

[60] K.P. Wyche, R.S. Blake, K.A. Willis, P.S. Monks, A.M. Ellis: Differentiation of isobaric compounds using chemical ionization reaction mass spectrometry, Rapid Commun. Mass Spectrom. 19, 3356-3362 (2005)

[61] P. Sulzer, A. Edtbauer, E. Hartungen, S. Jurschik, A. Jordan, G. Hanel, S. Feil, S. Jaksch, L. Mark, T.D. Mark: From conventional proton-transfer-reaction mass spectrometry (PTR-MS) to universal trace gas analysis, Int. J. Mass Spectrom. 321, 66-70 (2012)

[62] R.S. Blake, C. Whyte, C.O. Hughes, A.M. Ellis, P.S. Monks: Demonstration of proton-transfer-reaction time-of-flight mass spectrometry for real-time analysis of trace volatile organic compounds, Anal. Chem. 76, 3841-3845 (2004)

[63] M.M.L. Steeghs, E. Crespo, F.J.M. Harren: Collision induced dissociation study of 10 monoterpenes for identification in trace gas measurements using the newly developed proton-transfer reaction ion trap mass spectrometer, Int. J. Mass Spectrom. 263, 204-212 (2007)

[64] M.M.L. Steeghs, C. Sikkens, E. Crespo, S.M. Cristescu, F.J.M. Harren: Development of a proton-transfer reaction ion trap mass spectrometer: Online detection and analysis of volatile organic compounds, Int. J. Mass Spectrom. 262, 16-24 (2007)

[65] A. Wisthaler, G. Tamas, D.P. Wyon, P. Strom-Tejsen, D. Space, J. Beauchamp, A. Hansel, T.D. Mark, C.J. Weschler: Products of ozone-initiated chemistry in a simulated aircraft environment, Environ. Sci. Technol. 39, 4823-4832 (2005)

[66] L. Keck, C. Hoeschen, U. Oeh: Effects of carbon dioxide in breath gas on proton transfer reaction-mass spectrometry (PTR-MS) measurements, Int. J. Mass Spectrom. 270, 156-165 (2008)

[67] S.C. Herndon, T. Rogers, E.J. Dunlea, J.T. Jayne, R. Miake-Lye, B. Knighton: Hydrocarbon emissions from in-use commercial aircraft during airport operations, Environ. Sci. Technol. 40, 4406-4413 (2006)

[68] C. Warneke, C. van der Veen, S. Luxembourg, J.A. de Gouw, A. Kok: Measurements of benzene and toluene in ambient air using proton-transfer-reaction mass spectrometry: Calibration, humidity dependence, and field intercomparison, Int. J. Mass Spectrom. 207, 167-182 (2001)

[69] R.S. Blake, P.S. Monks, A.M. Ellis: Proton-transfer-reaction mass spectrometry, Chem. Rev. 109, 861-896 (2009)

[70] A.M. Ellis, C.A. Mayhew: Proton Transfer Reaction Mass Spectrometry: Principles and Applications (Wiley, Chichester 2014)

[71] A.J. Taylor, R.S.T. Linforth: Direct mass spectrometry of complex volatile and non-volatile flavour mixtures, Int. J. Mass Spectrom. 223/224, 179-191 (2003)

[72] J. Sunner, G. Nicol, P. Kebarle: Factors determining relative sensitivity of analytes in positive mode atmospheric pressure ionization mass spectrometry, Anal. Chem. 60, 1300-1307 (1988)

[73] L. Jublot, R.S.T. Linforth, A.J. Taylor: Direct atmospheric pressure chemical ionisation ion trap mass spectrometry for aroma analysis: Speed, sensitivity and resolution of isobaric compounds, Int. J. Mass Spectrom. 243, 269-277 (2005)

[74] G. Zehentbauer, T. Krick, G.A. Reineccius: Use of humidified air in optimizing APCI-MS response in breath analysis, J. Agric. Food Chem. 48, 5389-5395 (2000)

[75] U. Tegtmeyer, H.P. Weiss, R. Schlögl: Gas analysis by IMR-MS: a comparison to conventional mass spectrometry, Fresenius J. Anal. Chem. 347, 263-268 (1993)

[76] F. Defoort, S. Thiery, S. Ravel: A promising new online method of tar quantification by mass spectrometry during steam gasification of biomass, Biomass Bioenerg. 65, 64-71 (2014)

[77] G.A. Eiceman, Z. Karpas: Ion mobility spectrometry (Taylor Francis, Boca Raton 2005)

[78] S. Bell, R. Ewing, G. Eiceman, Z. Karpas: Atmospheric pressure chemical ionization of alkanes, alkenes, and cycloalkanes, J. Am. Soc. Mass Spectr. 5, 177-185 (1994)

[79] J.I. Baumbach: Process analysis using ion mobility spectrometry, Anal. Bioanal. Chem. 384, 1059-1070 (2006)

[80] D. Collins, M. Lee: Developments in ion mobility spectrometry-Mass spectrometry, Anal. Bioanal. Chem. 372, 66-73 (2002)

[81] T. Fujii, M. Ogura, H. Jimba: Chemical ionization mass spectrometry with lithium ion attachment to the molecule, Anal. Chem. 61, 1026-1029 (1989)

[82] T. Fujii, S. Arulmozhiraja: Application of In^+ ions in ion attachment mass spectrometry, Int. J. Mass Spectrom. 198, 15-21 (2000)

[83] T. Fujii, P.C. Selvin, M. Sablier, K. Iwase: Lithium ion attachment mass spectrometry for on-line analysis of trace components in air: Direct introduction, Int. J. Mass Spectrom. 209, 39-45 (2001)

[84] P. Španěl, D. Smith: Progress in SIFT-MS: Breath analysis and other applications, Mass Spectrom. Rev. 30, 236-267 (2011)

[85] J. Kubišta, P. Španěl, K. Dryahina, C. Workman, D. Smith: Combined use of gas chromatography and selected ion flow tube mass spectrometry for absolute trace gas quantification, Rapid Commun. Mass Spectrom. 20, 563-567 (2006)

[86] C. Warneke, J.A. de Gouw, W.C. Kuster, P.D. Goldan, R. Fall: Validation of atmospheric VOC measurements by proton-transfer-reaction mass spectrometry using a gas-chromatographic preseparation method, Environ. Sci. Technol. 37, 2494-2501 (2003)

[87] C. Lindinger, P. Pollien, S. Ali, C. Yeretzian, I. Blank, T. Märk: Unambiguous identification of volatile organic compounds by proton-transfer-reaction mass spectrometry coupled with GC/MS, Anal. Chem. 77, 4117-4124 (2005)

[88] J. de Gouw, C. Warneke, T. Karl, G. Eerdekens, C. van der Veen, R. Fall: Sensitivity and specificity of atmospheric trace gas detection by proton-transfer-reaction mass spectrometry, Int. J. Mass Spectrom. 223/224, 365-382 (2003)

[89] E. Hurtado-Fernández, T. Pacchiarotta, E. Longueira-Suárez, O.A. Mayboroda, A. Fernán-dez-Gutiérrez, A. Carrasco-Pancorbo: Evaluation of gas chromatography-atmospheric pressure chemical ionization-mass spectrometry as an alternative to gas chromatography-electron ionization-mass spectrometry: Avocado fruit as example, J. Chromatogr. A 1313, 228-244 (2013)

[90] A. Romano, L. Fischer, J. Herbig, H. Campbell-Sills, J. Coulon, P. Lucas, L. Cappellin, F. Biasioli: Wine analysis by fastGC proton-transfer reaction-time-of-flight-mass spectrometry, Int. J. Mass Spectrom. 369, 81-86 (2014)

[91] R. Spitaler, N. Araghipour, T. Mikoviny, A. Wisthaler, J.D. Via, T.D. Märk: PTR-MS in enology: Advances in analytics and data analysis, Int. J. Mass Spectrom. 266, 1-7 (2007)

[92] E. Boscaini, T. Mikoviny, A. Wisthaler: E.v. Hartungen, T.D. Märk: Characterization of wine with PTR-MS, Int. J. Mass Spectrom. 239, 215-219 (2004)

[93] J. Beauchamp, J. Herbig: Proton-transfer-reaction time-of-flight mass spectrometry (PTR-TOF-MS) for aroma compound detection in realtime: Technology, developments, and applications. In: The Chemical Sensory Informatics of Food: Measurement, Analysis, Integration, ed. by B. Guthrie, J. Beauchamp, A. Buettner, B.K. Lavine (American Chemical Society, Washington D.C. 2015)

[94] V. Ruzsanyi, L. Fischer, J. Herbig, C. Ager, A. Amann: Multi-capillary-column proton-transfer-reaction time-of-flight mass spectrometry, J. Chromatogr. A 1316, 112-118 (2013)

[95] P. Sulzer, E. Hartungen, G. Hanel, S. Feil, K. Winkler, P. Mutschlechner, S. Haidacher, R. Schottkowsky, D. Gunsch, H. Seehauser, M. Striednig, S. Jürschik, K. Breiev, M. Lanza, J. Herbig, L. Märk,T.D. Märk, A. Jordan: A proton transfer

reaction-quadrupole interface time-of-flight mass spectrometer (PTR-QiTOF): High speed due to extreme sensitivity, Int. J. Mass Spectrom. 368, 1-5 (2014)

[96] A.-M. Haahr, H. Madsen, J. Smedsgaard, W.L.P. Bredie, L.H. Stahnke, H.H.F. Refsgaard: Flavor release measurement by atmospheric pressure chemical ionization ion trap mass spectrometry, construction of interface and mathematical modeling of release profiles, Anal. Chem. 75, 655-662 (2003)

[97] C. Baumann, M.A. Cintora, M. Eichler, E. Lifante, M. Cooke, A. Przyborowska, J.M. Halket: A library of atmospheric pressure ionization daughter ion mass spectra based on wideband excitation in an ion trap mass spectrometer, Rapid Commun. Mass Spectrom. 14, 349-356 (2000)

[98] G. Hanel, W. Sailer, A. Jordan: PTR-MS response-time improvements, 2nd Int. Conf. Proton Trans. React. Mass Spectrom. Its Appl. (Innsbruck University Press, Innsbruck 2005) pp. 170-171

[99] R.A. Buffo, G. Zehentbauer, G.A. Reineccius: Determination of linear response in the detection of aroma compounds by atmospheric pressure ionization-mass spectrometry (API-MS), J. Agric. Food Chem. 53, 702-707 (2005)

[100] P. Brown, P. Watts, T.D. Märk, C.A. Mayhew: Proton transfer reaction mass spectrometry investigations on the effects of reduced electric field and reagent ion internal energy on product ion branching ratios for a series of saturated alcohols, Int. J. Mass Spectrom. 294, 103-111 (2010)

[101] K. Buhr, S. van Ruth, C. Delahunty: Analysis of volatile flavour compounds by proton transfer reaction-mass spectrometry: Fragmentation patterns and discrimination between isobaric and isomeric compounds, Int. J. Mass Spectrom. 221, 1-7 (2002)

[102] E. Aprea, F. Biasioli, T.D. Märk, F. Gasperi: PTR-MS study of esters in water and water/ethanol solutions: Fragmentation patterns and partition coefficients, Int. J. Mass Spectrom. 262, 114-121 (2007)

[103] G. Amadei, B.M. Ross: The reactions of a series of terpenoids with H_3O^+, NO^+ and O_2^+ studied using selected ion flow tube mass spectrometry, Rapid Commun. Mass Spectrom. 25, 162-168 (2011)

[104] I. Déléris, A. Saint-Eve, E. Sémon, H. Guillemin, E. Guichard, I. Souchon, J.-L. Le Quéré: Comparison of direct mass spectrometry methods for the on-line analysis of volatile compounds in foods, J. Mass Spectrom. 48, 594-607 (2013)

[105] S.J. Avison: Real-time flavor analysis: Optimization of a proton-transfer-mass spectrometer and comparison with an atmospheric pressure chemical ionization mass spectrometer with an MS-Nose interface, J. Agric. Food Chem. 61, 2070-2076 (2013)

[106] M. Flores, A. Olivares, K. Dryahina, P. Španěl: Real time detection of aroma compounds in meat and meat products by SIFT-MS and comparison to conventional techniques (SPME-GC-MS), Curr. Anal. Chem. 9, 622-630 (2013)

[107] A. Olivares, K. Dryahina, J.L. Navarro, D. Smith, P. Španěl, M. Flores: SPME-GC-MS versus selected ion flow tube mass spectrometry (SIFT-MS) analyses for the study of volatile compound generation and oxidation status during dry fermented sausage processing, J. Agric. Food Chem. 59, 1931-1938 (2011)

[108] S. van Ruth, E. Boscaini, D. Mayr, J. Pugh, M. Posthumus: Evaluation of three gas chromatography and two direct mass spectrometry techniques for aroma analysis of dried red bell peppers, Int. J. Mass Spectrom. 223/224, 55-65 (2003)

[109] T. Karl, C. Yeretzian, A. Jordan, W. Lindinger: Dynamic measurements of partition coefficients using proton-transfer-reaction mass spectrometry (PTR-MS), Int. J. Mass Spectrom. 223/224, 383-395 (2003)

[110] P. Pollien, A. Jordan, W. Lindinger, C. Yeretzian: Liquid-air partitioning of volatile compounds in coffee: Dynamic measurements using proton-transfer-reaction mass spectrometry, Int. J. Mass Spectrom. 228, 69-80 (2003)

[111] O. Tyapkova, S. Bader-Mittermaier, U. Schweiggert-Weisz, S. Wurzinger, J. Beauchamp, A. Buettner: Characterisation of flavour-texture interactions in sugar-free and sugar-containing pectin gels, Food Res. Int. 55, 336-346 (2014)

[112] A. Hansson, P. Giannouli, S. van Ruth: The influence of gel strength on aroma release from pectin gels in a model mouth and in vivo, monitored with proton-transfer-reaction mass spectrometry, J. Agric. Food Chem. 51, 4732-4740 (2003)

[113] A.B. Boland, K. Buhr, P. Giannouli, S.M. van Ruth: Influence of gelatin, starch, pectin and artificial saliva on the release of 11 flavour compounds from model gel systems, Food Chem. 86, 401-411 (2004)

[114] A.B. Boland, C.M. Delahunty, S.M. van Ruth: Influence of the texture of gelatin gels and pectin gels on strawberry flavour release and perception, Food Chem. 96, 452-460 (2006)

[115] G. Savary, E. Semon, J.M. Meunier, J.L. Doublier, N. Cayot: Impact of destroying the structure of model gels on volatile release, J. Agric. Food Chem. 55, 7099-7106 (2007)

[116] O. Benjamin, P. Silcock, J. Beauchamp, A. Buettner, D.W. Everett: Volatile release and structural stability of β-lactoglobulin primary and multilayer emulsions under simulated oral conditions, Food Chem. 140, 124-134 (2013)

[117] O. Benjamin, P. Silcock, J. Beauchamp, A. Buettner, D.W. Everett: Emulsifying properties of legume proteins compared to β-lactoglobulin and Tween 20 and the volatile release from oil-in-water emulsions, J. Food Sci. 79, E2014-E2022 (2014)

[118] C. Siefarth, O. Tyapkova, J. Beauchamp, U. Schweiggert, A. Buettner, S. Bader: Influence of polyols and bulking agents on flavour release from low-viscosity solutions, Food Chem. 129, 1462-1468 (2011)

[119] C. Siefarth, O. Tyapkova, J. Beauchamp, U. Schweiggert, A. Buettner, S. Bader: Mixture design approach as a tool to study in vitro flavor release and viscosity interactions in sugar-free polyol and bulking agent solutions, Food Res. Int. 44, 3202-3211 (2011)

[120] I. Fisk, M. Boyer, R.T. Linforth: Impact of protein, lipid and carbohydrate on the headspace delivery of volatile compounds from hydrating powders, Eur. Food. Res. Technol. 235, 517-525 (2012)

[121] M.Á. Pozo-Bayón, M. Santos, P.J. Martín-Álvarez, G. Reineccius: Influence of carbonation on aroma release from liquid systems using an artificial throat and a proton transfer reaction-mass spectrometric technique (PTR-MS), Flavour Frag. J. 24, 226-233 (2009)

[122] O. Benjamin, P. Silcock, J.A. Kieser, J.N. Waddell, M.V. Swain, D.W. Everett: Development of a model mouth containing an artificial tongue to measure the release of volatile compounds, Innov. Food Sci. Emerg. 15, 96-103 (2012)

[123] O. Benjamin, P. Silcock, J. Beauchamp, A. Buettner, D.W. Everett: Tongue pressure and oral conditions affect volatile release from liquid systems in a model mouth, J. Agric. Food Chem. 60(39),9918-9927 (2012)

[124] S.M. van Ruth, K. Buhr: Influence of mastication rate on dynamic flavour release analysed by combined model mouth/proton transfer reaction-mass spectrometry, Int. J. Mass Spectrom. 239, 187-192 (2004)

[125] C. Salles, A. Tarrega, P. Mielle, J. Maratray, P. Gorria, J. Liaboeuf, J.J. Liodenot: Development of a chewing simulator for food breakdown and the analysis of in vitro flavor compound release in a mouth environment, J. Food Eng. 82, 189-198 (2007)

[126] S.M. van Ruth, J.P. Roozen: Influence of mastication and saliva on aroma release in a model mouth system, Food Chem. 71, 339-345 (2000)

[127] C. Salles, M.-C. Chagnon, G. Feron, E. Guichard, H. Laboure, M. Morzel, E. Semon, A. Tarrega, C. Yven: In-mouth mechanisms leading to flavor release and perception, Crit. Rev. Food Sci. Nutr. 51, 67-90 (2010)

[128] S.M. van Ruth, L. Dings, K. Buhr, M.A. Posthumus: In vitro and in vivo volatile flavour analysis of red kidney beans by proton transfer reaction-mass spectrometry, Food Res. Int. 37, 785-791 (2004)

[129] S.M. van Ruth, J. Frasnelli, L. Carbonell: Volatile flavour retention in food technology and during consumption: Juice and custard examples, Food Chem. 106, 1385-1392 (2008)

[130] F. Biasioli, F. Gasperi, E. Aprea, L. Colato, E. Boscaini, T.D. Märk: Fingerprinting mass spectrometry by PTR-MS: Heat treatment vs. Pressure treatment of red orange juice—A case study, Int. J. Mass Spectrom. 223/224, 343-353 (2003)

[131] F. Biasioli, F. Gasperi, E. Aprea, I. Endrizzi, V. Framondino, F. Marini, D. Mott, T.D. Märk: Correlation of PTR-MS spectral fingerprints with sensory characterisation of flavour and odour profile of 'Trentingrana' cheese, Food Qual. Prefer. 17, 63-75 (2006)

[132] E. Boscaini, S. van Ruth, F. Biasioli, F. Gasperi, T.D. Mark: Gas chromatography-olfactometry (GC-O) and proton transfer reaction-mass spectrometry (PTR-MS) analysis of the flavor profile of Grana Padano, Parmigiano Reggiano, and Grana Trentino cheeses, J. Agric. Food Chem. 51, 1782-1790 (2003)

[133] F. Gasperi, G. Gallerani, A. Boschetti, F. Biasioli, A. Monetti, E. Boscaini, A. Jordan, W. Lindinger, S. Iannotta: The mozzarella chesse flavour profile: A comparison between judge panel analysis and proton transfer reaction mass spectrometry, J. Sci. Food Agric. 81, 357-363 (2000)

[134] A. Boschetti, F. Biasioli, M. van Opbergen, C. Warneke, A. Jordan, R. Holzinger, P. Prazeller, T. Karl, A. Hansel, W. Lindinger, S. Iannotta: PTR-MS real time monitoring of the emission of volatile organic compounds during postharvest aging of berryfruit, Postharvest Biol. Tec. 17, 143-151 (1999)

[135] P.M. Granitto, F. Biasioli, E. Aprea, D. Mott, C. Furlanello, T.D. Märk, F. Gasperi: Rapid and non-destructive identification of strawberry cultivars by direct PTR-MS headspace analysis and data mining techniques, Sensor Actuat. B-Chemical 121, 379-385 (2007)

[136] E. Zini, F. Biasioli, F. Gasperi, D. Mott, E. Aprea, T.D. Märk, A. Patocchi, C. Gessler, M. Komjanc: QTL mapping of volatile compounds in ripe apples detected by proton transfer reaction-mass spectrometry, Euphytica 145, 269-279 (2005)

[137] S.P. Heenan, J.-P. Dufour, N. Hamid, W. Harvey, C.M. Delahunty: Characterisation of fresh bread flavour: Relationships between sensory characteristics and volatile composition, Food Chem. 116, 249-257 (2009)

[138] S. Heenan, C. Soukoulis, P. Silcock, A. Fabris, E. Aprea, L. Cappellin, T.D. Märk, F. Gasperi, F. Biasioli: PTR-TOF-MS monitoring of in vitro and in vivo flavour release in cereal bars with varying sugar composition, Food Chem. 131, 477-484 (2012)

[139] C. Lindinger, D. Labbe, P. Pollien, A. Rytz, M.A. Juillerat, C. Yeretzian, I. Blank: When machine tastes coffee: Instrumental approach to predict the sensory profile of espresso coffee, Anal. Chem. 80, 1574-1581 (2008)

[140] S. Yener, A. Romano, L. Cappellin, T.D. Märk, J. Sánchez del Pulgar, F. Gasperi, L. Navarini, F. Biasioli: PTR-ToF-MS characterisation of roasted coffees (C. arabica) from different geographic origins, J. Mass Spectrom. 49, 929-935 (2014)

[141] C. Yeretzian, A. Jordan, R. Badoud, W. Lindinger: From the green bean to the cup of coffee: Investigating coffee roasting by on-line monitoring of volatiles, Eur. Food. Res. Technol. 214, 92-104 (2002)

[142] C. Yeretzian, A. Jordan, W. Lindinger: Analysing the headspace of coffee by proton-transfer-reaction mass-spectrometry, Int. J. Mass Spectrom. 223-224, 115-139 (2003)

[143] S. van Ruth, K. Buhr: Influence of saliva on temporal volatile flavour release from red bell peppers determined by proton transfer reaction-mass spectrometry, Eur. Food. Res. Technol. 216, 220-223 (2003)

[144] B.M. Davis, S.T. Senthilmohan, P.F. Wilson, M.J. McEwan: Major volatile compounds in headspace above olive oil analysed by selected ion flow tube mass spectrometry, Rapid Commun. Mass Spectrom. 19, 2272-2278 (2005)

[145] D. Smith, T. Wang, P. Španěl: Kinetics and isotope patterns of ethanol and acetaldehyde emissions from yeast fermentations of glucose and glucose-6,6-d2 using selected ion flow tube mass spectrometry: A case study, Rapid Commun. Mass Spectrom. 16, 69-76 (2002)

[146] A. Olivares, K. Dryahina, J.L. Navarro, M. Flores, D. Smith, P. Španěl: Selected ion flow tube-mass spectrometry for absolute quantification of aroma compounds in the headspace of dry fermented sausages, Anal. Chem. 82, 5819-5829 (2010)

[147] B. Noseda, P. Ragaert, D. Pauwels, T. Anthierens, H. Van Langenhove, J. Dewulf, F. Devlieghere: Validation of selective ion flow tube mass spectrometry for fast quantification of volatile bases produced on atlantic cod (Gadus morhua), J. Agric. Food Chem. 58, 5213-5219 (2010)

[148] V.S. Langford, C.J. Reed, D.B. Milligan, M.J. McEwan, S.A. Barringer, W.J. Harper: Headspace analysis of Italian and New Zealand Parmesan cheeses, J. Food Sci. 77, C719-C726 (2012)

[149] N. Sumonsiri, S.A. Barringer: Application of SIFT-MS in monitoring volatile compounds in fruits and vegetables, Curr. Anal. Chem. 9, 631-641 (2013)

[150] G. Ozcan, S. Barringer: Effect of enzymes on strawberry volatiles during storage, at different ripeness level, in different cultivars, and during eating, J. Food Sci. 76, C324-C333 (2011)

[151] H. Duan, S.A. Barringer: Changes in furan and other volatile compounds in sliced carrot during air-drying, J. Food Process Pres. 36, 46-54 (2012)

[152] P. Ties, S. Barringer: Influence of lipid content and lipoxygenase on flavor volatiles in the tomato peel and flesh, J. Food Sci. 77, C830-C837 (2012)

[153] Y. Xu, S. Barringer: Effect of temperature on lipid-related volatile production in tomato puree, J. Agric. Food Chem. 57, 9108-9113 (2009)

[154] B. Wampler, S.A. Barringer: Volatile generation in bell peppers during frozen storage and thawing using selected ion flow tube mass spectrometry (SIFT-MS), J. Food Sci. 77, C677-C683 (2012)

[155] C. Azcarate, S.A. Barringer: Effect of enzyme activity and frozen storage on jalapeño pepper volatiles by selected ion flow tube-Mass spectrometry, J. Food Sci. 75, C710-C721 (2010)

[156] Y. Huang, S.A. Barringer: Alkylpyrazines and other volatiles in cocoa liquors at pH 5 to 8, by selected ion flow tube-mass spectrometry (SIFT-MS), J. Food Sci. 75, C121-C127 (2010)

[157] Y. Huang, S.A. Barringer: Monitoring of cocoa volatiles produced during roasting by selected ion flow tube-mass spectrometry (SIFT-MS), J. Food Sci. 76, C279-C286 (2011)

[158] A.L. Smith, S.A. Barringer: Color and volatile analysis of peanuts roasted using oven and microwave technologies, J. Food Sci. 79, C1895-C1906 (2014)

[159] T. Bowman, S. Barringer: Analysis of factors affecting volatile compound formation in roasted pumpkin seeds with selected ion flow tube-mass spectrometry (SIFT-MS) and sensory analysis, J. Food Sci. 77, C51-C60 (2012)

[160] A. Agila, S. Barringer: Effect of roasting conditions on color and volatile profile including HMF level in sweet almonds (Prunus dulcis), J. Food Sci. 77, C461-C468 (2012)

[161] A.L. Smith, J.J. Perry, J.A. Marshall, A.E. Yousef, S.A. Barringer: Oven, microwave, and combination roasting of peanuts: Comparison of inactivation of Salmonella surrogate Enterococcus faecium, color, volatiles, flavor, and lipid oxidation, J. Food Sci. 79, S1584-S1594 (2014)

[162] G. Amadei, B.M. Ross: Quantification of character-impacting compounds in Ocimum basilicum and 'Pesto alla Genovese' with selected ion flow tube mass spectrometry, Rapid Commun. Mass Spectrom. 26, 219-225 (2012)

[163] E.N. Friel, M. Wang, A.J. Taylor, E.A. MacRae: In vitro and in vivo release of aroma compounds from yellow-fleshed kiwifruit, J. Agric. Food Chem. 55, 6664-6673 (2007)

[164] Z.A. Shojaei, R.S.T. Linforth, A.J. Taylor: Estimation of the oil water partition coefficient, experimental and theoretical approaches related to volatile behaviour in milk, Food Chem. 103, 689-694 (2007)

[165] J. Wright, F. Wulfert, J. Hort, A.J. Taylor: Effect of preparation conditions on release of selected volatiles in tea headspace, J. Agric. Food Chem. 55, 1445-1453 (2007)

[166] A.I. Carrapiso: Effect of fat content on flavour release from sausages, Food Chem. 103, 396-403 (2007)

[167] M. Aznar, M. Tsachaki, R.S.T. Linforth, V. Ferreira, A.J. Taylor: Headspace analysis of volatile organic compounds from ethanolic systems by direct APCI-MS, Int. J. Mass Spectrom. 239, 17-25 (2004)

[168] M. Tsachaki, R.S.T. Linforth, A.J. Taylor: Dynamic headspace analysis of the release of volatile organic compounds from ethanolic systems by direct APCI-MS, J. Agric. Food Chem. 53, 8328-8333 (2005)

[169] M. Tsachaki, A.-L. Gady, M. Kalopesas, R.S.T. Linforth, V. Athès, M. Marin, A.J. Taylor: Effect of ethanol, temperature, and gas flow rate on volatile release from aqueous solutions under dynamic headspace dilution conditions, J. Agric. Food Chem. 56, 5308-5315 (2008)

[170] J.S. del Pulgar, C. Soukoulis, F. Biasioli, L. Cappellin, C. García, F. Gasperi, P. Granitto, T.D. Märk, E. Piasentier, E. Schuhfried: Rapid characterization of dry cured ham produced following different PDOs by proton transfer reaction time of flight mass spectrometry (PTR-TOF-MS), Talanta 85, 386-393 (2011)

[171] A. Agila, S.A. Barringer: Volatile profile of cashews (Anacardium occidentale L.) from different geographical origins during roasting, J. Food Sci. 76, C768-C774 (2011)

[172] A. Agila, S. Barringer: Effect of adulteration versus storage on volatiles in unifloral honeys from different floral sources and locations, J. Food Sci. 78, C184-C191 (2013)

[173] A. Agila, S. Barringer: Application of selected ion flow tube mass spectrometry coupled with chemometrics to study the effect of location and botanical origin on volatile profile of unifloral American honeys, J. Food Sci. 77, C1103-C1108 (2012)

[174] A.I. Carrapiso, B. Noseda, C. García, R. Reina, J. Sánchez del Pulgar, F. Devlieghere: SIFT-MS analysis of Iberian hams from pigs reared under different conditions, Meat Science 104, 8-13 (2015)

[175] N. Araghipour, J. Colineau, A. Koot, W. Akkermans, J.M.M. Rojas, J. Beauchamp, A. Wisthaler, T.D. Märk, G. Downey, C. Guillou, L. Mannina,S. van Ruth: Geographical origin classification of olive oils by PTR-MS, Food Chem. 108, 374-383 (2008)

[176] S. Yener, A. Romano, L. Cappellin, P.M. Granitto, E. Aprea, L. Navarini, T.D. Märk, F. Gasperi, F. Biasioli: Tracing coffee origin by direct injection headspace analysis with PTR/SRI-MS, Food Res. Int. 69, 235-243 (2015)

[177] H.H. Gan, B. Yan, R.S.T. Linforth, I.D. Fisk: Development and validation of an APCI-MS/GC-MS approach for the classification and prediction of Cheddar cheese maturity, Food Chem. 190, 442-447 (2016)

[178] K. Gkatzionis, R.S.T. Linforth, C.E.R. Dodd: Volatile profile of Stilton cheeses: Differences between zones within a cheese and dairies, Food Chem. 113, 506-512 (2009)

[179] H.-H. Gan, C. Soukoulis, I. Fisk: Atmospheric pressure chemical ionisation mass spectrometry analysis linked with chemometrics for food classification—A case study: Geographical provenance and cultivar classification of monovarietal clarified apple juices, Food Chem. 146, 149-156 (2014)

[180] N. Ashraf, R.S.T. Linforth, F. Bealin-Kelly, K. Smart, A.J. Taylor: Rapid analysis of selected beer volatiles by atmospheric pressure chemical ionisation-mass spectrometry, Int. J. Mass Spectrom. 294, 47-53 (2010)

[181] K. Taylor, C. Wick, H. Castada, K. Kent, W.J. Harper: Discrimination of Swiss cheese from 5 different factories by high impact volatile organic compound profiles determined by odor activity value using selected ion flow tube mass spectrometry and odor threshold, J. Food Sci. 78, C1509-C1515 (2013)

[182] R. West, K. Seetharaman, L.M. Duizer: Whole grain macaroni: Flavour interactions with sodium-reduced cheese sauce, Food Res. Int. 53, 149-155 (2013)

[183] V. Langford, J. Gray, B. Foulkes, P. Bray, M.J. McEwan: Application of selected ion flow tube-mass spectrometry to the characterization of monofloral New Zealand honeys, J. Agric. Food Chem. 60, 6806-6815 (2012)

[184] E. Aprea, F. Biasioli, G. Sani, C. Cantini, T.D. Mark, F. Gasperi: Proton transfer reaction-mass spectrometry (PTR-MS) headspace analysis for rapid detection of oxidative alteration of olive oil, J. Agric. Food Chem. 54, 7635-7640 (2006)

[185] W.J. Harper, A.K.-V. Nurdan, W. Cheryl, E. Karen, L. Vaughan: Analysis of volatile sulfur compounds in Swiss cheese using selected ion flow tube mass spectrometry (SIFT-MS). In: Volatile Sulfur Compounds in Food, ed. by M.C. Qian, X. Fan, K. Mahattanatawee (American Chemical Society, Washington 2011)

[186] D. Mayr, R. Margesin, F. Schinner, T.D. Märk: Detection of the spoiling of meat using PTR-MS, Int. J. Mass Spectrom. 223/224, 229-235 (2003)

[187] D. Mayr, R. Margesin, E. Klingsbichel, E. Hartungen, D. Jenewein, F. Schinner, T.D. Mark: Rapid detection of meat spoilage by measuring volatile organic compounds by using proton transfer reaction mass spectrometry, Appl. Environ. Microbiol. 69, 4697-4705 (2003)

[188] D. Jaksch, R. Margesin, T. Mikoviny, J.D. Skalny, E. Hartungen, F. Schinner, N.J. Mason, T.D. Märk: The effect of ozone treatment on the microbial contamination of pork meat measured by detecting the emissions using PTR-MS and by enumeration of microorganisms, Int. J. Mass Spectrom. 239, 209-214 (2004)

[189] M. Bunge, N. Araghipour, T. Mikoviny, J. Dunkl, R. Schnitzhofer, A. Hansel, F. Schinner, A. Wisthaler, R. Margesin, T.D. Mark: On-line monitoring of microbial volatile metabolites by proton transfer reaction-mass spectrometry, Appl. Environ. Microbiol. 74, 2179-2186 (2008)

[190] P. Silcock, M. Alothman, E. Zardin, S. Heenan, C. Siefarth, P.J. Bremer, J. Beauchamp: Microbially induced changes in the volatile constituents of fresh chilled pasteurised milk during storage, Food Pack. Shelf Life 2, 81-90 (2014)

[191] J. Beauchamp, E. Zardin, P. Silcock, P.J. Bremer: Monitoring photooxidation-induced dynamic changes in the volatile composition of extended shelf life bovine milk by PTR-MS, J. Mass Spectrom. 49, 952-958 (2014)

[192] C. Soukoulis, E. Aprea, F. Biasioli, L. Cappellin, E. Schuhfried, T.D. Märk, F. Gasperi: Proton transfer reaction time-of-flight mass spectrometry monitoring of the evolution of volatile compounds during lactic acid fermentation of milk, Rapid Commun. Mass Spectrom. 24, 2127-2134 (2010)

[193] A. Olivares, K. Dryahina, P. Španěl, M. Flores: Rapid detection of lipid oxidation in beef muscle packed under modified atmosphere by measuring volatile organic compounds using SIFT-MS, Food Chem. 135, 1801-1808 (2012)

[194] V. Pothakos, C. Nyambi, B.-Y. Zhang, A. Papastergiadis, B. De Meulenaer, F. Devlieghere: Spoilage potential of psychrotrophic lactic acid bacteria (LAB) species: Leuconostoc gelidum subsp. gasicomitatum and Lactococcus piscium, on sweet bell pepper (SBP) simulation medium under different gas compositions, Int. J. Food Micobiol. 178, 120-129 (2014)

[195] B. Noseda, M.T. Islam, M. Eriksson, M. Heyndrickx, K. De Reu, H. Van Langenhove, F. Devlieghere: Microbiological spoilage of vacuum and modified atmosphere packaged Vietnamese Pangasius hypophthalmus fillets, Food Microbiol. 30, 408-419 (2012)

[196] B. Noseda, P. Ragaert, J. Dewulf, F. Devlieghere: Fast quantification of total volatile bases and other volatile microbial spoilage metabolites formed in cod fillets using SIFT-MS technology,Commun. Agric. Appl. Biol. Sci. 73, 185-188 (2008)

[197] K. Broekaert, B. Noseda, M. Heyndrickx, G. Vlaemynck, F. Devlieghere: Volatile compounds associated with Psychrobacter spp. and Pseudoalteromonas spp., the dominant microbiota of brown shrimp (Crangon crangon) during aerobic storage, Int. J. Food Micobiol. 166, 487-493 (2013)

[198] B.M. Davis, M.J. McEwan: Determination of olive oil oxidative status by selected ion flow tube mass spectrometry, J. Agric. Food Chem. 55, 3334-3338 (2007)

[199] B. Davis, S. Senthilmohan, M. McEwan: Direct determination of antioxidants in whole olive oil using the SIFT-MS-TOSC assay, J. Am. Oil Chem. Soc. 88, 785-792 (2011)

[200] A. Buettner, J. Beauchamp: Chemical input-sensory output: Diverse modes of physiology-flavour interaction, Food Qual. Prefer. 21, 915-924 (2010)

[201] B. Schilling, T. Granier, G. Frater, A. Hanhart: Organic compounds and compositions having the ability to modulate fragrance compositions, Patent, Vol. PCT/CH2008/000128 (2008)

[202] J.M. Davidson, R.S.T. Linforth, T.A. Hollowood, A.J. Taylor: Effect of sucrose on the perceived flavor intensity of chewing gum, J. Agric. Food Chem. 47, 4336-4340 (1999)

[203] J.B. Mei, G.A. Reineccius, W.B. Knighton, E.P. Grimsrud: Influence of strawberry yogurt composition on aroma release, J. Agric. Food Chem. 52, 6267-6270 (2004)

[204] R. Linforth, A.J. Taylor: Persistence of volatile compounds in the breath after their consumption in aqueous solutions, J. Agric. Food Chem. 48, 5419-5423 (2000)

[205] M. Repoux, E. Sémon, G. Feron, E. Guichard, H. Labouré: Inter-individual variability in aroma release during sweet mint consumption, Flavour Frag. J. 27, 40-46 (2012)

[206] V. Normand, S. Avison, A. Parker: Modeling the kinetics of flavour release during drinking, Chem. Senses 29, 235-245 (2004)

[207] S. Rabe, R.S. Linforth, U. Krings, A.J. Taylor, R.G. Berger: Volatile release from liquids: A comparison of in vivo APCI-MS, in-mouth headspace trapping and in vitro mouth model data, Chem. Senses 29, 163-173 (2004)

[208] L. Hewson, T. Hollowood, S. Chandra, J. Hort: Taste-Aroma interactions in a citrus flavoured model beverage system: Similarities and differences between acid and sugar type, Food Qual. Prefer. 19,323-334 (2008)

[209] R.M.A.J. Ruijschop, M.J.M. Burgering, M.A. Jacobs, A.E.M. Boelrijk: Retro-nasal aroma release depends on both subject and product differences: A link to food intake regulation?, Chem. Senses 34, 395-403 (2009)

[210] R.M.A.J. Ruijschop, A.E.M. Boelrijk, C. de Graaf, M.S. Westerterp-Plantenga: Retronasal aroma release and satiation: A review, J. Agric. Food Chem. 57, 9888-9894 (2009)

[211] M. Mestres, R. Kieffer, A. Buettner: Release and perception of ethyl butanoate during and after consumption of whey protein gels: Relation between textural and physiological parameters, J. Agric. Food Chem. 54, 1814-1821 (2006)

[212] M. Mestres, N. Moran, A. Jordan, A. Buettner: Aroma release and retronasal perception during and after consumption of flavored whey protein gels with different textures. 1. in vivo release analysis, J. Agric. Food Chem. 53, 403-409 (2005)

[213] A. Saint-Eve, I. Déléris, E. Aubin, E. Semon, G. Feron, J.-M. Rabillier, D. Ibarra, E. Guichard, I. Souchon: Influence of composition (CO$_2$ and sugar) on aroma release and perception of mintflavored carbonated beverages, J. Agric. Food Chem. 57, 5891-5898 (2009)

[214] A. Saint-Eve, I. Déléris, G. Feron, D. Ibarra, E. Guichard, I. Souchon: How trigeminal, taste and aroma perceptions are affected in mint-flavored carbonated beverages, Food Qual. Prefer. 21, 1026-1033 (2010)

[215] E. Aprea, F. Biasioli, F. Gasperi, T.D. Märk, S. van Ruth: In vivo monitoring of strawberry flavour release from model custards: effect of texture and oral processing, Flavour Frag. J. 21, 53-58 (2006)

[216] D. Mayr, T. Märk, W. Lindinger, H. Brevard, C. Yeretzian: Breath-by-breath analysis of banana aroma by proton transfer reaction mass spectrometry, Int. J. Mass Spectrom. 223/224, 743-756 (2003)

[217] M. Charles, A. Romano, S. Yener, M. Barnabà, L. Navarini, T.D. Märk, F. Biasoli, F. Gasperi: Understanding flavour perception of espresso coffee by the combination of a dynamic sensory method and in-vivo nosespace analysis, Food Res. Int. 69, 9-20 (2015)

[218] D. Frank, I. Appelqvist, U. Piyasiri, T.J. Wooster, C. Delahunty: Proton transfer reaction mass spectrometry and time intensity perceptual measurement of flavor release from lipid emulsions using trained human subjects, J. Agric. Food Chem. 59, 4891-4903 (2011)

[219] Y. Xu, S. Barringer: Comparison of volatile release in tomatillo and different varieties of tomato during chewing, J. Food Sci. 75, C352-C358 (2010)

[220] National Research Council Committee on Odours: Odors from Stationary and Mobile Sources (Office of publications, National Academy of Sciences, Washinghton 1979)

[221] D. Shusterman: Critical review: The health significance of environmental odor pollution, Arch. Environ. Health 47, 76-87 (1992)

[222] J.A. Nicell: Assessment and regulation of odour impacts, Atmos. Environ. 43, 196-206 (2009)

[223] C. Van Thriel, E. Kiesswetter, M. Schäper, S.A. Juran, M. Blaszkewicz, S. Kleinbeck: Odor annoyance of environmental chemicals: Sensory and cognitive influences, J. Toxicol. Environ. Health A Curr, Issues 71, 776-785 (2008)

[224] H.S. Rosenkranz, A.R. Cunningham: Environmental odors and health hazards, Sci. Total Environ. 313, 15-24 (2003)

[225] P. Dalton: Upper airway irritation, odor perception and health risk due to airborne chemicals, Toxicol. Lett. 140/141, 239-248 (2003)

[226] K. Sucker, R. Both, G. Winneke: Adverse effects of environmental odours: Reviewing studies on annoyance responses and symptom reporting, Water Sci. Technol. 44, 43-51 (2001)

[227] R. Both, K. Sucker, G. Winneke, E. Koch: Odour intensity and hedonic tone-important parameters to describe odour annoyance to residents?, Water Sci. Technol. 50, 83-92 (2004)

[228] A. Godayol, R.M. Marcé, F. Borrull, E. Anticó, J.M. Sanchez: Development of a method for the monitoring of odor-causing compounds in atmospheres surrounding wastewater treatment plants, J. Sep. Sci. 36, 1621-1628 (2013)

[229] P. Bruno, M. Caselli, G. de Gennaro, M. Solito, M. Tutino: Monitoring of odor compounds produced by solid waste treatment plants with diffusive samplers, Waste Manage. 27, 539-544 (2007)

[230] K.K. Kleeberg, Y. Liu, M. Jans, M. Schlegelmilch, J. Streese, R. Stegmann: Development of a simple and sensitive method for the characterization of odorous waste gas emissions by means of solid-phase microextraction (SPME) and GC-MS/olfactometry, Waste Manage. 25, 872-879 (2005)

[231] J.A. Koziel, J.P. Spinhirne, J.D. Lloyd, D.B. Parker, D.W. Wright, F.W. Kuhrt: Evaluation of sample recovery of malodorous livestock gases from air sampling bags, solid-phase microextraction fibers, Tenax TA sorbent tubes, and sampling canisters, J. Air Waste Manage. Assoc. 55, 1147-1157 (2005)

[232] J. Campbell, M. Tuday, K.J. Chen: Comparison of four methods used to characterize odorous compounds, Symp. Air Qual. Meas. Methods Technol. (2005)

[233] J. Beauchamp, J. Herbig, R. Gutmann, A. Hansel: On the use of Tedlar bags for breath-gas sampling and analysis, J. Breath Res. 2, 046001 (2008)

[234] US EPA: Compendium of methods for the determination of toxic organic compounds in ambient air (U.S. Environmental Protection Agency, Cincinnati 1999)

[235] A. Ribes, G. Carrera, E. Gallego, X. Roca, M.J. Berenguer, X. Guardino: Development and validation of a method for air-quality and nuisance odors monitoring of volatile organic compounds using multi-sorbent adsorption and gas chromatography/mass spectrometry thermal desorption system, J. Chromatogr. A 1140, 44-55 (2007)

[236] P. Boeker, J. Leppert, P. Schulze Lammers: Comparison of odorant losses at the ppb-level from sampling bags of Nalophan and Tedlar and from adsorption tubes. In: Chemical Engineering Transactions, Vol. 40, ed. by R. del Rosso (AIDIC The Italian Association of Chemical Engineering, Milan 2014)

[237] J.R. Kastner, K.C. Das: Wet scrubber analysis of volatile organic compound removal in the rendering industry, J. Air Waste Manage. Assoc. 52, 459-469 (2002)

[238] A.C. Romain, J. Nicolas: Monitoring an odour in the environment with an electronic nose: Requirements for the signal processing. In: Biologically Inspired Signal Processing for Chemical Sensing, ed. by A. Gutiérrez, S. Marco (Springer, Berlin, Heidelberg 2009)

[239] R.H. Kagann, R.A. Hashmonay, A. Barnack, R. Jones, J. Smith: Measurement of chemical vapors emitted from industrial sources in an urban environment using open-path FTIR, Proc. Air Waste Manag. Assoc. Ann. Conf. Exhib., AWMA, Indianapolis (2004)

[240] Y.C. Tsao, C.F. Wu, P.E. Chang, S.Y. Chen, Y.H. Hwang: Efficacy of using multiple open-path Fourier transform infrared (OP-FTIR) spectrometers in an odor emission episode investigation at a semiconductor manufacturing plant, Sci. Total Environ. 409, 3158-3165 (2011)

[241] M.H. Chen, C.S. Yuan, L.C. Wang: Source identification of VOCs in a petrochemical complex by applying open-path Fourier transform infrared spectrometry, Aerosol Air Qual. Res. 14, 1630-1638 (2014)

[242] P. Wolkoff, C.K. Wilkins, P.A. Clausen, G.D. Nielsen: Organic compounds in office environments-Sensory irritation, odor, measurements and the role of reactive chemistry, Indoor Air 16, 7-19 (2006)

[243] J.E. Cone, D. Shusterman: Health effects of indoor odorants, Environ. Health Perspect. 95, 53-59 (1991)

[244] C.J. Weschler: Changes in indoor pollutants since the 1950s, Atmos. Environ. 43, 153-169 (2009)

[245] P. Wolkoff, P.A. Clausen, B. Jensen, G.D. Nielsen, C.K. Wilkins: Are we measuring the relevant indoor pollutants?, Indoor Air 7, 92-106 (1997)

[246] J.E. Cometto-Muniz, W.S. Cain: Sensory irritation: Relation to indoor air pollution, Ann. NY Acad. Sci. 641, 137-151 (1992)

[247] A.C. Rohr: The health significance of gas- and particle-phase terpene oxidation products: A review, Environ. Int. 60, 145-162 (2013)

[248] L. Morawska, A. Afshari, G.N. Bae, G. Buonanno, C.Y.H. Chao, O. Hänninen, W. Hofmann, C. Isaxon, E.R. Jayaratne, P. Pasanen, T. Salthammer, M. Waring, A. Wierzbicka: Indoor aerosols: From personal exposure to risk assessment, Indoor Air 23, 462-487 (2013)

[249] M.S. Waring: Secondary organic aerosol in residences: Predicting its fraction of fine particle mass and determinants of formation strength, Indoor Air 24, 376-389 (2014)

[250] P. Wolkoff, G.D. Nielsen: Organic compounds in indoor air-Their relevance for perceived indoor air quality?, Atmos. Environ. 35, 4407-4417 (2001)

[251] J.E. Cometto-Muñiz, S. Hernández: Odorous and pungent attributes of mixed and unmixed odorants, Percept. Psychophys. 47, 391-399 (1990)

[252] S. Inomata, H. Tanimoto, S. Kameyama, U. Tsunogai, H. Irie, Y. Kanaya, Z. Wang: Technical Note: Determination of formaldehyde mixing ratios in air with PTR-MS: Laboratory experiments and field measurements, Atmos. Chem. Phys. 8, 273-284 (2008)

[253] A. Wisthaler, E.C. Apel, J. Bossmeyer, A. Hansel, W. Junkermann, R. Koppmann, R. Meier, K. Müller, S.J. Solomon, R. Steinbrecher, R. Tillmann, T. Brauers: Technical note: Intercomparison of formaldehyde measurements at the atmosphere simulation chamber SAPHIR, Atmos. Chem. Phys. 8, 2189-2200 (2008)

[254] P. Wolkoff, P.A. Clausen, C.K. Wilkins, K.S. Hougaard, G.D. Nielsen: Formation of strong airway irritants in a model mixture of (+)/-α-pinene/ozone, Atmos. Environ. 33, 693-698 (1999)

[255] W.W. Nazaroff, C.J. Weschler: Cleaning products and air fresheners: Exposure to primary and secondary air pollutants, Atmos. Environ. 38, 2841-2865 (2004)

[256] P. Wolkoff: Indoor air pollutants in office environments: Assessment of comfort, health, and performance, Int. J. Hyg. Environ. Health 216, 371-394 (2013)

[257] A. Lee, A.H. Goldstein, M.D. Keywood, S. Gao, V. Varutbangkul, R. Bahreini, N.L. Ng, R.C. Flagan, J.H. Seinfeld: Gas-phase products and secondary aerosol yields from the ozonolysis of ten different terpenes, J. Geophys. Res.-Atmos. 111 (D7) (2006)

[258] Y. Ishizuka, M. Tokumura, A. Mizukoshi, M. Noguchi, Y. Yanagisawa: Measurement of secondary products during oxidation reactions of terpenes and ozone based on the PTR-MS analysis: Effects of coexistent carbonyl compounds, Int. J. Environ. Res. Public Heal. 7, 3853-3870 (2010)

[259] A. van Eijck, T. Opatz, D. Taraborrelli, R. Sander, T. Hoffmann: New tracer compounds for secondary organic aerosol formation from β-caryophyllene oxidation, Atmos. Environ. 80, 122-130 (2013)

[260] N. Schoon, C. Amelynck, L. Vereecken, E. Arijs: A selected ion flow tube study of the reactions of H_3O^+, NO^+ and O^+_2 with a series of monoterpenes, Int. J. Mass Spectrom. 229, 231-240 (2003)

[261] F. Mayer, K. Breuer, K. Sedlbauer: Material and indoor odors and odorants. In: Organic Indoor Air Pollutants: Occurrence, Measurement, Evaluation, 2nd Edition, ed. by T. Salthammer, E. Uhde (Wiley, Weinheim 2009)

[262] Y. Zhang, J. Mo: Real-time monitoring of indoor organic compounds. In: Organic Indoor Air Pollutants: Occurrence, Measurement, Evaluation: 2nd Edition, ed. by T. Salthammer, E. Uhde (Wiley, Weinheim 2009)

[263] K.H. Han, J.S. Zhang, P. Wargocki, H.N. Knudsen, B. Guo: Determination of material emission signatures by PTR-MS and their correlations with odor assessments by human subjects, Indoor Air 20, 341-354 (2010)

[264] T. Schripp, S. Etienne, C. Fauck, F. Fuhrmann, L. Märk, T. Salthammer: Application of proton-transfer-reaction-mass-spectrometry for indoor air quality research, Indoor Air 24, 178-189 (2014)

[265] A. Manoukian, B. Temime-Roussel, M. Nicolas, F. Maupetit, E. Quivet, H. Wortham: Characteristics of emissions of air pollutants from incense and candle burning in an experimental house, 12th Int. Conf. Indoor Air Qual. Clim., Vol. 1 (2011) pp. 764-769

[266] C.-Y. Jiang, S.-H. Sun, Q.-D. Zhang, Y.-P. Ma, H. Wang, J.-X. Zhang, Y.-L. Zong, J.-P. Xie: Application of direct atmospheric pressure chemical ionization tandem mass spectrometry for on-line analysis of gas phase of cigarette mainstream smoke, Int. J. Mass Spectrom. 353, 42-48 (2013)

[267] A. Feilberg, N. Dorno, T. Nyord: Odour emissions following land spreading of animal slurry assessed by proton-transfer-reaction mass spectrometry (PTR-MS), Chem. Eng. Trans. 23, 111-116 (2010)

[268] S. Sironi, L. Capelli, P. Céntola, R. Del Rosso, S. Pierucci: Odour impact assessment by means of dynamic olfactometry, dispersion modelling and social participation, Atmos. Environ. 44, 354-360 (2010)

[269] S. Revah, J. Morgan-Sagastume: Methods of odor and VOC control. In: Biotechnology for Odor and Air Pollution Control, ed. by Z. Shareefdeen, A. Singh (Springer, Berlin, Heidelberg 2005)

[270] J.-Q. Ni, W.P. Robarge, C. Xiao, A.J. Heber: Volatile organic compounds at swine facilities: A critical review, Chemosphere 89, 769-788 (2012)

[271] A. Feilberg, T. Nyord, M.N. Hansen, S. Lindholst: Chemical evaluation of odor reduction by soil injection of animal manure, J. Environ. Qual. 40, 1674-1682 (2011)

[272] A. Feilberg, D. Liu, A.P.S. Adamsen, M.J. Hansen, K.E.N. Jonassen: Odorant emissions from intensive pig production measured by online proton-transfer-reaction mass spectrometry, Environ. Sci. Technol. 44, 5894-5900 (2010)

[273] M.J. Hansen, D. Liu, L.B. Guldberg, A. Feilberg: Application of proton-transfer-reaction mass spectrometry to the assessment of odorant removal in a biological air cleaner for pig production, J. Agric. Food Chem. 60, 2599-2606 (2012)

[274] D. Liu, A. Feilberg, A.P.S. Adamsen, K.E.N. Jonassen: The effect of slurry treatment including ozonation on odorant reduction measured by in-situ PTR-MS, Atmos. Environ. 45, 3786-3793 (2011)

[275] E. House: Refinement of PTR-MS Methodology and Application to the Measurement of (O) VOCS from Cattle Slurry, Ph.D. Thesis (The University of Edinburgh, Edinburgh 2009)

[276] S.L. Shaw, F.M. Mitloehner, W. Jackson, E.J. DePeters, J.G. Fadel, P.H. Robinson, R. Holzinger, A.H. Goldstein: Volatile organic compound emissions from dairy cows and their waste as measured by proton-transfer-reaction mass spectrometry, Environ. Sci. Technol. 41, 1310-1316 (2007)

[277] D. Smith, P. Španěl, J.B. Jones: Analysis of volatile emissions from porcine faeces and urine using selected ion flow tube mass spectrometry, Bioresource Technol. 75, 27-33 (2000)

[278] F. Biasioli, E. Aprea, F. Gasperi, T.D. Märk: Measuring odour emission and biofilter efficiency in composting plants by proton transfer reaction-mass spectrometry, Water Sci. Technol. 59, 1263-1269 (2009)

[279] F. Biasioli, F. Gasperi, G. Odorizzi, E. Aprea, D. Mott, F. Marini, G. Autiero, G. Rotondo, T.D. Märk: PTR-MS monitoring of odour emissions from composting plants, Int. J. Mass Spectrom. 239, 103-109 (2004)

[280] P.M. Heynderickx, K. Van Huffel, J. Dewulf, H. Van Langenhove: Application of similarity coefficients to SIFT-MS data for livestock emission characterization, Biosyst. Eng. 114, 44-54 (2013)

[281] P.M. Heynderickx, K. Van Huffel, J. Dewulf, H.V. Langenhove: SIFT-MS for livestock emission characterization: Application of similarity coefficients, Chem. Eng. Trans. 30, 157-162 (2012)

[282] L. Cappellin, F. Loreto, E. Aprea, A. Romano, J. Sánchez del Pulgar, F. Gasperi, F. Biasioli: PTR-MS in Italy: A multipurpose sensor with applications in environmental, agri-food and health science, Sensors 13, 11923-11955 (2013)

[283] C. Amelynck, N. Schoon, F. Dhooghe: SIFT ion chemistry studies underpinning the measurement of volatile organic compound emissions by vegetation, Curr. Anal. Chem. 9, 540-549 (2013)

[284] G.J. Francis, P.F. Wilson, D.B. Milligan, V.S. Langford, M.J. McEwan: GeoVOC: A SIFT-MS method for the analysis of small linear hydrocarbons of relevance to oil exploration, Int. J. Mass Spectrom. 268, 38-46 (2007)

[285] A. Amann, B. de Lacy Costello, W. Miekisch, J. Schubert, B. Buszewski, J. Pleil, N. Ratcliffe, T. Risby: The human volatilome: volatile organic compounds (VOCs) in exhaled breath, skin emanations, urine, feces and saliva, J. Breath Res. 8, 034001 (2014)

[286] B. de Lacy Costello, A. Amann, H. Al-Kateb, C. Flynn, W. Filipiak, T. Khalid, D. Osborne, N.M. Ratcliffe: A review of the volatiles from the healthy human body, J. Breath Res. 8, 014001 (2014)

[287] A. Amann, W. Miekisch, J. Schubert, B. Buszewski, T. Ligor, T. Jezierski, J. Pleil, T. Risby: Analysis of exhaled breath for disease detection, Annu. Rev. Anal. Chem. 7, 455-482 (2014)

[288] J.D. Beauchamp, J.D. Pleil: Breath: An often overlooked medium in biomarker discovery. In: Biomarker Validation. Technological, Clinical and Commercial Aspects, ed. by H. Seitz, S. Schumacher (Wiley, Weinheim 2015)

[289] P.J. Martínez-Lozano: Fernández de la Mora: Direct analysis of fatty acid vapors in breath by electrospray ionization and atmospheric pressure ionization-mass spectrometry, Anal. Chem. 80, 8210-8215 (2008)

[290] V. Kapishon, G.K. Koyanagi, V. Blagojevic, D.K. Bohme: Atmospheric pressure chemical ionization mass spectrometry of pyridine and isoprene: Potential breath exposure and disease biomarkers, J. Breath Res. 7, 026005 (2013)

[291] G.K. Koyanagi, V. Kapishon, V. Blagojevic, D.K. Bohme: Monitoring hydrogen sulfide in simulated breath of anesthetized subjects, Int. J. Mass Spectrom. 354/355, 139-143 (2013)

[292] C. Turner, P. Španěl, D. Smith: A longitudinal study of methanol in the exhaled breath of 30 healthy volunteers using selected ion flow tube mass spectrometry, SIFT-MS, Physiol. Meas. 27, 637 (2006)

[293] D. Smith, P. Španěl, B. Enderby, W. Lenney, C. Turner, S.J. Davies: Isoprene levels in the exhaled breath of 200 healthy pupils within the age range 7-18 years studied using SIFT-MS, J. Breath Res. 4, 017101 (2010)

[294] C. Turner, P. Španěl, D. Smith: A longitudinal study of ethanol and acetaldehyde in the exhaled breath of healthy volunteers using selected-ion flow-tube mass spectrometry, Rapid Commun. Mass Spectrom. 20, 61-68 (2006)

[295] J. Huang, S. Kumar, G.B. Hanna: Investigation of C_3-C_{10} aldehydes in the exhaled breath of healthy subjects using selected ion flow tube-mass spectrometry (SIFT-MS), J. Breath Res. 8, 037104 (2014)

[296] D. Smith, A. Pysanenko, P. Španěl: The quantification of carbon dioxide in humid air and exhaled breath by selected ion flow tube mass spectrometry, Rapid Commun. Mass Spectrom. 23, 1419-1425 (2009)

[297] K. Dryahina, P. Spanel, V. Pospisilova, K. Sovova, L. Hrdlicka, N. Machkova, M. Lukas, D. Smith: Quantification of pentane in exhaled breath, a potential biomarker of bowel disease, using selected ion flow tube mass spectrometry, Rapid Commun. Mass Spectrom. 27, 1983-1992 (2013)

[298] P.F. Wilson, C.G. Freeman, M.J. McEwan, D.B. Milligan, R.A. Allardyce, G.M. Shaw: In situ analysis of solvents on breath and blood: A selected ion flow tube mass spectrometric study, Rapid Commun. Mass Spectrom. 16, 427-432 (2002)

[299] M. Storer, J. Salmond, K.N. Dirks, S. Kingham, M. Epton: Mobile selected ion flow tube mass spectrometry (SIFT-MS) devices and their use for pollution exposure monitoring in breath and ambient air-pilot study, J. Breath Res. 8, 037106 (2014)

[300] J. King, A. Kupferthaler, B. Frauscher, H. Hackner, K. Unterkofler, G. Teschl, H. Hinterhuber, A. Amann, B. Högl: Measurement of endogenous acetone and isoprene in exhaled breath during sleep, Physiol. Meas. 33, 413 (2012)

[301] J. King, A. Kupferthaler, K. Unterkofler, H. Koc, S. Teschl, G. Teschl, W. Miekisch, J. Schubert, H. Hinterhuber, A. Amann: Isoprene and acetone concentration profiles during exercise on an ergometer, J. Breath Res. 3, 027006 (2009)

[302] J. King, P. Mochalski, A. Kupferthaler, K. Unterkofler, H. Koc, W. Filipiak, S. Teschl, H. Hinterhuber, A. Amann: Dynamic profiles of volatile organic compounds in exhaled breath as determined by a coupled PTR-MS/GC-MS study, Physiol. Meas. 31, 1169 (2010)

[303] J. King, K. Unterkofler, G. Teschl, S. Teschl, P. Mochalski, H. Koç, H. Hinterhuber, A. Amann: A modeling-based evaluation of isothermal rebreathing for breath gas analyses of highly soluble volatile organic compounds, J. Breath Res. 6, 016005 (2012)

[304] A. Jordan, A. Hansel, R. Holzinger, W. Lindinger: Acetonitrile and benzene in the breath of smokers and non-smokers investigated by proton transfer reaction mass spectrometry (PTR-MS), Int. J. Mass Spectrom. Ion Proc. 148, L1-L3 (1995)

[305] T. Karl, A. Jordan, A. Hansel, R. Holzinger, W. Lindinger: Benzene and acetontrile in smokers and nonsmokers, Ber. Nat.-Med. Verein Innsbruck 85, 7-15 (1998)

[306] I. Kushch, K. Schwarz, L. Schwentner, B. Baumann, A. Dzien, A. Schmid, K. Unterkofler, G. Gastl, P. Spanel, D. Smith, A. Amann: Compounds enhanced in a mass spectrometric profile of smokers' exhaled breath versus non-smokers as determined in a pilot study using PTR-MS, J. Breath Res. 2, 026002 (2008)

[307] J. Beauchamp, F. Kirsch, A. Buettner: Real-time breath gas analysis for pharmacokinetics: monitoring exhaled breath by on-line proton-transfer-reaction mass spectrometry after ingestion of eucalyptol-containing capsules, J. Breath Res. 4, 026006 (2010)

[308] I. Kohl, J. Beauchamp, F. Cakar-Beck, J. Herbig, J. Dunkl, O. Tietje, M. Tiefenthaler, C. Boesmueller, A. Wisthaler, M. Breitenlechner, S. Langebner, A. Zabernigg, F. Reinstaller, K. Winkler, R. Gutmann, A. Hansel: First observation of a potential non-invasive breath gas biomarker for kidney function, J. Breath Res. 7, 017110 (2013)

[309] R. Fernández del Río, M.E. O' Hara, A. Holt, P. Pemberton, T. Shah, T. Whitehouse, C.A. Mayhew: Volatile biomarkers in breath associated with liver cirrhosis-comparisons of pre- and post-liver transplant breath samples, EBioMedicine 2(9), 1243-1250 (2015)

[310] F. Morisco, E. Aprea, V. Lembo, V. Fogliano, P. Vitaglione, G. Mazzone, L. Cappellin, F. Gasperi, S. Masone, G.D. De Palma, R. Marmo, N. Caporaso, F. Biasioli: Rapid 'breath-print' of liver cirrhosis by proton transfer reaction time-of-flight mass spectrometry. A pilot study, PLoS ONE 8, e59658 (2013)

[311] E. Aprea, L. Cappellin, F. Gasperi, F. Morisco, V. Lembo, A. Rispo, R. Tortora, P. Vitaglione, N. Caporaso, F. Biasioli: Application of PTR-TOF-MS to investigate metabolites in exhaled breath of patients affected by coeliac disease under gluten free diet, J. Chromatogr. B 966, 208-213 (2014)

[312] S. Halbritter, M. Fedrigo, V. Höllriegl, W. Szymczak, J.M. Maier, A.-G. Ziegler, M. Hummel: Human breath gas analysis in the screening of gestational diabetes mellitus, Diabetes Technol. Ther. 14, 917-925 (2012)

[313] M.E. O' Hara, S. O' Hehir, S. Green, C.A. Mayhew: Development of a protocol to measure volatile organic compounds in human breath: A comparison of rebreathing and on-line single exhalations using proton transfer reaction mass spectrometry, Physiol. Meas. 29, 309-330 (2008)

[314] B. Thekedar, U. Oeh, W. Szymczak, C. Hoeschen, H.G. Paretzke: Influences of mixed expiratory sampling parameters on exhaled volatile organic compound concentrations, J. Breath Res. 5, 016001 (2011)

[315] B. Thekedar, W. Szymczak, V. Hollriegl, C. Hoeschen, U. Oeh: Investigations on the variability of breath gas sampling using PTR-MS, J. Breath Res. 3, 027007 (2009)

[316] M.M.L. Steeghs, S.M. Cristescu, F.J.M. Harren: The suitability of Tedlar bags for breath sampling in medical diagnostic research, Physiol. Meas. 28, 73 (2007)

[317] T. Wang, A. Pysanenko, K. Dryahina, P. Spanel, D. Smith: Analysis of breath, exhaled via the mouth and nose, and the air in the oral cavity, J. Breath Res. 3, 037013 (2008)

[318] P. Čáp, K. Dryahina, F. Pehal, P. Španěl: Selected ion flow tube mass spectrometry of exhaled breath condensate headspace, Rapid Commun. Mass Spectrom. 22, 2844-2850 (2008)

[319] J. Herbig, A. Amann: Proton transfer reaction-mass spectrometry applications in medical research, J. Breath Res. 3, 020201 (2009)

[320] P. Spanel, D. Smith: Selected ion flow tube mass spectrometry, SIFT-MS, Curr. Anal. Chem. 9, 523-524 (2013)

[321] Y.P. Krespi, M.G. Shrime, A. Kacker: The relationship between oral malodor and volatile sulfur compound-Producing bacteria, Otolaryngol. -Head Neck Surg. 135, 671-676 (2006)

[322] J. Greenman, P. Lenton, R. Seemann, S. Nachnani: Organoleptic assessment of halitosis for dental professionals-General recommendations, J. Breath Res. 8, 017102 (2014)

[323] B.M. Ross, A. Esarik: The analysis of oral air by selected ion flow tube mass spectrometry using indole and methylindole as examples. In: Volatile Biomarkers, ed. by A. Amann, D. Smith (Elsevier, Boston 2013)

[324] B.M. Ross, S. Babay, C. Ladouceur: The use of selected ion flow tube mass spectrometry to detect and quantify polyamines in headspace gas and oral air, Rapid Commun. Mass Spectrom. 23, 3973-3982 (2009)

[325] S. Saad, K. Hewett, J. Greenman: Effect of mouth-rinse formulations on oral malodour processes in tongue-derived perfusion biofilm model, J. Breath Res. 6, 016001 (2012)

[326] D. Smith, T.S. Wang, A. Pysanenko, P. Španěl: A selected ion flow tube mass spectrometry study of ammonia in mouth- and nose-exhaled breath and in the oral cavity, Rapid Commun. Mass Spectrom. 22, 783-789 (2008)

[327] A. Pysanenko, P. Španěl, D. Smith: A study of sulfur-containing compounds in mouth-and nose-exhaled breath and in the oral cavity using selected ion flow tube mass spectrometry, J. Breath Res. 2, 046004 (2008)

[328] A. Hansanugrum, S.A. Barringer: Effect of milk on the deodorization of malodorous breath after garlic ingestion, J. Food Sci. 75, C549-C558 (2010)

[329] R. Munch, S.A. Barringer: Deodorization of garlic breath volatiles by food and food components, J. Food Sci. 79, C526-C533 (2014)

[330] J. Taucher, A. Hansel, A. Jordan, W. Lindinger: Analysis of compounds in human breath after ingestion of garlic using proton-transfer-reaction mass spectrometry, J. Agric. Food Chem. 44, 3778-3782 (1996)

[331] E.V. Hartungen, A. Wisthaler, T. Mikoviny, D. Jaksch, E. Boscaini, P.J. Dunphy, T.D. Märk: Proton-transfer-reaction mass spectrometry (PTR-MS) of carboxylic acids: Determination of Henry's law constants and axillary odour investigations, Int. J. Mass Spectrom. 239, 243-248 (2004)

[332] R.H. McQueen, R.M. Laing, C.M. Delahunty, H.J.L. Brooks, B.E. Niven: Retention of axillary odour on apparel fabrics, J. Text. Inst. 99, 515-523 (2008)

[333] L. Yao, R.M. Laing, P.J. Bremer, P.J. Silcock, M.J. Leus: Measuring textile adsorption of body odor compounds using proton-transfer-reaction mass spectrometry, Text. Res. J. 85 (17), 1817-1829 (2015)

[334] A. Wisthaler, C.J. Weschler: Reactions of ozone with human skin lipids: Sources of carbonyls, dicarbonyls, and hydroxycarbonyls in indoor air, P. Natl. Acad. Sci. USA 107, 6568-6575 (2010)

[335] M.M.L. Steeghs, B.W.M. Moeskops, K. van Swam, S.M. Cristescu, P.T.J. Scheepers, F.J.M. Harren: Online monitoring of UV-induced lipid peroxidation products from human skin in vivo using proton-transfer reaction mass spectrometry, Int. J. Mass Spectrom. 253, 58-64 (2006)

[336] C. Turner, B. Parekh, C. Walton, P. Španěl, D. Smith, M. Evans: An exploratory comparative study of volatile compounds in exhaled breath and emitted by skin using selected ion flow tube mass spectrometry, Rapid Commun. Mass Spectrom. 22, 526-532 (2008)

[337] P.J. Martí nez-Lozano: Fernández de la Mora: Online detection of human skin vapors, J. Am. Soc. Mass Spectr. 20, 1060-1063 (2009)

[338] M.E. O'Hara, T.H. Clutton-Brock, S. Green, C.A. Mayhew: Endogenous volatile organic compounds in breath and blood of healthy volunteers: examining breath analysis as a surrogate for blood measurements, J. Breath Res. 3, 027005 (2009)

[339] M.E. O'Hara, T.H. Clutton-Brock, S. Green, S. O'Hehir, C.A. Mayhew: Mass spectrometric investigations to obtain the first direct comparisons of endogenous breath and blood volatile organic compound concentrations in healthy volunteers, Int. J. Mass Spectrom. 281, 92-96 (2009)

[340] S.M. Abbott, J.B. Elder, P. Spanel, D. Smith: Quantification of acetonitrile in exhaled breath and urinary headspace using selected ion flow tube mass spectrometry, Int. J. Mass Spectrom. 228, 655-665 (2003)

[341] A. Pysanenko, T. Wang, P. Španěl, D. Smith: Acetone, butanone, pentanone, hexanone and heptanone in the headspace of aqueous solution and urine studied by selected ion flow tube mass spectrometry, Rapid Commun. Mass Spectrom. 23, 1097-1104 (2009)

[342] T. Wang, P. Španěl, D. Smith: Selected ion flow tube mass spectrometry of 3-hydroxybutyric acid, acetone and other ketones in the headspace of aqueous solution and urine, Int. J. Mass Spectrom. 272, 78-85 (2008)

[343] J.Z. Huang, S. Kumar, N. Abbassi-Ghadi, P. Španěl, D. Smith, G.B. Hanna: Selected ion flow tube mass spectrometry analysis of volatile metabolites in urine headspace for the profiling of gastro-esophageal cancer, Anal. Chem. 85, 3409-3416 (2013)

[344] G.-M. Pinggera, P. Lirk, F. Bodogri, R. Herwig, G. Steckel-Berger, G. Bartsch, J. Rieder: Urinary acetonitrile concentrations correlate with recent smoking behaviour, BJU Int. 95, 306-309 (2005)

[345] D. Samudrala, B. Geurts, P. Brown, E. Szymańska, J. Mandon, J. Jansen, L. Buydens, F.M. Harren, S. Cristescu: Changes in urine headspace composition as an effect of strenuous walking, Metabolomics 11, 1656-1666 (2015)

[346] S. Stadler, P.-H. Stefanuto, M. Brokl, S.L. Forbes, J.-F. Focant: Characterization of volatile organic compounds from human analogue decomposition using thermal desorption coupled to comprehensive two-dimensional gas chromatography-Time-of-flight mass spectrometry, Anal. Chem. 85, 998-1005 (2012)

[347] M. Statheropoulos, C. Spiliopoulou, A. Agapiou: A study of volatile organic compounds evolved from the decaying human body, Forensic Sci. Int. 153, 147-155 (2005)

[348] P.H. Stefanuto, K. Perrault, S. Stadler, R. Pesesse, M. Brokl, S. Forbes, J.F. Focant: Reading cadaveric decomposition chemistry with a new pair of glasses, ChemPlusChem 79, 786-789 (2014)

[349] J. Dekeirsschieter, P.H. Stefanuto, C. Brasseur, E. Haubruge, J.F. Focant: Enhanced characterization of the smell of death by comprehensive two-dimensional gas chromatography-time-of-flight mass spectrometry (GC×GC-TOFMS), PLoS ONE 7, e39005 (2012)

[350] A.A. Vass: Odor mortis, Forensic Sci. Int. 222, 234-241 (2012)

[351] A.A. Vass, R.R. Smith, C.V. Thompson, M.N. Burnett, N. Dulgerian, B.A. Eckenrode: Odor analysis of decomposing buried human remains, J. Forensic Sci. 53, 384-391 (2008)

[352] M. Statheropoulos, E. Sianos, A. Agapiou, A. Georgiadou, A. Pappa, N. Tzamtzis, H. Giotaki, C. Papageorgiou, D. Kolostoumbis: Preliminary investigation of using volatile organic compounds from human expired air, blood and urine for locating entrapped people in earthquakes, J. Chromatogr. B 822, 112-117 (2005)

[353] A. Agapiou, K. Mikedi, S. Karma, Z.K. Giotaki, D. Kolostoumbis, C. Papageorgiou, E. Zorba, C. Spiliopoulou, A. Amann, M. Statheropoulos: Physiology and biochemistry of human subjects during entrapment, J. Breath Res. 7, 016004 (2013)

[354] S. Stadler, P.H. Stefanuto, J.D. Byer, M. Brokl, S. Forbes, J.F. Focant: Analysis of synthetic canine training aids by comprehensive two-dimensional gas chromatography-time of flight mass spectrometry, J. Chromatogr. A 1255, 202-206 (2012)

[355] C.A. Tipple, P.T. Caldwell, B.M. Kile, D.J. Beussman, B. Rushing, N.J. Mitchell, C.J. Whitchurch, M. Grime, R. Stockham, B.A. Eckenrode: Comprehensive characterization of commercially available canine training aids, Forensic Sci. Int. 242, 242-254 (2014)

[356] J. Rudnicka, P. Mochalski, A. Agapiou, M. Statheropoulos, A. Amann, B. Buszewski: Application of ion mobility spectrometry for the detection of human urine, Anal Bioanal Chem 398, 2031-2038 (2010)

[357] R. Huo, A. Agapiou, V. Bocos-Bintintan, L.J. Brown, C. Burns, C.S. Creaser, N.A. Devenport, B. Gao-Lau, C. Guallar-Hoyas, L. Hildebrand, A. Malkar, H.J. Martin, V.H. Moll, P. Patel, A. Ratiu, J.C. Reynolds, S. Sielemann, R. Slodzynski, M. Statheropoulos, M.A. Turner, W. Vautz, V.E. Wright, C.L. Thomas: The trapped human experiment, J. Breath Res. 5, 046006 (2011)

[358] V. Ruzsanyi, P. Mochalski, A. Schmid, H. Wiesenhofer, M. Klieber, H. Hinterhuber, A. Amann: Ion mobility spectrometry for detection of skin volatiles, J. Chromatogr. B Anal. Technol. Biomed. Life Sci. 911, 84-92 (2012)

[359] P. Mochalski, K. Unterkofler, H. Hinterhuber, A. Amann: Monitoring of selected skin-borne volatile markers of entrapped humans by selective reagent ionization time of flight mass spectrometry in NO^+ mode, Anal. Chem. 86, 3915-3923 (2014)

[360] L. Sichu: Recent developments in human odor detection technologies, J. Forensic. Sci. Crim. 1, 1-12 (2014)

[361] R.L. Doty, P. Shaman, C.P. Kimmelman, M.S. Dann: University of Pennsylvania smell identification test: A rapid quantitative olfactory function test for the clinic, Laryngoscope 94, 176-178 (1984)

[362] W.S. Cain, R.B. Goodspeed, J.F. Gent, G. Leonard: Evaluation of olfactory dysfunction in the connecticut chemosensory clinical research center, Laryngoscope 98, 83-88 (1988)

[363] T. Hummel, B. Sekinger, S.R. Wolf, E. Pauli, G. Kobal: 'Sniffin' Sticks': Olfactory performance assessed by the combined testing of odour identification, odor discrimination and olfactory threshold, Chem. Senses 22, 39-52 (1997)

[364] J. Albrecht, A. Anzinger, R. Kopietz, V. Schopf, A.M. Kleemann, O. Pollatos, M. Wiesmann: Test-retest reliability of the olfactory detection threshold test of the Sniffin' Sticks, Chem. Senses 33, 461-467 (2008)

[365] G. Kobal, L. Klimek, M. Wolfensberger, H. Gudziol, A. Temmel, C.M. Owen, H. Seeber, E. Pauli, T. Hummel: Multicenter investigation of 1,036 subjects using a standardized method for the assessment of olfactory function combining tests of odor identification, odor discrimination, and olfactory thresholds, Eur. Arch. Oto.-Rhino.-L. 257, 205-211 (2000)

[366] E.J. Haberland, A. Kraus, K. Pilchowski, H. Gudziol, W. Lorenz, M. Bloching: Kinetics of N-butanol release from the tip of Sniffin' Sticks, 76. Jahresversammlung der Deutschen Gesellschaft für Hals-Nasen-Ohren-Heilkunde, Kopf- und Hals-Chirurgie e.V., Erfurt (2005)

[367] M. Denzer, S. Gailer, D. Kern, L.P. Schumm, N. Thuerauf, J. Kornhuber, A. Buettner, J. Beauchamp: Quantitative validation of the n-butanol Sniffin' Sticks threshold pens, Chem. Percept. 7, 91-101 (2014)

[368] G. Kobal, C. Hummel: Cerebral chemosensory evoked potentials elicited by chemical stimulation of the human olfactory and respiratory nasal mucosa, Electroen. Clin. Neuro. 71, 241-250 (1988)

[369] J.N. Lundström, A.R. Gordon, E.C. Alden, S. Boesveldt, J. Albrecht: Methods for building an inexpensive computer-controlled olfactometer for temporally-precise experiments, Int. J. Psychophysiol. 78, 179-189 (2010)

[370] J. Beauchamp, J. Frasnelli, A. Buettner, M. Scheibe, A. Hansel, T. Hummel: Characterization of an olfactometer by proton-transfer-reaction mass spectrometry, Meas. Sci. Technol. 21, 025801 (2010)

[371] C. Walgraeve, K. Van Huffel, J. Bruneel, H. Van Langenhove: Evaluation of the performance of field olfactometers by selected ion flow tube mass spectrometry, Biosyst. Eng. 137, 84-94 (2015)

[372] P.M.T. de Kok, A.E.M. Boelrijk, C. de Jong, M.J.M. Burgering, M.A. Jacobs: MS-nose flavour release profile mimic using an olcactometer. In: Flavour Science: Recent Advances and Trends, Developments in Food Science, Vol. 43, ed. by W.L.P. Bredie, M.A. Petersen (Elsevier, Amsterdam2006)

[373] A.J. Taylor, S. Skelton, L.L. Jones: Measuring odor delivery for sensory testing, Flav. Sci. Proc. XIII Weurman Flav. Res. Symp., Zaragoza (2014)

[374] M. Scheibe, T. Zahnert, T. Hummel: Topographical differences in the trigeminal sensitivity of the human nasal mucosa, Neuroreport 17, 1417-1420 (2006)

[375] S. Heilmann, T. Hummel: A new method for comparing orthonasal and retronasal olfaction, Behav. Neurosci. 118, 412-419 (2004)

[376] J. Frasnelli, S. van Ruth, I. Kriukova, T. Hummel: Intranasal concentrations of orally administered flavors, Chem. Senses 30, 575-582 (2005)

[377] A. Buettner, S. Otto, A. Beer, M. Mestres, P. Schieberle, T. Hummel: Dynamics of retronasal aroma perception during consumption: Crosslinking on-line breath analysis with medico-analytical tools to elucidate a complex process, Food Chem. 108, 1234-1246 (2008)

[378] A. Buettner, A. Beer, C. Hannig, M. Settles: Observation of the swallowing process by application of videofluoroscopy and real-time magnetic resonance imaging-consequences for retronasal aroma stimulation, Chem. Senses 26, 1211-1219 (2001)

[379] J. Beauchamp, M. Scheibe, T. Hummel, A. Buettner: Intranasal odorant concentrations in relation to sniff behavior, Chem. Biodivers. 11, 619-638 (2014)

[380] D.W. Kern, J. Beauchamp, M. Scheibe, T. Hummel, M.K. McClintock, A. Buettner: Odorant measurement at the olfactory cleft using proton-transfer-reaction mass spectrometry, The Assoc. Chemorecept. Sci. 35th Annu. Meet., Huntington Beach (2013)

[381] M. Yabuki, K. Portman, D. Scott, L. Briand, A. Taylor: DyBOBS: A dynamic biomimetic assay for odorant-binding to odor-binding protein, Chem. Percept. 3, 108-117 (2010)

[382] M. Yabuki, D.J. Scott, L. Briand, A.J. Taylor: Dynamics of odorant binding to thin aqueous films of rat-OBP3, Chem. Senses 36, 659-671 (2011)

[383] L. Marciani, J.C. Pfeiffer, J. Hort, K. Head, D. Bush, A.J. Taylor, R.C. Spiller, S. Francis, P.A. Gowland: Improved methods for fMRI studies of combined taste and aroma stimuli, J. Neurosci. Meth. 158, 186-194 (2006)

[384] Y. Seto: On-site detection of chemical warfare agents. In: Handbook of Toxicology of Chemical Warfare Agents, ed. by R.C. Gupta (Academic Press, San Diego 2009)

[385] R. Sferopoulos: A Review of Chemical Warfare Agent (CWA) Detector Technologies and Commercial-off-the-Shelf Items (Australian Government Department of Defence Human Protection and Performance Division DSTO, Melbourne 2009)

[386] H.H. Hill Jr, S.J. Martin: Conventional analytical methods for chemical warfare agents, Pure Appl. Chem. 74 (12), 2281-2291 (2002)

[387] J. Zheng, T. Shu, J. Jin: Ion mobility spectrometry for monitoring chemical warfare agents, Appl. Mech. Mater. 241-244, 980-983 (2013)

[388] S. Goetz: The unseen menace, New Electronics 36, 23-24 (2003)

[389] T. Keller, A. Keller, E. Tutsch-Bauer, F. Monticelli: Application of ion mobility spectrometry in cases of forensic interest, Forensic Sci. Int. 161, 130-140 (2006)

[390] F. Gunzer, S. Zimmermann, W. Baether: Application of a nonradioactive pulsed electron source for ion mobility spectrometry, Anal. Chem. 82, 3756-3763 (2010)

[391] S. Armenta, M. Alcala, M. Blanco: A review of recent, unconventional applications of ion mobility spectrometry (IMS), Anal. Chim. Acta 703, 114-123 (2011)

[392] Y. Seto: On-site detection as a countermeasure to chemical warfare/terrorism, Forensic Sci. Rev. 26, 24-48 (2014)

[393] S.W. Lemire, D.H. Ash, R.C. Johnson, J.R. Barr: Mass spectral behavior of the hydrolysis products of sesqui- and oxy-mustard type chemical warfare agents in atmospheric pressure chemical ionization, J. Am. Soc. Mass Spectr. 18, 1364-1374 (2007)

[394] S.N. Ketkar, S.M. Penn, W.L. Fite: Real-time detection of parts per trillion levels of chemical warfare agents in ambient air using atmospheric pressure ionization tandem quadrupole mass spectrometry, Anal. Chem. 63, 457-459 (1991)

[395] I. Cotte-Rodriguez, D.R. Justes, S.C. Nanita, R.J. Noll, C.C. Mulligan, N.L. Sanders, R.G. Cooks: Analysis of gaseous toxic industrial compounds and chemical warfare agent simulants by atmospheric pressure ionization mass spectrometry, Analyst 131, 579-589 (2006)

[396] Y. Seto, M. Kanamori-Kataoka, K. Tsuge, I. Ohsawa, K. Iura, T. Itoi, H. Sekiguchi, K. Matsushita, S. Yamashiro, Y. Sano, H. Sekiguchi, H. Maruko, Y. Takayama, R. Sekioka, A. Okumura, Y. Takada, H. Nagano, I. Waki, N. Ezawa, H. Tanimoto, S. Honjo, M. Fukano, H. Okada: Sensitive monitoring of volatile chemical warfare agents in air by atmospheric pressure chemical ionization mass spectrometry with counter-flow introduction, Anal. Chem. 85, 2659-2666 (2013)

[397] G.J. Francis, D.B. Milligan, M.J. McEwan: Detection and quantification of chemical warfare agent precursors and surrogates by selected ion flow tube mass spectrometry, Anal. Chem. 81, 8892-8899 (2009)

[398] F. Petersson, P. Sulzer, C.A. Mayhew, P. Watts, A. Jordan, L. Märk, T.D. Mark: Real-time trace detection and identification of chemical warfare agent simulants using recent advances in proton transfer reaction time-of-flight mass spectrometry, Rapid Commun. Mass Spectrom. 23, 3875-3880 (2009)

[399] T. Kassebacher, P. Sulzer, S. Jürschik, E. Hartungen, A. Jordan, A. Edtbauer, S. Feil, G. Hanel, S. Jaksch, L. Märk, C.A. Mayhew, T.D. Märk: Investigations of chemical warfare agents and toxic industrial compounds with proton-transfer-reaction mass spectrometry for a real-time threat monitoring scenario, Rapid Commun. Mass Spectrom. 27, 325-332 (2013)

[400] J.M. Ringer: Detection of nerve agents using proton transfer reaction mass spectrometry with ammonia as reagent gas, Eur. J. Mass Spectrom. 19, 175-185 (2013)

[401] A.J. Midey, T.M. Miller, A.A. Viggiano, N.C. Bera, S. Maeda, K. Morokuma: Ion chemistry of VX surrogates and ion energetics properties of VX: New suggestions for VX chemical ionization mass spectrometry detection, Anal. Chem. 82, 3764-3771 (2010)

[402] K.D. Cook, K.H. Bennett, M.L. Haddix: On-line mass spectrometry: A faster route to process monitoring and control, Ind. Eng. Chem. Res. 38, 1192-1204 (1999)

[403] Y.-C. Chen, P.L. Urban: Time-resolved mass spectrometry, TrAC Trend. Anal. Chem. 44, 106-120 (2013)

[404] W. Singer, R. Gutmann, J. Dunkl, A. Hansel: PTR-MS technology for process monitoring and control in biotechnology, J. Proc. Anal. Chem. 11, 1-4 (2010)

[405] M. Luchner, T. Schmidberger, G. Striedner: Bio-prosess monitoring: Real-time approach, Eur. BioPharm. Rev. 50, 52-55 (2014)

[406] T. Schmidberger, R. Gutmann, K. Bayer, J. Kronthaler, R. Huber: Advanced online monitoring of cell ulture off-gas using proton transfer reaction mass spectrometry, Biotechnol. Prog. 30, 496-504 (2014)

[407] J. Herbig, R. Gutmann, K. Winkler, A. Hansel, G. Sprachmann: Real-time monitoring of trace gas concentrations in syngas, Oil Gas Sci. Technol. 69, 363-372 (2014)

[408] V.S. Langford, I. Graves, M.J. McEwan: Rapid monitoring of volatile organic compounds: A comparison between gas chromatography/mass spectrometry and selected ion flow tube mass spectrometry, Rapid Commun. Mass Spectrom. 28, 10-18 （2014）

[409] D. Smith, P. Španěl: Direct, rapid quantitative analyses of BVOCs using SIFT-MS and PTR-MS obviating sample collection, TrAC Trend. Anal. Chem. 30, 945-959 （2011）

[410] M. Yamada, M. Suga, I. Waki, M. Sakamoto, M. Morita: Continuous monitoring of polychlorinated biphenyls in air using direct sampling APCI/ITMS, Int. J. Mass Spectrom. 244, 65-71 （2005）

[411] S. Barber, R.S. Blake, I.R. White, P.S. Monks, F. Reich, S. Mullock, A.M. Ellis: Increased sensitivity in proton transfer reaction mass spectrometry by incorporation of a radio frequency ion funnel, Anal. Chem. 84, 5387-5391 （2012）

[412] D. Materić, M. Lanza, P. Sulzer, J. Herbig, D. Bruhn, C. Turner, N. Mason, V. Gauci: Monoterpene separation by coupling proton transfer reaction time-of-flight mass spectrometry with fastGC, Anal.Bioanal. Chem. 407（25）, 7757-7763 （2015）

第 50 章　用于真实性控制的稳定同位素比值分析

　　本章总结了用于生物基础元素氢、碳、氧等稳定同位素比值分析(SIRA)的术语、定义和参考资料。对风味化合物等生物分子的生物和非生物分馏原理进行了解释。使用氢和碳的同位素比值质谱分析法(IRMS)和核磁共振波谱法(NMR)(^{2}H-NMR和 ^{13}C-NMR)，简要介绍测定 ^{2}H/^{1}H、^{13}C/^{12}C 和 ^{18}O/^{16}O 同位素比值的常用方法。此外，重点介绍了利用同位素比值分析对风味化合物和调味品进行真实性控制的选择应用步骤。介绍了苯甲醛、香兰素、香草香精和香草提取物、丁酸、异戊二烯、植物精油以及果味化合物如 γ-内酯和 δ-内酯的分析实例。讨论了 SIRA 的潜力和局限性，并考虑了分析要求、代表性数据库和适用的真实性评估指南。

　　单一调味物质、调味品或精油的真实性可以定义为所描述的纯度和来源的真实性。欧洲议会和理事会关于调味品的法规，规定了计划用于食品的调味品和某些具有调味品性质的食品成分的使用和标签标准。特别是调味品不应以误导消费者有关其性质、所用原料的质量、真实性或生产工艺的问题。国际香料工业组织(IOFI)制定了与官方法规相对应的 IOFI 实践规范，该规范描述了最佳做法，并得到了所有成员协会和成员公司的充分认可。因此，调味品的真实性证明是一项重要的任务，不仅要保护消费者免受欺诈，还涉及香料香精以及食品行业中质量保证部门的合法权益。结合正确的产品标签，合理的成本效益比的确认反映了除食品工业以外的许多行业(如制药业或动物营养产业)公平贸易的商业基础。

　　许多具有重要商业价值的调味物质可以由不同的渠道通过不同的途径生产，如化学合成法、传统食品制备方法、酶法或微生物法。由于对天然调味品的高需求，分析方法必须不断优化，以检测复杂的掺假。根据欧盟法规[1]，掺假检测或调味品真实性证明涉及以下三个主要分析重点：

- 调味物质或调味品是否完全来自于所提及的天然植物或材料？
- 调味品原产地和来源植物种类的标识是否合适？
- 调味物质是源于微生物、酶促或物理过程中的天然和经批准的原料，还是通过化学加工合成的？

　　气相色谱-质谱(GC-MS)联用是一种标准的分析方法，不仅用于测定复杂调味品中通常含有的 100 多种风味物质的定性和定量，而且还用于证明单一调味物质的纯度。GC-MS 方法的应用通常提供了第一个定性和定量的概述，以及关于调味品混合物的潜在来源的初步见解，包括可疑的发现[2-4]。使用手性固定相的对映选择性气相色谱测定对映体的分布，可能只有助于证明少数手性风味物质的天然性质[5]。因此，在法庭上提供充分证明的重要真实性证明，并不总是只用这些方法。

30 多年来，生物基础氢、碳和氧的稳定同位素比值分析(SIRA)用于香料工业的实验室，同时也用于负责官方消费者保护的实验室，以便对调味化合物和调味品进行更重要的真实性控制[6-10]。目前，使用 IRMS 的 SIRA，与多维气相色谱法[11]和对映选择性分析[5]以及核磁共振波谱(NMR)在线联用的各种可能性主要集中在风味化合物真实性的显著评估上[12,13]。

50.1　基本原理

每种元素都是由原子核的组成来定义的，原子核中包含一定数量的质子和中子。质子数与元素周期表中的数字相同，并定义了元素的名称(1 代表氢，6 代表碳，8 代表氧)。质子数和中子数的总和决定了相对同位素质量或原子质量。

同位素是一种特定化学元素的不同核素，其区别仅在于它们的中子数。一种元素的不同中子决定了该元素的不同同位素。例如，主要百分比的碳(≈99%)有 6 个质子和 6 个中子，报告成用 ^{12}C 来定义其原子质量。然而，地球生物圈中约 1.1%的碳含有 6 个质子和 7 个中子，是重稳定同位素 ^{13}C。稳定同位素不会衰变为其他元素。相反，放射性同位素(如 ^{14}C)是不稳定的，会衰变为其他元素[14,15]。

生物元素碳、氢和氧的稳定同位素比值($^{13}C/^{12}C$)、($^2H/^1H$)、($^{18}O/^{16}O$)通常用 δ 表示法($\delta^{13}C$, δ^2H, $\delta^{18}O$)。氢同位素 ^2H 也使用了氘及其缩写 D。在同位素比值中使用术语(D/H)。

同位素单体或同位素异构体中每个同位素原子数目相同，但重同位素在分子中的位置不同。例如，乙醇由三个同位素组成，氘在这三个位置上出现(CH_2DCH_2OH、CH_3CHDOH、CH_3CH_2OD)[16]。同位素异数体是指仅在同位素组成上有所不同的分子。最著名的例子，水可以区分为轻水(HOH)、氘同位素与质子比例相等的半重水(HDO)和每个分子有两个氢氘同位素(D_2O 或 ^2H_2O)的重水。水的氧同位素包括重氧水($H_2^{18}O$)和更难分离的 ^{17}O-同位素。

50.1.1　术语和定义

为确定材料的同位素分布或特征，可以测量元素稳定同位素的比例，如 $^2H/^1H$、$^{18}O/^{16}O$、$^{13}C/^{12}C$、$^{15}N/^{14}N$、$^{34}S/^{32}S$。稳定同位素自然丰度的变化用 δ 符号($\delta^{13}C$)表示，如式(50.1)所示。δ 值通常以千分之几(每千或‰)表示。同位素比值是相对于定义特定同位素测量尺度的国际标准进行测量的(表 50.1)。国际原子能机构(IAEA)通过参考 V 前缀确定的自然或虚拟材料来定义这些比例：

$$\delta^{13}C[‰]_{V-PDB} = \left(\frac{R_{Sample}}{R_{Standard}} - 1 \right) \cdot 1000 \tag{50.1}$$

式中，R_{Sample} 为样本的比值($[^{13}C]/[^{12}C]$)；$R_{Standard}$ 为国际标准的比值($[^{13}C]/[^{12}C]$)。

50.1.2　国际标准

校准和比对材料通常由同位素地球化学中常用的天然矿物和化合物组成，具有期望的同位素组成、均匀性、化学纯度和稳定性特征。原子能机构分发校准和比对材料,用于对天然化合物中稳定同位素比值变化的测量进行实验室间校准。IAEA-TECDOC-825是对稳定同位素范围和参考材料的全面综述,可从维也纳的 IAEA 获得[18]。标准、校准和对比材料可归类为主要参考标准、校准材料和比对材料。

　　用于表示氢、氧、碳、氮和硫同位素组成的自然变化的主要参考标准是 SMOW、PDB、AIR 和 CDT。自 1961 年克雷格(Craig)定义 SMOW(标准平均海水)以来,就一直使用 SMOW 来表示自然水域中 $^2H/^1H$- 和 $^{18}O/^{16}O$- 比值的相对变化[19]。SMOW 的定义是基于国家标准局的一项水标准(NBS-1)。PDB(Peedee Belemnite)由来自南卡罗来纳州 Peedee 地层的白垩纪贝伦岩的碳酸钙组成。用磷酸处理 PDB 中析出的 CO_2 作为氧和碳同位素测量的零点。AIR(大气氮)是氮稳定同位素变化的主要参考标准,其同位素组成在世界各地都非常均匀[20]。大气是陆地上氮的最大储藏库,也是自然和工业过程(化肥生产)中该元素的主要来源。CDT(Canyon Diablo Troilite)是存在于亚利桑那州的迪亚布洛峡谷铁陨石中的 FeS(陨硫铁)。陨硫铁作为参照标准,是因为其 $^{34}S/^{32}S$ 同位素比率变化较小,与陆地硫的平均同位素比率相当[21]。CDT 的 $^{32}S/^{34}S$ 比值为 $22.22‰_{V-CDT}$[22],相对于地壳上同位素最均匀的海洋硫酸盐,CDT 的 ^{34}S(约+20‰$_{V-CDT}$)相当少。从这些主要参考标准中,选择了 SMOW 作为理论校准标准,而 PDB 和 CDT 则长期被用作理论校准标准。

表 50.1　国际同位素比值标度

元素	国际标度	同位素比	可接受比率 [a]
氢	维也纳标准平均海水(V-SMOW)	$^2H/^1H$	0.00015575
氧	维也纳标准平均海水(V-SMOW)	$^{18}O/^{16}O$	0.0020052
碳	维也纳——PeeDee 箭石标准(V-PDB)	$^{13}C/^{12}C$	0.0111802
氮	大气(AIR)	$^{15}N/^{14}N$	0.0036782
硫	维也纳陨硫铁(V-CDT)	$^{34}S/^{32}S$	0.0441509

a 重同位素/轻同位素。

　　国际原子能机构将这些材料分发给世界各地的实验室。所有参考物质均根据国际商定和采用的校准值与主要参考标准进行仔细校准。为校准 $^2H/^1H$、$^{18}O/^{16}O$ 和 $^{17}O/^{16}O$ 变化值,分发了两个水参考材料 V-SMOW(维也纳平均海水标准)和 SLAP(南极轻降水标准)。V-SMOW 是通过将蒸馏海水与少量其他水混合,以产生一种接近于 SMOW 定义的同位素组分而制备的。V-SMOW 的同位素组成实际上与 Craig 定义的 SMOW 相同,而由南极冰原制备的 SLAP 相对于 V-SMOW 而言,其重同位素显著减少。现在,V-SMOW 已被 V-SMOW2 取代,V-SMOW2 是 2006 年在 IAEA(国际原子能机构)同位素水文学实验室准备的,用以代替 V-SMOW 材料[23]。PDB 的同位素比值接近海洋石灰石的同位素比值,相对于有机碳化合物而言,^{13}C 含量丰富。因此,分配 NBS-19(或 TS-石灰石)以校准 $^{13}C/^{12}C$ 和 $^{18}O/^{16}O$ 变化测定。NBS-19 与 PDB 进行了间接校准。根据国际协议,NBS-19 与假设的 V-PDB(维也纳 PDB)的同位素组成(假设与 PDB 相同)被固定为 $\delta^{13}C=+1.95‰_{V-PDB}$ 和 $\delta^{18}O=-2.20‰_{V-SMOW}$[24]。NBS-19 的绝对同位素比值尚未测定。测量精度的提高表明,CDT

同位素不均匀,无法继续作为主要参考物质[25],因此,CDT 标度已被 V-CDT 取代。V-CDT 是由将 $\delta^{34}S$ 值−0.3‰分配给 IAEA-S-1(硫化银)定义的[26]。

比对材料是天然和合成的化合物,它为实验室定期检查所进行测量的总体质量提供了方法,包括与其他实验室所获得的样品相比,多种材料制备样品的长期重复性。这些材料(由 IAEA 分发)的 δ 值在国际上得到认可和采用,但与主要参考标准相比,其 δ 值具有不确定性(表 50.2)。

表 50.2 参考资料

名称	性质	同位素	δ‰($\pm$SD)[a]
GISP	水	^{2}H ^{18}O	−189.5±1.2 −24.76±0.09
IAEA-CH-7	聚乙烯	^{2}H ^{13}C	−100.3±2.0 −32.151±0.050
IAEA-N-1	硫酸铵	^{15}N	+0.4±0.2
NBS-18	方解石	^{18}O ^{13}C	−23.2±0.1 −5.014±0.035
IAEA-CH-6	蔗糖	^{13}C	−10.449±0.033
NBS-127	硫酸钡	^{34}S ^{18}O	+20.3±0.4 +9.3±0.4

a 同位素比值数据与国际同位素标准 V-SMOW 的氧和氢、V-PDB 的碳、AIR 的氮、V-CDT 的硫相比以每密耳(‰)的偏差表示。δ 值和 SD 是国际原子能机构 IAEA(2013 年汇编)在以下项目中报告的数值:http://nucleus.iaea.org/rpst/ReferenceProducts/ReferenceMaterials/Stable_Isotopes/index. htm。

50.1.3 稳定同位素鉴别和生物元素分馏原理

对植物材料成分中,生物元素 ^{13}C、^{2}H、^{18}O、^{15}N 和 ^{34}S 重稳定同位素的分子间和分子内非统计分布的研究表明,它们的分布受物理和化学原理的控制,形成了稳定同位素比值的特征模式和内在关联。在植物材料中,这种模式主要是由不同植物品种的不同生化机制以及地理位置和生长、收获或加工条件所诱导的不同理化效应所决定的[14,15,27]。

所谓的稳定同位素鉴别或分馏可分为生物过程和非生物过程,这两种过程对有机分子如调味物质中氢、碳、氧和氮的稳定同位素分布有主要影响。此外,由于环境影响(人为分馏)和地质分馏可能发生的同位素分馏效应正在影响土壤的组成,例如植物生长的土壤[14,15]。这种影响对硫、氮显著,但与风味物质中主要生物元素氢、碳、氧的相关性较小。植物材料成分的最终同位素模式结合了生物和非生物的因素。

因此,对特征模式和相关机制的了解是鉴定单个调味物质的有力工具。图 50.1 显示了对生物和非生物稳定同位素分馏的主要影响。

50.1.4 生物分馏(动力学分馏效应)

最著名和最重要的生物分馏效应是碳同位素识别,这是陆地植物光合作用 CO_2 初级固定过程的结果,在所谓的 C_3、C_4 和 CAM 植物中,^{13}C 同位素分馏不同[28,29]。C_3 植物,这个名字来源于第一个光合产物——磷酸甘油酸的 C 原子数，C_3 植物对核酮糖二磷酸羧化酶反应有更大的同位素效应，其结果是 ^{13}C 同位素和 $\delta^{13}C$ 值在–37‰～–24‰V-PDB 之间。C_3 植物代表了最丰富的植物类群，包含了蔬菜调味品来源，如仁果、核果、浆果、葡萄、小麦、谷物或甜菜[30]。

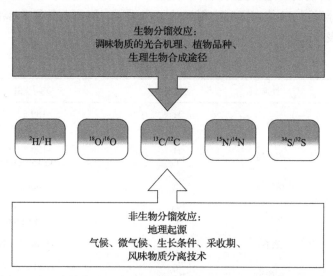

图 50.1　影响植物源调味品的生物和非生物稳定同位素分馏的参数

C_4 植物——该名称来源于草酰乙酸的四个 C 原子数，是磷酸烯醇或丙酮酸羧化酶反应的光合产物。由于较小的同位素效应，更多的 ^{13}C 的积累导致 $\delta^{13}C$ 值介于–16‰V-PDB 和–10‰V-PDB 之间。农业中最著名的 C_4 植物是甘蔗、玉米和谷子。

CAM 植物(景天酸代谢)具有某些肉质植物、兰花和热带草类的特征，能够进行上述两种 CO_2 固定反应。因此 $\delta^{13}C$ 值的范围在 C_3 植物和 C_4 植物之间。CAM 植物的产物在碳水化合物和某些次生代谢物质(如芳香族化合物)中也表现出更高的氘含量。具有重要调味作用的 CAM 植物有菠萝、香草或龙舌兰[12,14]。

氢和氘的分馏也受光合作用的影响。因此，氘在 C_3 植物中消耗，在 C_4 植物中积累。酵母在糖的酒精发酵过程中也会对氘进行分馏。在生物合成与代谢过程中，由不同的动力学和酶促机制所诱导的相应的生物分子内分馏效应也可用于风味物质的真实性评价。由于 ^{13}C 形成过程中复杂的生物合成相关性和极其复杂的分析要求，对于以下一般规则，只有 ^2H-模式和 ^{18}O-模式具有实际意义[12]：

^2H-模式：

- 来自莽草酸途径的天然芳香族化合物在 $p > o \geqslant m$ 的序列中显示了 ^2H-丰度的相对位置；当 p 位羟基化时，序列转化为 $m > o$。
- 来自甲戊酸途径的类异戊二烯通常表现为相对于甲基和乙烯基位置的亚甲基的 ^2H-消耗，而来自脱氧木糖磷酸途径的类异戊二烯具有乙烯基明显的相对 ^2H-消耗的特征。
- 链状脂肪酸及其衍生物或乙酰基链状化合物在奇数($C{=}O$—衍生)位置显示出交替的 ^2H-丰度和相对 ^2H-消耗。

^{18}O-模式：

- 在天然化合物中，单加氧酶反应产生的羟基(大多数酚羟基、类异戊二烯中的一些羟基)的 δ^{18}O 值在+3‰～+7‰$_{V\text{-}SMOW}$ 之间。
- 通过裂合酶反应从水中引入的氧官能团必须相对于该水消耗 ^{18}O，而水同位素平衡的羰基或羧基分别相对富集 ^{18}O‰+28‰$_{V\text{-}SMOW}$ 和约+19‰$_{V\text{-}SMOW}$。
- 天然的和某些性质相同的酯的特点是羰基-O 的极度富集 ^{18}O(高达+40‰～+60‰$_{V\text{-}SMOW}$)和乙醚-O 的些许 ^{18}O 含量(＜+10‰$_{V\text{-}SMOW}$)。

50.1.5　非生物分馏(热力学分馏)

非生物分馏过程主要是由水蒸发和冷凝过程中的热力学同位素效应以及水和二氧化碳之间的同位素平衡引起的。水中的 ^{2}H 和 ^{18}O 之间存在可预测的线性关系，这被称为大气降水线，根据 ^{18}O 的测量值可以近似得到 ^{2}H 的值，反之亦然[19,31,32]。对于降水中较重稳定同位素 ^{2}H 和 ^{18}O 的富集或耗尽，必须考虑以下一般规则：

- 海拔效应：降水中的 δ^{18}O 值和 δ^{2}H 值随海拔升高而减小。一般范围是 ^{18}O 为每 100 米–0.15‰～–0.5‰$_{V\text{-}SMOW}$，^{2}H 为每 100 米–1.5‰～–4‰$_{V\text{-}SMOW}$。
- 纬度效应：由于降雨强度的增加，δ^{18}O 值和 δ^{2}H 值随着纬度的增加而减小[33]。
- 大陆效应：同位素比值从海岸向内陆减小。
- 量效关系：降雨量越大，降雨的 δ^{18}O 值和 δ^{2}H 值越小。

随后，植物或水果中水分的物理分馏就是植物或叶水的分馏。通过气孔或水果蔬菜的表皮蒸发，可使水果或叶水中的 ^{18}O 和 ^{2}H 含量增加。富集程度取决于多种因素，如微气候影响、位置、水含量，也取决于生理参数(如植物类型)，以及农业条件，如水果成熟期，涉及其不同的年度气象条件和收获日期。

50.2　同位素比值的测定方法

利用 IRMS 技术可以测定调味物质等生物大分子中 H、C、O、S、N 的稳定同位素比值。在分析挥发性物质如风味物质或调味品复杂混合物时，IRMS 与气相色谱法相结合是首选方法。

不同位置的同位素或分子官能团的氢或碳同位素比值可以通过 ^{2}H-NMR 或 ^{13}C-NMR 或在特定的分子降解后使用 IRMS 来确定。

50.2.1　同位素比值质谱法

同位素比值质谱法专门用于精确测量同位素丰度的微小差异，如 ^{2}H/^{1}H,^{18}O/^{16}O,^{13}C/^{12}C,^{15}N/^{14}N,和 ^{34}S/^{32}S。

有两种常用的仪器配置：连续流 IRMS(CF-IRMS)和双路进样 IRMS(DI-IRMS)。在双路进样系统中，气体离线产生，并进入样品气罐系统。第二个气罐装着参照气体，样品和参照气体可以切换进入离子源。在连续流仪器中，双进气系统被载气流(通常是氦气)所取代。这种设计特别适用于在线制备系统的使用，如元素分析仪、气相色谱仪或平衡装置。对于同位素比值测定，分析物必须在进入同位素比值质谱仪的离子源之前转换成简单的气体(H_2、CO、CO_2、N_2 和 SO_2)。同位素比值质谱仪测量的是与这些气体相对应的离子比值。例如,在碳同位素比值的分析中,质谱仪监测的离子质量电荷比(m/z)为 44、45 和 46,这与含有 ^{12}C、^{13}C、^{16}O、^{17}O 和 ^{18}O 的各种组合的 CO_2 分子产生的离子相对应。分析气体的电离是通过电子电离(EI)实现的。电离气体在单磁扇形分析仪中根据其动量分离,并由法拉第杯阵列检测,其输出用于计算最终稳定同位素比值。这是根据已知同位素组成的标准计算的,并用 δ 符号表示。

样品气体是在一系列自动制备系统中产生的,这些系统可以进行批量全样品同位素分析(BSIA)或特定化合物同位素分析(CSIA)。

元素分析仪与同位素比值质谱仪(EA-IRMS)相结合,给出样品的整体同位素组成。根据具体的设置,可以测量一系列固体和液体基质中 H、C、N、O 和 S 的同位素比值。连续流元素分析仪技术最初适用于测量有机样品中的 ^{13}C-同位素和 ^{15}N-同位素[34],几年后适用于测量有机样品中的 ^{34}S-同位素[35]。在燃烧模式下,含 C-、N-和 S-的材料转化为测量气体二氧化碳、氮气和二氧化硫,以进行在线同位素分析。采用高温转化(热解)模式分析氢和氧的同位素比值。将样品装入银囊中,并将其放入内部装有玻璃碳管(填充有玻璃碳)的陶瓷反应器中,热解样品[36-39]。

1978 年,Matthews 和 Hayes 首次在线演示了高精度 CSIA[40-42],使用单收集器高精度同位素比仪器。从色谱柱上洗脱出来的化合物由氦流携带,在界面燃烧,并进入质谱源,最初只能测定 ^{13}C[43]。随后进行了改进,可以测量氮、氧和氢同位素比[44,45]。从色谱柱中洗脱的碳和氮化合物随后通过燃烧反应器(一根氧化铝管,其中含有铜、镍和铂线,保持在 940℃)氧化燃烧。接下来是还原反应器(包含三根保持在 600℃铜丝的氧化铝管),用于将任何氮氧化合物还原为氮[46]。对于氢和氧,需要高温热转换反应器[47]。在气相色谱分离后,有机化合物中结合的氢必须在 IRMS 分析前定量转化为 H_2 气体。定量转化是在 >1400℃ 的高温下转化(TC)的[45]。

使用气相色谱-同位素比值质谱(GC-IRMS)的前提是组成样品混合物的化合物适用 GC,即它们具有适当的挥发性和热稳定性。极性化合物可能需要进一步的化学修饰(衍生化),在这种情况下,还必须确定衍生试剂的相对稳定同位素比。将液相色谱仪与 IRMS 耦合(LC-IRMS)可以克服其中一些问题[48]。然而,LC-IRMS 要求在样品氧化之前或之后消除流动相。这项技术可用于分析不适于 GC-IRMS 的高分子量化合物,如糖、氨基酸或药物和毒品的活性成分。

50.2.2 核磁共振

核磁共振波谱法(NMR)是一种测定有机化合物结构或纯度的有效的分析技术,特别是在食品分析中使用越来越频繁[32,49,50]。核磁共振是基于这样一个原理:原子核,例如 ^1H、^2H 和 ^{13}C,具有核自旋性,因此有一个核磁矩。当样品置于磁场中时,其核磁矩沿磁场轴线排列,产生宏观磁化强度,其大小与旋转次数成正比。通过施加一个脉冲磁场,在观测同位素的特定共振频率上振荡,磁化强度可以旋转到垂直于磁场的平面上。在此,它将绕着磁场的轴前进,在接收线圈中产生电流,接收 NMR-信号,即所谓的自由感应衰减(FID)。对 FID 有贡献的频率分布可以用傅里叶变换来分析。归一化频率(化学位移)是原子核化学环境的特征,例如甲基的质子具有大约 1 ppm 的化学位移。

调味品核磁共振分析的主要缺点，一方面是灵敏度明显低于质谱，另一方面缺乏挥发性有机物的在线分离技术。对于纯物质而言，可在少于 50 次扫描的情况下，在几分钟之内可以实现信噪比大于 150 的 ^{1}H 波谱，然而通常必须提供 2000 次以上的扫描才能提供相应的 ^{2}H-NMR 波谱，因为必须考虑到 ^{2}H 的自然丰度相对较低，只有氢原子的 0.0145%。因此，NMR 稳定同位素分析的应用，仅限于单一风味物质的 ^{2}H-和 ^{13}C-NMR 或调味料及调味产品的预分离、浓缩和纯化提取物。另外，NMR 技术的主要优点之一是无损检测[49]。

50.2.3 ^{2}H 核磁共振

利用氘在乙醇不同部位的非统计分布，最初将 ^{2}H-核磁共振技术应用于甜菜糖浆发酵过程的检测和官方控制。1990 年以来，位点特异性同位素分馏 NMR（SNIF-NMR）是葡萄酒控制的官方分析方法[16,50,51]。

利用 ^{2}H-NMR 来表征其他生物分子的起源和真实性的活动很快就集中在单一风味物质上[10,51]。然而，定量 ^{2}H-NMR 仅限于纯物质或纯化香料的应用。例如，对于香草香精或香草味产品，^{2}H-NMR 分析只能在香兰素提取、纯化和重结晶之后进行，并且需要数小时的较长测量时间，且扫描次数超过 3000 次[52]。

除了香兰素外，实际上还可获得特定调味物质的 ^{2}H-NMR 分析方法和波谱数据，如茴香脑、苯甲醛、草蒿脑、百里酚、不同类型的内酯、单萜、萜类物质以及植物精油酯类等[12,53]。

50.2.4 ^{13}C 核磁共振

由于核磁共振对 ^{13}C 的相对灵敏度理论上比氘高两个数量级，实际上只有在科学研究中才对该核进行定量评估[54-56]。结果表明，碳同位素效应比氢同位素效应小得多，因此，给定位置之间的相对差异预计会更小。此外，与 ^{2}H-NMR 相比，^{13}C-NMR 需要更长的缓冲延迟和测量时间来进行定量分析。尽管如此，位点特异性定量分析 ^{13}C-NMR 的主要可行性已经被证明，并且已经获得了不同来源的天然和合成香兰素中 ^{13}C 分布的特征[54,55]。

50.3 气味鉴别的选择性应用

同位素比值分析用于食品工业的质量控制以及消费者保护，是鉴别真正的调味品和单个调味物质的关键方法。本章中将介绍在食品工业中的一些重要应用。

50.3.1 苯甲醛

具有苦杏仁味的植物精油是用于食品和饮料工业的重要香料。苦杏仁油含有大量的苯甲醛，在许多水果和饮料中应用最为广泛[57]。苦杏仁精油是由苦杏仁、杏或其他李子的种子经水蒸气蒸馏而得，含苯甲醛高达 90%。为了区分苯甲醛的不同来源，进行例如甲苯氧化、苯甲酰氯的碱水解或肉桂的不同同位素比值分析。

例如，植物提取物（–27.9‰±0.4‰$_\text{V-PDB}$）和天然油（–28.6‰±0.7‰$_\text{V-PDB}$）中苯甲醛的 δ^{13}C 值在一个较窄的范围内，这表明类似的过程或由植物前体产生。通过化学合成（通过苯甲酰氯）获得的苯甲醛的 δ^{13}C 值相对于天然样品中的 ^{13}C（–29.2‰±0.8‰$_\text{V-PDB}$）大量减少，而合成材料的 ^{13}C (通过甲苯氧化)相对于天然提取物($-26.1‰±0.6‰_{V-PDB}$)富集了近 2‰[58]。碳同位素丰度对苯甲醛的成因没有明显的指示作用，但氢同位素丰度似乎更具代表性。天然来源的苯甲醛的平均 δ^2H 值为$-125‰±14‰_{V-SMOW}$。合成苯甲醛的 δ^2H 值取决于生产工艺。苯甲酰氯合成的产物 δ^2H 平均值为$-40‰±21‰_{V-SMOW}$，甲苯催化氧化生成的产物平均值为$+777‰±20‰_{V-SMOW}$[59]。

肉桂油是苯甲醛的重要天然来源。目前，无法用 δ^2H 值来区分源自肉桂油和天然苯甲醛的产物[12,62]。

这些例子表明，为了通过 GC-IRMS 来区分不同来源的苯甲醛，需要进行多元素分析。表 50.3 显示了苯甲醛的 δ^2H 值、$\delta^{18}O$ 值和 $\delta^{13}C$ 值的范围，彩图 39 列出苯甲醛的多元素 IRMS 分析示例，表明可以将甲苯来源与其余来源区分开。表 50.3 中给出的 δ^2H 值和 $\delta^{18}O$ 值的组合进一步说明了来源[12,60]。

表 50.3　苯甲醛的 δ^2H 值、$\delta^{18}O$ 值和 $\delta^{13}C$ 值范围

苯甲醛	来源	$\delta^2H/‰_{V-SMOW}$	$\delta^{18}O/‰_{V-SMOW}$	$\delta^{13}C/‰_{V-PDB}$
	苦杏仁	$-152\sim-82$	$+6.3\sim+19.3$	$-31.7\sim-27.1$
	杏仁	$-86\sim-84$	$+8.7$	$-28.0\sim-27.5$
	肉桂	$-150\sim-68$	$+2.2\sim+18.1$	$-29.8\sim-26.0$
	甲苯	$+380\sim+802$	$+14.1\sim+19.3$	$-28.6\sim-24.6$
	苯甲酰氯	$-78\sim-11$	$+5.0\sim+9.4$	$-30.4\sim-26.4$

为了明确苯甲醛的来源，补充使用定量 ^2H-NMR 数据是必要的，这在特定应用中也称为 SNIF-NMR。苯甲醛是通过生物合成莽草酸途径合成的，这导致芳香环在邻位、间位、对位的 ^2H 相对丰度不同[30]。^2H-NMR 为测定氘在苯甲醛中的特定位点分布以及区分石油化工、肉桂和苦杏仁油的苯甲醛提供了一种实用的方法[63]。图 50.2 给出了不同苯甲

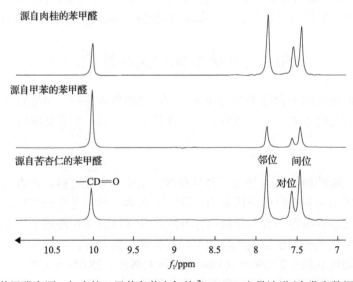

图 50.2　不同苯甲醛来源，如肉桂、甲苯和苦杏仁的 ^2H-NMR 定量波谱(未发表数据，Symrise AG)

醛来源的 ^{2}H-NMR 定量波谱，表 50.4 根据来源是天然还是天然等同的苯甲醛给出了苯甲醛不同位置的 ^{2}H 相对丰度[30]。对苯甲醛的 ^{2}H-NMR 测量的重复性以及提供和定量掺假的能力进行了评估[64]。如彩图 40 中的三维图所示，通过定量氘 NMR 数据对苯甲醛来源进行明确的分配似乎是可行的。

表 50.4　苯甲醛的相对 ^{2}H 丰度[61]

苯甲醛	来源	不同位置的相对 ^{2}H-丰度			
		—CHO	邻位-	间位-	对位-
(结构式)	苦杏仁	0.82	0.76	0.77	1.00
	杏仁	0.86	0.83	0.83	1.00
	肉桂	0.91	0.95^a	0.85	1.00
	甲苯	5.62	1.06	1.13	1.00
	苯甲酰氯	1.12	0.92	0.96	1.00

a Symrise AG 未公开数据的样本数 n=7。

50.3.2　香兰素、香草香料、香草提取物

　　香兰素是一种重要的天然香料成分，在食品和饮料行业具有重要的商业意义[66,67]。世界范围内天然香草提取物的生产，通常来自香荚兰属的香荚兰（*Vanilla planifolia*）与塔希提香草兰（*Vanilla tahitensis*）或大花香草兰（*Vanilla pompona*），每年的产量约为 2000 吨，而香草提取物的主要香味成分香兰素（主要是合成形式）的消耗量，每年超过 12000 吨。由于需求量大，供应相对匮乏，消费者对天然产品的偏好以及对天然作物收获的依赖性，香草提取物的价格很高，季节之间的价格相差很大。因此，将香草豆中的正宗香兰素与廉价的合成香兰素或通过把木质素或阿魏酸生物转化为香兰素的其他替代天然物进行区分是非常重要的[65,68]。由于这个原因，人们做了很多努力用于开发可靠的方法来检测这种掺假。在这些努力中，使用同位素比值质谱法或核磁共振技术对特定位点进行天然同位素分馏来分析标记化合物和香兰素稳定比率发挥了重要作用[65]。

　　表 50.5 概述了不同来源香兰素的 IRMS δ^2H 值、δ^{18}O 值和 δ^{13}C 值。Hoffman 和 Salb 已经公布了大部分主要种植区的香兰素和其他三种来源的香兰素的 δ^{13}C 值（表 50.6）[69]。大多数其他来源的香兰素的 δ^{13}C 值比–27.0‰$_{V-PDB}$ 更低。根据他们的经验，Hoffman 和 Salb 将天然香兰素的鉴别标准限定在–21.0‰$_{V-PDB}$。如果香兰素的 δ^{13}C 值小于–21.0‰$_{V-PDB}$，则必须认为其含有香草豆以外的其他来源的香兰素。图 50.3 显示了对不同来源的香兰素样品的多元素分析，并很好地说明了鉴定香兰素的 IRMS 分析的有效性，代表了不同来源香兰素的范围值。

　　鉴定香兰素的另一个强有力的工具是定量的 ^{2}H-NMR 波谱。以纯香兰素进行的协作研究表明，该方法可以令人满意地鉴别不同的香兰素来源[71]。不同位置香兰素的相对 ^{2}H 丰度如表 50.7 所示，而图 50.4 显示了不同香兰素来源的定量氘 NMR 波谱。因为醛的相对 ^{2}H 丰度较高，来自愈创木酚的香兰素很容易与天然来源和其他来源的香兰素区分开来，如彩图 41 中几个定量氘 NMR 实验的概述所示。但是，彩图 42 三维图中不同香兰素来源的聚集也表明了各种来源的潜在差异。

表 50.5　香兰素 δ^2H 值、δ^{18}O 值和 δ^{13}C 值范围概述

香兰素	来源	δ^2H/‰$_{\text{V-SMOW}}$	δ^{18}O/‰$_{\text{V-SMOW}}$	δ^{13}C/‰$_{\text{V-PDB}}$
	香荚兰豆(*Vanilla planifolia*)		+6.7～+12.4	−21.5～−19.2
	塔希提香草兰豆(*Vanilla tahitensis*)			−19.7～−15.9
			+12.2～+14.0	−20.4～−20.2
	香荚兰豆	−115～−52	+8.1～+10.7	＞−21.5
				−21.5～−16.8
	愈创木酚	−23～−17	−3.1～−2.5	−26.1～−24.9
	丁香酚	−87	+11.8～+13.3	−31.7～−29.9
	木质素	−204～−170	+6.1～+6.8	−28.7～−26.5
		−195～−178	+6.0～+9.8	
	米糠中的阿魏酸	−168～−165	+12.4～+13.2	−37.0～−36.0
			+10.7～+11.2	−36.4～−33.5

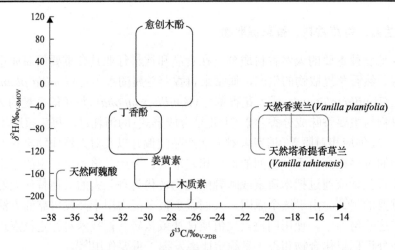

图 50.3　根据香兰素来源的多元素 IRMS 范围值(未发布数据 Symrise AG)

表 50.6　香兰素 δ^{13}C 值概述及参考文献

香草来源	^{13}C/‰$_{\text{V-PDB}}$ 平均值±SD	参考文献
香荚兰(*Vanilla planifolia*)		
马达加斯加	−20.4±0.2	[69]
马达加斯加	−21.1	[66]
爪哇	−18.7±0.4	[69]
爪哇	−19.8	[66]
墨西哥	−20.3±0.1	[69]
不同来源的香荚兰豆	−21.5～−19.2	[70]

续表

香草来源	$^{13}C/\text{‰}_{\text{V-PDB}}$ 平均值±SD	参考文献
塔希提香草兰豆 (Vanilla tahitensis)	−16.8±0.2	[69]
	−19.7～−15.9	[70]
	−18.5	[66]
其他来源		
丁香酚 (丁香油)	−30.8	[69]
愈创木酚	−32.7	[69]
木质素	−27.0±0.2	[69]
木质素	−27.3	[66]

表 50.7　不同位置香兰素的相对 ^{2}H-丰度[61]

香兰素	来源	不同位置的相对 ^{2}H 丰度			
		—CHO	邻位-	间位-	—OCH$_3$
	香荚兰豆	0.67	0.80	1.00	0.65
	木质素	0.63	0.77	1.00	0.65
	丁香酚	0.73	0.84	1.00	0.71
	阿魏酸	0.84	0.88	1.00	0.85
	愈创木酚	2.30	0.95	1.00	0.99

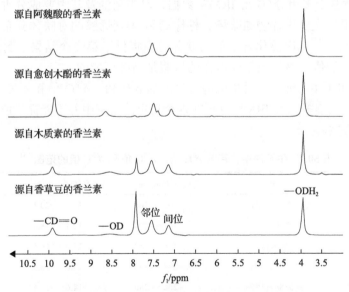

图 50.4　不同来源的香兰素 (阿魏酸、愈创木酚、木质素和香草豆) 的定量 ^{2}H-NMR 谱图 (未发表数据，Symrise AG)

50.3.3　丁酸

丁酸存在于许多乳制品中，尤其是丁酸的甘油三酯被用于许多食品和饲料中。例如，甘油三酯的水解和丁酸本身的释放就是产生酸臭黄油气味的原因。用于生产各种丁酸酯的丁酸是通过发酵天然原料糖或淀粉或通过合成来生产。

表 50.8 显示了同位素研究委员会研究中发现的丁酸的 δ^2H 值和 $\delta^{13}C$ 值[72]。Emad Ehtesham 最近发现，四种脂肪酸(C4:0、C14:0、C16:0、C18:1)和散装奶粉的 δ^2H 值和 $\delta^{13}C$ 值与新西兰奶粉的生产区域有关。在这项研究中，发现丁酸的 $\delta^{13}C$ 值在−31.0‰～−42.5‰$_{V-PDB}$，而 δ^2H 值在−130‰～−170‰$_{V-SMOW}$[75]。

表 50.8　丁酸的 δ^2H 和 $\delta^{13}C$-IRMS 范围值

丁酸	来源	δ^2H/‰$_{V-SMOW}$	$\delta^{13}C$/‰$_{V-PDB}$
(结构式)	其他来源的丁酸	+63	−22.9
	天然丁酸	−232	−14.5

50.3.4　类异戊二烯和精油

类异戊二烯在自然界中广泛分布，包括单萜、倍半萜、二萜和三萜、环烯醚、胡萝卜素和甾体等重要的商业化合物。许多文献引用了精油中异戊二烯化合物质量控制的重要标准[12,76,77]。

类异戊二烯分别通过前体甲戊酸和脱氧木糖磷酸盐在细胞和细菌的不同区域产生[27]。基于这些原因，根据相应的生物合成途径，预期的总体 $\delta^{13}C$ 值和 δ^2H 值显示出显著差异[30,78,79]。本章基于多组分/多元 IRMS 数据，对牛至油及其主要成分香芹酚进行了分析。精油中的手性次要化合物如蒎烯、柠檬烯和 4-萜烯醇的对映体分布可以通过手性气相色谱法得到[73,80]。次要化合物的对映体分布提供了第一个结果。另外，基于主要成分香芹酚的增加值，该牛至精油潜在的掺假是高度可能的。

表 50.9 列出了牛至油中芳香单萜醇香芹酚的 δ^2H 值、$\delta^{18}O$ 值和 $\delta^{13}C$ 值的范围[73]。这个例子说明，三维多元素 IRMS 分析在这个特定的案例中并不能提供所有商业相关来源的完整解决方案。

表 50.9　牛至油中香芹酚 δ^2H 值、$\delta^{18}O$ 值和 $\delta^{13}C$ 值的范围[73]

香芹酚	来源	δ^2H/‰$_{V-SMOW}$	$\delta^{18}O$/‰$_{V-SMOW}$	$\delta^{13}C$/‰$_{V-PDB}$
(结构式)	正宗牛至油	−262～306	+15.3～+20.1	−25.2～−28.5
	商业牛至油	−162～−294	+12.1～+18.5	−24.7～−30.2
	其他来源标准	−106～−262	−13.0～+19.5	−26.1～−28.3
	正宗香油	−274～−295	+13.0～+16.5	−25.1～−28.9
	商业食用油	−266～−280	+14.6～+15.4	−24.8～−26.8
	其他来源风味标准	−10～−262	−13.0～+19.5	−26.1～−28.3

50.3.5　水果香料(γ-癸内酯和 δ-癸内酯)

食品中天然香料真实性控制的一个突出例子是 γ-癸内酯和 δ-癸内酯的 IRMS 分析应用。手性 γ-癸内酯和 δ-癸内酯是具有高度感官重要性的调味物质，可用于草莓、树莓、桃、杏、杜果、西番莲、李子和椰子的各种水果口味[81]。γ-癸内酯和 δ-癸内酯天然来源的真实性可通过其对映体组成进行评估[82]。目前已经确定了几种合成和生物合成路线来得到这些香味物质[83-87]。

在 Tamura 等人的研究中，分析了来自不同地区的李属水果，例如桃、杏和油桃中的 γ-癸内酯和 δ-癸内酯[74]。研究结果和图 50.9 所示的数据表明，使用 δ^2H 和 δ^{13}C IRMS 数据无法实现不同物种之间的分化。另一方面，天然和其他来源的样本显示出显著差异（表 50.10）。Tamura 等人也报告了生物合成的 γ-癸内酯和 δ-癸内酯的 IRMS 数据[74]。提供的 γ-癸内酯数据（彩图 43）表明，在给定的自然变化范围内，其他来源材料（紫框）与通过生物合成途径生产的样品之间存在差异。然而，在这种情况下，似乎不可能区分天然来源和生物合成来源（绿框）。其他来源（蓝框）和天然来源（绿框）的 δ-癸内酯可以区分，如彩图 44 所示。

表 50.10　不同来源的 γ-内酯与 δ-内脂的 δ^2H 值和 δ^{13}C 值[74]

γ-癸内酯	来源	δ^2H/‰V-SMOW	δ^{13}C/‰V-PDB
	其他	−184	−28.3
	其他	−151	−27.4
	天然	−214	−28.1
	天然	−230	−29.2
	天然	−247	−29.2
	天然	−192	−28.3
	生物合成	−286	−29.0
δ-癸内酯	来源	δ^2H/‰V-SMOW	δ^{13}C/‰V-PDB
	其他	−171	−28.2
	天然	−203	−30.1
	天然	−230	−27.7
	生物合成	−185	−29.3

50.4　认证要求与指南

稳定同位素比值分析是一种对香料行业质量控制具有重要意义的方法。在官方食品控制实验室，SIRA 主要用于可疑事实明显或可疑发现必须得到证实的特定情况。SIRA 在官方食品控制中用于调味品认证的应用，发现其局限性在于必须在食品中分析主要的调味产品，这通常需要相当精细的样品净化技术才能通过 SIRA 对风味物质进行最终表征。这两种情况下，单一风味物质的纯度或复杂调味品的定性定量成分的检查是在风味分析开始时使用 GC、GC-MS 和高压液相色谱（HPLC）来确定的。为了研究香料的自然状态，还使用了其他方法，如手性香料化合物的对映选择性分析。然而，为了得到确切的真实性证明，SIRA 是唯一的选择方法。

使用稳定同位素数据评估风味物质和调味品的真实性，必须满足与天然物质成分常规分析数据相同的要求。有效的分析技术、可靠且具有代表性的参考样品和有效的数据是评估的基础，也是计算和评估最终重要结果和真实性的相关分析参数的数学、统计和多元方法的基础。通过使用稳定同位素数据或元素鉴定葡萄酒的例子，讨论了相应的统计和多元程序的例子[88-90]。

50.4.1　分析需求

SIRA 的复杂方法需要在分离和分析仪器方面付出很大努力，因此以下要点对于获得可靠和可比较的稳定同位素数据非常重要：

- 在分离、浓缩和测量风味物质时，必须避免稳定同位素分馏和歧视效应。
- 目标风味化合物的 SIRA 验证程序必须具有规定的不确定性和再现性分析数据。
- 参与环测试或能力测试，包括与代表性基质的隔离是必不可少的。

50.4.2　具有代表性的参考数据要求

天然香料来源及其风味物质的同位素分布特征在于生物和非生物分馏及生物合成效应而产生的自然变化。进一步的影响是调味品或原料中的单一调味品的不同加工和分离技术，尤其是涉及物理、酶或发酵过程。由于对天然来源的分析数据的评价几乎是基于参考数据，因此必须考虑到下列方面：

- 必须提供来自真实参考样品的风味化合物的稳定同位素数据。
- 需要尽可能准确地提供待分析样本和参考样本的最基础数据，如来源、植物品种或种类、地理来源、年份，甚至可能是收获时间。
- 评估的重要性取决于是否有足够的代表性和有效数据(最好是在有效的数据库中)的可用性。

50.4.3　同位素数据解释和评价准则

SIRA 对风味物质或调味品的认证必须在法庭案件中提供令人信服的证据，因此应基于以下解释和评估指南：

对于单一调味物质的单一稳定同位素比值，必须对其真实性进行评估，首先要检查其同位素值或比值是否在已知和预期的参考样品或文献发表的数据范围内。如果该值超出预期的自然范围，则该值可作为所谓的截止值进行评估，无须大量参考资料。例如，香兰素的–35‰$_{V-PDB}$的 $\delta^{13}C$ 值可作为香草豆中真实香兰素的截止值，因为最小值为–23‰$_{V-PDB}$(考虑到测量和准备的不确定性)。如果数值接近真实范围，则应研究自然分布的变化。参考值的置信区间取决于可用数据的数量和标准差。此外，还必须考虑测量的不确定性。

使用多元方法，典型的相关性可以用于单一风味物质的鉴定。将气相色谱-燃烧-同位素比值质谱(GC-C-IRMS)与气相色谱-热解-同位素质谱(GC-P-IRMS)相结合，对不同来源的风味化合物进行了真实性评价。在线毛细管 GC-C-IRMS 和 GC-P-IRMS 联用测定 4-烯丙基苯甲醚和甲基丁香酚的 $\delta^{13}C$ 值和 $\delta^{18}O$ 值表明，即使天然和合成产品的 $\delta^{13}C$ 值非常相似，$\delta^{18}O$ 值也可以进行区分[91]。通过肉桂醛的 δ^2H 值和 $\delta^{13}C$ 值的相关性，确定了锡兰、肉桂和肉桂木的特征真实性范围[92]。树莓风味中的一种重要物质是 α-紫罗兰酮,它是一种天然的、天然等同的、生物技术产生的化合物。天然 α-紫罗兰酮的 $\delta^{13}C$ 值为 $-29.0‰\sim-35.1‰_{V\text{-}PDB}$,天然等同的 α-紫罗兰酮 $\delta^{13}C$ 值为 $-24.3‰\sim-27.1‰_{V\text{-}PDB}$,生物技术生产的 α-紫罗兰酮的 $\delta^{13}C$ 值为 $-10.2‰\sim-31.7‰_{V\text{-}PDB}$。天然的($-190‰\sim-214‰_{V\text{-}SMOW}$)和生物技术来源($-205‰\sim-296‰_{V\text{-}SMOW}$)$\alpha$-紫罗兰酮的 $\delta^{2}H$ 值比天然等同的 α-紫罗兰酮的 $\delta^{2}H$ 值更低[93]。结合 $\delta^{2}H$ 值和 $\delta^{13}C$ 值可以可靠地证明 α-紫罗兰酮的来源。

利用多元素分析的 $\delta^{13}C$ 值、$\delta^{18}O$ 值和 $\delta^{2}H$ 值以及芳樟醇和乙酸芳樟酯的对映选择性多维 GC-MS,可以区分合成化合物和天然化合物,并对薰衣草油进行真实性评估[94]。

同位素比值分析提供了多元素和多组分的数据,即使可用的参考样品数量有限,也能提供有关调味品真实性的信息,具有更高的意义。

50.5　结　　论

天然调味物质、天然调味品的制备、特别是精油的真伪控制必须集中在两个主要方面:源材料的认证与合法许可生产方法的应用验证。

在这两个方面,源材料的稳定同位素的模式,如 $\delta^{13}C$ 值、$\delta^{18}O$ 值和 $\delta^{2}H$ 值,在许多情况下允许赋值到源材料特定的多元素数据簇,这比仅赋值到 C_3、C_4 和 CAM 植物库提供了更详细的区分。在这种情况下,真实的参考化合物的可用性是至关重要的,需要在未来几年进行更多的研究,以获取潜在源材料的全部范围。

过程专属指标的第二个重点领域也需要付出很大努力,因为天然风味化合物可以通过提取和分离天然物质、微生物和酶(生物合成)程序,或通过适当的物理和传统食品制备工艺生产。因此,有必要充分了解所有过程衍生的同位素迁移和随后的稳定同位素模式的变化。为了实现这些目标,需要学术界、工业界和政府当局之间进行密切的科学合作。

参　考　文　献

[1] Regulation (EC) No 1334/2008 of the European Parliament and of the Council of 16 December 2008 on flavorings and certain food ingredients with flavoring properties for use in and on foods and amending Council Regulation (EEC) No 1601/91, Regulations (EC) No 2232/96 and (EC) No 110/2008 and Directive 2000/13/EC, Official Journal European Communities L 354, 34-50, 31.12. 2008

[2] Y.Chen, C.-T. Ho: Flavor analysis in food. In: Encyclopedia of Analytical Chemistry, ed. by R.A. Meyers (Wiley, Hoboken 2006)

[3] R. Marsili: Flavor, Fragrance, and Odor Analysis (CRC Press, New York, Basel 2002)

[4] K. Goodner, R. Rouseff (Eds.): Practical Analysis of Flavor and Fragrance Materials (Blackwell Publishing, Hoboken 2011)

[5] A. Mosandl: Enantioselective Analysis. In: Flavourings: Production, Composition, Applications, Regulations, ed. by H. Ziegler (Wiley, Weinheim 2007)

[6] J. Bricout, J. Koziet: Characterization of synthetic substances in food flavors by isotopic analysis.In: Flavor of Foods and Beverages: Chemistry and Technology, ed. by G. Charalambous, G.E. Inglett (Academic Press, New York 1978) pp. 199-208

[7] M. Balabane, R. Letolle, J.-C. Bayle, M. Derbesy: Determination du rapport$^{13}C/^{12}C$ et$^{2}H/^{1}H$ des differents anetholes, Parfum. Cosmét. Arômes 49, 27-31 (1983), in French

[8] M. Balabane, J.-C. Bayle, M. Derbesy: Charactérisation isotopique (^{13}C,^{2}H) de l'origine naturelle ou de synthèse de l'anéthol, Analusis 12, 148-151(1984), in French

[9] H.-L. Schmidt: Food quality control and studies on human nutrition by mass spectrometric and nuclear resonance isotope ratio determination, Fresenius Z. Anal. Chem. 423,760-766 (1986)

[10] G.J. Martin, S. Hanneguelle, G. Remaud: Authentification des arômes et parfums par résonance magnétique nucléaire et spectrométrie de masse de rapports isotopiques, Parfum. Cosmét. Arômes 94, 95-109 (1990), in French

[11] D. Juchelka, T. Beck, U. Hener, F. Dettmar, A. Mosandl: Multidimensional gas chromatography coupled on-line with isotope ratio mass spectrometry (MDGC-IRMS): Progress in the analytical authentication of genuine flavor components, J. High Resol. Chromatogr. 21, 145-151 (1998)

[12] H. Schmidt, R.A. Werner, A. Roßmann, A. Mosandl, P. Schreier: Stable isotope ratio analysis in quality control of flavourings. In: Flavourings, ed. by H. Ziegler (Wiley, Weinheim 1998)

[13] N.T. Thao, A. Satake: Enantiomeric and stable isotope analysis in cirtus essential oils. In: Cirtus Essential Oils: Flavor and Fragrance, ed. by M. Sawamura (Wiley, Hoboken, New York 2010)

[14] C. Kendall, J.J. McDonnell: Isotope Tracers in Catchment Hydrology (Elsevier, Amsterdam 1998)

[15] R. Michener, K. Lajtha: Stable Isotopes in Ecology and Environmental Science (Blackwell Publishing,Hoboken 2007)

[16] G.J. Martin, M.L. Martin, B.-L. Zhang: Site-specific natural isotope fractionation of hydrogen in plant products studied by nuclear magnetic resonance,Plant Cell Environ. 15, 1037-1050 (1992)

[17] R.A. Werner, W.A. Brand: Referencing strategies and techniques in stable isotope ratio analysis, Rapid Commun. Mass Spectrom. 15, 501-519 (2001)

[18] IAEA Reference and intercomparison materials for stable isotopes of light elements, Proc. of a Consultants Meet. held in Vienna 1-3 December 1993 (IAEA, Vienna 1995)

[19] H. Craig: Standards for reporting concentration of deuterium and oxygen-18 in natural water, Science 133, 1833-1834 (1961)

[20] A. Mariotti: Atmospheric nitrogen is a reliable standard for natural ^{15}N abundance measurements, Nature 303, 685-687 (1983)

[21] J. Macnamara, H.G. Thode: Comparison of the isotopic constitution of terrestrial and meteoritic sulfur, Phys. Rev. 778, 307-308 (1950)

[22] H.G. Thode, J. Monster, H.B. Dunford: Sulphur isotope geochemistry, Geochim. Cosmoch. Acta 25, 159-174 (1962)

[23] IAEA: Reference Sheet for VSMOW2 and SLAP2 international measurement standards (Vienna 5.05.2009)

[24] T.B. Coplen: New guidelines for reporting stable hydrogen, carbon, and oxygen isotope ratio data, Geochim. Cosmochim. Acta 14, 3359-3360 (1996)

[25] G. Bedaudoin, B.E. Taylor, D. Rumble, M. Thiemens: Variations in the sufur isotope composition of troilote from Canon Diablo iron meteorite, Geochim. Cosmochim. Acta 58, 4253-4255(1994)

[26] T.B. Coplen, H.R. Krouse: Sulphur isotope data consistency improved, Nature 392, 32 (1998)

[27] H.-L. Schmidt: Fundamentals and systematics of the non-statistical distributions of isotopes in natural compounds, Naturwissenschaften 90(12), 537-552 (2003)

[28] M.H. O'Leary: Carbon isotope fractionation in plants, Phytochem. 20, 553-567 (1981)

[29] R.D. Guy, M.L. Fogel, J.A. Berry: Photosynthetic fractionation of the stable isotopes of oxygen and carbon, Plant Phys. 101, 37-47 (1993)

[30] H.-L. Schmidt, R.A. Werner, W. Eisenreich: Systematics of ^{2}H patterns in natural compounds and its importance for the elucidation of biosynthetic pathways, Phytochem. Rev. 2, 61-85 (2003)

[31] H. Craig: Isotopic variations in meteoric waters, Science 133, 1702-1703 (1961)

[32] A. Spyros, P. Dais, P.S. Belton, R. Wood: NMR Spectroscopy in Food Analysis, RSC Food Analysis Monographs (The Royal Society of Chemistry, London 2013)

[33] W. Dansgaard: Stable Isotopes in precipitation, Tellus 16(4), 436-468 (1964)

[34] F. Pichlmayer, K.Blochberger: Isotopenhäufigkeitsanalyse von Kohlenstoff, Stickstoff und Schwefel mittels Gerätekopplung Elementaranalysator-Massenspektrometer, Fresenius Z.Anal.Chem. 331,196-201（1988）

[35] A. Giesemann, H.J. Jäger, A.L. Normann, H.R. Krouse, W.A. Brand: On-line sulfur-isotope determination using an elemental analyzer coupled to a mass spectrometer, Anal. Chem. 66, 2816-2819（1994）

[36] J. Koziet: Isotope ratio mass spectrometric method for the on-line determination of oxygen-18 in organic matter, J. Mass Spectrom. 32, 103-108（1997）

[37] T.W. Burgoyne, J.M. Hayes: Quantitative production of H_2 by pyrolysis of gas chromatographic effluents, Anal. Chem. 70, 5136-5141（1998）

[38] B.E. Kornexl, M. Gehre, R. Höfling, A. Werner: Online $\delta^{18}O$ measurement of organic and inorganic substances, Rapid Commun. Mass Spectrom. 13, 1685-1693（1999）

[39] M. Gehre, G. Strauch: High-temperature elemental analysis and pyrolysis techniques for stable isotope analysis, Rapid Commun. 17, 1497-1503（2003）

[40] D.E.Matthews, J.M. Hayes: Isotope-ratio-monitoring gas chromatography-mass spectrometry, Anal. Chem. 50, 1465-1473（1978）

[41] J.M. Hayes, K.H. Freeman, B.N. Popp, C.H. Hoham:Compound specific isotope analysis, a novel tool for reconstruction of ancient biogeochemical processes. In: Advances in Organic Geochemistry, ed.by B. Durand, F. Behar (Pergamon Press, Oxford 1989)

[42] J.M. Hayes, K.H. Freeman, M.P.Ricci, S.A. Studley,M. Schoell, J.M. Moldowan, R. Carlson, E. Gallegos,K. Habfast, W. Brand:A new approach to isotope-ratio-monitoring gas chromatography mass spectrometry. In: Advances in Mass Spectrometry,ed.by P . Longevialle (Heyden and Son, London 1989)

[43] W.A. Brand, K. Habfast, M. Ricci: On-line combustion and high precision isotope ratio monitoring of organic compounds. In: Advances in Mass Spectrometry, ed. by P . Longevialle (Heyden and Son, London 1989)

[44] W.A. Brand, A.R. Tegtmeyer, A. Hilkert: Compound-specific isotope analysis: extending toward $^{15}N/^{14}N$ and $^{18}O/^{16}O$, Org. Geochem. 21, 585-594（1994）

[45] A.W. Hilkert, C.B. Douthitt, H.J. Schlüter, W.A. Brand: Isotope ratio monitoring gas chromatography/mass spectrometry of D/H by high temperature conversion isotope ratio mass spectrometry, Rapid Commun. Mass Spectrom. 13, 1226-1230（1999）

[46] D.A. Merritt, K.H. Freeman, M.P . Ricci, S.A. Studly, J.M. Hayes: Performance and optimization of a combustion interface for isotope ratio monitoring gas chromatography/mass spectrometry, Anal. Chem. 67, 2461-2473（1995）

[47] I.S. Begley, C.M. Scrimgeour: High-precision δ^2H and $\delta^{18}O$ measurement for water and volatile organic compounds by continous-flow pyrolysis isotope ratio mass spectrometry, Anal. Chem. 69, 1530-1535（1997）

[48] R.J. Caimi, Th.J. Brenna: High-precision liquid chromatography-combustion isotope ratio mass spectrometry, Anal. Chem. 65, 3487-3500（1993）

[49] G.J. Martin, S. Akoka, M.L. Martin: SNIF-NMR Part 1: Principles. In: Modern Magnetic Resonance Part 3, Applications, Materials, Science and Food Science, ed. by G.A. Webb (Springer, Berlin, Heidelberg 2008)

[50] E. Jamin, G.J. Martin: SNIF-NMR Part 4: Applications in an economic context: The example of wines, spirits, and juices. In: Modern Magnetic Resonance Part 3, Applications, Materials, Science and Food Science, ed. by G.A. Webb (Springer, Berlin, Heidelberg 2008)

[51] G.J. Martin, M.L. Martin: Thirty years of Flavor NMR. In: Flavor Chemistry, Thirty Years of Progress, ed.by R. Teranishi, E.L. Wick, I. Hornstein (Kluver Academic/Plenum Press, New York 1999)

[52] G.S. Remaud, Y .-L. Martin, G.G. Martin, G.J. Martin: Detection of sophisticated adulterations of natural vanilla flavors and extracts: Application of the SNIF-NMR method to vanillin and p-Hydroxybenzaldehyde, J. Agric. Food Chem. 45（3）, 859-866（1997）

[53] M. Martin, B. Zhang, G.J. Martin: SNIF-NMR Part 2: Isotope Ratios as tracers of chemical and biochemical mechanistic pathways. In: Modern Magnetic Resonance Part 3, Applications, Materials, Science and Food Science, ed. by G.A. Webb (Springer, Berlin, Heidelberg 2008)

[54] E. Tenailleau, P . Lancelin, R.J. Robins, S. Akoka: NMR approach to the quantification of nonstatistical ^{13}C distribution in natural products: Vanillin, Anal. Chem. 76(13), 3818-3825 (2004)

[55] E.J. Tenailleau, P . Lancelin, R.J. Robins, S. Akoka: Authentication of the origin of vanillin using quantitative natural abundance^{13}C NMR, J. Agric. Food Chem. 52(26), 7782-7787 (2004)

[56] V. Caer, M. Trierweiler, G.J. Martin, M.L. Martin: Determination of site-specific carbon isotope ratios at natural abundance by carbon-13 nuclear magnetic resonance spectroscopy, Anal. Chem. 63, 2306-2313 (1991)

[57] R. Barnekow, S. Muche, J. Ley, C. Sabater, J. Hilmer, G. Krammer: Creation and production of liquid and dry flavours. In: Flavous and Fragrances, ed. by R.G. Berger (Springer, Berlin, Heidelberg 2007)

[58] R.A. Culp, J.E. Noakes: Identification of isotopically manipulated cinnamic aldehyde and Benzaldehyde, J. Agric. Food Chem . 38(5), 1249-1255 (1990)

[59] M. Butzenlechner, A. Rossmann, H.L. Schmidt: Assignment of bitter almond oil to natural and synthetic sources by stable isotope ratio analysis, J. Agric. Food Chem. 37(2), 410-412 (1989)

[60] C. Ruff: Authentizitätskontrolle von Aromastoffen, Ph.D. Thesis (Bayrische Julius-Maximilians-Universität, Würzburg 2001), in German

[61] H.-L. Schmidt, A. Roßmann, D. Stöckigt, N. Christoph: Herkunft und Authentizität von Lebensmitteln, Chem. Unserer Zeit 39, 90-99 (2005)

[62] K. Hör, C. Ruff, B. Weckerle, P . Schreier: ^{2}H/^{1}H ratio analysis of flavor compounds by on-line gas chromatography pyrolysis isotope ratio mass spectrometry (HRGC-P-IRMS): benzaldehyde, J. High Resol. Chromatogr. 23(5), 357-359 (2000)

[63] M.L. Hagedorn: Differentiation of natural and synthetic benzaldehydes by ^{2}H nuclear magnetic resonance, J. Agric. Food Chem. 40, 634-637 (1992)

[64] G.S. Remaud, A.A. Debon, Y.-L. Martin, G.G. Martin, G.J. Martin: Authentication of bitter almond oil and cinnamon oil: Application of the SNIF-NMR method to benzaldehyde, J. Agric. Food Chem. 45, 4042-4048 (1997)

[65] J. Hilmer, F.-J. Hammerschmidt, G. Lösing: Authentication of vanilla products. In: Vanilla, ed. by E. Odoux, M. Grosoni (CRC Press, New York, Basel 2010)

[66] D.A. Krueger, H.W. Krueger: Carbon isotopes in vanillin and the detection of falsified Natural Vanillin, J. Agric. Food Chem. 31, 1265-1268 (1983)

[67] H.W. Krueger, R.H. Reesman: Carbon isotope analyses in food technology, Mass Spectrom. Reviews 1,205-236 (1982)

[68] F. Tiemann, W. Haarmann: Über das Coniferin und seine Umwandlung in das aromatische Princip der Vanille, Ber. Dtsch. Chem. Ges.7, 608-623 (1874), in German

[69] P .G. Hoffman, M. Salb: Isolation and stable isotope ratio analysis of vanillin, J. Agric. Food Chem. 1,205-236 (1979)

[70] A. Scharrer, A. Mosandl: Progress in the authenticity assessment of vanilla δ^{13}C$_{PDB}$ correlations and methodical optimisations, Dtsch. Lebensm. Rundsch.98(4), 117-121 (2002)

[71] E. Jamin, F. Martin, G.G. Martin: Determination of site-specific (Deuterium/Hydrogen) ratios in vanillin by ^{2}H nuclear magnetic resonance spectrometry: Collaborative study, J. AOAC Int. 90, 187-195 (2007)

[72] P.G. Hoffmann: Report of the Isotopic Studies Committee (The Flavor and Extract Manufacturers Association of the United States (FEMA), Washington 1995)

[73] M. Greule, C. Hänsel, U. Bauermann, A. Mosandl: Feed additives: authenticity assessment using multicomponent-/multielement-isotope ratio mass spectrometry, Eur. Food Res. Technol. 227(3), 767-776 (2007)

[74] H. Tamura, M. Appel, E. Richling, P. Schreier: Authenticity assessment of γ-and δ-decalactone from prunus fruits by gas chromatography combustion/pyrolysis isotope ratio mass spectrometry (GC-C/P-IRMS), J. Agric. 53(13), 5397-5401 (2005)

[75] E. Ehtesham, A.R. Hayman, K.A. McComb, R. van Hale, R.D. Frew: Correlation of geographical location with stable isotope values of hydrogen and carbon of fatty acids from New Zealand milk and bulk milk powder, J. Agric. Food Chem. 61, 8914-8923 (2013)

[76] A. Mosandl: Review Capillary gas chromatography in quality assessment of flavours and fragrances, J. Chromatogr. 624, 267-292 (1992)

[77] A. Mosandl: GC-IRMS in der Aromastoffanalytik, GIT Fachz. Lab. 9, 882-888 (1994)

[78] A. Jux, G. Gleixner, W. Boland: Classification of terpenoids according to the methylerithritolphosphate or the mevalonate pathway with natural $^{12}C/^{13}C$ isotope ratios: Dynamic allocation of resources in induced plants, Angew. Chem. Int. Edn.40, 2091-2093 (2001)

[79] A.L. Session, T.W. Burgoyne, A. Schimmelmann, J.M. Hayes: Fractionation of hydrogen isotopes in lipid biosysthesis, Org. Geochem. 30, 1193-1200 (1999)

[80] K.H.C.Başer, F. Demirci: Chemistry of essential oils. In: Flavors and Fragrances, ed. by R.G. Berger (Springer, Berlin, Heidelberg 2007)

[81] H. Casabianca, J. Graff, C. Perrucchietti, M. Chastrette, U. Claude, B. Laharatoire, D.C. Organique,P .X. Ville: Application of hyphenated techniques to the chromatographic authentication of flavors in food products and perfumes, J. High Resol. Chromatogr. 18(5), 279-285 (1995)

[82] A. Bernreuther, J. Koziet, P . Brunerie, G. Krammer, N. Christoph, P . Schreier: Chirospecific capillary gaschromatography (HRGC) of γ-decalactone from various sources, Z. Lebensm. Unters. Forsch.191, 299-301 (1990)

[83] M. Aguedo, Y. Wache, J.M. Berlin: Biotransformation od ricinoleic acid into gama-decalactone by yeast cells: Recent progress and current questions, Recent Res. Dev. Biotechnol. Bioeng. 3,167-179 (2000)

[84] G.A. Burdock: Fenaroli's Handbook of Flavour Ingredients (CRC Press, New York 2002)

[85] A. Corma, S. Iborra, M. Mifsud, M. Renz, M. Susarte: A new environmentally benign catalytic process for the asymmetric synthesis of lactones: Synthesis of the flavoring delta-lactone molecule, Adv. Synth. Catal. 346, 257-262 (2004)

[86] L. Dufosse, C. Blin-Perrin, I. Souchon, G. Feron: Microbial production of flavors for the food industry. A case study on the production of gamma-decalactone, the key compound of peach flavor, by the yeast Spordiobolous sp, Food Sci. Biotechnol. 11,192-202 (2002)

[87] M. Endo, Y. Kondo, T. Yamada: Preparation of optically active lactones, Jpn. Patent 20050020 102 005 (2005)

[88] N. Christoph, A. Rossmann, S. Voerkelius: Possibilities and limitations of wine authentication using stable isotope and meteorological data, data banks and statistical tests. Part 1: Wines from Franconia and Lake Constance 1992 to 2001, Mitt.Klosterneuburg 53, 23-40 (2003)

[89] P . Serapinas, V. Aninkevicius, Z. Ezerinskis, A. Galdikas, V. Juzikiene: Step by step approach to multi-element data analysis in testing the provenance of wines, Food Chem. 107, 1652-1660 (2008)

[90] H. Wachter, N. Christoph, S. Seifert: Verifying authenticity of wine by Mahalanobis distance and hypothesis testing of stable isotope pattern—A case study using the EU wine databank, Mitt. Klosterneuburg 59, 237-249 (2009)

[91] C. Ruff, K. Hör, B. Weckerle, T. König, P. Schreier: Authenticity assessment of estragol and methyl eugenol by on-line gas chromatography-isotope ratio mass spectrometry, J. Agric. Food Chem. 50, 1028-1031 (2002)

[92] S. Sewenig, U. Hener, A. Mosandl: Online determination of $^2H/^1H$ and $^{13}C/^{12}C$ isotope ratio of cinnamonaldehyde from different sources using gas chromatography isotope ratio mass spectrometry, Eur. Food Res. Technol. 217, 444-448 (2003)

[93] S. Sewenig, D. Bullinger, U. Hener, A. Mosandl: Comprehensive authentication of (E) alpha (beta) -ionone from raspberries, using constant flow MDGC-C/P-IRMS and enantio-MDGC-MS, J. Agric. Food Chem. 53, 838-844 (2005)

[94] J. Jung, S. Sewenig, U. Hener, A. Mosandl: Comprehensive authenticity assessment of lavender oils using multielement/ multicomponent isotope ratio mass spectrometry analysis and enantioselective multidimensional gas chromatography-mass spectrometry, Eur. Food Res. Technol. 220, 232-237 (2004)

第51章 机器嗅觉

　　用仪器模拟代替人类嗅觉一直是许多研究团队的长期目标。传感器技术不仅仅是取代传统的分析方法,这些方法主要集中在化学物质的鉴定和定量,同时也包括预测人类对气味的感知、气味识别和气味享乐,从而取代人类的感官评价。各种传感器已经从早期的气体传感器发展到电子鼻、电子舌甚至生物传感器和生物电子鼻,这些新型传感器利用自然信号传导释放的信息可以获得更好的灵敏度和选择性。近年来,先进的传感器技术和辅助技术(如纳米技术、细胞生物学、无线通信和神经计算方法)的研究和开发迅速增加,有助于解决早期传感器系统的灵敏度、选择性、便携性和识别度问题。这种发展很大程度上来应对全球生物恐怖主义和其他安全威胁。机器嗅觉在各个领域的应用,不仅是有竞争优势的技术进步的潜在推动者,而且通过国际标准的制定和实施,将对许多行业产生影响。然而,虽然机器嗅觉仪器和传感器系统已经发展了30多年,但它们仍然不能完全取代人类感官的灵敏度、选择性和速度。尽管完全替代人类的感官感知还不可能,但某些传感器阵列在一些需要简单检测的应用中提供了快速、廉价、便携、可联网、专业知识要求低的选择替代品。而且目前的机器嗅觉设备可以提供一种低样品量检测方法,大大减少了人类感官和先进化学测试所需的量。

　　机器嗅觉是人类嗅觉的工具性复制。由于机器嗅觉的应用非常广泛,许多研究团队都在这一领域开展了工作。Sankaran 等[1]和 Bartlett 等[2]阐述了用于机器嗅觉或人工嗅觉的仪器、传感器和方法。本章将讨论其中的许多方面,尤其是在农业和食品工业领域。

　　传感器有很多种,每种都有各自的优点和缺点。一般来说,与传统的分析方法或人体感官测试相比,生物传感器技术可以更快、成本更低(包括仪器、样品制备),需要更少的专业知识,并且便携以及可联网。生物传感器技术的出现大大提高了电子传感器的选择性和灵敏度,并且支持这些设备的技术仍在进步。

　　有证据表明,食品工业和其他行业的领导者已经开始将机器嗅觉仪器纳入正常操作和研发工作中。例如,工业研究人员报道了电子鼻的应用领域包括:香料和调味品[3]、临床诊断[4]、食品质量控制(QC)[5]、个人护理的体味传感器[6]、口臭传感器[7]以及基于气体传感器和环境质谱仪的传感器系统,这些应用包括:牛奶分析、维生素分析、过程监控、快速分析、包装分析和感官测试替代等[8]。研究者报道了使用质子转移反应和激光质谱(MS)电子鼻系统检测婴儿配方奶粉中的氧化反应[9]、咖啡烘焙监测[10,11]、牛奶质量评估[12]、污染物检测[13,14]、挥发性物质释放[15]、异味和包装污染分析以及可可酒质量评估等[16-19]。在许多广泛应用领域的需求必将继续推动传感器技术和数据分析技术的发展,使机器嗅觉成为可能。

51.1 化 学 感 觉

味觉和嗅觉及其相互作用(香味)是高度进化和极其敏感的。人类利用这些感官来寻找可接受的食物、识别配偶关系、检测疾病和许多其他对生存至关重要的东西。这些感官在与食品和食品质量相关的行业中尤为重要。Sankan 等[1]和 Dymerski 等[20]阐述了嗅觉和味觉的细胞生物学机制。

51.1.1 嗅觉

一些文献对生物嗅觉过程进行了描述[21-24]。

如果一个人想替代嗅觉的细胞生理,用仪器对应物来表达各种过程细节,可以通过以下方面来表达:

- 两个取样点(鼻前和鼻后嗅觉,在进食过程中鼻后嗅觉提供动态重复取样)。
- 预浓缩/吸附系统(嗅觉结合蛋白)。
- 快速清除,宽调谐传感器阵列(黏液、嗅觉受体蛋白、嗅觉神经元)。
- 自校准信号处理器和模式识别系统[25]。

作为电子传感器系统中的元件,这些构件通常是为了保障仪器重现性。

51.1.2 味觉

近年来,人们对味觉过程的认识取得了很大进展,从识别周围的感受器到味觉信号与大脑皮层和其他区域的其他信号的整合。这些研究已经被广泛综述[26-30]。

味觉过程在很大程度上与嗅觉相似。但是,味觉信息与来自口腔加工和三叉神经的信息联系更为密切。而且,在味觉到达大脑的认知加工中心之前,它所包含的信息比嗅觉信息多得多,比如营养状况。这些味觉特有的基础很难用人工味觉传感器来模拟。

51.1.3 感官感受和认知加工

虽然已经研究多年,但有关嗅觉感受和认知的机制尚不完全清楚。对化学混合物感受的控制规则更是鲜为人知。大脑激活的研究最近才开始揭示大脑中发生的一些信息处理和联系[31,32]。虽然对这些过程的理解有望取得迅速进展,但目前还不完全可能直接为人工嗅觉和味觉建立仿生数据处理模型。

51.1.4 人类化学感觉的仪器代替品

信息目标

分析和传感器系统努力再现部分或完整的人类嗅觉系统。这有助于理解每个系统产生的信息。这些方法的信息处理方案已在图 51.1 中进行概述。

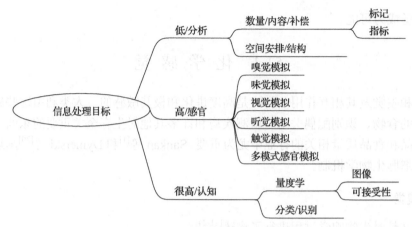

图 51.1　分析和传感器系统信息处理方案

　　许多用于质量控制和贸易规范的分析方法侧重于确定某些化学品、标记化学品、成分或一些众所周知的质量指标的数量。这些分析还可以集中于确定目标化合物的化学结构或其他立体信息。这些方法被认为相对于人类对质量和等级的感知，具有较低的信息目标。已经证实，单一化合物或一组化合物已显示出与人类感官感知良好的相关性。例如，己醛常被用作人类对酸败或低质量(非典型感官印象)的分析标记。然而，很少有符合要求的简单分析水平的人类感知预测。

　　一代传感器系统试图作为个人感官的工具替代品，这里称之为感官模拟。它们是早期的电子鼻和电子舌仪器，分别致力于再现人类嗅觉和味觉的选择性和敏感性。然而，这一感官信息高目标却很少实现。这并不奇怪，因为目前对人类系统中信息的传递知之甚少，而且人类的感官并不是孤立的。

　　接下来，研究人员试图开发出具有很高信息目标的系统，以取代人类的感受和认知，这是一项更具挑战性的任务。模式识别程序被首先附加在早期的内模式传感器和传感器阵列上。下一步实现高水平的信息处理是在人类心理物理学的发现之后，更多的传感器阵列与更多类型的信号处理、模式识别和信息理论相结合。这些系统通常包括电子鼻传感器阵列、电子舌传感器阵列和其他传感器类型，以反映人类用于确定质量、等级和可接受性等的数据和思维过程。

　　有人可能会争论，使用仪器来尝试如此高的信息目标是否合理，因为对混合化学刺激的人类感官感受和认知原理并没有很好地被理解[33-36]，因此，对这些仪器系统的调整不能从最重要的基本原理开始，而必须从数据驱动的经验观测产生，存在常见的过度拟合的数据分析问题、对其他系统或物种的结果概括性低等问题。直到最近，人们才对低等生物如苍蝇的气味空间或气味质量、强度和持续时间的多维调节进行了全面了解[37]。在这项工作中，研究人员利用果蝇触角对 100 种气味的反应，为这种生物建立了气味空间。对人类气味空间的这种理解，以及对化学刺激物的人类认知加工的进一步理解，将被用于开发具有高水平信息处理能力的机器嗅觉系统，例如对食品质量的预测。

　　替代人类化学感觉的理想系统包括下列各单元。一些人工系统比其他系统更成功。理想的传感器系统是：

- 能够抽样、制备样品和/或浓缩样品。
- 具有快速响应或数据采集和数据处理响应时间。
- 具有快速模式识别和分类能力。
- 传感器能够快速复位、漂移小、不受高浓度干扰化合物的干扰。
- 可携带、能耗低、可联网。
- 成本低、寿命长。

下面将进一步讨论具有与上述特性中的每一个特性有关的系统。

51.1.5 机器嗅觉

许多研究团队致力于复制人类嗅觉。Sankaran[1]和 Bartlett 等[2]综述了机器嗅觉或人工嗅觉的传感器和方法。典型的传感器布置，无论是电子鼻还是电子舌，如图 51.2 所示[38]。

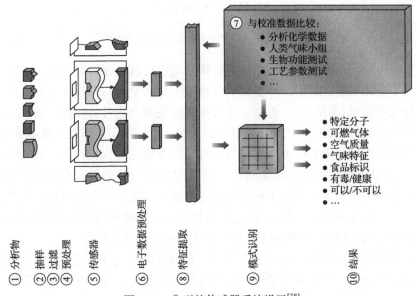

图 51.2 典型的传感器系统设置[38]

大多数系统都以样品导入的单元开始，通常是预浓缩或过滤。然后分析物与传感器或传感器阵列相互作用，这其中有很多可能的传感器和传感器组合。51.2.5 节将进一步讨论这些。传感器将化学物质的相互作用转换成电信号，这些电信号通常在进一步的信号处理之前经过预处理。数据系统经过广泛的校准后，将提取信号的重要特征，然后利用模式识别算法来解释传感器的响应。通过使用监督分类(好与坏、位置 1 与位置 2、年龄 1 与年龄 2 等)、非监督分类(样本分组)或检测(低于一定级别)方法来训练模式识别系统，获得所需的解释。

值得注意的是，校准需要大量样品，必须包括所有已知干扰物或污染物。初始校准的建立需要花费大量的精力，并且需要很长一段时间的维护和调整，直到校准中的所有噪声都能够被识别。

然而，研究人员发现，考虑到目前的传感器技术，机器嗅觉只能在有限的条件下工作。Rock 等[38]开发了一个如图 51.3 所示的方案来控制这一点。

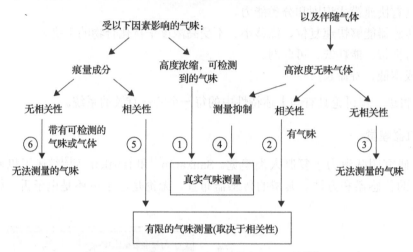

图 51.3   可靠气味测量的可能条件的方案[38]

根据这个方案，可靠测量的理想情况是挥发物中待测气味是高浓度，而无气味物或干扰挥发物不是高浓度(案例①)。如果无气味或干扰挥发物与有气味挥发物相关，则可进行有限的气味测量(案例②)。否则，无气味挥发物则会掩盖目标挥发物(案例③)，因而无法进行气味测量。如果无气味挥发物可以被掩盖(案例④)，那么气味测量是可能的。对于痕量的气味挥发物来说，如果它们与无气味挥发物相关(案例⑤)，则气味测量能力有限，若与无气味挥发物不相关(案例⑥)，则无法进行气味测量。在建立基于传感器的方法时，大部分工作是用于判定正在开发的案例情况。但是，众所周知，关键的食物挥发物通常只以痕量方式存在。因此，研究通常集中在与无味挥发物的关联程度(如案例⑥或案例⑤)以及给定目标分析物的痕量水平下气味测量的可能程度。

人们已经发现了定量的气味-结构关系[39]。假设了人体气味空间和主要气味维度。然而，这些并没有为机器嗅觉系统带来更好的发展。人们发现气味感受更多的是一种感知加工的功能，而不是神经系统外围的受体功能。

51.1.6　化学感觉的感受-认知编码

涉及化学感觉传导和编码的神经生物学，在开发能再现人类化学感觉最高信息能力的仪器传感器系统中至关重要。Hoare 等[40]假设苍蝇在嗅觉上使用模糊编码。模糊方法现在被用作数据分析的一部分，与下面讨论的几个传感器系统一起使用。Haddad 等[41]综述了人类嗅觉的神经生物学中涉及的信息处理，其中气味分子的物理空间通过信息处理的神经空间进行转化，然后转化为嗅觉的感受空间。他们的研究中报道了气味测量指标明显阻碍人们对人类嗅觉编码的进一步理解。

虽然我们不知道确切的信息处理过程，但许多数据分析方法试图模仿人类化学感觉中的神经处理过程，以复制人类的感受和认知过程。

51.2 传感器类型

51.2.1 概述

机器嗅觉、味觉和快速食品分析中使用的不同传感器如下所述。不同类型的传感器包括简单的气体传感器，气体传感器具有单一或多个反应性(交叉反应性)来检测单一或多个气体和蒸气。这些传感器包括具有反应表面的高温传感器和具有吸附涂层以提高选择性的低温聚合物传感器。光学气体和蒸气传感器由涂有不同染料阵列的探头组成，这些探头产生彩色响应模式，这些响应模式通过波导或光纤与探测器相连，在探测器上模式可以被记录并转换为响应。气体和蒸气传感器也可以利用电离与质量分离和检测作为一种传感器阵列。

液体传感器包括各种类型的电极和光谱测量装置。最近，大量的生物传感器被开发用于液体样品，这些生物传感器结合有生物识别元件(DNA、RNA、酶、免疫球蛋白、抗体、蛋白质等)，具有高选择性，还具有高灵敏度的微型或纳米级光或电子传导系统。

需要注意的是，与化学感觉一样，传感器系统的目标是产生一种可以识别的模式或指纹，而不是传统的分析化学，即量化单个化学物种。为此，传感器系统已经发展到使用单一或多种类型的传感器阵列来捕获尽可能多的模式，以增加数据分析中成功识别的机会。因此，今天的许多传感器系统包含不同类型传感器的混合阵列。

早期传感器系统的主要问题方面涉及样品浓度、微型化和便携性。针对这些问题，最近的传感器系统设计，通常将传感器和阵列与样本导入系统结合起来进行采样和浓缩(如微流控设备)，传感器和传感器阵列在一个微系统形式里。一家制造商设计了一套完整的气相色谱系统，该系统具有一种金属氧化物(MOX)检测系统，可单手操作并且可以依靠电池运行[42](图 51.4)。

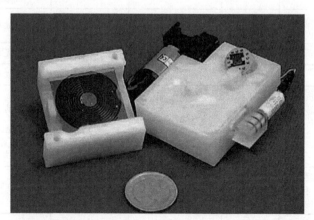

图 51.4 便携式混合微系统气相色谱传感器系统示例：零级空气单元、气相色谱柱、MOX 传感器[42](版权 2005 爱思唯尔)

下面将详细论述每种传感器的类型。

除了基于传感器的系统外，食品无损检测的方法也得到了发展，并且在文献中经常报道。它们倾向于利用光谱检测和模式识别相结合。人们利用核磁共振(NMR)成像、近红外光谱(NIR)、中红外光谱(Mid-IR)和荧光光谱等方法进行研究，发现这些方法具有高选择性。Lin 等报道了这种方法的一个例子[43]，他们使用近红外光谱和支持向量机(SVM)来确定鸡蛋的新鲜度。这些方法不在本次概述的范围内，仅在 51.2.3 节做进一步简要讨论。

51.2.2　化学传感器

早期的化学传感器设计用于检测单一气体蒸气或液体系统的单一成分，而不是用于模式识别。其中有许多已在文献中记载。Nanto[44]综述了各种类型的化学传感器。这些是第一代电子鼻仪器中使用的原始类型的传感器[45]。其类型和化学传感器汇总于表 51.1。

表 51.1　化学传感器概述[44]。目前已被开发的化学传感器的分类。金属氧化物半导体(MOS)、MOS场效应晶体管(MOSFET)、石英晶体微天平(QCM)、表面声波(SAW)、表面等离激元共振(SPR)

原理	被测变量	传感器类型	制备方法	可用性/敏感性	优点	缺点
电导法	电导	化学电阻器	MOS	微加工、溅射	商用，多种类型，5～500 ppm	便宜、微加工	在高温下工作
			导电聚合物	微加工、电镀、等离子 CVD、丝网印刷、旋涂	商用，多种类型，0.1～100 ppm	在室温下操作、微加工	对湿度非常敏感
电容的	电容	化学电容器	聚合物	微加工、旋涂	研究	适用于 CMOS 基化学传感器	对湿度非常敏感
电位滴定法	电压/e.m.f	化学二极管	肖特基二极管	微加工	研究	集成，适用于 CMOS 基化学传感器	需要钯、铂、金、铱(昂贵)
	I-V/C-V 型	化学晶体管	MOSFET	微加工	商用，仅限特殊订单，ppm	集成，适用于 CMOS 基化学传感器	气味反应产物必须渗入涂层
量热法	温度	热化学传感器	热敏电阻(热电式)	微加工、陶瓷制造	研究	低成本	反应迟钝
			催化燃烧	微加工	研究	低成本	反应迟钝
			热电偶	微加工	研究	低成本	反应迟钝
重量分析法	压电	质量敏感化学传感器	QCM	微加工、丝网印刷、浸涂、旋涂	商用，几种类型，1.0 ng 质量变化	熟悉的技术	MEMs 制造接口电子学？
			SAW	微加工、丝网印刷、浸涂、旋涂	商用，几种类型，1.0 ng 质量变化	差动装置可能相当敏感	接口电子学？
光学的	折射率	共振型化学传感器	SPR	微加工、丝网印刷、浸涂、旋涂	研究	高电噪声抗扰度	价格昂贵
	互通性/频谱	光纤化学传感器	荧光、化学发光	浸涂	研究	高电噪声抗扰度	光源可用性受限
安培法	电流	有毒气体传感器	电催化剂	复合电极	商用，ppb～ppm	低成本无相对湿度干扰	尺寸

交叉反应气体传感器，开发设计了复杂的模式，以提高材料对挥发性化学品混合物中复杂气味的选择性。Albert 等[46]对交叉反应气体传感器进行了综述。这些传感器被设计成在接触不同气味时能够产生不同的反应。一种常见的挥发性物质传感器设计使用了薄膜交叉反应化学电阻式蒸汽传感器。其中一种被称为炭黑-聚合物复合(CBPC)传感器。加州理工学院的 Nathan Lewis 团队一直在积极开发这种类型的传感器。他们通常在传感器阵列中使用不同类型的聚合物，例如聚乙烯-醋酸乙烯酯(PEVA)，每种聚合物都具有用于导电的炭黑添加剂。当聚合物吸收蒸汽并膨胀时，其导电性会发生不同的变化。具有不同聚合物组分的阵列可形成时空导电模式[47]，它们被设计用于特定的传感应用，如脂肪酸传感[48]。人们已经将这些阵列与人类嗅觉进行了比较[49]。CyranNose 电子鼻系统是就基于这些具有化学计量模式识别分析的传感器阵列而开发的[50]。

51.2.3　电子鼻

电子鼻(e-nose)技术已经发展了近 30 年。人们已经开发了多个传感器系列，并组装成不同传感器的阵列，以更好地模仿人类嗅觉的灵敏度和选择性。近年来，电子鼻技术在食品和药品中的安全性和质量检测[20,51-58]，在农业和林业中的应用[59,60]，传感器和仪器技术的发展[61-68]，以及数据处理和分析的进展[69]已有综述。

在过去 30 年的发展中，许多不同的电子鼻平台技术得到了改进。大多数的优化和平台都是在先前技术的基础上进行改良的尝试。廉价的电传感器，如气体金属氧化物半导体(MOS)和金属氧化物半导体场效应晶体管(MOSFET)，以及重力传感器，如表面声波、体声波和微悬臂梁系统，被用于第一个电子鼻仪器中。这些电子传感器需要高温，并且有显著漂移。它们的性能也受到蒸汽的显著影响，如水蒸气、乙醇等。为了提高电子鼻仪器的漂移和干扰稳定性，人们研发出了低温聚合物传感器。但这些传感器和气体传感器对于高信息目标都缺乏足够的选择性。为了克服这些问题，人们采用了许多不同的方法，如涂层、聚合物分子印迹和先进的模式识别方法。这些方法都带来了改进。但是，它们仍然无法为许多高信息应用程序提供可接受的结果。因此，由于需要更好的灵敏度、选择性和再现性，人们开发了新的技术平台。

作为它们改进的下一步，基于质谱的电子鼻系统被开发出来以提高选择性。基于质谱仪的电子鼻也利用了各种类型的具有质量分离能力的软化学电离技术。这将在每个测量的质量电荷比处创建虚拟传感器。基于染料、颜色或荧光的光学电子鼻系统也得到了发展，旨在产生更多样的响应模式，从而提高灵敏度和选择性。

电子鼻的开发人员随后着眼于人体生理学，并将仿生元素融入传感器设计中。例如，一些研究人员试图通过模拟正常人鼻前嗅觉过程中人体鼻窦鼻甲区域高蒸气压和低蒸气压挥发物的动态时空分离来提高电子鼻系统的性能。Woodka 等[70]研究了使用时空传感器系统的仿生方法，该时空传感器系统包含在样品流空间上排列的炭黑导电聚合物(CBCP)传感器阵列。Gardner 等[71]还试图模拟嗅觉过程中人类鼻黏膜上气味接收的动力学，他们称之为鼻色谱法，工作原理是模拟嗅觉黏膜及其在时间和空间上的吸收特性，具体是当多种挥发物通过广泛调谐的传感器时，使用平面层析色谱系统和多个传感器收集这些挥发物的响应。其他人尝试了使用鼻流模式来提高传感器阵列的灵敏度[72]。

在被称为生物电子鼻的最新仿生改进中，生物识别元件，如酶、蛋白质、抗体和其他基本单元正在被开发出来，以进一步增强电子鼻传感器系统的能力。51.2.4 节将进一步讨论这些。以下各节回顾了各种电子鼻传感器系统中使用的不同组件。

电子鼻传感器的性能和应用非常广泛。针对不同类型的挥发物和不同的应用，人们开发了许多不同类型的传感器。下面讨论传感器类型。许多传感器的应用也有综述。这些装置可检测大量的挥发性化学物质。这篇综述重点介绍各种系统和传感器的应用，而不是文献中描述的挥发物的种类和详细的检测机理。

1. 电传感器

根据所使用的电路和测量原理，电传感器可分为以下几类：电导法、电位法、电容法和安培法。

基于导电性的传感器 金属氧化物半导体(MOS)传感器是导电型电传感器的常见类型之一。Berna[53]对这些产品在食品和电子鼻方面的应用进行了综述。这些传感器具有易于使用和廉价的优点，使得许多不同类型的金属氧化物可被利用。根据应用要求，调节膜厚度可以使其响应慢(厚膜)或响应快(薄膜)。但是，这些传感器灵敏度低，需要较高的工作温度，并且对水蒸气和其他挥发物的干扰极其敏感。

根据表面发生的化学反应，有两种类型的传感器。N 型 MOS 传感器对 H_2、CH_4、CO、H_2S 和 C_2H_5 等还原性气体敏感。SnO_2 传感器是最早和最常见的 N 型 MOS 传感器之一。为了提高这些传感器的灵敏度，人们进行了许多改进，包括表面改性[73]、掺杂(田口传感器[74])、碳纳米管和纳米线的使用[75-77]。氧化锌传感器通常用于监测乙醇和乙酸的变质、工业和职业监测。此外，人们还对其进行了改进，如卟啉修饰[78]。其他类型的 N 型 MOS 包括以下氧化物：TiO、GaOx、FeOx 和 WO_3。这些传感器目前已被应用，而且在监测上述气体的应用中是有效的。它们在现代电子鼻系统中有一定用途，但通常需要与其他类型的传感器结合在一起使用。

P 型 MOS 传感器对氧化气体如 O_2、NO_2 和 Cl_2 敏感。NiO、CoO 和 CuO 是几种常见的制造材料。P 型 MOS 传感器已被用于检测食品中重要的特定挥发物，例如监测三甲胺以确定鱼的新鲜度[79]。

这些类型的传感器通常与阵列中其他类型的传感器组合使用，以克服其固有的弱点，如漂移、有限的特异性和来自常见挥发物的干扰。例如，将氧化锌 MOS 传感器与表面声波探测器和聚合物涂层相结合，以提高葡萄酒分类的选择性[80,81]，51.4 节将进一步讨论许多其他应用。

对这些传感器的进一步发展如今仍在继续进行。补偿 MOS(CMOS)已成为化学微传感器系统的通用平台[82]。传感器基底材料和方法的进展，如水凝胶技术和基底样式，有望改善其性能[83]。

导电聚合物传感器是又一种主要的基于导电性的电传感器。它们作为传感器的用途已有一些综述[84-87]。它们的工作温度比 MOS 传感器低得多。当导电聚合物传感器吸附蒸汽时，其导电性会发生变化。导电聚合物传感器的两种类型是本征导电聚合物(ICP)传感器和复合导电聚合物传感器。

ICP 传感器对水蒸气和漂移非常敏感。人们了解到它们会随着时间推移而氧化并改变它们的反应。最常见的用于 ICP 传感器的基本聚合物是镧系双酞菁[88]，其通常含有改善性能的改性剂。以下材料也用于 ICP 传感器：金属酞菁、酞菁[89]和吡咯、苯胺、噻吩、乙炔、苯乙烯、3,4-乙烯二氧基噻吩、N-乙烯基卡巴腙和乙炔撑乙烯聚合物。高分子材料结构简单，据报道，薄膜 ICP 的纳米结构可以改善其作为传感器的性能[90]。使用喷墨打印等新方法，可以进一步生成具有大量不同聚合物的传感器[91]。

复合导电聚合物(CP)是另一类用于构建导电传感器的材料。Lewis 团队[49]全面报道了炭黑-聚合物复合材料(CBCP)传感器和阵列的开发和应用。基本聚合物可以改变以形成具有不同溶胀特性的阵列。聚苯乙烯、丙烯酸酯、乙烯醇和其他材料已经用于这些传感器中[92]。含有酞菁锌等掺杂剂的复合材料具有更好的性能[93]。这些传感器的聚合特性可以形成不同的物理形式。为了获得更好的导电聚合物传感器并提高性能，人们还对导电泡沫进行了研究[94]。

近年来，单壁碳纳米管(SWNT)被用于导电聚合物传感器的设计。Kong 等[95]报道了其在 NH_3 和 NO_2 检测中的应用。

电位传感器 电位传感器测量电压的变化。它们试图实现比基于 MOS 的传感器更低的工作温度。虽然它们的工作温度比 MOS 传感器低，但它们仍然受到显著漂移的影响。

最常用的电位传感器是金属氧化物场效应晶体管(MOSFET)。这些传感器使用与 MOS 传感器相同的材料，但它们是以能够测量电压变化的方式排列在芯片上的。新型场效应晶体管正在开发中。据报道，隧道场效应晶体管[96]的灵敏度已经大大提高。

电容传感器 单壁碳纳米管(SWNT)已被用于电容电路中，其作为化学传感器，在极性分析物的检测中发挥了良好的作用[97]。Philip 等[98]开发的聚甲基丙烯酸甲酯复合薄膜(PMMA)与多壁碳纳米管(CNT)和表面修饰多壁碳纳米管(f-CNT)被用于溶剂气敏方面的应用。Star 等[99]利用化学气相沉积技术将金属纳米颗粒应用于 SWNT，进行在有毒气体传感器中的应用。

CBCP 也被用于电容电路中作为气体传感器。端氨基树枝状大分子-炭黑复合传感器对丁胺的检测具有良好的灵敏度[48]。有机酸蒸气传感器的设计中使用了聚(乙烯胺)-炭黑复合材料[100,101]。

安培传感器 安培气体传感器已用于检测有害气体，如 CO、NO_2、H_2S 和 SO_2。催化珠传感器包含催化可燃传感器，是另一种用于检测有害和易燃气体蒸气的传感器。RAE 传感器公司为工业应用提供这些个性化和轻型可燃气体监测仪。

电化学/伏安传感器 电化学传感器包含各种类型的电极，例如 Ag-碳电极，可以施加电压并测量氧化或还原反应响应结果。为了提高性能，常用的电极经常涂有涂层。朗缪尔-布洛杰特(LB)或导电酞菁的朗缪尔-舍费尔(LS)膜已被用作测定抗氧化剂的伏安传感器[102]，但在机械嗅觉中作为挥发性传感器的应用有限。

2. 重力传感器

重力传感器通过测量参考波的频率变化来监测化学蒸气的吸收量，也被称为压电或声学传感器。这些类型的传感器已经发展成为气体传感器，并应用于电子鼻阵列。声波型传感器中使用的技术也已有综述[103,104]。声波传感器用于测量传感器材料本体波或表面的定向波。下面将进一步进行论述。这类传感器依赖于单个聚合物或聚合物阵列对目标挥发物的吸收能力。与其他类型的传感器一样，这限制了它们的选择性，因为许多挥发物在聚合物中具有相似的吸收和溶解特性。吸附溶解度主要依据其极性，极性相近的挥发物吸附模式相似。这些传感器也会受到限制，因为挥发物通常需要很长时间才能从聚合物中解吸出来，这使得系统的响应缓慢，且工作周期不理想。

体声波传感器　石英晶体微天平(QCM)常用作 BAW 传感器。QCM 表面通常使用额外的吸附剂(如色谱填充材料[105]或吸附聚合物涂层[106])进行修饰，以提高灵敏度。分子印迹聚合物(MIP)在与这些传感器一起使用时显示出改进的效果[107]。

声表面波(SAW)传感器　声表面波传感器以 ZnO、LiNbO$_3$、LiTaO$_3$ 石英或 SiO$_2$ 等谐振基底为核心。人们在这些基底上建立了各种参考波，如瑞利波、表面横波、布勒斯坦-古利亚耶夫波或兰姆波和勒夫波。频率的变化可能与被吸收的分析物数量有关。我们可以使用几种不同的涂层策略来处理声表面波传感器的表面，以提高其选择性。已有报道称聚合物涂层[108,109]、朗缪尔-布洛杰特薄膜(LB)[110]和自组装单分子膜(SAM)能改善声表面波传感器性能。

微悬臂梁装置　Wachter 等[111]对微悬臂梁装置进行了评估，以确定将其用作传感器的可能性。首先，在微悬臂梁涂上一层易吸收液体的聚合物膜，再通过暴露和吸收分析物蒸气来测量共振频率的变化[112,113]。不同的聚合物薄膜和涂层可改变此类传感器的灵敏度和选择性[114]。

3. 光学传感器

人们开发了光学传感器，以增加响应模式的复杂性，来提高传感器的选择性。光学传感器包括一个激光源。许多使用可寻址光纤束或波导。光学传感器使用典型的光学探测器来记录响应。其中包括光电二极管、电荷耦合器件(CCD)或 CMOS 探测器，检测模式包括吸光度、荧光、偏振、光学层厚度和颜色，最后记录静态或动态响应。

比色光学传感器　彩色图案可以用多种染料生成，如 pH 敏感染料和溶剂变色染料。化学蒸气传感器已经开发出来用于蒸气检测。例如，带有 LED 或光电探测器的金属卟啉染料被用于监测挥发性有机化合物，如用于肉类腐败检测的乙醇和乙酸[115,116]。光子晶体排列成布拉格堆叠，在可见波长内有布拉格衍射峰，也被用作比色光学传感器来监测细菌培养物顶空中的胺[117]。

人们用大量不同的染料制成传感器阵列，以用于 VOC 和气味检测[118-121]。人们还将比色染料阵列与其他类型的传感器组合以使其具有交叉反应性[122,123]。同时，纳米颗粒也被用来提高这类传感器的灵敏度[124]。

荧光光学传感器　荧光传感器是基于聚合物对有机蒸气的吸收以及固定化荧光团的荧光增强作用。许多这类传感器使用光纤、微珠[125,126]或其他波导形成传感器阵列。荧光团通常是溶剂变色染料，其暴露在有机蒸气中会引起响应，如光谱位移、强度变化、光谱形状变化和时间响应，这些都会被测量和记录[122]。由于能够获得不同类型的反应和模式，一些人使用这种设备作为人类嗅觉的模型[127,128]。这些类型设备的阵列具有便携性和较高的灵敏度[129]。

4. 基于质谱仪的电子鼻系统

质谱仪作为一种快速、高选择性、高灵敏度的传感器系统，在电子鼻领域的应用引起了人们新的兴趣。与其他气体或蒸汽传感器相比，它们的用途和优势已经有综述[20,130]。

事实上，任何现有的质谱仪都可以像电子鼻一样具有适当的模式识别分析和样品引入系统。顶空(HS)提取通常与 MS 联用而不进行色谱分离，以执行快速质谱或指纹质谱。例如，Vera 等[131]和 Kojima 等[132]使用 HS-MS 对啤酒样品进行分类。这已经成为集成电子鼻仪器的广泛替代品。然而，这些系统仍然需要操作者具有高水平的专业知识，它们需要开发模式识别模型和校准模型。

电子鼻设备的制造商将质量检测器添加到其现有的 MOS 传感器阵列中，以实现其更高的选择性。早期使用质谱仪的电子鼻系统使用典型的真空分析仪器和常见的典型电离类型，如化学和电子碰撞电离，常见的质量分离类型包括四重态、飞行时间、离子阱等。

在大气压(环境 MS)下进行电离的能力使不同系统得以发展，这些系统在保持标准质谱仪的选择性和灵敏度的同时，大大缩短了样品引入时间[133,134]。现在有许多不同类型的系统能够进行大气电离。它们使用各种电离方法，包括化学电离、激光电离和光电离。这些系统能通过表面解吸对固体进行取样，即使是进行生物大分子分子量测定和表面分子量标测也是可能的[135,136]。有几种方法，包括：解吸大气压光电离(DAPPI)、共振增强多光子电离(REMPI)、真空紫外单光子电离(VUV-SPI)、萃取电喷雾电离(EESI)、电喷雾辅助激光解吸电离(ELDI)、基质辅助激光解吸电喷雾电离(MALDI-ESI)，激光辅助电喷雾电离(LAESI)和大气压激光电离(APLI)。但并非所有这些设备都可作为完整电子鼻系统在市场上买到。

大气压化学电离(APCI)是最早发展起来的环境质谱方法之一，然后便用于环境质谱类型电子鼻的应用。选择离子流管(SIFT)-MS 已被开发用于电子鼻应用[137]。该系统允许使用不同的试剂气体。解吸电喷雾电离(DESI)可用于大气压下样品的快速现场取样。质子转移反应(PTR)电离产生带电的挥发性水团簇作为电离剂。在环境压力下通过质子转移电离分析物，使用带电的氦离子电离样品气体和蒸气进行直接实时分析(DART)[138]。

离子淌度质谱法-质谱(IMS-MS)是一个非常好的仪器平台，可用于快速环境质谱检测，如电子鼻等类型的应用。它广泛应用于安全、军事、反恐等领域，在食品质量安全管理工作中也有着广泛的应用，如：检测细菌和霉菌代谢产物来鉴定和控制其生长、食品生产和发酵过程控制、原材料的质量控制或储存条件的控制，以及包装材料的质量控制[139]。高场非对称波形 IMS-MS(FAIMS)是一种特别实用的设计，也是电子鼻类仪器的通用平台[140-142]。Owl-Stone 公司[143]销售一种用于快速传感和电子鼻应用的超 FAIMS 技术。

Marsili[144]使用固相微萃取(SPME)富集香气挥发物然后导入质谱仪，改进了质谱电子鼻系统的性能。

5. 基于气相色谱的系统

许多传感器和传感器阵列使用不同的聚合物和掺杂剂、涂层或吸附剂得到方案设计，或者根据质量电荷比分离化学碎片。这些系统的选择性虽然有所改善，但仍然有缺陷。然后，研究人员将重点放在使用传统的分析方法上，如快速气相色谱(GC)，以此来增加模式的维数和多样性。标准气相色谱仪器的检测器需要气体、真空系统和能源供应。为了克服这些问题，开发人员使用气相色谱技术构建了集成系统，以分离分析物并创建不同的模式，但使用的非传统检测器具有较少的操作要求[145]。常见的组合是一个快速气相色谱分离器与声表面波探测器[146-148]的集成，通常被小型化。Znose[149]是这种电子鼻系统的商业版本。

6. 基于振动光谱的系统

虽然通常不被归类为电子鼻技术，但许多研究人员已将不同类型的振动光谱，评估为执行电子鼻和电子舌仪器尝试的相同类型测试的快速无损方法，特别是取代传统的分析方法和人类感官和可接受性测试。振动光谱法需要更少的专业知识和样品制备，可以在更短的时间内提供结果。红外光谱(IR)方法，如傅里叶变换-红外光谱(FT-IR)、FT-中红外光谱(FT-mid-range IR)和可见-近红外光谱(vis-NIR)是最常用的评价方法。这些在生物传感器系统中有更多的应用，51.2.4 节将进一步讨论，这里不作展开论述。然而，它们的一些应用实例包括使用(FT)-IR[150]监测动物产生的有害气味，使用(FT)-IR[151]监测海鲜新鲜度，使用FT-中红外光谱对饮料进行质量控制，以及使用 vis-NIR 鉴别葡萄酒[152]。Thermo Scientific 提供一种便携式红外系统，称为 MIRAN SapphIRe，使用了基于这种方法的光声红外。

7. 组合技术

传感器研究人员已经开始组合各种技术，努力进一步提高这些系统的反应能力，就像人类的嗅觉系统，能够产生大量带有交叉反应受体的模式。Albert 等人综述了交叉反应化学传感器的研究进展[46]。一些电子鼻开发人员着眼于自然，试图开发仿生化学传感器和电子鼻。例如，Al Yamani 等[153]使用仿生识别方法及其设计来测定挥发性有机化合物。

8. 增强技术

为了提高传感器的灵敏度和选择性，人们采用了不同的技术。尺寸和功率需求的降低也推动了技术的探索，以提高传感器的性能。其中许多并不是简单地集中在一种类型的传感器上，而是跨传感器类型。下面将讨论其中的一些增强技术。

涂层　涂层技术有可能对几种不同类型的传感器产生影响。例如，Lima 等[154]报道了一种用于聚合物薄膜的等离子体处理方法，该方法能够为传感器应用预富集挥发性有机物。

分子印迹聚合物　分子印迹聚合物(MIP)技术用于构建在分离和纯化等特定应用中具有很强选择性的聚合物。Shimizu 和 Stephenson[155]报道了 MIP 在传感器应用中的应用。

他们的研究指出，这是一种快速而廉价的方法，可以提高聚合物基传感器的选择性，并降低交叉反应性，从而改进模式生成。MIPs 对基于重量的传感器特别有用。MIP 和 QCM 技术已用于炸药的高灵敏度检测[156]和 VOC[157]。Dickert 等[158]报道称，基于 MIP 的合成受体可以提供具有高灵敏度的表面，用于检测小分子和大目标分析物，直至整个细胞的长度范围。

纳米增强　纳米技术革命的中心焦点之一是先进传感器技术的发展。纳米技术工具包可以方便地生成传感器图形、先进的波导制造、高比表面积纳米颗粒、导电碳纳米管和其他有望实现突破的设备，如单分子检测、极端微型化和便携性。最近的趋势是将纳米技术衍生设备与生物传感器系统相结合。

采样　无论使用何种传感器或传感器阵列，电子鼻系统的主要弱点之一是采样。人类嗅觉对某些关键挥发物的敏感性有多个数量级的差异。例如，与受污染产品相关的某些挥发物可以检测到低至十亿分之几。典型的化学分析方法通常需要在仪器分析之前广泛地分离和浓缩挥发物。虽然传感器技术已经取得了进展，但引入样品来检测微量挥发物，无论是主动的还是被动的，都是一个问题，特别是在存在蒸汽干扰的情况下。样品浓缩是一项费时费力的工作。传统系统使用的采样和样品浓缩不适合于快速敏感分析，并且使得大多数电子鼻系统的许多优点无法发挥。Nakamoto[159]综述了电子鼻系统使用的采样方法。

51.2.4　生物传感器

电子鼻和电子舌在再现人类感官感知和取代传统分析化学方法方面取得了一定程度的成功。部分原因是速度、低样品制备和其他有利特征与可能的选择性和灵敏度水平之间的权衡。生物传感器是朝着取代人类感官或传统分析方法的目标迈出的下一步。生物传感器将选择性的生物识别元件与灵敏的传感器结合起来，其中的生物识别元件包括酶、DNA、抗体、受体/蛋白质、膜甚至整个细胞[160]和组织。这些生物识别元件直接来自与信号转导有关的细胞成分，或者它们为这些成分提供了高检测选择性。生物传感器在医学、食品质量安全控制、环境污染监测等领域，是应用越来越多的通用分析工具[161]，具有非常高的选择性和灵敏度。

生物传感器在替代传统微生物方法检测病原体方面的应用已有报道[162-168]，并论述了其他几个应用领域，如生物医学研究[4]、污染监测[169]和食品质量测量与过程控制[170]。Velasco-Garcia 和 Mottram[171]综述了生物传感器在农业中的应用，包括检测作物和土壤中的污染物，检测和识别作物和牲畜中的传染病，在线测量重要的食品加工参数，在兽医检测中监测动物生育力和筛选治疗药物。与人类嗅觉最相关的生物传感器详述如下。

1. 作用方式

如前所述，生物传感器围绕两个主要操作单元构建。其中的分析物识别元件通常来自生物源。识别元件与被设计用于极高灵敏度的传感器耦合。下面将做进一步讨论。

识别　识别元件的两种一般类型一个是基于分子的，另一个是基于细胞的。

　　抗体是免疫分析中最常用的分子生物传感器识别元件之一。Skottrup 等[172]综述了表面固定化抗体在病原体检测中的应用。抗体已固定在多种其他材料上,如大肠埃希氏菌磁阻免疫传感器中的磁珠[173]、人类免疫球蛋白定量用石英晶体微天平[174]和多重免疫分析中的水凝胶颗粒[83]。这些是常用的改善生物传感器传导的方法。这些生物传感器检测目标细胞的表位,因此通常不包括在主要是检测嗅觉活性挥发物的电子鼻系统中。

　　酶是生物传感器中另一种常用的识别元件。它们用在简单的乙醇生物传感器中,其中固定化醇氧化酶从乙醇蒸气中产生过氧化氢,过氧化氢可以用安培电极[175]检测到。Moyo 等[176]综述了用于生物传感器应用中酶电极的酶聚合物固定化的不同方法。

　　许多其他基于分子的识别元件已用于生物传感器的设计。利用离子通道、核酸/肽核酸(杂交)、基因、修饰表面 SPR(生物素硅纳米线、链霉亲和素)、固定化嗅觉受体[177]、核酶元件(半酶、核糖报告子)等生物分子相互作用的主题构建了生物传感器识别元件。例如,Vidic 等[177]在酿酒酵母母细胞中共表达人嗅觉受体(OR)和 G 蛋白,用于制备纳米颗粒并固定在传感器芯片上的细胞。利用表面等离子体共振,他们能够通过气味物质,以及 G 蛋白活化与气味配体和无关气味物质之间的区别,来定量地评估受体刺激。这类方法近年来得到了许多发展。

　　细胞识别元件已经被用于设计生物传感器。人工细胞膜和组织已开始被使用。Liu 等[178]使用从老鼠身上提取的嗅觉组织制作气味生物传感器。他们通过将生物组织固定在光寻址电位传感器(LAPS)的表面上构建了这种神经元芯片[179]。在报告中指出,大鼠嗅黏膜组织处于自然状态,纤毛的神经元群和功能性受体单位保存完好,并利用容积导体理论和片导体模型分析了组织-半导体界面的电学性质。然后,他们模拟并监测嗅黏膜组织中受体细胞的局部场胞外电位。结果表明,该组织-半导体杂化体系对气味敏感。他们认为,基于受体细胞的生物传感器技术是一种有价值的工具,可以记录嗅觉上皮完整细胞环境中有关气味刺激的高信息含量数据。虽然这种方法具有上皮完整的优点,但制备方法复杂,而且这种装置的耐久性尚不清楚。然而,这可能是一个有用的研究工具,可以用于体内实验。

　　科研人员也研究了固定化全细胞作为选择性挥发性传感器的识别元件。酵母克隆体(2,4-二硝基甲苯)[180]、改良细菌细胞(萘普生、水杨酸、氯酚、氰化物)[181,182]和 GPCR-Hela/嗅细胞[(−)-香茅醛][183,184]已被报道可作为生物传感器中的识别元件。Dickert 等[158]利用生物分子印迹技术制造合成受体,可用于对咖啡挥发物和其他物质敏感的全细胞检测系统。

2. 生物电子鼻

　　有一类生物传感器试图模拟人类的嗅觉系统。参与这种方法的研究人员采用了人类嗅觉系统的不同单元,如受体、组织或数据处理作为设计基础。生物电子鼻的领域和用于挥发性物质传感的仿生方法已经有广泛的论述[54,185-190]。

　　生物电子鼻装置的构建需要开发新材料。比如使用浸渍或滴涂、自组装单分子膜(SAM)[191]、朗缪尔-布洛杰特膜[192]和其他方法形成敏感涂层。单壁碳纳米管或 PET 聚合物[193]和神经细胞涂层聚合物[194]是一些其他例子。而 QCM 和 SPR 常被用作探测器。

气味进入人的鼻腔,被嗅觉黏膜吸收。这些挥发物随后被认为与气味结合蛋白(OBP)相互作用,然而这其中的具体细节存在一些争议。一些生物电子鼻开发人员已将此初始结合事件作为他们生物电子鼻设计的重点。利用对接和计分的计算机模拟计算结合效率,探索了合成 OBPs 作为传感器元件的效能[195,196]。Sankaran 等[197,198]使用生物电子鼻装置中的合成气味结合肽检测沙门氏菌污染的乙醇。Kruse 等[199]还使用该技术构建了乙醇传感器。Jaworski 等[200]采用这种方法设计了一种选择性涂层用于检测与爆炸物有关的挥发物。McAlpine 等[201]将气味结合肽连接到纳米线以提高其灵敏度。

当挥发物与嗅黏膜中的 OBPs 结合后被传送到嗅觉受体,接着开始一连串酶反应,最终产生一系列神经冲动。许多研究者已经使用了基于细胞的方法,克隆或提取了嗅觉受体蛋白(ORP),然后表达或植入有助于筛选的异种细胞中或者直接使用。Du 等[202]对此进行了综述。受体可以从动物中提取,如大鼠、青蛙、小鼠和人类。Wu[203]提取牛蛙嗅觉受体蛋白,并将其直接用于压电生物传感器。几种人细胞系通常用于受体克隆的细胞筛选。人类胚胎肾 293(HEK293)细胞被用于表达人 ORPs[204]、还有小鼠嗅觉受体蛋白库[205]和大鼠 ORPs[206]。人类爪蟾黑色素细胞系也被用来表达对胺敏感的 ORP[207]。秀丽隐杆线虫的 ORPs 在大肠埃希氏菌中表达[208]。Minic 等[209]能够在酵母(酿酒酵母)中表达哺乳动物 ORPs 进行气味筛选。Vidic 等[177]在酵母(酿酒酵母)中表达哺乳动物 ORP,然后将其提取为膜纳米体,并使用 SPR 检测将其连接到传感器芯片上。这些类型的系统仍在发展中。虽然可能具有很高的特异性,但这些系统的检测限、特异性、耐用性等方面的确切细节,特别是作为工业传感器使用的细节,尚未有报道。

离嗅觉系统的边缘更远一些,一些研究人员正在使用神经装置,例如包含来自嗅觉系统的嗅觉受体神经元(ORN)。其基本原理是,当本地的接收和传导已经到位时,从模式识别的角度来看,神经冲动更容易被解析。内源性组织或全细胞常被用作这类生物电子鼻传感器和阵列的元件。Liu 等[232]用大鼠完整的嗅觉组织制作微电极阵列来检测气味模式。Liu 等[184]还利用培养的人嗅觉神经元来制造对乙酸敏感的光寻址电位传感器(神经元芯片)。这些设备的开发才刚刚开始。人们预计它们最终能够测定许多挥发物。

按照这些思路,几个研究小组评估了建造的仍含有 ORN 系统的完整器官的生物电子鼻。昆虫触角和其他动物的部分器官在生物电子鼻上的应用都很流行。其基本原理是,某些昆虫的嗅觉被调谐到某些挥发物上,如用于腐烂动物、感染性植物和其他植物的胺。其中一组利用来自苍蝇(*Calliphora vicina*)的触角和 ORN 制作生物胺的灵敏探测器[233,234]。Schutz 等[235]利用科罗拉多马铃薯甲虫(*Leptinotarsa decemlineata*)的触角制作生物场效应晶体管生物电子鼻来检测受损的植物挥发物。Mead[236]使用相似的逻辑,利用龙虾的触角检测有毒的化学物质。

51.2.5　组合传感器系统

人类的味觉产生于味觉和鼻后嗅觉信号的认知融合。随着电子鼻、电子舌和生物传感器的不断发展,许多研究都集中在不同传感器平台的组合,以获得产生更复杂的模式的优势,并试图模拟人类的味觉感受。这一想法经常被扩展到包括一个使用仪器比色法或光谱法的人类视觉仪器替代品,甚至包括机电传感器来模拟口感,以增加可用于融合和分析的数据。Ruiz-Altisent 等[60]和 Winquist 等[237]讨论了组合传感器平台的使用及其应用。表 51.2 列出了多传感器系统的几个例子。混合传感器系统正在发展中。

表 51.2   组合传感器平台和应用示例

传感器组合	应用	参考文献
电子鼻/电子舌	茶	[210]
电子鼻/电子舌	红茶	[211, 212]
电子鼻/电子舌	饮料：水、橙汁和牛奶	[213]
电子鼻/电子舌	波尔图葡萄酒	[214]
电子鼻/电子舌	葡萄酒	[215]
电子鼻/电子舌	意大利葡萄酒	[216]
电子鼻/电子舌	蜂蜜	[217]
电子鼻/电子视觉	饮料	[218]
电子鼻/电子舌/电子眼	陈酿葡萄酒	[219, 220]
电子鼻/电子舌/电子眼	橄榄油	[221]
电子鼻/电子舌/近红外/紫外-可见光谱	意大利红酒	[222]
电子鼻/电子舌/紫外-可见光谱	啤酒	[131, 223]
电子舌/机电式微传感器	葡萄酒	[224]
电子鼻/电子舌/光谱学	意大利红酒	[225]
电子鼻/电子舌/ FT-NIR, FT-MIR	陈酿葡萄酒	[226]
电子鼻/气相色谱(离线)	发酵葡萄原汁	[227]
电子鼻/气相色谱	葡萄	[228]
电子鼻/气相色谱	挥发性有机化合物	[42]
电子鼻-质谱/可见-近红外光谱	雷司令葡萄酒	[229]
电子鼻/气相色谱/紫外-可见光谱	陈酿葡萄酒	[230]
电子鼻/质谱	葡萄酒原产地	[231]

51.3   仿生数据分析方法

人类对嗅觉信号的感知评价(认知)涉及大量的信息处理，应用于电子传感器信号的数据分析方法利用仿生框架，模仿生物嗅觉和味觉的原理，试图实现前面讨论的更高信息目标[238,239]。Martinelli 等[240]讨论了人工嗅觉传感器的弱点，以揭示生物系统中嗅觉信息的处理本质。他们使用光学传感器来研究生物的嗅觉。Perera 等[241]根据早期嗅觉受体过程启发的报道提出了一种新的方法。他们使用由正弦温度分布驱动的两个金属氧化物传感器的数据，使用一种适用于高维特征向量的算法，在类空间中基于传感器特征的投影进行数据特征提取和选择。该算法具有稳健性，其中只有少量样本可用作训练数据集。他们在报告中指出，由于该方法考虑了传感器的变化，实验结果有所改善。

Raman 等[242]着重于嗅觉传导途径的前两个阶段：与嗅觉受体神经元的分布编码和丝

球体单元的趋化性融合。他们称嗅觉受体的编码为趋化性编码或单调的浓度-反应模型，将传感器阵列的输入映射成分布的激活模式，类似于在大量神经受体的激活中发现的模式。利用趋化性融合的自组织模型模拟嗅球投射到丝球体单元的过程。利用温度调制化学传感器阵列的气味模式数据库表征了模型的模式识别性能。该模型实现的趋化编码提高了传感器输入的信噪比，同时也与神经生物学的结果一致。作者[243]扩展了他们的模型，以捕捉与信号收敛相关的开-关环绕横向相互作用，并使用化学传感器验证了他们的模型，从而增强了信号对比度，并从强度信息中分离出识别信息。

Pioggia 等[241]受哺乳动物皮层的启发，利用神经计算方法建立了人工数据分析模型，以实现电子鼻和电子舌数据的融合，获得与自然界中可能发生的相同的神经网络处理。这些数据分析方法使用多层人工感知器或交叉连接的传递函数，允许在经过充分的训练或学习之后，从复杂的输入(如在生物学中发现的输入)调整复杂和非线性的响应。作者将这种特殊的再现称为基于皮层的人工神经网络(CANN)。他们报道说使用CANN 比其他人工神经网络方法有更好的性能，对比的其他人工神经网络方法包括：多层感知器(MLP)、Kohonen 自组织映射(KSOM)和模糊 Kohonen 自组织映射(FKSOM)。Robertsson 等[245]建议使用类似的方法，模拟用于电子舌传感器数据的感官信息处理的人类感知模型。

人类嗅觉产生的信息在时间上和空间上都是可分辨的，鼻腔的流速会在嗅组织中扩散出挥发性的撞击区。Gopel[246]论述了这些观点以及化学成像的高光谱分析，并讨论了它们在电子鼻和生物电子鼻系统中的应用。空间分辨传感器阵列有望得到进一步发展。

51.4　机器嗅觉的应用

本节论述了文献中大量电子鼻的应用。此处将主要关注那些对食品工业和相关领域具有潜在重要性的应用，包括食品、环境监测、临床诊断、农业和供应链以及工业应用。下面将进行详细讨论。

51.4.1　食品和饮料应用

电子鼻已经在食品和饮料领域用于食品质量和安全检测，它们还被用来监测食品加工和保质期。此外，它们还可代替产品开发中常用的人类感官测试任务，以及测量成熟度、确定真实性和来源等任务。电子鼻传感器在这些食品领域的应用已经在一些出版物中进行了综述[56,130,247]。

1. 质量、特性或来源的确定

在食品和配料中，质量的检测是非常重要的。它与价值直接相关，但很难用工具来衡量。特别是在表征食品感官质量时，通常需要人类评议小组。在大多数生产环境中，这是非常困难的。时间和人员的成本可能非常高。此外，还经常需要确定产品的来源和掺假。事实上，IFSH(食品安全与健康研究所，一个与美国食品和药物管理局有联系的实验室)研究人员最近就橄榄油认证提供了一份报告，比较了电子鼻和 LC-MS 检测掺假的能力。因此，有大量的报告集中于电子鼻系统在这一领域中的评估。这些报告的清单如表 51.3 所示。

表 51.3　电子鼻技术在成品食品中的应用选择

食品类别	产品或应用	参考文献
质量、分级、分类或原产地的应用		
糖果	巧克力	[248]
肉	经处理的	[249]
肉	生的和熟的	[250]
肉	气调包装的禽肉	[251]
肉	披萨肉	[252]
鱼	新鲜度	[151,253-256]
鱼	鲑鱼	[257]
鱼	烟熏鲑鱼	[258]
鱼	鲷鱼	[259]
鱼	冷冻鳕鱼	[257]
鱼	久置鳕鱼	[260]
鱼	成熟鳕鱼鱼籽	[261]
鱼	河鲀	[262]
啤酒	成熟	[263]
烈性酒	质量控制	[264]
烈性酒	腐坏	[265]
啤酒	不含酒精	[266]
啤酒	苦味	[267]
啤酒	啤酒厂应用	[268]
啤酒	质量	[269]
啤酒	便携式采样	[270]
啤酒	风味	[271]
葡萄酒	分类	[80, 81]
葡萄酒	类型	[272, 273]
葡萄酒	分类、便携	[274]
葡萄酒	腐败	[275]
葡萄酒	产地	[276]
葡萄酒	红酒类型，辨别力	[277]
葡萄酒	产地，葡萄园	[278]
葡萄酒	模型传递	[279]
葡萄酒	说明，阈值	[280]
葡萄酒	分类	[281]

续表

食品类别	产品或应用	参考文献
质量、分级、分类或原产地的应用		
葡萄酒	产地	[231, 282]
葡萄酒	年份	[283]
葡萄酒	意大利，类型，产地	[284]
伏特加	质量控制	[264]
伏特加	分类	[285]
烈性酒	香味物质，乙醇	[286]
饮料	矿泉水	[287]
饮料	软饮料	[288]
饮料	果汁、柑橘	[289]
饮料	果汁、橙子	[290]
饮料	果汁，水果	[291]
饮料	咖啡	[56, 292-296]
饮料	茶	[297, 298]
饮料	绿茶	[299, 300]
饮料	红茶	[301, 302]
水果/蔬菜	苹果	[303]
水果/蔬菜	苹果，保质期	[304]
水果/蔬菜	苹果，缺陷	[305]
水果/蔬菜	桃	[306, 307]
水果/蔬菜	桃，成熟	[308]
水果/蔬菜	梨	[309, 310]
水果/蔬菜	甜瓜	[311]
水果/蔬菜	橘子	[312]
水果/蔬菜	香蕉	[313]
水果/蔬菜	西红柿	[314]
水果/蔬菜	西红柿，成熟度	[315]
水果/蔬菜	西红柿，保质期	[316]
水果/蔬菜	黄瓜	[317]
水果/蔬菜	蓝莓	[318, 319]
水果/蔬菜	蓝莓，分类	[320]
水果/蔬菜	杧果	[321]
水果/蔬菜	菠萝，硬度	[322]
水果/蔬菜	柑橘	[323]
水果/蔬菜	橄榄	[324]
水果/蔬菜	杏，品种	[325]

续表

食品类别	产品或应用	参考文献
质量、分级、分类或原产地的应用		
水果/蔬菜	杏	[326]
水果/蔬菜	果香	[327, 328]
乳制品	评估	[329]
乳制品	牛乳,养殖产品	[330]
乳制品	牛乳,超高温灭菌乳	[331]
乳制品	牛乳	[332-334]
乳制品	异常特征	[335]
乳制品	牛乳,巧克力	[336]
乳制品	牛乳,腐败	[337]
乳制品	牛乳,UHT	[338]
乳制品	牛乳,泌乳	[339]
乳制品	牛乳,风味	[340]
乳制品	牛乳,全粉	[341]
乳制品	牛乳,酪蛋白	[342]
乳制品	奶酪	[343]
乳制品	硬质奶酪	[344]
乳制品	奶酪,达纳蓝	[345]
乳制品	奶酪,皮的异味	[346]
乳制品	奶酪,切达干酪	[347]
乳制品	奶酪,瑞士奶酪,原产地	[348, 349]
乳制品	奶酪,表面发霉	[350]
乳制品	奶酪,塔吉奥奶酪	[351]
乳制品	酸奶	[330]
乳制品	乳酸菌(LAB)培养	[352]
乳制品	羊奶,认证	[353]
焙烤食品	面粉,面包类型	[354]
醋	中国式,等级	[355]
成分快速测定		
抗氧化剂	混合	[102]
抗氧化剂	中草药提取物	[356]
抗氧化剂	婴儿谷类食品	[357]

电子鼻传感器也被用来测试配料。这些测试的重点是确定质量、真实性、掺假和其他应用,就像电子鼻在那些食品成品中的应用一样。表 51.4 列出了食品成分电子鼻测试的几个例子。

表 51.4 电子鼻技术在成分测试中的应用

分类	产品或应用	参考文献
香料	复合辛香料	[358, 359]
谷物	面包粉	[354]
谷物	小麦和大麦，QC	[360]
谷物	发霉，发霉的污点	[361]
谷物	微生物质量	[360]
谷物	大米	[362]
油	橄榄油	[363-365]
油	种类判断	[366]
油	种类判断	[367]
油	橄榄油，产地	[222]
油	椰子，掺假	[368]
甜味剂	天然，高密度	[369]
甜味剂	蜂蜜，产地	[370-372]
甜味剂	蜂蜜，等级	[373]
甜味剂	蜂蜜，意大利	[374]
坚果	杏仁，受损	[375]
香料	混合	[376]
香料	喷雾干燥保存	[377]
醋	种类判断	[378]
可可粉	可可豆品质	[379]
软木塞	污染，毛花青素	[380]

2. 食品安全方法

食品安全或许是电子传感器技术的主要应用领域。从农场到餐桌能够快速、准确和灵敏确定毒素和病原体是一种持续性的需求，对这方面研究的综述也有报道。Casalinuovo等[381]综述了电子鼻在检测与食品腐败有机体和病原体相关的挥发物方面的应用。与需要培养和鉴定微生物污染物或传统毒素分析的标准方法相比，这些系统提供了非常快速的反应。利用来自生物体的挥发性代谢标记物来确认微生物的特性和数量已经取得了稳步的改进。它们的最终效用将直接与所能达到的灵敏度挂钩。单分子检测系统的研究将极大地促进这些技术的发展。这些很可能作为快速监测方法来引导随后的标准测试。

谷物腐败快速检测是电子鼻技术应用的另一个重要领域。霉菌在潮湿的谷物上生长和随后产生霉菌毒素是一个长期存在的问题。Magan 和 Evans[382]论述了电子鼻在早期检测与谷物中真菌生长相关的挥发物方面的应用。Sahgal 等[383]讨论了利用电子鼻区分霉菌和非产毒霉菌的可能性。有效的供应链管理需要快速的方法来支持。这需要快速的、现场制备的系统。虽然目前的系统灵敏度有限，但仍在进行研究，正在开发新的传感器来检测这些污染物。纳米技术，例如纳米级的波导和其他器件的构建，应该能极大地促进这些改进。表 51.5 列出了在各种食品安全应用中使用电子鼻传感器的报告。主要领域包括自然和人工毒素检测和病原体检测。

表 51.5　电子鼻技术在食品安全方面的应用

规定	分类	产品或应用	参考文献
天然毒素	真菌毒素	玉米，伏马菌素	[384, 385]
天然毒素	真菌毒素	玉米，黄曲霉毒素	[386-388]
天然毒素	真菌毒素	玉米	[389]
天然毒素	真菌毒素	小麦，伏马菌素	[390-393]
天然毒素	真菌毒素	硬质小麦	[394]
天然毒素	真菌毒素	小麦，脱氧雪腐镰刀菌烯醇(DON)标记	[395]
天然毒素	赭曲霉毒素 A	葡萄	[396]
人造毒素	农药	杀虫剂	[397]
人造毒素	污染物	威士忌，甲醇	[398]
人造毒素	污染物	牛乳，尿素/三聚氰胺	[399]
人造毒素	污染物	牛乳，TMA	[400]
人造毒素	污染物	章鱼，甲醛	[401]
病原体	霉菌/真菌	蘑菇	[402]
病原体	生物恐怖活动	混合毒素	[385]
病原体	沙门氏菌	肉类	[403]
病原体	沙门氏菌	牛肉条	[403]
病原体	沙门氏菌	乙醇标记物	[404]
病原体	沙门氏菌	牛肉条，HS-MS	[405]
病原体	沙门氏菌	牛肉，MOS	[406]
病原体	沙门氏菌	苜蓿芽，MOS	[407]
病原体	沙门氏菌	肉汤培养基，MOS	[408, 409]
病原体	大肠埃希氏菌	肉汤培养基/MOS	[410]
病原体	大肠埃希氏菌	肉汤培养基	[409]
病原体	大肠埃希氏菌	蔬菜	[411]
病原体	大肠埃希氏菌	肉汤培养基	[412]
病原体	葡萄球菌	肉汤培养基，HS-MS	[413]
病原体	李斯特菌	光散射	[414]
病原体	镰刀菌	大麦	[415]
病原体	镰刀菌	玉米	[416]
病原体	霉菌	玉米	[417]
病原体	镰刀菌	小麦	[418]
病原体	镰刀菌	谷物，辨别	[419]
病原体	镰刀菌	小麦/小黑麦	[392]
腐败	混合微生物	挥发性有机化合物	[115]

3. 人类感官替代

一些人认为，人体感官测试费时费力，因此成本高、有主观性、速度慢。此外，要获得一致的结果，还需要高度的严谨。这使得其在许多地方难以进行，因为达到孤立的感官实验室、小组成员和训练有素的感官科学家条件的机会是有限的。研究人员试图开发电子传感器，以取代一些常见的人类感官测试方法，减轻其他研究人员的负担[420]。表 51.6 列出了其中一些研究。

表 51.6　使用电子鼻传感器取代传统人类感官的报告精选

方法/关联	电子替代品	参考文献
区别，三点检验法	电子鼻，MOS	[421]
愉悦度	电子鼻	[422]
描述性分析，香气	GC-MS-O	[423]
描述性分析、香气、质量	气体传感器，电子鼻	[424]
描述性分析、香气、质量	电子鼻，MOS	[425]
描述性分析、香气、质量	电子鼻，混合阵列	[426]
描述性分析，香气鉴别	不同的电子鼻	[427]
描述性分析、香气、质量	电子鼻，CBCP	[428]
描述性分析、香气、质量	电子鼻	[429]
描述性分析，气味分类		[430, 431]
嗅觉知觉	电子鼻	[432]

4. 食品过程监测

过程控制系统使用多种类型的传感器。人的感官测试通常只在加工完成品后使用。研究人员发现了许多潜在的机会，可以使用电子鼻传感器来控制和指导处理，以及随后的后处理步骤。一个共同的领域是跟踪食品发酵和成熟过程。这些可能需要数年的时间，而且重复进行感官测试非常昂贵。同时，这些进程的存储成本可能很高，因此，实现质量早期预测的方法非常有意义。此外，许多食品都是通过烹调和烘烤加工，食品的感官质量随着产品湿度的下降和产品温度的升高而迅速变化。电子鼻已经作为一种控制这些过程的方法以帮助产品保持在理想的美食水平。表 51.7 列出了其中的一些研究。

表 51.7　电子鼻传感器在食品加工中的应用

目的	产品	参考文献
发酵过程监控	茶	[433-435]
发酵过程监控	酸奶	[436, 437]
脱水监控	番茄	[438]
脱水监控	胡萝卜	[439]
脱水监控	柠檬汁	[440]
过程监控	超高温灭菌乳	[441, 442]

目的	产品	参考文献
快速分选	水果	[443]
烘焙/烘烤终点	面包	[444]
烘焙/烘烤终点	咖啡,烘烤等级	[445]
烘焙/烘烤终点	压块奶粉,风味	[446]

5. 食品保质期和储存监测

电子鼻传感技术的另一个重要应用是确定食品的保质期、成熟度以及货架腐败程度。许多新鲜食品成熟后,在储存过程中会发生化学和微生物的降解和变质。这可能导致健康风险和经济损失。人们已经对最敏感的食品做了大量的研究以确定电子鼻传感器是否可以取代人类感官检测和微生物检测,从而确定新鲜食品的质量、成熟度和安全性。Casalinuovo 等[381]综述了电子鼻在食品腐败检测中的应用。其他研究列于表 51.8 中。

表 51.8　一种使用电子鼻传感器进行保质期和储存测试的报告

关注点	产品	参考文献
化学性腐败变质	多不饱和脂肪酸(PUFA),氧化	[447]
化学性腐败变质	坚果氧化	[448]
化学性腐败变质	肉、陈腐的味道	[449]
化学性腐败变质	MAP,苹果	[450]
化学性腐败变质	MAP,披萨肉	[252, 451]
化学性腐败变质	植物油	[452]
化学性腐败变质	水果,鲜切菠萝	[453]
化学性腐败变质	苹果	[454]
化学性腐败变质	谷物,小麦储藏期	[455, 456]
微生物造成的腐败	橘子,霉菌	[457, 458]
微生物造成的腐败	肉类,检验	[249, 459]
微生物造成的腐败	肉类,鲜香	[460]
微生物造成的腐败	肉类,细菌	[461]
微生物造成的腐败	肉类,挥发性有机化合物	[250, 256, 462, 463]
微生物造成的腐败	肉类,冰鲜猪肉	[464]
微生物造成的腐败	肉类,猪肉	[465, 466]
微生物造成的腐败	肉类,猪肉,鱼肉	[467]
微生物造成的腐败	肉类,猪肉,CFU	[468]
微生物造成的腐败	肉类,牛肉	[469-471]
微生物造成的腐败	肉类,红肉	[472]
微生物造成的腐败	肉类,牛肉,CFU	[473, 474]
微生物造成的腐败	肉类,肉饼	[475]

续表

关注点	产品	参考文献
微生物造成的腐败	肉类，腌制	[476]
微生物造成的腐败	肉类，MPA 碎肉	[477, 478]
微生物造成的腐败	肉类，真空包装	[479]
微生物造成的腐败	肉类，鸡肉，MAP	[251]
微生物造成的腐败	鱼肉	[480]
微生物造成的腐败	鱼肉，三文鱼	[481, 482]
微生物造成的腐败	鱼肉，沙丁鱼	[74]
微生物造成的腐败	鱼肉，鲈鱼	[483]
微生物造成的腐败	鸡蛋	[484-487]
微生物造成的腐败	新鲜蔬菜	[411]
微生物造成的腐败	番茄	[488]
微生物造成的腐败	细菌，微球菌	[489]
微生物造成的腐败	果汁，脂环酸芽孢杆菌	[490]
微生物造成的腐败	谷物/储藏，大米	[491]
微生物造成的腐败	谷物/储藏，小麦	[492]
微生物造成的腐败	谷物/储藏，指标	[493]
微生物造成的腐败	谷物/储藏，油菜籽	[494]
微生物造成的腐败	烘焙产品	[495-497]
微生物造成的腐败	面包，霉菌	[498, 499]
微生物造成的腐败	葡萄酒	[500]
微生物造成的腐败	苹果汁	[501]
成熟/后熟	香肠，发酵	[502]
成熟/后熟	蓝奶酪，成熟	[345, 503]
成熟/后熟	烤咖啡，催熟	[504]
成熟/后熟	葡萄酒，红酒	[219]
成熟/后熟	葡萄酒	[505]
成熟/后熟	番茄	[314, 316, 506, 507]
成熟/后熟	水果，蛇果	[508]
成熟/后熟	水果，苹果	[509]
成熟/后熟	水果，收获前成熟	[510]
成熟/后熟	水果，苹果，采后	[511]
成熟/后熟	水果，采后	[308]
成熟/后熟	水果，杧果	[512]
成熟/后熟	水果，杏	[513]
成熟/后熟	水果，桃	[514]
成熟/后熟	肉类，鲜香	[261]

51.4.2　环境监测

人类的嗅觉使我们能够探测到潜在的有害气体。例如，当我们闻到某些气味(如氨)时，我们会有反射性呼吸暂停反应，这可以保护我们的呼吸道。随着全球人口的增加，对许多人来说，环境监测是一个潜在重要性不断提高的领域。人们越来越认识到室内外空气质量、水质和其他潜在污染源。气味可以警告危险，但也会造成严重的伤害。

电子鼻传感器可以同时感知多种化学物质的交叉反应能力，这使其在环境监测中的应用日益广泛。Romain 和 Nicolas[515]综述了 MOS 电子鼻在环境监测中的应用。Feng 等[516]对检测有毒工业气体的比色传感器进行了评估。室内空气品质日益成为近年来研究的热点。医院尤其关注室内空气质量和使用电子鼻检测空气传播病原体[517]。Trevathan 等[518]报道了一种用于海洋环境监测的称为 SEMAT 的无线传感器系统。下面将进一步讨论电子鼻传感器在空气和水监测中的应用。

1. 空气

空气质量一直是农业的一个重大问题。许多农业操作产生的气味和挥发性有机化合物需要加以控制，也是管控的对象。Tsujita 等[519]回顾了气体传感器在空气污染监测中的应用。表 51.9 列出了用于监测空气质量的电子鼻传感器的几种不同应用。

表 51.9　一种使用电子鼻传感器进行空气质量监测的报告

关注点	领域	参考文献
臭气公害	家禽养殖	[520, 521]
臭气公害	畜牧业	[522]
臭气公害	生猪生产	[523]
臭气公害	垃圾掩埋场	[524]
臭气公害	肉类加工厂	[525]
臭气公害	废水	[526]
臭气公害	堆肥	[527, 528]
臭气公害	生猪生产	[529]
臭气公害	环境气味	[530]
空气质量	太空站	[531]
空气质量	室内空气	[532]
空气质量	室内，真菌	[533]
空气质量	常规的	[534]
空气质量	生物过滤器异味	[535]
空气质量	室内，霉菌	[536]
污染	毒气	[516]
污染	评估	[537]
污染	恶臭	[538]

续表

关注点	领域	参考文献
挥发性无机化合物	氨	[539]
挥发性无机化合物	二氧化硫	[540]
挥发性无机化合物	混合气体	[541]
挥发性无机化合物	一氧化碳	[542]
挥发性有机化合物	混合气体	[118]
挥发性有机化合物	甲醛	[543]

2. 水

水的质量与水是否有异味有关。因此，任何可以检测到气味的水都被认为是低质量的。未来淡水供应将面临越来越大的压力，随着供应变得有限，水质肯定会受到影响。有预期表明，未来对水质评估的需求将迅速增长。因此，取代人类嗅觉和感官测试方法的快速仪器方法的需求也将增长。表 51.10 列出了使用电子鼻监测水质和废水质量的若干报告。

表 51.10　一种使用电子鼻传感器进行水监测的报告

关注点	领域	参考文献
水	评估	[544]
水	河流污染监测	[545]
水	污染监测	[546]
水	污染	[547]
水	污染，发霉的气味产生链霉菌	[548]
废水	污泥味	[524]
废水	气味	[549, 550]
废水	质量监测	[551]

51.4.3 临床诊断

所有的动物，包括人类，无论是有意识的还是潜意识的，都会利用嗅觉来检测疾病。像狗这样的动物经过训练，能高准确性检测到某些疾病，如癌症。挥发物传感器也已评估了这种应用。下面简要回顾了电子鼻技术在临床诊断中的应用。其关键应用是呼吸道、泌尿道感染等传染病的检测与诊断，癌症的检测以及标准临床方法的替代或支持。一些研究人员已经综述了电子鼻技术的医学应用[4,552,553]。

1. 传染病

Turner 和 Magan[554]回顾了电子鼻在传染病诊断中的应用。Pavlou 等[555]报道了在与其他细菌混合培养物中使用电子鼻检测与结核分枝杆菌(TB)相关的挥发物和气味。Sahgal 等[556]使用电子鼻传感器识别毛癣菌引起的真菌感染的气味。Pavlou 等[557]使用电子鼻区分气味、病原厌氧菌和梭菌。Parry 等[558]使用电子鼻检测腿部溃疡中溶血性链球菌的气味。

2. 上呼吸道气味诊断疾病

呼吸气味分析在诊断多种上呼吸道疾病[559]和癌症[560]方面特别有用。事实上，呼吸气味标志物也存在于其他疾病，如糖尿病和潜在更多的其他疾病。下面的表 51.11 中列出了几个例子。目前，还没有明确的证据表明，潜在的分子探测原理可以归因于气味成分。然而，至少对于动物嗅探器，如狗，这似乎是有效的[561]。临床诊断对呼吸气味分析有更大的研究兴趣。这也将推动这种应用的机器嗅觉设备的发展。

表 51.11　一种使用带有呼吸分析的电子鼻传感器来检测上呼吸道疾病或通过呼吸气味变化可检测到的其他疾病报告

疾病关注点	诱因	参考文献
溃疡	幽门螺杆菌	[562, 563]
感染	曲霉菌感染	[564, 565]
感染	结核分枝杆菌	[566]
感染	绿脓假单胞菌	[567]
肺炎		[568]
多样的	细菌病原体	[569]
糖尿病	不详	[570]
哮喘	一氧化氮	[571]
恶臭		[572]
暴露	慢性阻塞性肺病	[573]
暴露	肺结节病	[574]

3. 泌尿和肾脏疾病

尿液中的挥发性物质和气味与某些疾病有关。电子鼻已经用来评估是否可以取代传统的分析方法。一些报告见表 51.12。这是另一个在非传统应用中利用仪器气味检测和识别技术的未来进展的例子。然而，可以说，某些哺乳动物目前也利用尿液和尿液的气味进行各种常见的通信应用，如标记区域以及其他。

表 51.12　一种使用带有呼吸分析的电子鼻传感器来检测泌尿和肾脏疾病或其他通过泌尿气味变化可检测到疾病的报告

疾病关注点	媒介	参考文献
2 型糖尿病	尿液挥发性物质	[575]
感染	尿液挥发性物质	[576-579]
肾功能不全	尿毒症(呼吸分析)	[580]
肾功能不全	监测血液透析	[567]

4. 消化

大肠内未消化的食物由其寄生细菌发酵产生多种化学物质，包括影响结肠和代谢健康的挥发性气体。酵素组学是通过无创手段对酵素组进行研究和分析的一门学科，在医学上有着广泛的应用前景。消化障碍已被电子鼻临床研究者所关注。一个值得注意的报告是由 Arasaradnam 等[581]使用电子鼻评估与患者发酵液相关的挥发性有机化合物，用以诊断炎症性肠病和糖尿病。

5. 癌症

如上所述，某些气味已被发现与某些疾病有关，目前正在探索这些气味的诊断潜力。机器嗅觉是有用的，因为许多情况下，这些气味的含量低于人类的检测阈值。虽然它们不低于某些动物的检测阈值，但机器嗅觉装置更便于经常使用。

电子鼻在检测癌症，特别是肺癌方面的应用越来越多[582]。例如，Di Natale 等[583]收集肺癌患者的呼吸样本，并使用电子鼻对其进行烷烃和芳香族化合物的分析。电子鼻由八个石英微天平(QMB)气体传感器组成，这些传感器涂有不同的金属卟啉。它们显示出对那些先前被认为是肺癌标志物的化合物的良好敏感性。应用偏最小二乘判别分析(PLS-DA)对 94% 的癌症患者进行了正确分类。其他用于检测癌症相关气味的系统使用了 SPME 预富集，带有毛细管柱 GC 和成对的 SAW 传感器，其中一个传感器涂有聚异丁烯(PIB)薄膜作为检测器[582-585]。Dragonieri 等[586]用电子鼻呼吸分析法检测胸膜间皮瘤。另外，Li 等[587]使用呼吸分析检测乳腺癌。

6. 快速临床检测

气味分析在临床诊断中的应用已经扩展到癌症诊断之外的领域。电子鼻，特别是 CBCP 型传感器阵列，已经被用来代替标准的临床测试方法。使用气味分析来诊断细菌性眼部感染[599]、血液培养[600]、哮喘[601]、脑脊液分析[602]、眼、耳、鼻和喉感染[603]和水中氡中毒[604]例子。

51.4.4　农业和供应链

无线传感器网络有可能允许获得以前从未有过的信息，从而对供应链管理有潜在影响。虽然这些还没有在农业供应链中使用，但一些报告已经开始出现，其中包括机器嗅觉[605]。Ruiz-Garcia 等[606]综述了它们在食品和农业中的应用和趋势。它们被用于监测葡萄园[607]、相对湿度感应[608]、环境监测[609]和精密园艺[610]。

1. 植物病理学

挥发物分析在植物病害的检测和诊断中具有重要意义。人们已经研究过电子鼻在其中的应用，因为它能用更便宜的设备更快地完成这些研究，而这些设备只需要较低水平的专业知识就能进行操作。表 51.13 列出了使用电子鼻传感器进行植物健康的几项研究。

表 51.13　在植物健康方面使用电子鼻传感器的报告

植物	关注点	参考文献
橘子	指状青霉菌	[588]
橘子	游离菌	[589]
蓝莓	采收后	[318]
番茄		[590]
甜瓜	德雷氏真菌	[591]
混合	欧文氏菌检测	[592]
混合	植物病原体	[593]
果树	真菌	[594]
葡萄藤	冠瘿病	[595]
混合	混合病原体	[593, 596]
病虫害监测	混合	[317]
疾病 VOC	评估	[597]
棕榈油	茎腐病	[598]

2. 林产品

电子鼻技术在林产品监测中得到了广泛的应用。例如，Baietto 等[611]使用电子鼻传感器检测木材腐烂。Wilson 等[612]综述了电子鼻传感器在木本植物鉴定中的应用。

3. 储粮质量管理

作物在储藏期间质量会发生变化，这直接影响到粮食的质量和价值。对于全球大宗商品贸易，这是一个重要领域。电子鼻和传感器已经用来确定粮食和其他食品的质量，以便有效地管理这些供应链的最大值和安全性[620]。表 51.14 列出了涉及使用电子鼻传感器进行储存质量管理的一些研究。

表 51.14　一种使用电子鼻传感器进行储存谷物和食品质量管理的报告

范围	关注点	产品	参考文献
虫害防治	昆虫	小麦	[455, 613]
虫害防治	昆虫	谷物	[614]
虫害防治	臭虫	棉花，大豆	[615]
虫害防治	昆虫	大米	[616, 617]
年龄监测		小麦	[300, 456, 618]
腐败	真菌检测	谷物	[382]
腐败	微生物质量分类	谷物	[360]
腐败		洋葱	[619]
质量管理	品质分级	油菜籽	[494]

4. 供应链监控

除了仓储质量管理外，电子鼻传感器还被用于供应链全链条监控，以确保标识和可追溯性、质量和价值。随着粮食供应的持续全球化，特别是在维持身份保存系统方面，这类应用越来越受到关注。射频识别智能标签，传输传感器信息进行跟踪和确认。例如，Abad 等[621]使用带有不同传感器的射频识别（RFID）跟踪鱼类物流链。Amador 等[622]使用RFID 跟踪新鲜菠萝及其运输过程中的温度。Ruiz-Garcia 等[623]论述了利用无线网络对水果物流进行实时监测的问题。另外，Jedermann 等[624]讨论了类似的易腐食品运输系统。虽然这项技术主要记录温度和湿度数据，但微型电子鼻传感器很可能将很快被添加到这些系统中。

5. 植物生理学

关于使用电子鼻传感器监测植物生理和发育的报道有限，但是，这可能是未来的一个新兴领域。在这方面的一项研究中，Komaraiah 等[625]使用气体传感器阵列测定植物细胞培养生长。

6. 饲料品质

使用机器嗅觉仪器（如电子鼻传感器）快速测定饲料品质的报道并不多，因为近红外光谱分析方法已经建立完善。不过，Campagnoli[626]报道了电子鼻在饲料加工动物蛋白（PAP）检测中的潜在应用。

51.4.5　进一步的工业应用

机器嗅觉在许多领域有着广泛的应用。下面将重点介绍其中的几个例子。这其中许多传感器的成本、选择性、便携性和信息处理能力在不断改善中。

1. 职业健康安全

据报道，电子鼻技术已被用于健康和安全方面，以检测有毒气体。Gawas 等[539]给出了一个例子，他使用纳米结构铁氧体电子鼻传感器检测氨气。在上面关于安全应用的章节中已经提到了其他类似的例子。

2. 化妆品配方与质量控制

电子鼻传感器在化妆品质量控制中有一定的应用。Branca 等[627]使用电子鼻检测某些香味化合物。Hanaki 等[628]开发了一种监测混合香料成分变化的系统。

3. 药剂学研究

电子鼻也是药物开发中的筛选方法。例如 Naraghi 等[629]使用电子鼻筛选与候选抗真菌药物疗效相关的挥发性指纹。

4. 生物工业过程监测

与食品过程监测一样，因为需要快速在线过程传感器，电子鼻传感器等机器嗅觉设备也被用于生物工业过程监测。Rudnitskaya 和 Legin[630]综述了这一领域以及使用电子鼻和电子舌实现这一目的的潜力。Cimander 和 Mandenius[631]报道了使用混合传感器（包括电子鼻、质谱仪、近红外和标准生物反应器探针）对生物过程进行多变量过程控制的情况。

5. 微生物快速检测

最后，机器嗅觉装置电子鼻在一般微生物检测方法中也有一些应用。例如，电子鼻被用来监测液体介质中霉菌生长[632]并进行细菌的区分[633,634]。

6. 现场爆炸物快速检测

Gardner[635]综述了使用电子鼻探测地雷等爆炸物的情况。

51.5 结　论

目前可用于机器嗅觉的仪器并非没有问题。灵敏度、选择性和重现性一直是电子传感器的难题。即使通过改进数据分析、生物认知元件和纳米转导元件产生进步，这些设备也可能需要大量样本来训练模式识别程序，然后可能进行数年的校准维护，以排除与目标样品相关的所有类型的干扰和噪声。因此，如果考虑到培训和校准方面的工作，这些方法的经济性可能就会受到影响。此外，生物传感器的使用寿命可能受到限制。这也可能改变其使用的经济性，特别是在需要高水平的专业知识来维护和使用它们的情况下。气体传感器阵列价格低廉，但选择性和灵敏度较低。基于质谱仪的传感器在适当的样品制备条件下具有相当高的选择性和灵敏度，但它们价格昂贵，需要高水平的专业知识来维护和操作。此外，虽然传感器技术的最新进展十分显著，但作者认为，目前没有一个系统能够完全产生与人类嗅觉感知相当的数据。但是，随着传感器技术和对人脑科学和认知的理解进步，这种情况可能会发生变化。

参 考 文 献

[1] S. Sankaran, L.R. Khot, S. Panigrahi: Biology and applications of olfactory sensing system: A review, Sens. Actuators B Chem. 171(172), 1-17(2012)

[2] P.N. Bartlett, J.M. Elliott, J.W. Gardner: Applications of, and developments in, machine olfaction, Annali di Chimica 87(1/2), 33-44(1997)

[3] M.G. Madsen, R.D. Grypa: Spices, flavor systems,the electronic nose, Food Technol. 54(3), 44-46(2000)

[4] E.H. Oh, H.S. Song, T.H. Park: Recent advances in electronic and bioelectronic noses and their biomedical applications, Enzyme Microb. Technol. 48(6/7), 427-437(2011)

[5] S. Bazzo, F. Loubet, T.T. Tan: Quality control of edible oil using and electronic nose, Semin. Food Anal. 3, 15-25(1988)

[6] P. Bandyopadhyay, M.T. Joseph: Quantification of in vitro malodor generation by anionic surfactant-induced fluorescent sensor property of tryptophan, Anal. Biochem. 397(1), 89-95(2010)

[7] N. Alagirisamy, S.S. Hardas, S. Jayaraman: Novel colorimetric sensor for oral malodour, Anal. Chim. Acta 661 (1), 97-102 (2010)

[8] L.B. Fay, I. Horman: Analytical chemistry in industrial food research, Chimia 51 (10), 714-716 (1997)

[9] F. Fenaille, P. Visani, R. Fumeaux, C. Milo, P.A. Guy:Comparison of mass spectrometry-based electronic nose and solid phase microextraction gas chromatography - mass spectrometry technique to assess infant formula oxidation, J. Agric. Food Chem. 51 (9), 2790-2796 (2003)

[10] R. Dorfner, T. Ferge, C. Yeretzian, A. Kettrup, R. Zimmermann: Laser mass spectrometry as online sensor for industrial process analysis: Process control of coffee roasting, Anal. Chem. 76 (5),1386-1402 (2004)

[11] C. Yeretzian, A. Jordan, H. Brevard, W. Lindinger:Time-resolved headspace analysis by proton-transfer-reaction mass-spectrometry. In: Flavour Release, ACS Symp., Vol. 763, ed. by D.D. Roberts, A.J. Taylor (American Chemical Society, Washington, D.C. 2000) pp. 58-72

[12] P.A. Guy, F. Fenaille: Contribution of mass spectrometry to assess quality of milk-based products, Mass Spectrom. Rev. 25 (2), 290-326 (2006)

[13] R. Mohamed, P.A. Guy: The pivotal role of mass spectrometry in determining the presence of chemical contaminants in food raw materials, Mass Spectr. Rev. 30 (6), 1073-1095 (2011)

[14] C. Lindinger, P. Pollien, S. Ali, C. Yeretzian, I. Blank, T. Mark: Unambiguous identification of volatile organic compounds by proton-transfer reaction mass spectrometry coupled with GC/MS, Anal. Chem. 77 (13), 4117-4124 (2005)

[15] S. Vauthey, P. Visani, P. Frossard, N. Garti,M.E. Leser, H.J. Watzke: Release of volatiles from cubic phases: Monitoring by gas sensors, J. Dispers. Sci. Technol. 21 (3), 263-278 (2000)

[16] M. Frank, H. Ulmer, J. Ruiz, P. Visani, U. Weimar: Complementary analytical measurements based upon gas chromatography-mass spectrometry, sensor system and human sensory panel: A case study dealing with packaging materials, Anal. Chim. Acta 431 (1), 11-29 (2001)

[17] P. Landy, S. Nicklaus, E. Semon, P. Mielle, E. Guichard: Representativeness of extracts of offset paper packaging and analysis of the main odor-active compounds, J. Agric. Food Chem. 52 (8), 2326-2334 (2004)

[18] P. Mielle, P. Landy, M. Souchaud, E. Kleine-Benne, M. Blaschke, E. Guichard: Development of a thermodesorption sensor system for the detection of residual solvents in packaging materials, Proc. IEEE Sens. 1, 300-303 (2004)

[19] C. Nicolas-Saint Denis, P. Visani, G. Trystram, J. Hossenlopp, R. Houdard: Faisability of off-flavour detection in cocoa liquors using gas sensors, Sciences des Aliments 21 (5), 537-554 (2001)

[20] T.M. Dymerski, T.M. Chmiel, W. Wardencki: Invited review article: An odor-sensing system-powerful technique for foodstuff studies, Rev. Sci. Instrum.82 (11), 11101-1-32 (2011)

[21] R.L. Doty: Olfaction, Annu. Rev. Psychol. 52, 423-452 (2001)

[22] S. Firestein: How the olfactory system makes sense of scents, Nature 413 (6852), 211-218 (2001)

[23] J. Krieger, H. Breer: Olfactory reception in invertebrates, Sci. 286 (5440), 720-723 (1999)

[24] U. Stockhorst, R. Pietrowsky: Olfactory perception, communication, and the nose-to-brain pathway, Physiol. Behav. 83 (1), 3-11 (2004)

[25] J.E. Cometto-Muniz: Chemical sensing in humans and machines. In: Handbook of Machine Olfaction: Electronic Nose Technology, ed. by T.C. Pearce, S.S. Schiffman, H.T. Nagle, J.W. Gardner (Wiley-VCH, Weinheim 2004)

[26] R.L. Doty: Gustation, Wiley Interdiscip. Rev. Cogn. Sci. 3 (1), 29-46 (2012)

[27] W. Meyerhof, S. Born, A. Brockhoff, M. Behrens: Molecular biology of mammalian bitter taste receptors. A review, Flavour Fragr. J. 26 (4), 260-268 (2011)

[28] P. Besnard, D. Gaillard, P. Passilly-Degrace, C. Martin, M. Chevrot: Fat and taste perception, CAB Rev. Perspect. Agricult. Vet. Sci. Nutr. Nat. Res. 5 (32), 1-9 (2010)

[29] J.V. Verhagen: The neurocognitive bases of human multimodal food perception: Consciousness, Brain Res. Rev. 53 (2), 271-286 (2007)

[30] J.V. Verhagen, L. Engelen: The neurocognitive bases of human multimodal food perception: Sensory integration, Neurosci. Biobehav. Rev. 30(5), 613-650(2006)

[31] D.M. Small, M.G. Veldhuizen, B. Green: Sensory neuroscience: Taste responses in primary olfactory cortex, Current Biol. 23(4), R157-R159(2013)

[32] M.G. Veldhuizen, D.R. Gitelman, D.M. Small: An fmri study of the interactions between the attention and the gustatory networks, Chemosens. Percept. 5(1), 117-127(2012)

[33] E.P. Koster: Does olfactory memory depend on remembering odors?, Chem. Sens. 30, i236-i237(2005)

[34] E. Le Berre, T. Thomas-Danguin, N. Beno, G. Coureaud, P. Etievant, J. Prescott: Perceptual processing strategy and exposure influence the perception of odor mixtures, Chem. Sens. 33(2), 193-199(2008)

[35] M. Auvray, C. Spence: The multisensory perception of flavor, Conscious. Cogn. 17(3), 1016-1031(2008)

[36] K. Mori, G.M. Shepherd: Emerging principles of molecular signal processing by mitral/tufted cells in the olfactory bulb, Semin. Cell Develop. Biol. 5(1), 65-74(1994)

[37] E.A. Hallem, J.R. Carlson: Coding of odors by a receptor repertoire, Cell 125(1), 143-160(2006)

[38] F. Rock, N. Barsan, U. Weimar: Electronic nose: Current status and future trends, Chem. Rev.108(2), 705-725(2008)

[39] K.J. Rossiter: Structure-odor relationships, Chem. Rev. 96(8), 3201-3240(1996)

[40] D.J. Hoare, C.R. McCrohan, M. Cobb: Precise and fuzzy coding by olfactory sensory neurons, J. Neurosci. 28(39), 9710-9722(2008)

[41] R. Haddad, H. Lapid, D. Harel, N. Sobel: Measuring smells, Curr. Opin. Neurobiol. 18(4), 438-444(2008)

[42] S. Zampolli, I. Elmi, J. Stürmann, S. Nicoletti, L. Dori, G.C. Cardinali: Selectivity enhancement of metal oxide gas sensors using a micromachined gas chromatographic column, Sens. Actuators B Chem. 105(2), 400-406(2005)

[43] H. Lin, J.W. Zhao, Q.S. Chen, J.R. Cai, P. Zhou: Identification of egg freshness using near infrared spectroscopy and one class support vector machine algorithm, Spectrosc. Spectral Anal. 30(4), 929-932(2010)

[44] H. Nanto, J.R. Stetter: Introduction to chemosensors. In: Handbook of Machine Olfaction: Electronic Nose Technology, ed. by T.C. Pearce, S.S. Schiffman, H.T. Nagle, J.W. Gardner(Wiley-VCH, Weinheim 2004)

[45] K. Arshak, E. Moore, G.M. Lyons, J. Harris, S. Clifford: A review of gas sensors employed in electronic nose applications, Sensor Rev. 24(2), 181-198(2004)

[46] K.J. Albert, N.S. Lewis, C.L. Schauer, G.A. Sotzing, S.E. Stitzel, T.P. Vaid, D.R. Walt: Cross-reactive chemical sensor arrays, Chem. Rev. 100(7), 2595-2626(2000)

[47] S.M. Briglin, M.S. Freund, P. Tokumaru, N.S. Lewis: Exploitation of spatiotemporal information and geometric optimization of signal/noise performance using arrays of carbon black-polymer composite vapor detectors, Sens. Actuators B Chem. 82(1), 54-74(2002)

[48] T. Gao, E.S. Tillman, N.S. Lewis: Detection and classification of volatile organic amines and carboxylic acids using arrays of carbon black-dendrimer composite vapor detectors, Chem. Mater.17(11), 2904-2911(2005)

[49] N.S. Lewis: Comparisons between mammalian and artificial olfaction based on arrays of carbon black-polymer composite vapor detectors, Acc. Chem. Res. 37(9), 663-672(2004)

[50] B.C. Sisk, N.S. Lewis: Estimation of chemical and physical characteristics of analyte vapors through analysis of the response data of arrays of polymer-carbon black composite vapor detectors, Sens. Actuators B Chem. 96(1/2), 268-282(2003)

[51] H. Smyth, D. Cozzolino: Instrumental methods(spectroscopy, electronic nose, and tongue) as tools to predict taste and aroma in beverages: Advantages and limitations, Chem. Rev. 113(3), 1429-1440(2013)

[52] E.A. Baldwin, J. Bai, A. Plotto, S. Dea: Electronic noses and tongues: Applications for the food and pharmaceutical industries, Sensors 11(5), 4744-4766(2011)

[53] Berna: Metal oxide sensors for electronic noses and their application to food analysis, Sensors 10(4), 3882-3910(2010)

[54] M. Ghasemi-Varnamkhasti, S.S. Mohtasebi, M. Siadat: Biomimetic-based odor and taste sensing systems to food quality and safety characterization: An overview on basic principles and recent achievements, J. Food Eng. 100(3), 377-387(2010)

[55] A.K. Deisingh, D.C. Stone, M. Thompson: Applications of electronic noses and tongues in food analysis, Int. J. Food Sci. Technol. 39 (6), 587-604 (2004)

[56] E. Schaller, J.O. Bosset, F. Escher: 'Electronic noses' and their application to food, LWT - Food Sci. Technol. 31 (4), 305-316 (1998)

[57] J. E. Haugen, K. Kvaal: Electronic nose and artificial neural network, Meat Sci. 49, 5273-5286 (1998) suppl. 1

[58] P.N. Bartlett, J.M. Elliott, J.W. Gardner: Electronic noses and their application in the food industry, Food Technol. 51 (12), 44-48 (1997)

[59] A.D. Wilson: Diverse applications of electronic-nose technologies in agriculture and forestry, Sensors (Switzerland) 13 (2), 2295-2348 (2013)

[60] M. Ruiz-Altisent, L. Ruiz-Garcia, G.P. Moreda, R. Lu, N. Hernandez-Sanchez, E.C. Correa, B. Diezma, B. Nicolas, J. Garcia-Ramos: Sensors for product characterization and quality of specialty crops-a review, Comput. Electron. Agricult. 74 (2), 176-194 (2010)

[61] D.R. Walt, S.E. Stitzel, M.J. Aernecke: Artificial noses, Am. Sci. 100 (1), 38-45 (2012)

[62] S.E. Stitzel, M.J. Aernecke, D.R. Walt: Artificial noses, Annu. Rev. Biomed. Eng. 13, 1-25 (2011)

[63] M. Brattoli, G. de Gennaro, V. de Pinto, A.D. Loiotile, S. Lovascio, M. Penza: Odour detection methods: Olfactometry and chemical sensors, Sensors 11 (5), 5290-5322 (2011)

[64] A.D. Wilson, M. Baietto: Applications and advances in electronic-nose technologies, Sensors 9 (7), 5099-5148 (2009)

[65] D. James, S.M. Scott, Z. Ali, W.T. O'Hare: Chemical sensors for electronic nose systems, Microchimica Acta 149 (1/2), 1-17 (2005)

[66] B.A. Snopok, I.V. Kruglenko: Multisensor systems for chemical analysis: State-of-the-art in electronic nose technology and new trends in machine olfaction, Thin Solid Films 418 (1), 21-41 (2002)

[67] D.J. Strike, M.G.H. Meijerink, M. Koudelka-Hep: Electronic noses-a mini-review, Fresenius' J. Anal. Chem. 364 (6), 499-505 (1999)

[68] T.A. Dickinson, J. White, J.S. Kauer, D.R. Walt: Current trends in 'artificial-nose' technology, Trends Biotechnol. 16 (6), 250-258 (1998)

[69] M. Jamal, M.R. Khan, S.A. Imam, A. Jamal: Artificial neural network based e-nose and their analytical applications in various field, Proc. 11th ICARCV (2010) pp. 691-698

[70] M.D. Woodka, B.S. Brunschwig, N.S. Lewis: Use of spatiotemporal response information from sorption-based sensor arrays to identify and quantify the composition of analyte mixtures, Langmuir 23 (26), 13232-13241 (2007)

[71] J.W. Gardner, J.A. Covington, S.L. Tan, T.C. Pearce: Towards an artificial olfactory mucosa for improved odour classification, Proc. R. Soc. A Math. Phys. Eng. Sci. 463 (2083), 1713-1728 (2007)

[72] S.E. Stitzel, D.R. Stein, D.R. Walt: Enhancing vapor sensor discrimination by mimicking a canine nasal cavity flow environment, J. Am. Chem. Soc. 125 (13), 3684-3685 (2003)

[73] Z. Wen, L. Tian-mo: Gas-sensing properties of SnO_2-TiO_2-based sensor for volatile organic compound gas and its sensing mechanism, Phys. B Condens. Matter 405 (5), 1345-1348 (2010)

[74] N. El Barbri, E. Llobet, N. El Bari, X. Correig, B. Bouchikhi: Application of a portable electronic nose system to assess the freshness of moroccan sardines, Mater. Sci. Eng. C 28 (5/6), 666-670 (2008)

[75] P.C. Chen, F.N. Ishikawa, H.K. Chang, K. Ryu, C. Zhou: A nanoelectronic nose: A hybrid nanowire/carbon nanotube sensor array with integrated micromachined hotplates for sensitive gas discrimination, Nanotechnol. 20 (12), 125503 (2009)

[76] V. Krivetsky, A. Ponzoni, E. Comini, M. Rumyantseva, A. Gaskov: Selective modified SnO_2-based materials for gas sensors arrays, Procedia Chemistry 1, 204-207 (2009)

[77] P.C. Chen, G. Shen, C. Zhou: Chemical sensors and electronic noses based on 1-d metal oxide nanostructures, IEEE Trans. Nanotechnol. 7 (6), 668-682 (2008)

[78] G.V. Belkova, S.A. Zav'yalov, N.N. Glagolev, A.B. Solov'eva: The influence of ZnO-sensor modification by porphyrins on to the character of sensor response to volatile organic compounds, Russ. J. Phys. Chem. A 84 (1), 129-133 (2010)

[79] M. Egashira, Y. Shimizu: Odor sensing by semi-conductor metal oxides, Sens. Actuators B. Chem. 13 (1-3), 443-446 (1993)

[80] J. Lozano, J.P. Santos, M. Aleixandre, I. Sayago, J. Gutierrez, M.C. Horrillo: Identification of typical wine aromas by means of an electronic nose, IEEE Sens. J. 6 (1), 173-178 (2006)

[81] J. Lozano, M.J. Fernandez, J.L. Fontecha, M. Aleixandre, J.P. Santos, I. Sayago, T. Arroyo, J.M. Cabellos, F.J. Gutierrez, M.C. Horrillo: Wine classification with a zinc oxide saw sensor array, Sens. Actuators B Chem. 120 (1), 166-171 (2006)

[82] A. Hikerlemann: Integrated Chemical Microsensor Systems in CMOS Technology (Springer, New York 2005)

[83] S. Park, H.J. Lee, W.G. Koh: Multiplex immunoassay platforms based on shape-coded poly (ethylene glycol) hydrogel microparticles incorporating acrylic acid, Sensors (Switzerland) 12 (6), 8426-8436 (2012)

[84] B. Adhikari, S. Majumdar: Polymers in sensor applications, Prog. Polym. Sci. (Oxford) 29 (7), 699-766 (2004)

[85] H. Bai, G. Shi: Gas sensors based on conducting polymers, Sensors 7 (3), 267-307 (2007)

[86] K.C. Persaud: Polymers for chemical sensing, Mater. Today 8 (4), 38-44 (2005)

[87] H.S. Yim, C.E. Kibbey, S.C. Ma, D.M. Kliza, D. Liu, S.B. Park, C.E. Torre, M.E. Meyerhoff: Polymer membrane-based ion-, gas- and bio-selective potentiometric sensors, Biosens. Bioelectr. 8 (1),1-38 (1993)

[88] M.L. Rodriguez-Mendez, M. Gay, J.A. De Saja: New insights into sensors based on radical bisphthalocyanines, J. Porphyr. Phthalocyanines 13 (11), 1159-1167 (2009)

[89] V. Parra, A.A. Arrieta, J.A. Fernandez-Escudero, H. Garcia, C. Apetrei, M.L. Rodriguez-Mendez: J. A. d. Saja: E-tongue based on a hybrid array of voltammetric sensors based on phthalocyanines, perylene derivatives and conducting polymers: Discrimination capability towards red wines elaborated with different varieties of grapes, Sens. Actuators B Chem. 115 (1), 54-61 (2006)

[90] M.L. Rodriguez-Mendez, J. Antonio De Saja: Nanostructured thin films based on phthalocyanines: Electro chromic displays and sensors, J. Porphyr. Phthalocyanines 13 (4/5), 606-615 (2009)

[91] B. Li, S. Santhanam, L. Schultz, M. Jeffries-El, M.C. Iovu, G. Sauve, J. Cooper, R. Zhang, J.C. Revelli, A.G. Kusne, J.L. Snyder, T. Kowalewski, L.E. Weiss, R.D. McCullough, G.K. Fedder, D.N. Lambeth: Inkjet printed chemical sensor array based on polythiophene conductive polymers, Sens. Actuators B Chem. 123 (2), 651-660 (2007)

[92] M.C. Lonergan, E.J. Severin, B.J. Doleman, S.A. Beaber, R.H. Grubbs, N.S. Lewis: Array-based vapor sensing using chemically sensitive, carbon black-polymer resistors, Chem. Mater. 8 (9), 2298-2312 (1996)

[93] S. Maldonado, E. Garcia-Berrios, M.D. Woodka, B.S. Brunschwig, N.S. Lewis: Detection of organic vapors and nh3 (g) using thin-film carbon black-metallophthalocyanine composite chemiresistors, Sens. Actuators B Chem. 134 (2), 521-531 (2008)

[94] S. Brady, K.T. Lau, W. Megill, G.G. Wallace, D. Diamond: The development and characterisation of conducting polymeric-based sensing devices, Synth. Met. 154 (1-3), 25-28 (2005)

[95] J. Kong, N.R. Franklin, C. Zhou, M.G. Chapline, S. Peng, K. Cho, H. Dai: Nanotube molecular wires as chemical sensors, Science 287 (5453), 622-625 (2000)

[96] D. Sarkar, K. Banerjee: Proposal for tunnel-field-effect-transistor as ultra-sensitive and label-free biosensors, Appl. Phys. Lett. 100 (14), 143108 (2012)

[97] E.S. Snow, F.K. Perkins, J.A. Robinson: Chemical vapor detection using single-walled carbon nanotubes, Chem. Soc. Rev. 35 (9), 790-798 (2006)

[98] B. Philip, J.K. Abraham, A. Chandrasekhar, V.K. Varadan: Carbon nanotube/PMMA composite thin films for gas-sensing applications, Smart Mater. Struct. 12 (6), 935-939 (2003)

[99] A. Star, V. Joshi, S. Skarupo, D. Thomas, J.C.P. Gabriel: Gas sensor array based on metal-decorated carbon nanotubes, J. Physical Chem. B 110 (42), 21014-21020 (2006)

[100] E.S. Tillman, N.S. Lewis: Mechanism of enhanced sensitivity of linear poly (ethylenimine) -carbon black composite detectors to carboxylic acid vapors, Sens. Actuat. B Chem. 96 (1/2), 329-342 (2003)

[101] E.S. Tillman, M.E. Koscho, R.H. Grubbs, N.S. Lewis: Enhanced sensitivity to and classification of volatile carboxylic acids using arrays of linear poly(ethylenimine)-carbon black composite vapor detectors, Anal. Chem. 75(7), 1748-1753(2003)

[102] S. Casilli, M. De Luca, C. Apetrei, V. Parra, A.A. Arrieta, L. Valli, J. Jiang, M.L. Rodriguez-Mandez, J.A. De Saja: Langmuir-blodgett and Langmuir-Schaefer films of homoleptic and heteroleptic phthalocyanine complexes as voltammetric sensors: Applications to the study of antioxidants, Appl. Surf. Sci. 246(4), 304-312(2005)

[103] J.D.N. Cheeke, Z. Wang: Acoustic wave gas sensors, Sens. Actuators B Chem. 59(2), 146-153(1999)

[104] B. Drafts: Acoustic wave technology sensors, IEEE Trans. Microw. Theory Tech. 49(4 II), 795-802(2001)

[105] W.P. Carey, K.R. Beebe, B.R. Kowalski, D.L. Illman, T. Hirschfeld: Selection of adsorbates for chemical sensor arrays by pattern recognition, Anal. Chem. 58(1), 149-153(1986)

[106] P. Si, J. Mortensen, A. Komolov, J. Denborg, P.J. Moller: Polymer coated quartz crystal microbalance sensors for detection of volatile organic compounds in gas mixtures, Anal. Chim. Acta 597(2), 223-230(2007)

[107] N. Iqbal, G. Mustafa, A. Rehman, A. Biedermann, B. Najafi, P.A. Lieberzeit, F.L. Dickert: Qcm-arrays for sensing terpenes in fresh and dried herbs via bio-mimetic mip layers, Sensors 10(7), 6361-6376(2010)

[108] S.K. Jha, R.D.S. Yadava: Statistical pattern analysis assisted selection of polymers for odor sensor array, Proc. Int Conf. Sig. Process. Commun. Comput. Netw. (ICSCCN) (2011) pp. 575-580

[109] J.W. Grate, S.J. Patrash, M.H. Abraham: Method for estimating polymer-coated acoustic wave vapor sensor responses, Analyt. Chem. 67(13), 2162-2169(1995)

[110] T. Moriizumi: Langmuir-blodgett films as chemical sensors, Thin Solid Films 160(1/2), 413-429(1988)

[111] E.A. Wachter, T. Thundat, P.I. Oden, R.J. Warmack, P.G. Datskos, S.L. Sharp: Remote optical detection using microcantilevers, Rev. Sci. Instruments 67(10), 3434-3439(1996)

[112] T. Thundat, G.Y. Chen, R.J. Warmack, D.P. Allison, E.A. Wachter: Vapor detection using resonating microcantilevers, Anal. Chem. 67(3), 519-521(1995)

[113] H.P. Lang, M.K. Baller, R. Berger, C. Gerber, J.K. Gimzewski, F.M. Battiston, P. Fornaro, J.P. Ramseyer, E. Meyer, H.J. Guntherodt: An artificial nose based on a micromechanical cantilever array, Anal. Chim. Acta 393(1-3), 59-65(1999)

[114] T.A. Betts, C.A. Tipple, M.J. Sepaniak, P.G. Datskos: Selectivity of chemical sensors based on micro-cantilevers coated with thin polymer films, Anal. Chim. Acta 422(1), 89-99(2000)

[115] J. Amamcharla, S. Panigrahi: Simultaneous prediction of acetic acid/ethanol concentrations in their binary mixtures using metalloporphyrin based opto-electronic nose for meat safety applications, Sens. Instrum. Food Qual. Safety 4(2), 51-60(2010)

[116] A.C. Paske, L.D. Earl, J.L. O'Donnell: Interfacially polymerized metalloporphyrin thin films for colorimetric sensing of organic vapors, Sens. Actuators B Chem. 155(2), 687-691(2011)

[117] L.D. Bonifacio, G.A. Ozin, A.C. Arsenault: The photonic nose: A versatile platform for sensing applications, Proc. SPIE-Int. Soc. Opt. Eng., Vol. 8031(2011), doi:10.1117/12.884129

[118] M.C. Janzen, J.B. Ponder, D.P. Bailey, C.K. Ingison, K.S. Suslick: Colorimetric sensor arrays for volatile organic compounds, Analytical Chemistry 78(11), 3591-3600(2006)

[119] N.A. Rakow, K.S. Suslick: A colorimetric sensor array for odour visualization, Nature 406(6797), 710-713(2000)

[120] K.S. Suslick, D.P. Bailey, C.K. Ingison, M. Janzen, M.E. Kosal, W.B. McNamara Iii, N.A. Rakow, A. Sen, J.J. Weaver, J.B. Wilson, C. Zhang, S. Nakagaki: Seeing smells: Development of an optoelectronic nose, Quimica Nova 30(3), 677-681(2007)

[121] H. Qin, D. Huo, L. Zhang, L. Yang, S. Zhang, M. Yang, C. Shen, C. Hou: Colorimetric artificial nose for identification of Chinese liquor with different geographic origins, Food Res. Int. 45(1), 45-51(2012)

[122] T.A. Dickinson, J. White, J.S. Kauer, D.R. Walt: A chemical-detecting system based on a cross-reactive optical sensor array, Nature 382(6593), 697-700(1996)

[123] H.E. Posch, O.S. Wolfbeis, J. Pusterhofer: Optical and fibre-optic sensors for vapours of polar solvents, Talanta 35(2), 89-94(1988)

[124] E. Chevallier, E. Scorsone, H.A. Girard, V. Pichot, D. Spitzer, P. Bergonzo: Metalloporphyrin-functionalised diamond nano-particles as sensitive layer for nitroaromatic vapours detection at room-temperature, Sens. Actuators B Chem. 151(1), 191-197(2010)

[125] S.E. Stitzel, L.J. Cowen, K.J. Albert, D.R. Walt: Array-to-array transfer of an artificial nose classifier, Anal. Chem. 73(21), 5266-5271(2001)

[126] S. Bencic-Nagale, D.R. Walt: Extending the longevity of fluorescence-based sensor arrays using adaptive exposure, Anal. Chem. 77(19), 6155-6162(2005)

[127] J. White, J.S. Kauer, T.A. Dickinson, D.R. Walt: Rapid analyte recognition in a device based on optical sensors and the olfactory system, Anal. Chem. 68(13), 2191-2202(1996)

[128] K.J. Albert, D.R. Walt: Information coding in artificial olfaction multisensor arrays, Anal. Chem. 75(16), 4161-4167(2003)

[129] S.M. Barnard, D.R. Walt: Fiber-optic organic vapor sensor, Environ. Sci. Technol. 25(7), 1301-1304(1991)

[130] M. Peris, L. Escuder-Gilabert: A 21st century technique for food control: Electronic noses, Anal. Chim. Acta 638(1), 1-15(2009)

[131] L. Vera, L. Aceia, J. Guasch, R. Boqua, M. Mestres, O. Busto: Characterization and classification of the aroma of beer samples by means of an MS e-nose and chemometric tools, Anal. Bioanal. Chem. 399(6), 2073-2081(2011)

[132] H. Kojima, S. Araki, H. Kaneda, M. Takashio: Application of a new electronic nose with fingerprint mass spectrometry to brewing, J. Am. Soc. Brew. Chem. 63(4), 151-157(2005)

[133] F.M. Green, T.L. Salter, P. Stokes, I.S. Gilmore, G. O'Connorb: Ambient mass spectrometry: Advances and applications in forensics, Surf. Interf.Anal. 42(5), 347-357(2010)

[134] F. Biasioli, C. Yeretzian, T.D. Mark, J. Dewulf, H. Van Langenhove: Direct-injection mass spectrometry adds the time dimension to(b)voc analysis, TrAC - Trends Anal. Chem. 30(7), 1003-1017(2011)

[135] K. Chughtai, R.M.A. Heeren: Mass spectrometric imaging for biomedical tissue analysis, Chem. Rev. 110(5), 3237-3277(2010)

[136] E.R. Amstalden van Hove, D.F. Smith, R.M.A. Heeren: A concise review of mass spectrometry imaging, J. Chromatogr. A 1217(25), 3946-3954(2010)

[137] SYFT: http://www.syft.com/about-sift-ms

[138] JEOL, IonSense: http://www.ionsense.com/

[139] W. Vautz, D. Zimmermann, M. Hartmann, J.I. Baumbach, J. Nolte, J. Jung: Ion mobility spectrometry for food quality and safety, Food Addit. Contamin. 23(11), 1064-1073(2006)

[140] L.C. Rorer Iii, R.A. Yost: Solvent vapor effects on planar high-field asymmetric waveform ion mobility spectrometry, Int. J. Mass Spectrom. 300(2/3), 173-181(2011)

[141] R. Guevremont: High-field asymmetric waveform ion mobility spectrometry(faims), Can. J. Anal. Sci. Spectrosc. 49(3), 105-113(2004)

[142] R. Guevremont: High-field asymmetric waveform ion mobility spectrometry: A new tool for mass spectrometry, J. Chromatogr. A 1058(1/2), 3-19(2004)

[143] Owlstone: http://www.owlstonenanotech.com/ultrafaims

[144] R.T. Marsili: SPME-MS-MVA as a rapid technique for assessing oxidation off-flavors in foods, Adv. Exp. Med. Biol. 488, 89-100(2001)

[145] J.W. Gardner, M. Cole: Integrated electronic noses and microsystems for chemical analysis. In: Handbook of Machine Olfaction: Electronic Nose Technology, ed. by T.C. Pearce, S.S. Schiffman, H.T. Nagle, J.W. Gardner(Wiley-VCH, Weinheim 2004)

[146] E.J. Staples, S. Viswanathan: Development of a novel odor measurement system using gas chromatography with surface acoustic wave sensor, J. Air Waste Manag. Assoc. 58(12), 1522-1528(2008)

[147] C. Mah, K.B. Thurbide: Acoustic methods of detection in gas chromatography, J. Sep. Sci. 29(12), 1922-1930(2006)

[148] S.Y. Oh, H.D. Shin, S.J. Kim, J. Hong: Rapid determination of floral aroma compounds of lilac blossom by fast gas chromatography combined with surface acoustic wave sensor, J. Chromatogr. A 1183(1/2), 170-178(2008)

[149] Electronic Sensor Technology: http://www.estcal.com/

[150] T.A.T.G. Van Kempen, W.J. Powers, A.L. Sutton: Technical note: Fourier transform infrared(FTIR) spectroscopy as an optical nose for predicting odor sensation, J. Animal Sci. 80(6), 1524-1527(2002)

[151] S. Armenta, N.M.M. Coelho, R. Roda, S. Garrigues, M. de la Guardia: Seafood freshness determination through vapour phase Fourier transform Infrared spectroscopy, Anal. Chim. Acta 580(2), 216-222(2006)

[152] D. Cozzolino, H.E. Smyth, M. Gishen: Feasibility study on the use of visible and near-infrared spectroscopy together with chemometrics to discriminate between commercial white wines of different varietal origins, J. Agricult. Food Chem. 51(26), 7703-7708(2003)

[153] J.H.J. Al Yamani, F. Boussaid, A. Bermak, D. Martinez: Bio-inspired gas recognition based on the organization of the olfactory pathway, Proc. IEEE Int. Symp. Circuits Syst.(ISCAS) (2012) pp. 1391-1394

[154] R.R. Lima, L.F. Hernandez, A.T. Carvalho, R.A.M. Carvalho, M.L.P. da Silva: Corrosion resistant and adsorbent plasma polymerized thin film, Sens. Actuators B Chem. 141(2), 349-360(2009)

[155] K.D. Shimizu, C.J. Stephenson: Molecularly imprinted polymer sensor arrays, Current Opin. Chem. Biol. 14(6), 743-750(2010)

[156] G. Bunte, J. Hurttlen, H. Pontius, K. Hartlieb, H. Krause: Gas phase detection of explosives such as 2,4,6-trinitrotoluene by molecularly imprinted polymers, Analytica Chimica Acta 591(1), 49-56(2007)

[157] M. Matsuguchi, T. Uno: Molecular imprinting strategy for solvent molecules and its application for QCM-based voc vapor sensing, Sens. Actuators B Chem. 113(1), 94-99(2006)

[158] F.L. Dickert, O. Hayden, K.P. Halikias: Synthetic receptors as sensor coatings for molecules and living cells, Analyst 126(6), 766-771(2001)

[159] T. Nakamoto: Odor handling and delivery systems. In: Handbook of Machine Olfaction: Electronic Nose Technology, ed. by T.C. Pearce, S.S. Schiffman, H.T. Nagle, J.W. Gardner(Wiley-VCH, Weinheim 2004)

[160] L. Su, W. Jia, C. Hou, Y. Lei: Microbial biosensors: A review, Biosens. Bioelectron. 26(5), 1788-1799(2011)

[161] J. Castillo, S. Gaspar, S. Leth, M. Niculescu, A. Mortari, I. Bontidean, V. Soukharev, S.A. Dorneanu, A.D. Ryabov, E. Csoregi: Biosensors for life quality-Design, development and applications, Sens. Actuators B Chem. 102(2), 179-194(2004)

[162] P. Leonard, S. Hearty, J. Brennan, L. Dunne, J. Quinn, T. Chakraborty, R. O'Kennedy: Advances in biosensors for detection of pathogens in food and water, Enzyme Microb. Technol. 32(1), 3-13(2003)

[163] A. Rasooly, K.E. Herold: Biosensors for the analysis of food- and waterborne pathogens and their toxins, J. AOAC Int. 89(3), 873-883(2006)

[164] M. Nayak, A. Kotian, S. Marathe, D. Chakravortty: Detection of microorganisms using biosensors—a smarter way towards detection techniques, Biosens. Bioelectron. 25(4), 661-667(2009)

[165] Y. Wang, Z. Ye, Y. Ying: New trends in impedimetric biosensors for the detection of food-borne pathogenic bacteria, Sensors 12(3), 3449-3471(2012)

[166] V. Velusamy, K. Arshak, O. Korostynska, K. Oliwa, C. Adley: An overview of foodborne pathogen detection: In the perspective of biosensors, Biotechnol. Adv. 28(2), 232-254(2010)

[167] O. Lazcka, F.J.D. Campo, F.X. Munoz: Pathogen detection: A perspective of traditional methods and biosensors, Biosens. Bioelectron. 22(7), 1205-1217(2007)

[168] K.K. Jain: Current status of molecular biosensors, Med. Dev. Technol. 14(4), 10-15(2003)

[169] A. Amine, H. Mohammadi, I. Bourais, G. Palleschi: Enzyme inhibition-based biosensors for food safety and environmental monitoring, Biosens. Bioelectron. 21 (8), 1405-1423 (2006)

[170] L.D. Mello, L.T. Kubota: Review of the use of biosensors as analytical tools in the food and drink industries, Food Chem. 77 (2), 237-256 (2002)

[171] M.N. Velasco-Garcia, T. Mottram: Biosensor technology addressing agricultural problems, Biosyst. Eng. 84 (1), 1-12 (2003)

[172] P.D. Skottrup, M. Nicolaisen, A.F. Justesen: Towards on-site pathogen detection using antibody-based sensors, Biosens. Bioelectron. 24 (3),339-348 (2008)

[173] M. Mujika, S. Arana, E. Castano, M. Tijero, R. Vilares, J.M. Ruano-Lopez, A. Cruz, L. Sainz, J. Berganza: Magnetoresistive immunosensor for the detection of escherichia coli O157:H7 including a microfluidic network, Biosens. Bioelectron. 24 (5), 1253-1258 (2009)

[174] P.J. Liao, J.S. Chang, S.D. Chao, H.C. Chang, K.R. Huang, K.C. Wu, T.S. Wung: A combined experimental and theoretical study on the immunoassay of human immunoglobulin using a quartz crystal microbalance, Sensors (Basel, Switzerland) 10 (12), 11498-11511 (2010)

[175] A.M. Azevedo, D.M.F. Prazeres, J.M.S. Cabral, L.P. Fonseca: Ethanol biosensors based on alcohol oxidase, Biosens. Bioelectron. 21 (2), 235-247 (2005)

[176] M. Moyo, J.O. Okonkwo, N.M. Agyei: Recent advances in polymeric materials used as electron mediators and immobilizing matrices in developing enzyme electrodes, Sensors 12 (1), 923-953 (2012)

[177] J.M. Vidic, J. Grosclaude, M.A. Persuy, J. Aioun, R. Salesse, E. Pajot-Augy: Quantitative assessment of olfactory receptors activity in immobilized nanosomes: A novel concept for bioelectronic nose, Lab on a Chip - Miniaturisation, Chem. Biol. 6 (8), 1026-1032 (2006)

[178] Q. Liu, W. Ye, H. Yu, N. Hu, L. Du, P. Wang, M. Yang: Olfactory mucosa tissue-based biosensor: A bio-electronic nose with receptor cells in intact olfactory epithelium, Sens. Actuators B Chem. 146 (2), 527-533 (2010)

[179] Q. Liu, W. Ye, N. Hu, H. Cai, H. Yu, P. Wang: Olfactory receptor cells respond to odors in a tissue and semiconductor hybrid neuron chip, Biosens. Bioelectron. 26 (4), 1672-1678 (2010)

[180] V. Radhika, T. Proikas-Cezanne, M. Jayaraman, D. Onesime, J.H. Ha, D.N. Dhanasekaran: Chemical sensing of DNT by engineered olfactory yeast strain, Nat. Chem. Biol. 3 (6), 325-330 (2007)

[181] S.F. D'Souza: Microbial biosensors, Biosens. Bioelectron. 16 (6), 337-353 (2001)

[182] Y. Kuang, I. Biran, D.R. Walt: Living bacterial cell array for genotoxin monitoring, Anal. Chem. 76 (10), 2902-2909 (2004)

[183] E. Shirokova, K. Schmiedeberg, P. Bedner, H. Niessen, K. Willecke, J.D. Raguse, W. Meyerhof, D. Krautwurst: Identification of specific ligands for orphan olfactory receptors: G protein-dependent agonism and antagonism of odorants, J. Biol. Chem. 280 (12), 11807-11815 (2005)

[184] Q. Liu, H. Cai, Y. Xu, Y. Li, R. Li, P. Wang: Olfactory cell-based biosensor: A first step towards a neurochip of bioelectronic nose, Biosens. Bioelectron. 22 (2), 318-322 (2006)

[185] C. Ziegler, W. Gopel, H. Hammerle, H. Hatt, G. Jung, L. Laxhuber, H.L. Schmidt, S. Schutz, F. Vogtle, A. Zell: Bioelectronic noses: A status report. Part II, Biosens. Bioelectron. 13 (5), 539-571 (1998)

[186] R. Glatz, K. Bailey-Hill: Mimicking nature's noses: From receptor deorphaning to olfactory biosensing, Prog. Neurobiol. 93 (2), 270-296 (2011)

[187] K. Toko: Biomimetic Sensor Technology (Cambridge University Press, Tokyo 2005)

[188] E. Kress-Rogers: Handbook of Biosensors and Electronic Noses: Medicine, Food, and the Environment (CRC Press, Boca Raton 1997)

[189] J. Hurst: Electronic noses and sensor array based systems, 5th Int. Symp. Proc. Des. Appl. (CRC Press, Boca Raton 1999)

[190] S.H. Lee, T.H. Park: Recent advances in the development of bioelectronic nose, Biotechnol. Bioprocess Eng. 15 (1), 22-29 (2010)

[191] T. Wink, S.J. Van Zuilen, A. Bult, W.P. Van Bennekom: Self-assembled monolayers for biosensors, Analyst 122(4), 43R-50R(1997)

[192] Y. Hou, N. Jaffrezic-Renault, C. Martelet, C. Tlili, A. Zhang, J.C. Pernollet, L. Briand, G. Gomila, A. Errachid, J. Samitier, L. Salvagnac, B. Torbiero, P. Temple-Boyer: Study of Langmuir and Langmuir-Blodgett films of odorant-binding protein/amphiphile for odorant biosensors, Langmuir 21(9), 4058-4065(2005)

[193] K. Parikh, K. Cattanach, R. Rao, D.S. Suh, A. Wu, S.K. Manohar: Flexible vapour sensors using single walled carbon nanotubes, Sens. Actuators B Chem. 113(1), 55-63(2006)

[194] S. Lakard, G. Herlem, N. Valles-Villareal, G. Michel, A. Propper, T. Gharbi, B. Fahys: Culture of neural cells on polymers coated surfaces for biosensor applications, Biosens. Bioelectron. 20(10), 1946-1954(2005)

[195] T.Z. Wu, Y.R. Lo, E.C. Chan: Exploring the recognized bio-mimicry materials for gas sensing, Biosens. Bioelectron. 16(9-12), 945-953(2001)

[196] T.Z. Wu, Y.R. Lo: Synthetic peptide mimicking of binding sites on olfactory receptor protein for use in 'electronic nose', J. Biotechnol. 80(1), 63-73(2000)

[197] S. Sankaran, S. Panigrahi, S. Mallik: Odorant binding protein based biomimetic sensors for detection of alcohols associated with salmonella contamination in packaged beef, Biosens. Bioelectron. 26(7), 3103-3109(2011)

[198] S. Sankaran, S. Panigrahi, S. Mallik: Olfactory receptor based piezoelectric biosensors for detection of alcohols related to food safety applications, Sens. Actuators B Chem. 155(1), 8-18(2011)

[199] S.W. Kruse, R. Zhao, D.P. Smith, D.N.M. Jones: Structure of a specific alcohol-binding site defined by the odorant binding protein lush from drosophila melanogaster, Nature Struct. Biol. 10(9), 694-700(2003)

[200] J.W. Jaworski, D. Raorane, J.H. Huh, A. Majumdar, S.W. Lee: Evolutionary screening of biomimetic coatings for selective detection of explosives, Langmuir 24(9), 4938-4943(2008)

[201] M.C. McAlpine, H.D. Agnew, R.D. Rohde, M. Blanco, H. Ahmad, A.D. Staparu, W.A. Goddard III, J.R. Heath: Peptide-nanowire hybrid materials for selective sensing of small molecules, J. Am. Chem. Soc. 130(29), 9583-9589(2008)

[202] L. Du, C. Wu, Q. Liu, L. Huang, P. Wang: Recent advances in olfactory receptor-based biosensors, Biosens. Bioelectron. 42(1), 570-580(2013)

[203] T.Z. Wu: A piezoelectric biosensor as an olfactory receptor for odour detection: Electronic nose, Biosens. Bioelectron. 14(1), 9-18(1999)

[204] C.H. Wetzel, M. Oles, C. Wellerdieck, M. Kuczkowiak, G. Gisselmann, H. Hatt: Specificity and sensitivity of a human olfactory receptor functionally expressed in human embryonic kidney 293 cells and xenopus laevis oocytes, J. Neurosci. 19(17), 7426-7433(1999)

[205] D. Krautwurst, K.W. Yau, R.R. Reed: Identification of ligands for olfactory receptors by functional expression of a receptor library, Cell 95(7), 917-926(1998)

[206] H.J. Ko, T.H. Park: Piezoelectric olfactory biosensor: Ligand specificity and dose-dependence of an olfactory receptor expressed in a heterologous cell system, Biosens. Bioelectron. 20(7), 1327-1332(2005)

[207] A. Suska, A.B. Ibanez, P. Preechaburana, I. Lundstrom, A. Berghard: G protein-coupled receptor mediated sensing of TMA, Procedia Chem. 1, 321-324(2009)

[208] J.H. Sung, H.J. Ko, T.H. Park: Piezoelectric biosensor using olfactory receptor protein expressed in escherichia coli, Biosens. Bioelectron. 21(10), 1981-1986(2006)

[209] J. Minic, M.A. Persuy, E. Godel, J. Aioun, I. Connerton, R. Salesse, E. Pajot-Augy: Functional expression of olfactory receptors in yeast and development of a bioassay for odorant screening, FEBS J. 272(2), 524-537(2005)

[210] N.A. Fikri, A.H. Adorn, A.Y.M. Shakaff, M.N. Ahmad, A.H. Abdullah, A. Zakaria, M.A. Markom: Development of human sensory mimicking system, Sens. Lett. 9(1), 423-427(2011)

[211] R. Banerjee, P. Chattopadhyay, R. Rani, B. Tudu, R. Bandyopadhyay, N. Bhattacharyya: Discrimination of black tea using electronic nose and electronic tongue: A bayesian classifier approach, Proc. Int. Conf. Recent Trends Inf. Syst. (RETIS) (2011) pp. 13-17

[212] R. Banerjee, B. Tudu, L. Shaw, A. Jana, N. Bhattacharyya, R. Bandyopadhyay: Instrumental testing of tea by combining the responses of electronic nose and tongue, J. Food Eng. 110(3), 356-363 (2012)

[213] M. Cole, J.A. Covington, J.W. Gardner: Combined electronic nose and tongue for a flavour sensing system, Sens. Actuators B Chem. 156(2), 832-839 (2011)

[214] A. Rudnitskaya, I. Delgadillo, A. Legin, S.M. Rocha, A.M. Costa, T. Simoes: Prediction of the port wine age using an electronic tongue, Chemom. Intell. Lab. Syst. 88(1), 125-131 (2007)

[215] C. Di Natale, R. Paolesse, A. MacAgnano, A. Mantini, A. D'Amico, M. Ubigli, A. Legin, L. Lvova, A. Rudnitskaya, Y. Vlasov: Application of a combined artificial olfaction and taste system to the quantification of relevant compounds in red wine, Sens. Actuators B Chem. 69(3), 342-347 (2000)

[216] S. Buratti, S. Benedetti, M. Scampicchio, E.C. Pangerod: Characterization and classification of Italian barbera wines by using an electronic nose and an amperometric electronic tongue, Anal. Chim. Acta 525(1), 133-139 (2004)

[217] A. Zakaria, A.Y.M. Shakaff, M.J. Masnan, M.N. Ahmad, A.H. Adom, M.N. Jaafar, S.A. Ghani, A.H. Abdullah, A.H.A. Aziz, L.M. Kamarudin, N. Subari, N.A. Fikri: A biomimetic sensor for the classification of honeys of different floral origin and the detection of adulteration, Sensors 11(8), 7799-7822 (2011)

[218] M. Mamat, S.A. Samad: Classification of beverages using electronic nose and machine vision systems, Proc. APSIPA (2012) pp. 1-6

[219] I.M. Apetrei, M.L. Rodriguez-Mendez, C. Apetrei, I. Nevares, M. del Alamo, J.A. de Saja: Monitoring of evolution during red wine aging in oak barrels and alternative method by means of an electronic panel test, Food Res. Int. 45(1), 244-249 (2012)

[220] N. Prieto, M. Gay, S. Vidal, O. Aagaard, J.A. De Saja, M.L. Rodriguez-Mendez: Analysis of the influence of the type of closure in the organoleptic characteristics of a red wine by using an electronic panel, Food Chem. 129(2), 589-594 (2011)

[221] C. Apetrei, I.M. Apetrei, S. Villanueva, J.A. de Saja, F. Gutierrez-Rosales, M.L. Rodriguez-Mendez: Combination of an e-nose, an e-tongue and an e-eye for the characterisation of olive oils with different degree of bitterness, Anal. Chim. Acta 663(1), 91-97 (2010)

[222] M. Casale, C. Casolino, P. Oliveri, M. Forina: The potential of coupling information using three analytical techniques for identifying the geographical origin of liguria extra virgin olive oil, Food Chem. 118(1), 163-170 (2010)

[223] L. Vera, L. Aceia, J. Guasch, R. Boqua, M. Mestres, O. Busto: Discrimination and sensory description of beers through data fusion, Talanta 87(1), 136-142 (2011)

[224] M. Gutierrez, A. Llobera, J. Vila-Planas, F. Capdevila, S. Demming, S. Buttgenbach, S. Minguez, C. Jimenez-Jorquera: Hybrid electronic tongue based on optical and electrochemical microsensors for quality control of wine, Analyst 135(7), 1718-1725 (2010)

[225] S. Buratti, D. Ballabio, S. Benedetti, M.S. Cosio: Prediction of Italian red wine sensorial descriptors from electronic nose, electronic tongue and spectrophotometric measurements by means of genetic algorithm regression models, Food Chem. 100(1), 211-218 (2007)

[226] S. Buratti, D. Ballabio, G. Giovanelli, C.M.Z. Dominguez, A. Moles, S. Benedetti, N. Sinelli: Monitoring of alcoholic fermentation using near infrared and mid infrared spectroscopies combined with electronic nose and electronic tongue, Anal. Chim. Acta 697(1/2), 67-74 (2011)

[227] T. Garcia-Martinez, A. Bellincontro, M.D.L.N.L. De Lerma, R.A. Peinado, J.C. Mauricio, F. Mencarelli, J.J. Moreno: Discrimination of sweet wines partially fermented by two osmo-ethanol-tolerant yeasts by gas chromatographic analysis and electronic nose, Food Chem. 127(3), 1391-1396 (2011)

[228] P. Watkins, C. Wijesundera: Application of znose for the analysis of selected grape aroma compounds, Talanta 70(3), 595-601 (2006)

[229] D. Cozzolino, H.E. Smyth, K.A. Lattey, W. Cynkar, L. Janik, R.G. Dambergs, I.L. Francis, M. Gishen: Combining mass spectrometry based electronic nose, visible-near infrared spectroscopy and chemometrics to assess the sensory properties of Australian riesling wines, Anal. Chim. Acta 563 (1/2), 319-324 (2006)

[230] N. Prieto, M.L. Rodriguez-Mendez, R. Leardi, P. Oliveri, D. Hernando-Esquisabel, M. Iniguez-Crespo, J.A. de Saja: Application of multi-way analysis to UV-visible spectroscopy, gas chromatography and electronic nose data for wine ageing evaluation, Anal. Chim. Acta 719, 43-51 (2012)

[231] A.Z. Berna, S. Trowell, D. Clifford, W. Cynkar, D. Cozzolino: Geographical origin of sauvignon blanc wines predicted by mass spectrometry and metal oxide based electronic nose, Anal. Chim. Acta 648 (2), 146-152 (2009)

[232] Q. Liu, W. Ye, L. Xiao, L. Du, N. Hu, P. Wang: Extracellular potentials recording in intact olfactory epithelium by microelectrode array for a bioelectronic nose, Biosens. Bioelectron. 25 (10), 2212-2217 (2010)

[233] M. Huotari, V. Lantto: Measurements of odours based on response analysis of insect olfactory receptor neurons, Sens. Actuators B Chem. 127 (1), 284-287 (2007)

[234] M. Huotari, M. Mela: Blowfly olfactory biosensor's sensitivity and specificity, Sens. Actuators B Chem. 34 (1-3), 240-244 (1996)

[235] S. Schutz, M.J. Schoning, P. Schroth, U. Malkoc, B. Weissbecker, P. Kordos, H. Luth, H.E. Hummel: Insect-based biofet as a bioelectronic nose, Sens. Actuators B Chem. 65 (1), 291-295 (2000)

[236] K.S. Mead: Using lobster noses to inspire robot sensor design, Trends Biotechnol. 20 (7), 276-277 (2002)

[237] F. Winquist, I. Lundstrom, P. Wide: Combination of an electronic tongue and an electronic nose, Sens. Actuators B Chem. 58 (1-3), 512-517 (1999)

[238] M. Valle: Bioinspired sensor systems, Sensors 11 (11), 10180-10186 (2011)

[239] S. Soltic, S.G. Wysoski, N.K. Kasabov: Evolving spiking neural networks for taste recognition, Proc. Int. Jt. Conf. Neural Netw. (2008) pp. 2091-2097

[240] E. Martinelli, D. Polese, F. Dini, R. Paolesse, D. Filippini, A. D'Amico, D. Schild, I. Lundstrom, C. Di Natale: Testing olfactory models with an artificial experimental platform, Proc. Int. Jt. Conf. Neural Netw. (2010) pp. 1-6

[241] A. Perera, T. Yamanaka, A. Gutierrez-Galvez, B. Raman, R. Gutierrez-Osuna: A dimensionality-reduction technique inspired by receptor convergence in the olfactory system, Sens. Actuators B Chem. 116 (1/2), 17-22 (2006)

[242] B. Raman, P.A. Sun, A. Gutierrez-Galvez, R. Gutierrez-Osuna: Processing of chemical sensor arrays with a biologically inspired model of olfactory coding, IEEE Trans. Neural Netw. 17 (4), 1015-1024 (2006)

[243] B. Raman, T. Yamanaka, R. Gutierrez-Osuna: Contrast enhancement of gas sensor array patterns with a neurodynamics model of the olfactory bulb, Sens. Actuators B Chem. 119 (2), 547-555 (2006)

[244] G. Pioggia, M. Ferro, F.D. Francesco, A. Ahluwalia, D. De Rossi: Assessment of bioinspired models for pattern recognition in biomimetic systems, Bioinspir. Biomim. 3, 016004 (2008)

[245] L. Robertsson, B. Iliev, R. Palm, P. Wide: Perception modeling for human-like artificial sensor systems, Int. J. Human Comput. Stud. 65 (5), 446-459 (2007)

[246] W. Gopel: Chemical imaging: I. Concepts and visions for electronic and bioelectronic noses, Sens. Actuators B Chem. 52 (1/2), 125-142 (1998)

[247] C. Di Natale, R. Paolesse, A. D'Arnico: Food and beverage quality asssurance. In: Handbook of Machine Olfaction: Electronic Nose Technology,ed. by T.C. Pearce, S.S. Schiffman, H.T. Nagle, J.W. Gardner (Wiley-VCH, Weinheim 2004)

[248] H.D. Werlein: Discrimination of chocolates and packaging materials by an electronic nose, Eur. Food Res. Technol. 212 (4), 529-533 (2001)

[249] M. Ghasemi-Varnamkhasti, S.S. Mohtasebi, M. Siadat, S. Balasubramanian: Meat quality assessment by electronic nose (machine olfaction technology), Sensors 9 (8), 6058-6083 (2009)

[250] G. Sala, G. Masoero, L.M. Battaglini, P. Cornale, S. Barbera: Electronic nose and use of bags to collect odorous air samples in meat quality analysis, AIP Conf. Proc. 1137 (1), 337-340 (2009)

[251] T. Rajamaki, H.L. Alakomi, T. Ritvanen, E. Skytta, M. Smolander, R. Ahvenainen: Application of an electronic nose for quality assessment of modified atmosphere packaged poultry meat, Food Control 17 (1), 5-13 (2006)

[252] J.S. Vestergaard, M. Martens, P. Turkki: Analysis of sensory quality changes during storage of a modified atmosphere packaged meat product (pizza topping) by an electronic nose system, LWT - Food Sci. Technol. 40 (6), 1083-1094 (2007)

[253] L. Gil, J.M. Barat, E. Garcia-Breijo, J. Ibanez, R. Martinez-Manez, J. Soto, E. Llobet, J. Brezmes, M.C. Aristoy, F. Toldra: Fish freshness analysis using metallic potentiometric electrodes, Sens. Actuators B Chem. 131 (2), 362-370 (2008)

[254] P.M. Schweizer-Berberich, S. Vaihinger, W. Gopel: Characterisation of food freshness with sensor arrays, Sens. Actuators B. Chem. 18 (1-3), 282-290 (1994)

[255] M. Egashira: Functional design of semiconductor gas sensors for measurement of smell and freshness, Proc. Int. Conf. Solid-State Sens. Actuators, Vol. 2 (1997) pp. 1385-1388

[256] V.Y. Musatov, V.V. Sysoev, M. Sommer, I. Kiselev: Assessment of meat freshness with metal oxide sensor microarray electronic nose: A practical approach, Sens. Actuators B Chem. 144 (1), 99-103 (2010)

[257] G. Olafsdottir, E. Chanie, F. Westad, R. Jonsdottir, C.R. Thalmann, S. Bazzo, S. Labreche, P. Marcq, F. Lundby, J.E. Haugen: Prediction of microbial and sensory quality of cold smoked atlantic salmon (*Solmo salar*) by electronic nose, J. Food Sci. 70 (9), S563-S574 (2005)

[258] J.E. Haugen, E. Chanie, F. Westad, R. Jonsdottir, S. Bazzo, S. Labreche, P. Marcq, F. Lundby, G. Olafsdottir: Rapid control of smoked atlantic salmon (*Salmo salar*) quality by electronic nose: Correlation with classical evaluation methods, Sens. Actuators B Chem. 116 (1/2), 72-77 (2006)

[259] J.M. Barat, L. Gil, E. Garcia-Breijo, M.C. Aristoy, F. Toldra, R. Martinez-Manez, J. Soto: Freshness monitoring of sea bream (*Sparus aurata*) with a potentiometric sensor, Food Chem. 108 (2), 681-688 (2008)

[260] F. Winquist, H. Sundgren, I. Lundstrom: Practical use of electronic noses: Quality estimation of cod fillet bought over the counter, Proc. Int. Conf. Solid-State Sens. Actuators Eurosens. IX (1995) pp. 695-698

[261] R. Jonsdottir, G. Olafsdottir, E. Martinsdottir, G. Stefansson: Flavor characterization of ripened cod roe by gas chromatography, sensory analysis, and electronic nose, J. Agricult. Food Chem. 52 (20), 6250-6256 (2004)

[262] M. Zhang, X. Wang, Y. Liu, X. Xu, G. Zhou: Species discrimination among three kinds of puffer fish using an electronic nose combined with olfactory sensory evaluation, Sensors (Switzerland) 12 (9), 12562-12571 (2012)

[263] M. Ghasemi-Varnamkhasti, M.L. Rodriguez-Mendez, S.S. Mohtasebi, C. Apetrei, J. Lozano, H. Ahmadi, S.H. Razavi, J. Antonio de Saja: Monitoring the aging of beers using a bioelectronic tongue, Food Control 25 (1), 216-224 (2012)

[264] M.P. Marti, O. Busto, J. Guasch, R. Boque: Electronic noses in the quality control of alcoholic beverages, TrAC - Trends Anal. Chem. 24 (1), 57-66 (2005)

[265] J.A. Ragazzo-Sanchez, P. Chalier, D. Chevalier-Lucia, M. Calderon-Santoyo, C. Ghommidh: Offf-lavours detection in alcoholic beverages by electronic nose coupled to GC, Sens. Actuators B Chem. 140 (1), 29-34 (2009)

[266] M. Ghasemi-Varnamkhasti, S.S. Mohtasebi, M.L. Rodriguez-Mendez, M. Siadat, H. Ahmadi, S.H. Razavi: Electronic and bioelectronic tongues, two promising analytical tools for the quality evaluation of non alcoholic beer, Trends Food Sci. Technol. 22 (5), 245-248 (2011)

[267] Á.A. Arrieta, M.L. Rodríguez-Méndez, J.A. de Saja, C.A. Blanco, D. Nimubona: Prediction of bitterness and alcoholic strength in beer using an electronic tongue, Food Chem. 123 (1), 642-646 (2010)

[268] M. Ghasemi-Varnamkhasti, S.S. Mohtasebi, M.L. Rodriguez-Mendez, J. Lozano, S.H. Razavi, H. Ahmadi: Potential application of electronic nose technology in brewery, Trends Food Sci. Technol. 22 (4), 165-174 (2011)

[269] C. Zhang, D.P. Bailey, K.S. Suslick: Colorimetric sensor arrays for the analysis of beers: A feasibility study, J. Agricult. Food Chem. 54 (14), 4925-4931 (2006)

[270] P.W. Alexander, L.T. Di Benedetto, D.B. Hibbert: A field-portable gas analyzer with an array of six semiconductor sensors. Part 2: Identification of beer samples using artificial neural networks, Field Anal. Chem. Technol. 2 (3), 145-153 (1998)

[271] J.W. Gardner, T.C. Pearce, S. Friel, P.N. Bartlett, N. Blair: A multisensor system for beer flavour monitoring using an array of conducting polymers and predictive classifiers, Sens. Actuators B Chem. 18 (1-3), 240-243 (1994)

[272] J. Lozano, J.P. Santos, J. Gutierrez, M.C. Horrillo: Comparative study of sampling systems combined with gas sensors for wine discrimination, Sens. Actuators B Chem. 126 (2), 616-623 (2007)

[273] J. Lozano, J.P. Santos, T. Arroyo, M. Aznar, J.M. Cabellos, M. Gil: M. d. C. Horrillo: Correlating e-nose responses to wine sensorial descriptors and gas chromatography-mass spectrometry profiles using partial least squares regression analysis, Sens. Actuators B Chem. 127 (1), 267-276 (2007)

[274] M. Aleixandre, J. Lozano, J. Gutierrez, I. Sayago, M.J. Fernandez, M.C. Horrillo: Portable e-nose to classify different kinds of wine, Sens. Actuators B Chem. 131 (1), 71-76 (2008)

[275] A.Z. Berna, S. Trowell, W. Cynkar, D. Cozzolino: Comparison of metal oxide-based electronic nose and mass spectrometry-based electronic nose for the prediction of red wine spoilage, J. Agricult. Food Chem. 56 (9), 3238-3244 (2008)

[276] W. Cynkar, R. Dambergs, P. Smith, D. Cozzolino: Classification of tempranillo wines according to geographic origin: Combination of mass spectrometry based electronic nose and chemometrics, Anal. Chim. Acta 660 (1/2), 227-231 (2010)

[277] M. Garcia, M. Aleixandre, J. Gutierrez, M.C. Horrillo: Electronic nose for wine discrimination, Sens. Actuators B Chem. 113 (2), 911-916 (2006)

[278] C. Di Natale, F.A.M. Davide, A. D'Amico, P. Nelli, S. Groppelli, G. Sberveglieri: An electronic nose for the recognition of the vineyard of a red wine, Sens. Actuators B Chem. 33 (1-3), 83-88 (1996)

[279] L. Vera, M. Mestres, R. Boquo, O. Busto, J. Guasch: Use of synthetic wine for models transfer in wine analysis by HS-MS e-nose, Sens. Actuators B Chem. 143 (2), 689-695 (2010)

[280] J.P. Santos, J. Lozano, M. Aleixandre, T. Arroyo, J.M. Cabellos, M. Gil, Md..C. Horrillo: Threshold detection of aromatic compounds in wine with an electronic nose and a human sensory panel, Talanta 80 (5), 1899-1906 (2010)

[281] T. Aguilera, J. Lozano, J.A. Paredes, F.J. Alvarez, J.I. Suarez: Electronic nose based on independent component analysis combined with partial least squares and artificial neural networks for wine prediction, Sensors (Switzerland) 12 (6), 8055-8072 (2012)

[282] R.C. McKellar, H.P.V. Rupasinghe, X. Lu, K.P. Knight: The electronic nose as a tool for the classification of fruit and grape wines from different ontario wineries, J. Sci. Food Agricult. 85 (14), 2391-2396 (2005)

[283] C. Di Natale, F.A.M. Davide, A. D'Amico, G. Sberveglieri, P. Nelli, G. Faglia, C. Perego: Complex chemical pattern recognition with sensor array: The discrimination of vintage years of wine, Sens. Actuators B Chem. 25 (1-3), 801-804 (1995)

[284] M. Penza, G. Cassano: Chemometric characterization of Italian wines by thin-film multisensors array and artificial neural networks, Food Chem. 86 (2), 283-296 (2004)

[285] J.A. Ragazzo-Sanchez, P. Chalier, D. Chevalier, M. Calderon-Santoyo, C. Ghommidh: Identification of different alcoholic beverages by electronic nose coupled to GC, Sens. Actuators B Chem. 134 (1), 43-48 (2008)

[286] T. Aishima: Discrimination of liquor aromas by pattern recognition analysis of responses from a gas sensor array, Anal. Chim. Acta 243 (2), 293-300 (1991)

[287] L. Sipos, Z. Kovacs, V. Sagi-Kiss, T. Csiki, Z. Kokai, A. Fekete, K. Heberger: Discrimination of mineral waters by electronic tongue, sensory evaluation and chemical analysis, Food Chem. 135 (4), 2947-2953 (2012)

[288] C. Zhang, K.S. Suslick: Colorimetric sensor array for soft drink analysis, J. Agricult. Food Chem. 55 (2), 237-242 (2007)

[289] H. Reinhard, F. Sager, O. Zoller: Citrus juice classification by SPME-GC-MS and electronic nose measurements, LWT - Food Sci. Technol. 41 (10), 1906-1912 (2008)

[290] E.R. Farnworth, R.C. McKellar, D. Chabot, S. Lapointe, M. Chicoine, K.P. Knight: Use of an electronic nose to study the contribution of volatiles to orange juice flavor, J. Food Qual. 25 (6), 569-576 (2002)

[291] P. Boilot, E.L. Hines, M.A. Gongora, R.S. Folland: Electronic noses inter-comparison, data fusion and sensor selection in discrimination of standard fruit solutions, Sens. Actuators B Chem. 88 (1), 80-88 (2003)

[292] J.W. Gardner, H.V. Shurmer, T.T. Tan: Application of an electronic nose to the discrimination of coffees, Sens. Actuators B Chem. 6 (1-3), 71-75 (1992)

[293] N.F. Shilbayeh, M.Z. Iskandarani: Quality control of coffee using an electronic nose system, Am. J. Appl. Sci. 1 (2), 129-135 (2004)

[294] C. Lindinger, D. Labbe, P. Pollien, A. Rytz, M.A. Juillerat, C. Yeretzian, I. Blank: When machine tastes coffee: Instrumental approach to predict the sensory profile of espresso coffee, Anal. Chem. 80 (5), 1574-1581 (2008)

[295] B.A. Suslick, L. Feng, K.S. Suslick: Discrimination of complex mixtures by a colorimetric sensor array: Coffee aromas, Anal. Chem. 82 (5), 2067-2073 (2010)

[296] J. Rodriguez, C. Duran, A. Reyes: Electronic nose for quality control of colombian coffee through the detection of defects in 'Cup tests', Sensors 10 (1), 36-46 (2010)

[297] R. Dutta, E.L. Hines, J.W. Gardner, K.R. Kashwan, M. Bhuyan: Tea quality prediction using a tin oxide-based electronic nose: An artificial intelligence approach, Sens. Actuators B Chem. 94 (2), 228-237 (2003)

[298] R. Dutta, K.R. Kashwan, M. Bhuyan, E.L. Hines, J.W. Gardner: Electronic nose based tea quality standardization, Neural Netw. 16 (5-6), 847-853 (2003)

[299] H. Yu, J. Wang: Discrimination of longjing green-tea grade by electronic nose, Sens. Actuators B Chem. 122 (1), 134-140 (2007)

[300] H. Yu, J. Wang, H. Zhang, Y. Yu, C. Yao: Identification of green tea grade using different feature of response signal from e-nose sensors, Sens. Actuators B Chem. 128 (2), 455-461 (2008)

[301] B. Tudu, A. Jana, A. Metla, D. Ghosh, N. Bhattacharyya, R. Bandyopadhyay: Electronic nose for black tea quality evaluation by an incremental RBF network, Sens. Actuators B Chem. 138 (1), 90-95 (2009)

[302] R.N. Bleibaum, H. Stone, T. Tan, S. Labreche, E. Saint-Martin, S. Isz: Comparison of sensory and consumer results with electronic nose and tongue sensors for apple juices, Food Qual. Pref. 13 (6), 409-422 (2002)

[303] S. Saevels, J. Lammertyn, A.Z. Berna, E.A. Veraverbeke, C. Di Natale, B.M. Nicolai: Electronic nose as a non-destructive tool to evaluate the optimal harvest date of apples, Postharvest Biol. Technol. 30 (1), 3-14 (2003)

[304] S. Saevels, J. Lammertyn, A.Z. Berna, E.A. Veraverbeke, C. Di Natale, B.M. Nicolai: An electronic nose and a mass spectrometry-based electronic nose for assessing apple quality during shelf life, Postharvest Biol. Technol. 31 (1), 9-19 (2004)

[305] C. Li, P. Heinemann, R. Sherry: Neural network and bayesian network fusion models to fuse electronic nose and surface acoustic wave sensor data for apple defect detection, Sens. Actuators B Chem. 125 (1), 301-310 (2007)

[306] S. Benedetti, S. Buratti, A. Spinardi, S. Mannino, I. Mignani: Electronic nose as a non-destructive tool to characterise peach cultivars and to monitor their ripening stage during shelf-life, Postharvest Biol. Technol. 47 (2), 181-188 (2008)

[307] C. Di Natale, A. Macagnano, E. Martinelli, E. Proietti, R. Paolesse, L. Castellari, S. Campani, A. D'Amico: Electronic nose based investigation of the sensorial properties of peaches and nectarines, Sens. Actuators B Chem. 77 (1/2), 561-566 (2001)

[308] J. Brezmes, E. Llobet, X. Vilanova, G. Saiz, X. Correig: Fruit ripeness monitoring using an electronic nose, Sens. Actuators B Chem. 69 (3), 223-229 (2000)

[309] S. Oshita, K. Shima, T. Haruta, Y. Seo, Y. Kawagoe, S. Nakayama, H. Takahara: Discrimination of odors emanating from 'la france' pear by semiconducting polymer sensors, Comput. Electron. Agricult. 26 (2), 209-216 (2000)

[310] H. Zhang, J. Wang, S. Ye: Predictions of acidity, soluble solids and firmness of pear using electronic nose technique, J. Food Eng. 86 (3), 370-378 (2008)

[311] M. Benady, J.E. Simon, D.J. Charles, G.E. Miles: Fruit ripeness determination by electronic sensing of aromatic volatiles, Trans. Am. Soc. Agricult. Eng. 38 (1), 251-257 (1995)

[312] C. Di Natale, A. Macagnano, E. Martinelli, R. Paolesse, E. Proietti, A. D'Amico: The evaluation of quality of post-harvest oranges and apples by means of an electronic nose, Sens. Actuators B Chem. 78 (1-3), 26-31 (2001)

[313] E. Llobet, E.L. Hines, J.W. Gardner, S. Franco: Non-destructive banana ripeness determination using a neural network-based electronic nose, Meas. Sci. Technol. 10(6), 538-548(1999)

[314] A.Z. Berna, J. Lammertryn, S. Saevels, C. Di Natale, B.M. Nicolai: Electronic nose systems to study shelf life and cultivar effect on tomato aroma profile, Sens. Actuators B Chem. 97(2/3), 324-333(2004)

[315] A.H. Gomez, G. Hu, J. Wang, A.G. Pereira: Evaluation of tomato maturity by electronic nose, Comput. Electron. Agricult. 54(1), 44-52(2006)

[316] A.H. Gomez, J. Wang, G. Hu, A.G. Pereira: Monitoring storage shelf life of tomato using electronic nose technique, J. Food Eng. 85(4), 625-631(2008)

[317] J. Laothawornkitkul, J.P. Moore, J.E. Taylor, M. Possell, T.D. Gibson, C.N. Hewitt, N.D. Paul: Discrimination of plant volatile signatures by an electronic nose: A potential technology for plant pest and disease monitoring, Env. Sci. Technol. 42(22), 8433-8439(2008)

[318] C. Li, G.W. Krewer, P. Ji, H. Scherm, S.J. Kays: Gas sensor array for blueberry fruit disease detection and classification, Postharvest Biol. Technol. 55(3), 144-149(2010)

[319] N. Demir, A.C.O. Ferraz, S.A. Sargent, M.O. Balaban: Classification of impacted blueberries during storage using an electronic nose, J. Sci. Food Agricult. 91(9), 1722-1727(2011)

[320] J.E. Simon, A. Hetzroni, B. Bordelon, G.E. Miles, D.J. Charles: Electronic sensing of aromatic volatiles for quality sorting of blueberries, J. Food Sci. 61(5), 967-970(1996)

[321] Z. Li, N. Wang, G.S. Vijaya Raghavan, C. Vigneault: Ripeness and rot evaluation of 'Tommy Atkins' mango fruit through volatiles detection, J. Food Eng. 91(2), 319-324(2009)

[322] H. Chen, J. De Baerdemaeker: Modal analysis of the dynamic behavior of pineapples and its relation to fruit firmness, Trans. Am. Soc. Agricult. Eng. 36(5), 1439-1444(1993)

[323] A.H. Gomez, J. Wang, G. Hu, A.G. Pereira: Electronic nose technique potential monitoring mandarin maturity, Sens. Actuators B Chem. 113(1), 347-353(2006)

[324] E.Z. Panagou, N. Sahgal, N. Magan, G.J.E. Nychas: Table olives volatile fingerprints: Potential of an electronic nose for quality discrimination, Sens. Actuators B Chem. 134(2), 902-907(2008)

[325] H.M. Solis-Solis, M. Calderon-Santoyo, P. Gutierrez-Martinez, S. Schorr-Galindo, J.A. Ragazzo-Sanchez: Discrimination of eight varieties of apricot(*Prunus armeniaca*) by electronic nose, lle and SPME using GC-MS and multivariate analysis, Sens. Actuators B Chem. 125(2), 415-421(2007)

[326] E. Gatti, B.G. Defilippi, S. Predieri, R. Infante: Apricot(*Prunus armeniaca* L.) quality and breeding perspectives, J. Food, Agricult. Env. 7(3-4), 573-580(2009)

[327] K.T. Tang, S.W. Chiu, C.H. Pan, H.Y. Hsieh, Y.S. Liang, S.C. Liu: Development of a portable electronic nose system for the detection and classification of fruity odors, Sensors(Switzerland) 10(10), 9179-9193(2010)

[328] S. Vallone, N.W. Lloyd, S.E. Ebeler, F. Zakharov: Fruit volatile analysis using an electronic nose, J. Vis. Exp(61, e3821 2012)

[329] S. Ampuero, J.O. Bosset: The electronic nose applied to dairy products: A review, Sens. Actuators B Chem. 94(1), 1-12(2003)

[330] W.A. Collier, D.B. Baird, Z.A. Park-Ng, N. More, A.L. Hart: Discrimination among milks and cultured dairy products using screen-printed electrochemical arrays and an electronic nose, Sens. Actuators B Chem. 92(1/2), 232-239(2003)

[331] S. Capone, M. Epifani, F. Quaranta, P. Siciliano, A. Taurino, L. Vasanelli: Monitoring of rancidity of milk by means of an electronic nose and a dynamic PCA analysis, Sens. Actuators B Chem. 78(1-3), 174-179(2001)

[332] S. Labreche, S. Bazzo, S. Cade, E. Chanie: Shelf life determination by electronic nose: Application to milk, Sens. Actuators B Chem. 106(1), 199-206(2005)

[333] K. Brudzewski, S. Osowki, T. Markiewicz: Classification of milk by means of an electronic nose and SVM neural network, Sens. Actuators B Chem. 98(2/3), 291-298(2004)

[334] J.E. Haugen, K. Rudi, S. Langsrud, S. Bredholt: Application of gas-sensor array technology for detection and monitoring of growth of spoilage bacteria in milk: A model study, Anal. Chim. Acta 565 (1), 10-16 (2006)

[335] R.T. Marsili: SPME-MS-MVA as an electronic nose for the study of off-flavors in milk, J. Agricult. Food Chem. 47 (2), 648-654 (1999)

[336] R.T. Marsili: Shelf-life prediction of processed milk by solid-phase microextraction, mass spectrometry, and multivariate analysis, J. Agricult. Food Chem. 48 (8), 3470-3475 (2000)

[337] N. Magan, A. Pavlou, I. Chrysanthakis: Milk-sense: A volatile sensing system recognizes spoilage bacteria and yeasts in milk, Sens. Actuators B Chem. 72 (1), 28-34 (2001)

[338] M. Brambjlla, M. Guarino, P. Navarotto: Electronic nose approach to monitor UHT milk quality: A case study, Applicazione del naso elettronico per controllo qualità del latte a lunga conservazione 46 (469), 540-544 (2007)

[339] W. Li, F.S. Hosseinian, A. Tsopmo, J.K. Friel, T. Beta: Evaluation of antioxidant capacity and aroma quality of breast milk, Nutrition 25 (1), 105-114 (2009)

[340] B. Wang, S. Xu, D.W. Sun: Application of the electronic nose to the identification of different milk flavorings, Food Res. Int. 43 (1), 255-262 (2010)

[341] A. Biolatto, G. Grigioni, M. Irurueta, A.M. Sancho, M. Taverna, N. Pensel: Seasonal variation in the odour characteristics of whole milk powder, Food Chem. 103 (3), 960-967 (2007)

[342] V.G. Sangam, M. Sandesh, S. Krishna, S. Mahadevanna: Design of simple instrumentation for the quality analysis of milk (casein analysis), Sci. Technol. 119, 65-71 (2010)

[343] S. Benedetti, N. Sinelli, S. Buratti, M. Riva: Shelf life of crescenza cheese as measured by electronic nose, J. Dairy Sci. 88 (9), 3044-3051 (2005)

[344] O. Gursoy, P. Somervuo, T. Alatossava: Preliminary study of ion mobility based electronic nose MGD-1 for discrimination of hard cheeses, J. Food Eng. 92 (2), 202-207 (2009)

[345] J. Trihaas, P.V. Nielsen: Electronic nose technology in quality assessment: Monitoring the ripening process of danish blue cheese, J. Food Sci. 70 (1), E44-E49 (2005)

[346] E. Schaller, J.O. Bosset, F. Escher: Feasibility study: Detection of rind taste off-flavour in Swiss emmental cheese using an electroinc nose and a GC-MS, Mitteil. Lebensm. Hyg. 91 (5), 610-615 (2000)

[347] P.J. O'Riordan, C.M. Delahunty: Characterisation of commercial cheddar cheese flavour. 1: Traditional and electronic nose approach to quality assessment and market classification, Int. Dairy J. 13 (5), 355-370 (2003)

[348] K.D. Jou, W.J. Harper: Pattern recognition of Swiss cheese aroma compounds by SPME/GC and an electronic nose, Milchwissenschaft 53 (5), 259-263 (1998)

[349] L. Pillonel, S. Ampuero, R. Tabacchi, J.O. Bosset: Analytical methods for the determination of the geographic origin of emmental cheese: Volatile compounds by GC/MS-FID and electronic nose, Eur. Food Res. Technol. 216 (2), 179-183 (2003)

[350] K. Karlshoj, P.V. Nielsen, T.O. Larsen: Differentiation of closely related fungi by electronic nose analysis, J. Food Sci. 72 (6), M187-M192 (2007)

[351] S. Benedetti, P.M. Toppino, M. Riva: Shelf life of packed taleggio cheese. 2. Valuation by an electronic nose, Scienza e Tecnica Lattiero-Casearia 53, 259-282 (2002)

[352] S. Irmler, M.L. Heusler, S. Raboud, H. Schlichtherle-Cerny, M.G. Casey, E. Eugster-Meier: Rapid volatile metabolite profiling of lactobacillus casei strains: Selection of flavour producing cultures, Aust. J. Dairy Technol. 61 (2), 123-127 (2006)

[353] V.F. Pais, J.A.B.P. Oliveira, M.T.S.R. Gomes: An electronic nose based on coated piezoelectric quartz crystals to certify ewes' cheese and to discriminate between cheese varieties, Sensors 12 (2), 1422-1436 (2012)

[354] H.D. Sapirstein, S. Siddhu, M. Aliani: Discrimination of volatiles of refined and whole wheat bread containing red and white wheat bran using an electronic nose, J. Food Sci. 77 (11), S399-S406 (2012)

[355] Q. Zhang, S. Zhang, C. Xie, C. Fan, Z. Bai: 'sensory analysis' of chinese vinegars using an electronic nose, Sens. Actuators B Chem. 128 (2), 586-593 (2008)

[356] M.S. Cosio, S. Buratti, S. Mannino, S. Benedetti: Use of an electrochemical method to evaluate the antioxidant activity of herb extracts from the labiatae family, Food Chem. 97(4), 725-731 (2006)

[357] W. Li, J. Friel, T. Beta: An evaluation of the antioxidant properties and aroma quality of infant cereals, Food Chem. 121(4), 1095-1102 (2010)

[358] U. Banach, C. Tiebe, T. Hubert: Multigas sensors for the quality control of spice mixtures, Food Control 26(1), 23-27 (2012)

[359] H. Zhang, M. Balaban, K. Portier, C.A. Sims: Quantification of spice mixture compositions by electronic nose: Part II. Comparison with GC and sensory methods, J. Food Sci. 70(4), E259-E264 (2005)

[360] A. Jonsson, F. Winquist, J. Schnurer, H. Sundgren, I. Lundstrom: Electronic nose for microbial quality classification of grains, Int. J. Food Microbiol. 35(2), 187-193 (1997)

[361] T. Borjesson, T. Eklov, A. Jonsson, H. Sundgren, J. Schnurer: Electronic nose for odor classification of grains, Cereal Chem. 73(4), 457-461 (1996)

[362] X.Z. Zheng, Y.B. Lan, J.M. Zhu, J. Westbrook, W.C. Hoffmann, R.E. Lacey: Rapid identification of rice samples using an electronic nose, J. Bionic Eng. 6(3), 290-297 (2009)

[363] M.J. Lerma-Garcia, E.F. Simo-Alfonso, A. Bendini, L. Cerretani: Metal oxide semiconductor sensors for monitoring of oxidative status evolution and sensory analysis of virgin olive oils with different phenolic content, Food Chem. 117(4), 608-614 (2009)

[364] S. Mildner-Szkudlarz, H.H. Jelen: Detection of olive oil adulteration with rapeseed and sunflower oils using mos electronic nose and SMPE-MS, J. Food Quality 33(1), 21-41 (2010)

[365] M. Cano, J. Roales, P. Castillero, P. Mendoza, A.M. Calero, C. Jimenez-Ot, J.M. Pedrosa: Improving the training and data processing of an electronic olfactory system for the classification of virgin olive oil into quality categories, Sens. Actuators B Chem. 160(1), 916-922 (2011)

[366] S.M. van Ruth, M. Rozijn, A. Koot, R.P. Garcia, H. van der Kamp, R. Codony: Authentication of feeding fats: Classification of animal fats, fish oils and recycled cooking oils, Animal Feed Sci. Technol. 155(1), 65-73 (2010)

[367] E.J. Hong, S.J. Park, J.Y. Choi, B.S. Noh: Discrimination of palm olein oil and palm stearin oil mixtures using a mass spectrometry based electronic nose, Food Sci. Biotechnol. 20(3), 809-816 (2011)

[368] A.M. Marina, Y.B.C. Man, I. Amin: Use of the saw sensor electronic nose for detecting the adulteration of virgin coconut oil with RBD palm kernel olein, J. Am. Oil Chem. Soc. 87(3), 263-270 (2010)

[369] C.J. Musto, S.H. Lim, K.S. Suslick: Colorimetric detection and identification of natural and artificial sweeteners, Anal. Chem. 81(15), 6526-6533 (2009)

[370] S. Ampuero, S. Bogdanov, J.O. Bosset: Classification of unifloral honeys with an MS-based electronic nose using different sampling modes: SHS, SPME and INDEX, Eur. Food Res. Technol. 218(2), 198-207 (2004)

[371] B. Plutowska, T. Chmiel, T. Dymerski, W. Wardencki: A headspace solid-phase microextraction method development and its application in the determination of volatiles in honeys by gas chromatography, Food Chem. 126(3), 1288-1298 (2011)

[372] F. Čačić, L. Primorac, D. Kenjerić, S. Benedetti, M.L. Mandić: Application of electronic nose in honey geographical origin characterisation, J. Central Eur. Agricult. 10(1), 19-26 (2009)

[373] S. Benedetti, S. Mannino, A.G. Sabatini, G.L. Marcazzan: Electronic nose and neural network use for the classification of honey, Apidologie 35(4), 397-402 (2004)

[374] S. Ghidini, C. Mercanti, E. Dalcanale, R. Pinalli, P.G. Bracchi: Italian honey authentication, Ann. Fac. Medic. Vet. di Parma 28, 113-120 (2008)

[375] J.J. Beck, B.S. Higbee, G.B. Merrill, J.N. Roitman: Comparison of volatile emissions from undamaged and mechanically damaged almonds, J. Sci. Food Agricult. 88(8), 1363-1368 (2008)

[376] B. Hivert, M. Hoummady, P. Mielle, G. Mauvais, J.M. Henrioud, D. Hauden: A fast and reproducible method for gas sensor screening to flavour compounds, Sens. Actuators B Chem. 27(1-3), 242-245 (1995)

[377] R. Baranauskien, E. Bylait, J. Ukaukait, R.P. Venskutonis: Flavor retention of peppermint (*Mentha piperita* L.) essential oil spray-dried in modified starches during encapsulation and storage, J. Agricult. Food Chem. 55 (8), 3027-3036 (2007)

[378] Y. Yin, H. Yu, H. Zhang: A feature extraction method based on wavelet packet analysis for discrimination of Chinese vinegars using a gas sensors array, Sens. Actuators B Chem. 134 (2), 1005-1009 (2008)

[379] V.O.S. Olunloyo, T.A. Ibidapo, R.R. Dinrifo: Neural network-based electronic nose for cocoa beans quality assessment, Agricult. Eng. Int. CIGR J. 13 (4), 1-12 (2011)

[380] A. Scarpa, S. Bernardi, L. Fachechi, F. Olimpico, M. Passamano, S. Greco: Polypyrrole polymers used for 2,4,6-trichloroanisole discrimination in cork stoppers by libranose, Proc. 11th Meet. Chem. Soc. (2006)

[381] I.A. Casalinuovo, D. Di Pierro, M. Coletta, P. Di Francesco: Application of electronic noses for disease diagnosis and food spoilage detection, Sensors 6 (11), 1428-1439 (2006)

[382] N. Magan, P. Evans: Volatiles as an indicator of fungal activity and differentiation between species, and the potential use of electronic nose technology for early detection of grain spoilage, J. Stored Prod. Res. 36 (4), 319-340 (2000)

[383] N. Sahgal, R. Needham, F.J. Cabanes, N. Magan: Potential for detection and discrimination between mycotoxigenic and non-toxigenic spoilage moulds using volatile production patterns: A review, Food Addit. Contamin. 24 (10), 1161-1168 (2007)

[384] E. Gobbi, M. Falasconi, E. Torelli, G. Sberveglieri: Electronic nose predicts high and low fumonisin contamination in maize cultures, Food Res. Int. 44 (4), 992-999 (2011)

[385] F.S. Ligler, C.R. Taitt, L.C. Shriver-Lake, K.E. Sapsford, Y. Shubin, J.P. Golden: Array biosensor for detection of toxins, Anal. Bioanal. Chem. 377 (3), 469-477 (2003)

[386] F. Cheli, A. Campagnoli, L. Pinotti, G. Savoini, V. Dell'Orto: Electronic nose for determination of aflatoxins in maize, Biotechnol. Agron. Soc. Env. 13, 39-43 (2009)

[387] F. Cheli, L. Pinotti, A. Campagnoli, E. Fusi, R. Rebucci, A. Baldi: Mycotoxin analysis, mycotoxin producing fungi assays and mycotoxin toxicity bioassays in food mycotoxin monitoring and surveillance, Ital. J. Food Sci. 20 (4), 447-462 (2008)

[388] A.J. de Lucca, S.M. Boue, C. Carter-Wientjes, D. Bhatnagar: Volatile profiles and aflatoxin production by toxigenic and non-toxigenic isolates of aspergillus flavus grown on sterile and nonsterile cracked corn, Ann. Agricult. Env. Med. 19 (1), 91-98 (2012)

[389] A. Campagnoli, V. Dell'Orto, G. Savoini, F. Cheli: Screening cereals quality by electronic nose: The example of mycotoxins naturally contaminated maize and durum wheat, AIP Conf. Proc. 1137, 507-510 (2009)

[390] D. Abramson, R. Hulasare, R.K. York, N.D.G. White, D.S. Jayas: Mycotoxins, ergosterol, and odor volatiles in durum wheat during granary storage at 16% and 20% moisture content, J. Stored Prod. Res. 41 (1), 67-76 (2005)

[391] R. Doraiswami, M. Manoharan: Nano bio embedded fludic substrates: System level integration for food safety, Proc. Electron. Compon. Technol. Conf. (2006) pp. 158-160

[392] J. Perkowski, M. Busko, J. Chmielewski, T. Goral, B. Tyrakowska: Content of trichodiene and analysis of fungal volatiles (electronic nose) in wheat and triticale grain naturally infected and inoculated with fusarium culmorum, Int. J. Food Microbiol. 126 (1/2), 127-134 (2008)

[393] D.S. Presicce, A. Forleo, A.M. Taurino, M. Zuppa, P. Siciliano, B. Laddomada, A. Logrieco, A. Visconti: Response evaluation of an e-nose towards contaminated wheat by fusarium poae fungi, Sens. Actuators B Chem. 118 (1/2), 433-438 (2006)

[394] A. Campagnoli, F. Cheli, C. Polidori, M. Zaninelli, O. Zecca, G. Savoini, L. Pinotti, V. Dell'Orto: Use of the electronic nose as a screening tool for the recognition of durum wheat naturally contaminated by deoxynivalenol: A preliminary approach, Sensors 11 (5), 4899-4916 (2011)

[395] G. Tognon, A. Campagnoli, L. Pinotti, V. Dell'Orto, F. Cheli: Implementation of the electronic nose for the identification of mycotoxins in durum wheat (*Triticum durum*), Veterinary Research Communications 29 (2), 391-393 (2005)

[396] F.J. Cabanes, N. Sahgal, M.R. Bragulat, N. Magan: Early discrimination of fungal species responsible of ochratoxin a contamination of wine and other grape products using an electronic nose, Mycotoxin Res. 25 (4), 187-192 (2009)

[397] K. Tuovinen, M. Kolehmainen, H. Paakkanen: Determination and identification of pesticides from liquid matrices using ion mobility spectrometry, Anal. Chim. Acta 429 (2), 257-268 (2001)

[398] C. Wongchoosuk, A. Wisitsoraat, A. Tuantranont, T. Kerdcharoen: Portable electronic nose based on carbon nanotube-SNO2 gas sensors and its application for detection of methanol contamination in whiskeys, Sens. Actuators B Chem. 147 (2), 392-399 (2010)

[399] A. Hilding-Ohlsson, J.A. Fauerbach, N.J. Sacco, M.C. Bonetto, E. Corton: Voltamperometric discrimination of urea and melamine adulterated skimmed milk powder, Sensors (Switzerland) 12 (9), 12220-12234 (2012)

[400] S. Ampuero, T. Zesiger, V. Gustafsson, A. Lunden, J.O. Bosset: Determination of trimethylamine in milk using an MS based electronic nose, Eur. Food Res. Technol. 214 (2), 163-167 (2002)

[401] S. Zhang, C. Xie, Z. Bai, M. Hu, H. Li, D. Zeng: Spoiling and formaldehyde-containing detections in octopus with an e-nose, Food Chem. 113 (4), 1346-1350 (2009)

[402] G. Keshri, M. Challen, T. Elliott, N. Magan: Differentiation of agaricus species and other homobasidiomycetes based on volatile production patterns using an electronic nose system, Mycol. Res. 107 (5), 609-613 (2003)

[403] S. Balasubramanian, S. Panigrahi, C.M. Logue, M. Marchello, J.S. Sherwood: Identification of salmonella-inoculated beef using a portable electronic nose system, J. Rapid Methods Autom. Microbiol. 13 (2), 71-95 (2005)

[404] L.R. Khot, S. Panigrahi, P. Sengupta: Development and evaluation of chemoresistive polymer sensors for low concentration detection of volatile organic compounds related to food safety applications, Sens. Instrum. Food Qual. Saf. 4 (1), 20-34 (2010)

[405] P. Bhattacharjee, S. Panigrahi, D. Lin, C.M. Logue, J.S. Sherwood, C. Doetkott, M. Marchello: Study of headspace gases associated with salmonella contamination of sterile beef in vials using HS-SPME/GC-MS, Trans. ASABE 53 (1), 173-181 (2010)

[406] S. Balasubramanian, S. Panigrahi, C.M. Logue, C. Doetkott, M. Marchello, J.S. Sherwood: Independent component analysis-processed electronic nose data for predicting salmonella typhimurium populations in contaminated beef, Food Control 19 (3), 236-246 (2008)

[407] U. Siripatrawan, J.E. Linz, B.R. Harte: Detection of *Escherichia coli* in packaged alfalfa sprouts with an electronic nose and an artificial neural network, J. Food Prot. 69 (8), 1844-1850 (2006)

[408] U. Siripatrawan, J.E. Linz, B.R. Harte: Electronic sensor array coupled with artificial neural network for detection of salmonella typhimurium, Sens. Actuators B Chem. 119 (1), 64-69 (2006)

[409] U. Siripatrawan: Rapid differentiation between *E. coli* and salmonella typhimurium using metal oxide sensors integrated with pattern recognition, Sens. Actuators B Chem. 133 (2), 414-419 (2008)

[410] U. Siripatrawan, J.E. Linz, B.R. Harte: Rapid method for prediction of *Escherichia coli* numbers using an electronic sensor array and an artificial neural network, J. Food Prot. 67 (8), 1604-1609 (2004)

[411] U. Siripatrawan: Self-organizing algorithm for classification of packaged fresh vegetable potentially contaminated with foodborne pathogens, Sens. Actuators B Chem. 128 (2), 435-441 (2008)

[412] S. Younts, E. Alocilja, W. Osburn, S. Marquie, J. Gray, D. Grooms: Experimental use of a gas sensor-based instrument for differentiation of *Escherichia coli* o157:H7 from non-o157:H7 *Escherichia coli* field isolates, J. Food Prot. 66 (8), 1455-1458 (2003)

[413] J.W.T. Yates, J.W. Gardner, M.J. Chappell, C.S. Dow: Identification of bacterial pathogens using quadrupole mass spectrometer data and radial basis function neural networks, IEE Proc. Sci. Meas. Technol. 152 (3), 97-102 (2005)

[414] P.P. Banada, K. Huff, E. Bae, B. Rajwa, A. Aroonnual, B. Bayraktar, A. Adil, J.P. Robinson, E.D. Hirleman, A.K. Bhunia: Label-free detection of multiple bacterial pathogens using light-scattering sensor, Biosens. Bioelectron. 24 (6), 1685-1692 (2009)

[415] S. Balasubramanian, S. Panigrahi, B. Kottapalli, C.E. Wolf-Hall: Evaluation of an artificial olfactory system for grain quality discrimination, LWT-Food Sci. Technol. 40 (10), 1815-1825 (2007)

[416] M. Falasconi, E. Gobbi, M. Pardo, M. Della Torre, A. Bresciani, G. Sberveglieri: Detection of toxigenic strains of fusarium verticillioides in corn by electronic olfactory system, Sens. Actuators B Chem. 108 (1/2), 250-257 (2005)

[417] G. Hui, Y. Ni: Investigation of moldy corn fast detection based on signal-to-noise ratio spectrum analysis technique, Nongye Gongcheng Xuebao/Trans. Chin. Soc. Agricult. Eng. 27 (3), 336-340 (2011)

[418] J. Eifler, E. Martinelli, M. Santonico, R. Capuano, D. Schild, C. Di Natale: Differential detection of potentially hazardous fusarium species in wheat grains by an electronic nose, PLos One 6 (6), e21026 (2011)

[419] G. Keshri, N. Magan: Detection and differentiation between mycotoxigenic and non-mycotoxigenic strains of two *Fusarium* spp. Using volatile mycotoxigenic strains of two production profiles and hydrolytic enzymes, J. Appl. Microbiol. 89 (5), 825-833 (2000)

[420] R.W. Sneath, K.C. Persaud: Correlating electronic nose and sensory panel data. In: Handbook of Machine Olfaction: Electronic Nose Technology, ed. by T.C. Pearce, S.S. Schiffman, H.T. Nagle, J.W. Gardner (Wiley-VCH, Weinheim 2004)

[421] S. Benedetti, C. Pompei, S. Mannino: Comparison of an electronic nose with the sensory evaluation of food products by 'Triangle test', Electroanalysis 16 (21), 1801-1805 (2004)

[422] R. Haddad, A. Medhanie, Y. Roth, D. Harel, N. Sobel: Predicting odor pleasantness with an electronic nose, PLoS Comput Biol 6 (4), e1000740 (2010)

[423] J. Van Durme, T. Van Elst, H. Van Langenhove: Analytical challenges in odour measurement: Linking human nose with advanced analytical techniques, Chem. Eng. Trans. 23, 61-65 (2010)

[424] P. Mielle: 'Electronic noses': Towards the objective instrumental characterization of food aroma, Trends Food Sci. Technol. 7 (12), 432-438 (1996)

[425] K. Persaud, G. Dodd: Analysis of discrimination mechanisms in the mammalian olfactory system using a model nose, Nature 299 (5881), 352-355 (1982)

[426] H. Ulmer, J. Mitrovics, G. Noetzel, U. Weimar, W. Gopel: Odours and flavours identified with hybrid modular sensor systems, Sens. Actuators B Chem. 43 (1-3), 24-33 (1997)

[427] K. Brudzewski, S. Osowski, J. Ulaczyk: Differential electronic nose of two chemo sensor arrays for odor discrimination, Sens. Actuators B Chem. 145 (1), 246-249 (2010)

[428] M.C. Burl, B.J. Doleman, A. Schaffer, N.S. Lewis: Assessing the ability to predict human percepts of odor quality from the detector responses of a conducting polymer composite-based electronic nose, Sens. Actuators B Chem. 72 (2), 149-159 (2001)

[429] S. Ohmori, Y. Ohno, T. Makino, T. Kashihara: Application of an electronic nose system for evaluation of unpleasant odor in coated tablets, Eur. J. Pharm. Biopharm. 59 (2), 289-297 (2005)

[430] M. Trincavelli, S. Coradeschi, A. Loutfi: Odour classification system for continuous monitoring applications, Sens. Actuators B Chem. 139 (2), 265-273 (2009)

[431] T. Hofmann, P. Schieberle, C. Krummel, A. Freiling, J. Bock, L. Heinert, D. Kohl: High resolution gas chromatography/selective odorant measurement by multisensor array (hrgc/somsa): A useful approach to standardise multisensor arrays for use in the detection of key food odorants, Sens. Actuators B Chem. 41 (1-3), 81-87 (1997)

[432] K. Fujioka, M. Shirasu, Y. Manome, N. Ito, S. Kakishima, T. Minami, T. Tominaga, F. Shimozono, T. Iwamoto, K. Ikeda, K. Yamamoto, J. Murata, Y. Tomizawa: Objective display and discrimination of floral odors from amorphophallus titanum, bloomed on different dates and at different locations, using an electronic nose, Sensors 12 (2), 2152-2161 (2012)

[433] N. Bhattacharya, B. Tudu, A. Jana, D. Ghosh, R. Bandhopadhyaya, M. Bhuyan: Preemptive identification of optimum fermentation time for black tea using electronic nose, Sens. Actuators B Chem. 131 (1), 110-116 (2008)

[434] N. Bhattacharyya, S. Seth, B. Tudu, P. Tamuly, A. Jana, D. Ghosh, R. Bandyopadhyay, M. Bhuyan: Monitoring of black tea fermentation process using electronic nose, J. Food Eng. 80 (4), 1146-1156 (2007)

[435] N. Bhattacharyya, S. Seth, B. Tudu, P. Tamuly, A. Jana, D. Ghosh, R. Bandyopadhyay, M. Bhuyan, S. Sabhapandit: Detection of optimum fermentation time for black tea manufacturing using electronic nose, Sens. Actuators B Chem. 122(2), 627-634(2007)

[436] M. Navratil, C. Cimander, C.F. Mandenius: On-line multisensor monitoring of yogurt and filmjolk fermentations on production scale, J. Agricult. Food Chem. 52(3), 415-420(2004)

[437] C. Cimander, M. Carlsson, C.F. Mandenius: Sensor fusion for on-line monitoring of yoghurt fermentation, J. Biotechnol. 99(3), 237-248(2002)

[438] P. Pani, A.A. Leva, M. Riva, A. Maestrelli, D. Torreggiani: Influence of an osmotic pre-treatment on structure-property relationships of air-dehydrated tomato slices, J. Food Eng. 86(1), 105-112(2008)

[439] Z. Li, G.S.V. Raghavan, N. Wang: Carrot volatiles monitoring and control in microwave drying, LWT- Food Science and Technology 43(2), 291-297(2010)

[440] R. Infante, P. Rubio, L. Contador, V. Moreno: Effect of drying process on lemon verbena(Lippia citrodora Kunth) aroma and infusion sensory quality, Int. J. Food Sci. Technol. 45(1), 75-80(2010)

[441] M. Brambilla, P. Navarotto: Application of e-nose technology for ultra-high temperature processed partly skimmed milk production batches monitoring, Chem. Eng. Trans. 23, 171-176(2010)

[442] M. Brambilla, P. Navarotto, M. Guarino: Case study of the monitoring of ultra-high temperature processed partly skimmed milk production batches by means of an electronic nose, Trans. ASABE 52(3), 853-858(2009)

[443] P. Mielle, F. Marquis: One-sensor electronic olfactometer for rapid sorting of fresh fruit juices, Sens. Actuators B Chem. 76(1-3), 470-476(2001)

[444] A. Ponzoni, A. Depari, M. Falasconi, E. Comini, A. Flammini, D. Marioli, A. Taroni, G. Sberveglieri: Bread baking aromas detection by low-cost electronic nose, Sens. Actuators B Chem. 130(1), 100-104(2008)

[445] S. Romani, C. Cevoli, A. Fabbri, L. Alessandrini, M. Dalla Rosa: Evaluation of coffee roasting degree by using electronic nose and artificial neural network for off-line quality control, J. Food Sci. 77(9), C960-C965(2012)

[446] C. Zondervan, S. Muresan, H.G. De Jonge, E.U.T. Van Velzen, C. Wilkinson, H.H. Nijhuis, T. Leguijt: Controlling maillard reactions in the heating process of blockmilk using an electronic nose, J. Agricult. Food Chem. 47(11), 4746-4749(1999)

[447] S. Benedetti, S. Drusch, S. Mannino: Monitoring of autoxidation in lcpufa-enriched lipid microparticles by electronic nose and SPME-GCMS, Talanta 78(4/5), 1266-1271(2009)

[448] S. Pastorelli, L. Torri, A. Rodriguez, S. Valzacchi, S. Limbo, C. Simoneau: Solid-phase micro-extraction(SPME-GC) and sensors as rapid methods for monitoring lipid oxidation in nuts, Food Addit. Contamin. 24(11), 1219-1225(2007)

[449] G.M. Grigioni, C.A. Margaria, N.A. Pensel, G. Sanchez, S.R. Vaudagna: Warmed-over flavour analysis in low temperature-long time processed meat by an 'Electronic nose', Meat Sci. 56(3), 221-228(2000)

[450] G. Echeverria, J. Graell, M.L. Lopez, J. Brezmes, X. Correig: Volatile production in 'Fuji' Apples stored under different atmospheres measured by headspace/gas chromatography and electronic nose, Acta Hort 682, 1465-1470(2005)

[451] J.S. Vestergaard, M. Martens, P. Turkki: Application of an electronic nose system for prediction of sensory quality changes of a meat product(pizza topping) during storage, LWT - Food Sci. Technol. 40(6), 1095-1101(2007)

[452] N. Shen, S. Moizuddin, L. Wilson, S. Duvick, P. White, L. Pollak: Relationship of electronic nose analyses and sensory evaluation of vegetable oils during storage, J. Am. Oil Chem. Soc. 78(9), 937-940(2001)

[453] L. Torri, N. Sinelli, S. Limbo: Shelf life evaluation of fresh-cut pineapple by using an electronic nose, Postharvest Biol. Technol. 56(3), 239-245(2010)

[454] J. Brezmes, E. Llobet, X. Vilanova, J. Orts, G. Saiz, X. Correig: Correlation between electronic nose signals and fruit quality indicators on shelf-life measurements with pinklady apples, Sens. Actuators B Chem. 80(1), 41-50(2001)

[455] H. Zhang, J. Wang: Detection of age and insect damage incurred by wheat, with an electronic nose, J. Stored Prod. Res. 43(4), 489-495(2007)

[456] H. Zhang, J. Wang, X. Tian, H. Yu, Y. Yu: Optimization of sensor array and detection of stored duration of wheat by electronic nose, J. Food Eng. 82(4), 403-408 (2007)

[457] J. Gruber, H.M. Nascimento, E.Y. Yamauchi, R.W.C. Li, C.H.A. Esteves, G.P. Rehder, C.C. Gaylarde, M.A. Shirakawa: A conductive polymer based electronic nose for early detection of *Penicillium digitatum* in post-harvest oranges, Mater. Sci. Eng. C 33(5), 2766-2769 (2013)

[458] F. Pallottino, C. Costa, F. Antonucci, M.C. Strano, M. Calandra, S. Solaini, P. Menesatti: Electronic nose application for determination of *Penicillium digitatum* in valencia oranges, J. Sci. Food Agricult. 92(9), 2008-2012 (2012)

[459] M. Falasconi, I. Concina, E. Gobbi, V. Sbervegleri, A. Pulvirenti, G. Sberveglieri: Electronic nose for microbiological quality control of food products, Int. J. Electrochem. 2012, 1-12 (2012)

[460] S. Isoppo, P. Cornale, S. Barbera: The electronic nose: A protocol to evaluate fresh meat flavor, AIP Conf. Proc. 1137, 432-434 (2009)

[461] V. Vernat-Rossi, C. Garcia, R. Talon, C. Denoyer, J.L. Berdague: Rapid discrimination of meat products and bacterial strains using semiconductor gas sensors, Sens. Actuators B Chem. 37(1/2), 43-48 (1996)

[462] J.L. Berdague, T. Talou: Examples of semiconductor gas sensors applied to meat products, Sci. Aliments 13, 141-148 (1993)

[463] S. Sankaran, S. Panigrahi, C. Young: Evaluation of nanostructured novel sensing material for food contamination applications, ASAE Annu. Meet., Vol. 8 (2007)

[464] X. Tang, X. Sun, V.C.H. Wu, J. Xie, Y. Pan, Y. Zhao, P.K. Malakar: Predicting shelf-life of chilled pork sold in china, Food Control 32(1), 334-340 (2013)

[465] K.M. Horvath, Z. Seregely, I. Dalmadi, E. Andrassy, J. Farkas: Estimation of bacteriological spoilage of pork cutlets by electronic nose, Acta Microbiol. Immunol. Hung. 54(2), 179-194 (2007)

[466] X. Hong, J. Wang: Discrimination and prediction of pork freshness by e-nose, IFIP Adv. Inf. Commun. Technol. (AICT), Vol. 370 (2012) pp. 1-14

[467] X.Y. Tian, Q. Cai, Y.M. Zhang: Rapid classification of hairtail fish and pork freshness using an electronic nose based on the pca method, Sensors 12(1), 260--277 (2012)

[468] D. Wang, X. Wang, T. Liu, Y. Liu: Prediction of total viable counts on chilled pork using an electronic nose combined with support vector machine, Meat Sci. 90(2), 373-377 (2012)

[469] S. Panigrahi, S. Balasubramanian, H. Gu, C. Logue, M. Marchello: Neural-network-integrated electronic nose system for identification of spoiled beef, LWT - Food Sci. Technol. 39(2), 135-145 (2006)

[470] S. Panigrahi, S. Balasubramanian, H. Gu, C.M. Logue, M. Marchello: Design and development of a metal oxide based electronic nose for spoilage classification of beef, Sens. Actuators B Chem. 119(1), 2-14 (2006)

[471] S. Balasubramanian, S. Panigrahi, C.M. Logue, H. Gu, M. Marchello: Neural networks-integrated metal oxide-based artificial olfactory system for meat spoilage identification, J. Food Eng. 91(1), 91-98 (2009)

[472] N. El Barbri, E. Llobet, N. El Bari, X. Correig, B. Bouchikhi: Electronic nose based on metal oxide semiconductor sensors as an alternative technique for the spoilage classification of red meat, Sensors 8(1), 142-156 (2008)

[473] X. Hong, J. Wang, Z. Hai: Discrimination and prediction of multiple beef freshness indexes based on electronic nose, Sens. Actuators B Chem. 161(1), 381-389 (2012)

[474] O.S. Papadopoulou, E.Z. Panagou, F.R. Mohareb, G.J.E. Nychas: Sensory and microbiological quality assessment of beef fillets using a portable electronic nose in tandem with support vector machine analysis, Food Res. Int. 50(1), 241-249 (2013)

[475] T. Hansen, M.A. Petersen, D.V. Byrne: Sensory based quality control utilising an electronic nose and GC-MS analyses to predict end-product quality from raw materials, Meat Sci. 69(4), 621-634 (2005)

[476] E. Borch, M.L. Kant-Muermans, Y. Blixt: Bacterial spoilage of meat and cured meat products, Int. J. Food Microbiol. 33(1), 103-120 (1996)

[477] 477 S. Limbo, L. Torri, N. Sinelli, L. Franzetti, E. Casiraghi: Evaluation and predictive modeling of shelf life of minced beef stored in high-oxygen modified atmosphere packaging at different temperatures, Meat Sci. 84(1), 129-136 (2010)

[478] F. Winquist, E.G. Hornsten, H. Sundgren, I. Lundstrom: Performance of an electronic nose for quality estimation of ground meat, Meas. Sci. Technol. 4 (12), 1493-1500 (1993)

[479] Y. Blixt, E. Borch: Using an electronic nose for determining the spoilage of vacuum-packaged beef, Int. J. Food Microbiol. 46 (2), 123-134 (1999)

[480] C. Di Natale, J.A.J. Brunink, F. Bungaro, F. Davide, A. D'Amico, R. Paolesse, T. Boschi, M. Faccio, G. Ferri: Recognition of fish storage time by a metalloporphyrins-coated QMB sensor array, Meas. Sci. Technol. 7 (8), 1103-1114 (1996)

[481] J. Chantarachoti, A.C.M. Oliveira, B.H. Himelbloom, C.A. Crapo, D.G. McLachlan: Portable electronic nose for detection of spoiling alaska pink salmon (Oncorhynchus gorbuscha), J. Food Sci. 71 (5), S414-S421 (2006)

[482] W.X. Du, C.M. Lin, T. Huang, J. Kim, M. Marshall, C.I. Wei: Potential application of the electronic nose for quality assessment of salmon fillets under various storage conditions, J. Food Sci. 67 (1), 307-313 (2002)

[483] S. Limbo, N. Sinelli, L. Torri, M. Riva: Freshness decay and shelf life predictive modelling of European sea bass (Dicentrarchus labrax) applying chemical methods and electronic nose, LWT- Food Science and Technology 42 (5), 977-984 (2009)

[484] W. Yongwei, J. Wang, B. Zhou, Q. Lu: Monitoring storage time and quality attribute of egg based on electronic nose, Anal. Chim. Acta 650 (2), 183-188 (2009)

[485] M. Liu, L. Pan, K. Tu, P. Liu: Determination of egg freshness during shelf life with electronic nose, Nongye Gongcheng Xuebao/Trans. Chin. Soc. Agricult. Eng. 26 (4), 317-321 (2010)

[486] M. Suman, G. Riani, E. Dalcanale: Mos-based artificial olfactory system for the assessment of egg products freshness, Sens. Actuators B Chem. 125 (1), 40-47 (2007)

[487] R. Dutta, E.L. Hines, J.W. Gardner, D.D. Udrea, P. Boilot: Non-destructive egg freshness determination: An electronic nose based approach, Meas. Sci. Technol. 14 (2), 190-198 (2003)

[488] I. Concina, M. Falasconi, E. Gobbi, F. Bianchi, M. Musci, M. Mattarozzi, M. Pardo, A. Mangia, M. Careri, G. Sbeveglieri: Early detection of microbial contamination in processed tomato by electronic nose, Food Control 20, 837-880 (2009)

[489] V. Rossi, R. Talon, J.L. Berdague: Rapid discrimination of micrococcaceae species using semiconductor gas sensors, J. Microbiol. Methods 24 (2), 183-190 (1995)

[490] E. Gobbi, M. Falasconi, I. Concina, G. Mantero, F. Bianchi, M. Mattarozzi, M. Musci, G. Sbeveglieri: Electronic nose and Alicyclobacillus spp. Spoilage of fruit juices: An emerging diagnostic tool, Food Control 21 (10), 1374-1382 (2010)

[491] E.T. Champagne, J.F. Thompson, K.L. Bett-Garber, R. Mutters, J.A. Miller, E. Tan: Impact of storage of freshly harvested paddy rice on milled white rice flavor, Cereal Chem. 81 (4), 444-449 (2004)

[492] B.P.J. de Lacy Costello, R.J. Ewen, H. Gunson, N.M. Ratcliffe, P.S. Sivanand, P.T.N. Spencer-Phillips: A prototype sensor system for the early detection of microbially linked spoilage in stored wheat grain, Meas. Sci. Technol. 14 (4), 397-409 (2003)

[493] T.A. Emadi, C. Shafai, D.J. Thomson, M.S. Freund, N.D.G. White, D.S. Jayas: Polymer-based chemicapacitor sensor for 1-octanol and relative humidity detections at different temperatures and frequencies, IEEE Sens. J. 13 (2), 519-527 (2013)

[494] A. Kubiak, T. Wenzl, F. Ulberth: Evaluation of the quality of postharvest rapeseed by means of an electronic nose, J. Sci. Food Agricult. 92 (10), 2200-2206 (2012)

[495] R. Needham, J. Williams, N. Beales, P. Voysey, N. Magan: Early detection and differentiation of spoilage of bakery products, Sens. Actuators B Chem. 106 (1), 20-23 (2005)

[496] M. Vinaixa, S. Marin, J. Brezmes, E. Llobet, X. Vilanova, X. Correig, A. Ramos, V. Sanchis: Early detection of fungal growth in bakery products by use of an electronic nose based on mass spectrometry, J. Agricult. Food Chem. 52 (20), 6068-6074 (2004)

[497] S. Marin, M. Vinaixa, J. Brezmes, E. Llobet, X. Vilanova, X. Correig, A.J. Ramos, V. Sanchis: Use of a MS-electronic nose for prediction of early fungal spoilage of bakery products, Int. J. Food Microbiol. 114 (1), 10-16 (2007)

[498] G. Keshri, P. Voysey, N. Magan: Early detection of spoilage moulds in bread using volatile production patterns and quantitative enzyme assays, J. Appl. Microbiol. 92(1), 165-172(2002)

[499] C. Bhatt, J. Nagaraju: A polypyrrole based gas sensor for detection of volatile organic compounds(VOCs) produced from a wheat bread, Sens. Instrum. Food Qual. Saf. 5(3), 128-136(2011)

[500] W. Cynkar, D. Cozzolino, B. Dambergs, L. Janik, M. Gishen: Feasibility study on the use of a head space mass spectrometry electronic nose(MS e-nose) to monitor red wine spoilage induced by brettanomyces yeast, Sens. Actuators B Chem. 124(1), 167-171(2007)

[501] K. Karlsoj, P.V. Nielsen, T.O. Larsen: Prediction of *Penicillium expansum* spoilage and patulin concentration in apples used for apple juice production by electronic nose analysis, J. Agricul. Food Chem. 55(11), 4289-4298(2007)

[502] T. Eklov, G. Johansson, F. Winquist, I. Lundstrom: Monitoring sausage fermentation using an electronic nose, J. Sci. Food Agricult. 76(4), 525-532(1998)

[503] J. Trihaas, L. Vognsen, P.V. Nielsen: Electronic nose: New tool in modelling the ripening of danish blue cheese, Int. Dairy J. 15(6/9), 679-691(2005)

[504] M. Falasconi, M. Pardo, G. Sberveglieri, I. Ricco, A. Bresciani: The novel eos835 electronic nose and data analysis for evaluating coffee ripening, Sens. Actuators B Chem. 110(1), 73-80(2005)

[505] M. Maciejewska, A. Szczurek, Z. Kerenyi: Utilisation of first principal component extracted from gas sensor measurements as a process control variable in wine fermentation, Sens. Actuators B Chem. 115(1), 170-177(2006)

[506] F. Maul, S.A. Sargent, M.O. Balaban, E.A. Baldwin, D.J. Huber, C.A. Sims: Aroma volatile profiles from ripe tomatoes are influenced by physiological maturity at harvest: An application for electronic nose technology, J. Am. Soc. Hort. Sci. 123(6), 1094-1101(1998)

[507] V. Messina, P.G. Dominguez, A.M. Sancho, N. Walsoe de Reca, F. Carrari, G. Grigioni: Tomato quality during short-term storage assessed by colour and electronic nose, Int. J. Electrochem. 2012, 687429(2012)

[508] A. Supriyadi, K. Shimizu, M. Suzuki, K. Yoshida, T. Muto, A. Fujita, N. Tomita, N. Watanabe: Maturity discrimination of snake fruit(*Salacca edulis* Reinw.) cv. Pondoh based on volatiles analysis using an electronic nose device equipped with a sensor array and fingerprint mass spectrometry, Flavour Fragr. J. 19(1), 44-50(2004)

[509] L.P. Pathange, P. Mallikarjunan, R.P. Marini, S. O'Keefe, D. Vaughan: Non-destructive evaluation of apple maturity using an electronic nose system, J. Food Eng. 77(4), 1018-1023(2006)

[510] M. Vanoli, M. Buccheri: Overview of the methods for assessing harvest maturity, Stewart Postharvest Rev. 8(1), 1-11(2012)

[511] U. Herrmann, T. Jonischkeit, J. Bargon, U. Hahn, Q.Y. Li, C.A. Schalley, E. Vogel, F. Vogtle: Monitoring apple flavor by use of quartz microbalances, Anal. Bioanalyt. Chem. 372(5-6), 611-614(2002)

[512] M. Lebrun, A. Plotto, K. Goodner, M.N. Ducamp, E. Baldwin: Discrimination of mango fruit maturity by volatiles using the electronic nose and gas chromatography, Postharvest Biol. Technol. 48(1), 122-131(2008)

[513] B.G. Defilippi, W.S. Juan, H. Valdes, M.A. Moya-Leon, R. Infante, R. Campos-Vargas: The aroma development during storage of castlebrite apricots as evaluated by gas chromatography, electronic nose, and sensory analysis, Postharvest Biol. Technol. 51(2), 212-219(2009)

[514] X. Zhang, Y. Qi, X. Yang, H. Jia: Evaluation of maturity of peach by electronic nose, J. South China Agric. Univ 1, 1-4(2012)

[515] A.C. Romain, J. Nicolas: Long term stability of metal oxide-based gas sensors for e-nose environmental applications: An overview, Sens. Actuators B Chem. 146(2), 502-506(2010)

[516] L. Feng, C.J. Musto, J.W. Kemling, S.H. Lim, K.S. Suslick: A colorimetric sensor array for identification of toxic gases below permissible exposure limits, Chem. Commun. 46(12), 2037-2039(2010)

[517] R. Dutta, D. Morgan, N. Baker, J.W. Gardner, E.L. Hines: Identification of *Staphylococcus aureus* infections in hospital environment: Electronic nose based approach, Sens. Actuators B Chem. 109(2), 355-362(2005)

[518] J. Trevathan, R. Johnstone, T. Chiffings, I. Atkinson, N. Bergmann, W. Read, S. Theiss, T. Myers, T. Stevens: Semat - the next generation of inexpensive marine environmental monitoring and measurement systems, Sensors (Switzerland) 12 (7), 9711-9748 (2012)

[519] W. Tsujita, A. Yoshino, H. Ishida, T. Moriizumi: Gas sensor network for air-pollution monitoring, Sens. Actuators B Chem. 110 (2), 304-311 (2005)

[520] G. Parcsi, S.M. Pillai, J.H. Sohn, E. Gallagher, M. Dunlop, M. Atzeni, C. Lobsey, K. Murphy, R.M. Stuetz: Optimising non-specific sensor arrays for poultry emission monitoring using GC-MS/O, Proc. 7th Int. Conf. Intell. Sens. Sens. Netw. Inf. Process. (ISSNIP) (2011) pp. 205-210

[521] A.H. Abdullah, A.Y.M. Shakaff, A.H. Adom, A. Zakaria, F.S.A. Saad, L.M. Kamarudin: Chicken farm malodour monitoring using portable electronic nose system, Chem. Eng. Trans. 30, 55-60 (2012)

[522] S. Nimmermark: Use of electronic noses for detection of odour from animal production facilities: A review, Water Sci. Technol. 44, 33-41 (2001)

[523] J.H. Sohn, M. Dunlop, N. Hudson, T.I. Kim, Y.H. Yoo: Non-specific conducting polymer-based array capable of monitoring odour emissions from a biofiltration system in a piggery building, Sens. Actuators B Chem. 135 (2), 455-464 (2009)

[524] P.G. Micone, C. Guy: Odour quantification by a sensor array: An application to landfill gas odours from two different municipal waste treatment works, Sens. Actuators B Chem. 120 (2), 628-637 (2007)

[525] K. Boholt, K. Andreasen, F. Den Berg, T. Hansen: A new method for measuring emission of odour from a rendering plant using the danish odour sensor system (doss) artificial nose, Sens. Actuators B Chem. 106 (1), 170-176 (2005)

[526] L. Capelli, S. Sironi, P. Centola, R. Del Rosso, M. Il Grande: Electronic noses for the continuous monitoring of odours from a wastewater treatment plant at specific receptors: Focus on training methods, Sens. Actuators B Chem. 131 (1), 53-62 (2008)

[527] J. Nicolas, A.C. Romain, C. Ledent: The electronic nose as a warning device of the odour emergence in a compost hall, Sens. Actuators B Chem. 116 (1/2), 95-99 (2006)

[528] F.L. Dickert, P.A. Lieberzeit, P. Achatz, C. Palfinger, M. Fassnauer, E. Schmid, W. Werther, G. Horner: QCM array for on-line-monitoring of composting procedures, Analyst 129 (5), 432-437 (2004)

[529] K.C. Persaud, S.M. Khaffaf, P.J. Hobbs, T.H. Misselbrook, R.W. Sneath: Application of conducting polymer odor sensing arrays to agricultural malodor monitoring, Chem. Sens. 21 (5), 495-505 (1996)

[530] L. Dentoni, L. Capelli, S. Sironi, R. Del Rosso, S. Zanetti, M.D. Torre: Development of an electronic nose for environmental odour monitoring, Sensors (Switzerland) 12 (11), 14363-14381 (2012)

[531] E. Martinelli, E. Zampetti, S. Pantalei, F. Lo Castro, M. Santonico, G. Pennazza, R. Paolesse, C. Di Natale, A. D'Amico, F. Giannini, G. Mascetti, V. Cotronei: Design and test of an electronic nose for monitoring the air quality in the international space station, Microgravity Sci. Technol. 19 (5/6), 60-64 (2007)

[532] S. Zampolli, I. Elmi, F. Ahmed, M. Passini, G.C. Cardinali, S. Nicoletti, L. Dori: An electronic nose based on solid state sensor arrays for low-cost indoor air quality monitoring applications, Sens. Actuators B Chem. 101 (1/2), 39-46 (2004)

[533] M. Kuske, A.C. Romain, J. Nicolas: Microbial volatile organic compounds as indicators of fungi. Can an electronic nose detect fungi in indoor environments?, Build. Env. 40 (6), 824-831 (2005)

[534] M.A. Ryan, A.V. Shevade, H. Zhou, M.L. Homer: Polymer-carbon black composite sensors in an electronic nose for air-quality monitoring, MRS Bulletin 29 (10), 714-719 (2004)

[535] H. Willers, P. de Gijsel, N. Ogink, A. D'Amico, E. Martinelli, C. Di Natale, N. van Ras, J. van der Waarde: Monitoring of biological odour filtration in closed environments with olfactometry and an electronic nose, Water Sci. Technol. 50, 93-100 (2004)

[536] H. Schleibinger, D. Laussmann, C.G. Bornehag, D. Eis, H. Rueden: Microbial volatile organic compounds in the air of moldy and mold-free indoor environments, Indoor Air 18 (2), 113-124 (2008)

[537] A.D. Wilson: Review of electronic-nose technologies and algorithms to detect hazardous chemicals in the environment, Proc. Technol 1, 453-463 (2012)

[538] D. Suriano, R. Rossi, M. Alvisi, G. Cassano, V. Pfister, M. Penza, L. Trizio, M. Brattoli, M. Amodio, G. De Gennaro: A portable sensor system for air pollution monitoring and malodours olfactometric control, Lect. Notes Electr. Eng. 109, 87-92(2012)

[539] U.B. Gawas, V.M.S. Verenkar, D.R. Patil: Nanostructured ferrite based electronic nose sensitive to ammonia at room temperature, Sens. Transducers 134(11), 45-55(2011)

[540] X. Zhang, B. Yang, X. Wang, C. Luo: Effect of plasma treatment on multi-walled carbon nanotubes for the detection of H_2S and SO_2, Sensors(Switzerland) 12(7), 9375-9385(2012)

[541] G.F. Fine, L.M. Cavanagh, A. Afonja, R. Binions: Metal oxide semi-conductor gas sensors in environmental monitoring, Sensors 10(6), 5469-5502(2010)

[542] S.M.A. Durrani, M.F. Al-Kuhaili, I.A. Bakhtiari, M.B. Haider: Investigation of the carbon monoxide gas sensing characteristics of tin oxide mixed cerium oxide thin films, Sensors 12(3), 2598-2609(2012)

[543] C. Xie, L. Xiao, M. Hu, Z. Bai, X. Xia, D. Zeng: Fabrication and formaldehyde gas-sensing property of ZnO-MnO_2 coplanar gas sensor arrays, Sens. Actuators B Chem. 145(1), 457-463(2010)

[544] R.H. Farahi, A. Passian, L. Tetard, T. Thundat: Critical issues in sensor science to aid food and water safety, ACS Nano 6(6), 4548-4556(2012)

[545] A. Lamagna, S. Reich, D. Rodriguez, A. Boselli, D. Cicerone: The use of an electronic nose to characterize emissions from a highly polluted river, Sens. Actuators B Chem. 131(1), 121-124(2008)

[546] J. Goschnick, I. Koronczi, M. Frietsch, I. Kiselev: Water pollution recognition with the electronic nose kamina, Sens. Actuators B Chem. 106(1), 182-186(2005)

[547] S. Singh, E.L. Hines, J.W. Gardner: Fuzzy neural computing of coffee and tainted-water data from an electronic nose, Sens. Actuators B Chem. 30(3), 185-190(1996)

[548] A. Catarina Bastos, N. Magan: Potential of an electronic nose for the early detection and differentiation between streptomyces in potable water, Sens. Actuators B Chem. 116(1/2), 151-155(2006)

[549] R.M. Stuetz: Non-specific monitoring to resolve intermittent pollutant problems associated with wastewater treatment and potable supply, Water Sci. Technol. 49, 137-143(2004)

[550] P. Littarru: Environmental odours assessment from waste treatment plants: Dynamic olfactometry in combination with sensorial analysers 'Electronic noses', Waste Manag. 27(2), 302-309(2007)

[551] W. Bourgeois, G. Gardey, M. Servieres, R.M. Stuetz: A chemical sensor array based system for protecting wastewater treatment plants, Sens. Actuators B Chem. 91(1-3), 109-116(2003)

[552] K.C. Persaud: Medical applications of odor-sensing devices, Int. J. Lower Extremity Wounds 4(1), 50-56(2005)

[553] E.R. Thaler, C.W. Hanson: Medical applications of electronic nose technology, Expert Rev. Med. Dev. 2(5), 559-566(2005)

[554] A.P.F. Turner, N. Magan: Electronic noses and disease diagnostics, Nature Rev. Microbiol. 2(2), 160-166(2004)

[555] A.K. Pavlou, N. Magan, J.M. Jones, J. Brown, P. Klatser, A.P.F. Turner: Detection of *Mycobacterium tuberculosis* (TB) in vitro and in situ using an electronic nose in combination with a neural network system, Biosens. Bioelectron. 20(3), 538-544(2004)

[556] N. Sahgal, B. Monk, M. Wasil, N. Magan: Trichophyton species: Use of volatile fingerprints for rapid identification and discrimination, Br. J. Dermatol. 155(6), 1209-1216(2006)

[557] A. Pavlou, A.P.F. Turner, N. Magan: Recognition of anaerobic bacterial isolates in vitro using electronic nose technology, Lett. Appl. Microbiol. 35(5), 366-369(2002)

[558] A.D. Parry, P.R. Chadwick, D. Simon, B. Oppenheim, C.N. McCollum: Leg ulcer odour detection identifies beta-haemolytic streptococcal infection, J. Wound Care 4(9), 404-406(1995)

[559] C.L. Whittle, S. Fakharzadeh, J. Eades, G. Preti: Human breath odors and their use in diagnosis, Ann. NY Acad. Sci. 1098, 252-266(2007)

[560] W. Cao, Y. Duan: Breath analysis: Potential for clinical diagnosis and exposure assessment, Clin. Chem. 52(5), 800-811 (2006)

[561] M. McCulloch, T. Jezierski, M. Broffman, A. Hubbard, K. Turner, T. Janecki: Diagnostic accuracy of canine scent detection in early- and late-stage lung and breast cancers, Integr. Cancer Ther. 5(1), 30-39 (2006)

[562] E.P. Shnayder, M.P. Moshkin, D.V. Petrovskii, A.I. Shevela, A.N. Babko, V.G. Kulikov: Detection of helicobacter pylori infection by examination of human breath odor using electronic nose bloodhound-214st, AIP Conf. Proc., Vol. 1137(2009) pp. 523-524

[563] A.K. Pavlou, N. Magan, D. Sharp, J. Brown, H. Barr, A.P.F. Turner: An intelligent rapid odour recognition model in discrimination of helicobacter pylori and other gastroesophageal isolates in vitro, Biosens. Bioelectron. 15(7-8), 333-342(2000)

[564] S.T. Chambers, M. Syhre, D.R. Murdoch, F. McCartin, M.J. Epton: Detection of 2-pentylfuran in the breath of patients with *Aspergillus fumigatus*, Med. Mycol. 47(5), 468-476(2009)

[565] M. Syhre, J.M. Scotter, S.T. Chambers: Investigation into the production of 2-pentylfuran by *Aspergillus fumigatus* and other respiratory pathogens in vitro and human breath samples, Med. Mycol. 46(3), 209-215(2008)

[566] T. Gibson, A. Kolk, K. Reither, S. Kuipers, V. Hallam: Predictive detection of tuberculosis using electronic nose technology, AIP Conf. Proc. 1137, 473-474(2009)

[567] R. Fend, C. Bessant, A.J. Williams, A.C. Woodman: Monitoring haemodialysis using electronic nose and chemometrics, Biosens. Bioelectron. 19(12), 1581-1590(2004)

[568] N.G. Hockstein, E.R. Thaler, Y. Lin, D.D. Lee, C.W. Hanson: Correlation of pneumonia score with electronic nose signature: A prospective study, Ann. Otol. Rhinol. Laryngol. 114(7), 504-508(2005)

[569] S.Y. Lai, O.F. Deffenderfer, W. Hanson, M.P. Phillips, E.R. Thaler: Identification of upper respiratory bacterial pathogens with the electronic nose, Laryngoscope 112(6), 975-979(2002)

[570] J.B. Yu, H.G. Byun, M.S. So, J.S. Huh: Analysis of diabetic patient's breath with conducting polymer sensor array, Sens. Actuators B Chem. 108(1/2), 305-308(2005)

[571] M. Gill, G.R. Graff, A.J. Adler, R.A. Dweik: Validation study of fractional exhaled nitric oxide measurements using a handheld monitoring device, J. Asthma 43(10), 731-734(2006)

[572] A. Nonaka, M. Tanaka, H. Anguri, H. Nagata, J. Kita, S. Shizukuishi: Clinical assessment of oral malodor intensity expressed as absolute value using an electronic nose, Oral Dis. 11, 35-36(2005) suppl. 1

[573] A. Velasquez, C.M. Duran, O. Gualdron, J.C. Rodriguez, L. Manjarres: Electronic nose to detect patients with COPD from exhaled breath, AIP Conf. Proc. 1137, 452-454(2009)

[574] S. Dragonieri, P. Brinkman, E. Mouw, A.H. Zwinderman, P. Carratu, O. Resta, P.J. Sterk, R.E. Jonkers: An electronic nose discriminates exhaled breath of patients with untreated pulmonary sarcoidosis from controls, Respir. Med. 107(7), 1073-1078(2013)

[575] E.I. Mohamed, R. Linder, G. Perriello, N. Di Daniele, S.J. Poppl, A. De Lorenzo: Predicting type 2 diabetes using an electronic nose-based artificial neural network analysis, Diabetes Nutr. Metab. Clin. Exp. 15(4), 215-221(2002)

[576] V. Kodogiannis, E. Wadge: The use of gas-sensor arrays to diagnose urinary tract infections, Int. J. Neural Syst. 15(5), 363-376(2005)

[577] S. Aathithan, J.C. Plant, A.N. Chaudry, G.L. French: Diagnosis of bacteriuria by detection of volatile organic compounds in urine using an automated headspace analyzer with multiple conducting polymer sensors, J. Clin. Microbiol. 39(7), 2590-2593(2001)

[578] A.K. Pavlou, N. Magan, C. McNulty, J.M. Jones, D. Sharp, J. Brown, A.P.F. Turner: Use of an electronic nose system for diagnoses of urinary tract infections, Biosens. Bioelectron. 17(10), 893-899(2002)

[579] P. Hay, A. Tummon, M. Ogunfile, A. Adebiyi, A. Adefowora: Evaluation of a novel diagnostic test for bacterial vaginosis: 'The electronic nose', Int. J. STD AIDS 14(2), 114-118(2003)

[580] Y.J. Lin, H.R. Guo, Y.H. Chang, M.T. Kao, H.H. Wang, R.I. Hong: Application of the electronic nose for uremia diagnosis, Sens. Actuators B Chem. 76(1-3), 177-180(2001)

[581] R.P. Arasaradnam, N. Quraishi, I. Kyrou, C.U. Nwokolo, M. Joseph, S. Kumar, K.D. Bardhan, J.A. Covington: Insights into 'fermentonomics': Evaluation of volatile organic compounds(VOCs)in human disease using an electronic 'e-nose', J. Med. Eng. Technol. 35(2), 87-91(2011)

[582] R.F. Machado, D. Laskowski, O. Deffenderfer, T. Burch, S. Zheng, P.J. Mazzone, T. Mekhail, C. Jennings, J.K. Stoller, J. Pyle, J. Duncan, R.A. Dweik, S.C. Erzurum: Detection of lung cancer by sensor array analyses of exhaled breath, Am. J. Respir. Crit. Care Med. 171(11), 1286-1291(2005)

[583] C. Di Natale, A. Macagnano, E. Martinelli, R. Paolesse, G. D'Arcangelo, C. Roscioni, A. Finazzi-Agrò, A. D'Amico: Lung cancer identification by the analysis of breath by means of an array of non-selective gas sensors, Biosens. Bioelectron. 18(10), 1209-1218(2003)

[584] X. Chen, M. Cao, Y. Li, W. Hu, P. Wang, K. Ying, H. Pan: A study of an electronic nose for detection of lung cancer based on a virtual saw gas sensors array and imaging recognition method, Meas. Sci. Technol. 16(8), 1535-1546(2005)

[585] H. Yu, L. Xu, M. Cao, X. Chen, P. Wang, J. Jiao, Y. Wang: Detection volatile organic compounds in breath as markers of lung cancer using a novel electronic nose, Proc. IEEE Sens. 2, 1333-1337(2003)

[586] S. Dragonieri, M.P. Van Der Schee, T. Massaro, N. Schiavulli, P. Brinkman, A. Pinca, P. Carratu, A. Spanevello, O. Resta, M. Musti, P.J. Sterk: An electronic nose distinguishes exhaled breath of patients with malignant pleural mesothelioma from controls, Lung Cancer 75(3), 326-331(2012)

[587] J. Li, Y. Peng, Y. Duan: Diagnosis of breast cancer based on breath analysis: An emerging method, Crit. Rev. Oncol./Hematol. 87(1), 28-40(2013)

[588] F. Pallottino, C. Costa, F. Antonucci, M.C. Strano, M. Calandra, S. Solaini, P. Menesatti: Electronic nose application for determination of *Penicillium digitatum* in valencia oranges, J. Sci. Food Agricult. 92(a), 2008-2012(2012)

[589] E. Baldwin, A. Plotto, J. Manthey, G. McCollum, J. Bai, M. Irey, R. Cameron, G. Luzio: Effect of liberibacter infection(huanglongbing disease) of citrus on orange fruit physiology and fruit/fruit juice quality: Chemical and physical analyses, J. Agricult. Food Chem. 58(2), 1247-1262(2010)

[590] R. Ghaffari, F. Zhang, D. Iliescu, E. Hines, M. Leeson, R. Napier, J. Clarkson: Early detection of diseases in tomato crops: An electronic nose and intelligent systems approach, Proc. 2010 Int. J. Conf. Neural Netw.(2010) pp. 1-6

[591] M.W.C.C. Greenshields, M.A. Mamo, N.J. Coville, A.P. Spina, D.F. Rosso, E.C. Latocheski, J.G. Destro, I.C. Pimentel, I.A. Hummelgen: Electronic detection of *Drechslera* sp. Fungi in charentais melon(*Cucumis melo* Naudin) using carbonnanostructure-based sensors, J. Agricult. Food Chem. 60(42), 10420-10425(2012)

[592] F. Spinelli, A. Cellini, J.L. Vanneste, M.T. Rodriguez-Estrada, G. Costa, S. Savioli, F.J.M. Harren, S.M. Cristescu: Emission of volatile compounds by *Erwinia amylovora*: Biological activity in vitro and possible exploitation for bacterial identification, Trees Struct. Funct. 26(1), 141-152(2012)

[593] A.D. Wilson, D.G. Lester, C.S. Oberle: Development of conductive polymer analysis for the rapid detection and identification of phytopathogenic microbes, Phytopathol. 94(5), 419-431(2004)

[594] F. Spinelli, M. Noferini, J.L. Vanneste, G. Costa: Potential of the electronic-nose for the diagnosis of bacterial and fungal diseases in fruit trees, EPPO Bull. 40(1), 59-67(2010)

[595] S. Blasioli, E. Biondi, I. Braschi, U. Mazzucchi, C. Bazzi, C.E. Gessa: Electronic nose as an innovative tool for the diagnosis of grapevine crown gall, Anal. Chim. Acta 672(1/2), 20-24(2010)

[596] F. Hahn: Actual pathogen detection: Sensors and algorithms - A review, Algorithms 2(1), 301-338(2009)

[597] R.M.C. Jansen, J. Wildt, I.F. Kappers, H.J. Bouwmeester, J.W. Hofstee, E.J. Van Henten: Detection of diseased plants by analysis of volatile organic compound emission, Annu. Rev. Phytopathol. 49, 157-174(2011)

[598] M.A. Markom, A.Y.M. Shakaff, A.H. Adom, M.N. Ahmad, W. Hidayat, A.H. Abdullah, N.A. Fikri: Intelligent electronic nose system for basal stem rot disease detection, Comput. Electron. Agricult. 66(2), 140-146(2009)

[599] P. Boilot, E.L. Hines, J.W. Gardner, R. Pitt, S. John, J. Mitchell, D.W. Morgan: Classification of bacteria responsible for ent and eye infections using the cyranose system, IEEE Sens. J. 2(3), 247-252 (2002)

[600] P. Lykos, P.H. Patel, C. Morong, A. Joseph: Rapid detection of bacteria from blood culture by an electronic nose, J. Microbiol. 39(3), 213-218 (2001)

[601] S. Dragonieri, R. Schot, B.J.A. Mertens, S. Le Cessie, S.A. Gauw, A. Spanevello, O. Resta, N.P. Willard, T.J. Vink, K.F. Rabe, E.H. Bel, P.J. Sterk: An electronic nose in the discrimination of patients with asthma and controls, J. Allergy Clin. Immunol. 120(4), 856-862 (2007)

[602] A. Aronzon, C.W. Hanson, E.R. Thaler: Differentiation between cerebrospinal fluid and serum with electronic nose, Otolaryngol. Head Neck Surg. 133(1), 16-19 (2005)

[603] M.E. Shykhon, D.W. Morgan, R. Dutta, E.L. Hines, J.W. Gardner: Clinical evaluation of the electronic nose in the diagnosis of ear, nose and throat infection: A preliminary study, J. Laryngol. Otol. 118(9), 706-709 (2004)

[604] W.L. Brown, C.T. Hess: Measurement of the biotransfer and time constant of radon from ingested water by human breath analysis, Health Phys. 62(2), 162-170 (1992)

[605] J. Hwang, C. Shin, H. Yoe: Study on an agricultural environment monitoring server system using wireless sensor networks, Sensors 10(12), 11189-11211 (2010)

[606] L. Ruiz-Garcia, L. Lunadei, P. Barreiro, J.I. Robla: A review of wireless sensor technologies and applications in agriculture and food industry: State of the art and current trends, Sensors (Switzerland) 9(6), 4728-4750 (2009)

[607] J. Burrell, T. Brooke, R. Beckwith: Vineyard computing: Sensor networks in agricultural production, IEEE Pervasive Comput. 3(1), 38-45 (2004)

[608] K. Chang, Y.H. Kim, Y.J. Kim, Y.J. Yoon: Functional antenna integrated with relative humidity sensor using synthesised polyimide for passive RFID sensing, Electron. Lett. 43(5), 259-260 (2007)

[609] N. Cho, S.J. Song, S. Kim, H.J. Yoo: A uw uhf rfid tag chip integrated with sensors for wireless environmental monitoring, Proc. ESSCIRC 31st Eur Solid-State Circuits Conf. (2005) pp. 279-282

[610] J.A. Lopez, F. Soto, P. Sanchez, A. Iborra, J. Suardiaz, J.A. Vera: Development of a sensor node for precision horticulture, Sensors 9(5), 3240-3255 (2009)

[611] M. Baietto, A.D. Wilson, D. Bassi, F. Ferrini: Evaluation of three electronic noses for detecting incipient wood decay, Sensors 10(2), 1062-1092 (2010)

[612] A.D. Wilson, D.G. Lester, C.S. Oberle: Application of conductive polymer analysis for wood and woody plant identifications, Forest Ecol. Manag. 209(3), 207-224 (2005)

[613] S.E. Abd El-Aziz: Control strategies of stored product pests, J. Entomol. 8(2), 101-122 (2011)

[614] F. Fleurat-Lessard: Monitoring insect pest populations in grain storage: The European context, Stewart Postharvest Rev. 7(3), 1-8 (2011)

[615] Y. b. Lan, X. Z. Zheng, J. K. Westbrook, J. Lopez, R. Lacey, W. C. Hoffmann: Identification of stink bugs using an electronic nose, J. Bionic Eng. 5, 172-180 (2008)

[616] B. Zhou, J. Wang: Use of electronic nose technology for identifying rice infestation by *Nilaparvata lugens*, Sens. Actuators B Chem. 160(1), 15-21 (2011)

[617] B. Zhou, J. Wang: Detection of insect infestations in paddy field using an electronic nose, Int. J. Agricult. Biol. 13(5), 707-712 (2011)

[618] L. Pang, J. Wang, X. Lu, H. Yu: Discrimination of storage age for wheat by e-nose, Trans. ASABE 51(5), 1707-1712 (2008)

[619] C. Li, N.E. Schmidt, R. Gitaitis: Detection of onion postharvest diseases by analyses of headspace volatiles using a gas sensor array and GC-MS, LWT Food Sci. Technol. 44(4), 1019-1025 (2011)

[620] S. Neethirajan, D.S. Jayas: Sensors for grain storage, Proc. ASAE Annu Meet., Vol. 12 (2007) p. 076179

[621] E. Abad, F. Palacio, M. Nuin: A. G. d. Zarate, A. Juarros, J. M. Gomez, S. Marco: RFID smart tag for traceability and cold chain monitoring of foods: Demonstration in an intercontinental fresh fish logistic chain, J. Food Eng. 93(4), 394-399 (2009)

[622] C. Amador, J.P. Emond, M.C.N. Nunes: Application of RFID technologies in the temperature mapping of the pineapple supply chain, Sens. Instrum. Food Qual. Saf. 3(1), 26-33 (2009)

[623] L. Ruiz-Garcia, P. Barreiro, J.I. Robla: Performance of zigbee-based wireless sensor nodes for realtime monitoring of fruit logistics, J. Food Eng. 87(3), 405-415 (2008)

[624] R. Jedermann, L. Ruiz-Garcia, W. Lang: Spatial temperature profiling by semi-passive RFID loggers for perishable food transportation, Comput. Electron. Agricult. 65(2), 145-154 (2009)

[625] P. Komaraiah, M. Navratil, M. Carlsson, P. Jeffers, M. Brodelius, P.E. Brodelius, P.M. Kieran, C.F. Mandenius: Growth behavior in plant cell cultures based on emissions detected by a multisensor array, Biotechnol. Progress 20(4), 1245-1250 (2004)

[626] A. Campagnoli, L. Pinotti, G. Tognon, F. Cheli, A. Baldi, V. Dell'Orto: Potential application of electronic nose in processed animal proteins (PAP) detection in feeding stuffs, Biotechnol. Agron. Soc. Environ. 8(4), 253-255 (2004)

[627] A. Branca, P. Simonian, M. Ferrante, E. Novas, R.M. Negri: Electronic nose based discrimination of a perfumery compound in a fragrance, Sens. Actuators B Chem. 92(1/2), 222-227 (2003)

[628] S. Hanaki, T. Nakamoto, T. Moriizumi: Artificial odor-recognition system using neural network for estimating sensory quantities of blended fragrance, Sens. Actuators A Phys. 57(1), 65-71 (1996)

[629] K. Naraghi, N. Sahgal, B. Adriaans, H. Barr, N. Magan: Use of volatile fingerprints for rapid screening of antifungal agents for efficacy against Dermatophyte trichophyton species, Sens. Actuators B Chem. 146(2), 521-526 (2010)

[630] A. Rudnitskaya, A. Legin: Sensor systems, electronic tongues and electronic noses, for the monitoring of biotechnological processes, J. Ind. Microbiol. Biotechnol. 35(5), 443-451 (2008)

[631] C. Cimander, C.F. Mandenius: Online monitoring of a bioprocess based on a multi-analyser system and multivariate statistical process modelling, J. Chem. Technol. Biotechnol. 77(10), 1157-1168 (2002)

[632] C. Soderstrom, H. Boren, F. Winquist, C. Krantz-Rulcker: Use of an electronic tongue to analyze mold growth in liquid media, Int. J. Food Microbiol. 83(3), 253-261 (2003)

[633] T.D. Gibson, O. Prosser, J.N. Hulbert, R.W. Marshall, P. Corcoran, P. Lowery, E.A. Ruck-Keene, S. Heron: Detection and simultaneous identification of microorganisms from headspace samples using an electronic nose, Sens. Actuators B Chem. 44(1-3), 413-422 (1997)

[634] J.W. Gardner, M. Craven, C. Dow, E.L. Hines: The prediction of bacteria type and culture growth phase by an electronic nose with a multi-layer perceptron network, Meas. Sci. Technol. 9(1), 120-127 (1998)

[635] J.W. Gardner, J. Yinon: Electronic Noses and Sensors for the Detection of Explosives (Springer, Dordrecht 2004)

第52章　物料气味释放与室内空气质量

室内空气是一种复杂而动态的含有多种挥发物和颗粒物的混合物。其中一些成分是有气味的，并且出自各种不同的源头，比如建筑材料、家具、清洁产品、居民等等。因此，每个室内环境空间的空气都有其独特的化学成分。室内空气中的挥发性有机化合物和气味物质可能会引起人体心理和/或生理不适。为了减少有害的室内空气污染物，评估其来源和化学结构是很有意义的。本章将概述用于评估室内空气和物料释放的方法，并介绍选定和常见的室内气味以及人类生物排放物所释放气味的现有知识。将讨论避免和减少气味的措施以及与室内气味有关的健康问题。重要的是，本章重点介绍室内环境中存在的有气味的有机挥发物，而无气味的挥发性有机化合物也会影响室内空气质量，在此仅简略提及。

如今，人们大部分时间都在室内度过。除了噪声水平和热舒适性，空气质量对在家中、办公室、学校和其他私人和公共建筑的人的健康至关重要。人们在特定房间或建筑居住时出现的眼睛和气味刺激、皮肤干燥、头痛和嗜睡等非特异性症状可归因于病态建筑综合征[1]。引起这些症状的原因还没有完全弄清楚，但通常归因于挥发性有机化合物（VOC）的存在。总的来说，在室内环境中已经鉴定出几百种不同的化合物[2]。由于大部分室内物料都有 VOC 释放，因此，我们不断努力减少建筑物、室内物料和产品释放的总挥发性有机化合物（TVOC）、半挥发性有机化合物（SVOC）和致癌物质，通过使用最大释放水平许可要求。对于建筑产品，有许多监测和尽量减少释放的国家和国际准则及标准，例如由德国联邦环境局（Umweltbundesamt，UBA）、建筑产品健康评估委员会（Ausschuss zur gesundheitlichen Bewertung von Bauprodukten，AgBB）发布，由德国建筑技术研究所（DIBt）或德国蓝天使标签系统（Blauer Engel）发布的要求[3-5]。然而，由于各种症状往往比较复杂，因此很难证明使用低排放建筑材料是否确实导致较少的投诉[6]。此外，气味与感官刺激有可能混淆[6]。由于这个原因以及消费者拒绝购买带有强烈气味的产品这一事实，制造商不仅要减少 TVOC 的释放，还要减少气味的释放。要解决这些问题，必须采用专门的室内气味评估方法、气味分析方法和气味释放源识别方法。

52.1　室内空气质量影响因素

影响室内空气质量的一个因素是挥发性有机化合物的存在。气味作为 VOC 的一个亚群，能够影响人们感知到的空气质量，尤其是当人们意识到它们的存在时。众所周知，室内 VOC 和气味的来源有很多，例如：建筑材料、家具、植物、空调系统、电子设备、清洁剂和人类本身。因此，无论是室内还是室外环境中的大多数气味都不会被有意识地感知，这要么是因为它们的强度较低，要么是因为这些气味与个人经历和期望相匹配，因此会无意识地融入一个嗅觉背景中。通过将背景与当前情况相结合，一般认为环境是无气味或中性的。一种不寻常的或特别强烈的气味的存在会导致其从背景中脱颖而出，从而引起注意。因此，同一种气味可以根据其来源以不同的方式影响人们。例如，一种油漆中的烟熏气味被认为是令人反感的，而它来自壁炉可能是可以接受的，若来自一块腌制的火腿甚至是令人愉快的[7]。此外，难闻的气味往往与健康风险有关，可能引起心理压力以及呼吸系统问题、恶心和头痛等生理症状[8]。

　　长期以来，人们一直在努力减少建筑材料中 TVOC 的释放，并提出了关于最大释放水平的建议[3]。但是随着总释放量的减少，气味困扰的问题并没有同时得到解决，因为几种材料显示出的 TVOC 值和气味强度并非直接相关[9-11]。图 52.1 显示了定向刨花板样品 TVOC 释放量与感知气味强度之间的不相关性。低气味阈值的气味通常仅以痕量出现，并且在常规的释放测量中检测不到，但它们可能会强烈地影响原料的感官特征。

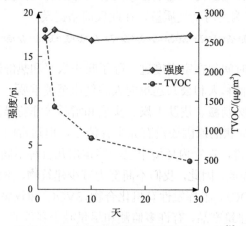

图 52.1　定向刨花板样品强度和 TVOC 值[3]

52.2　气味评价方法

　　常用的气味分析技术如单维、多维气相色谱(GC)结合嗅辨(GC-O)以及质谱(GC-MS)，分离技术和稀释方法如香味稀释抽提分析法都已成功应用于室内物质和空气样品的分析。此外，不同的采样方法，如顶空和热解吸也被证明是合适的[8,12,13]。近年来，基于质谱(MS)检测的在线测试，如质子-转移-反应[飞行时间]MS(PTR-[TOF]-MS)、膜入口 MS(MIMS)和选择离子流管 MS(SIFT-MS)已用于环境气味的测评[14]。由于上述方法已经在气味分析中建立和应用得很好，并且在其他章节(第 16 章和第 49 章)中有详细论述，因此本章将不再详述。取而代之的是，用于评估室内气味和材料散发气味的评定小组、标度和方法将被详细介绍。

52.2.1　评定小组

感官评定小组应该被视为真正的测量工具，并应谨慎的招募参与者。通常，可以使用未经训练的、非专业的小组或经过训练的小组。非专业的小组应该在年龄、性别、社会地位方面代表普通社会，并具有正常的嗅觉。他们应该没有或几乎没有嗅觉测试的经验，并且公正地评估所呈现的气味。气味强度和气味质量的评级应该由没有嗅觉测试经验的小组谨慎解释，因为感官感受通常是相当主观性的。但是没有嗅觉测试经验的小组的愉快/不愉快或恶心/诱人等快感度非常有价值，因为它们代表了社会的平均感受。在未经训练的小组中，建议由 20～40 名成员参与评估，而在训练有素的小组中，根据不同标准的规格，4～12 名小组成员就足够了[13]。受过训练的小组成员必须接受嗅觉功能障碍检查，并定期测试他们对某些刺激的敏感度。选择、培训和监督小组成员的指导方针参见 ISO 8586:2012 和 DIN EN 13725:2003[15,16]。因此，经过训练的评估员应该能够客观、无偏见的不带个人偏好或厌恶评价气味。

除了根据气味的强度、愉悦度或可接受性(见 52.2.2 节)来评估气味外，气味的质量也可以通过描述性感官分析来评估。这最好是由一个拥有完善的风味语言的训练有素的评定小组来完成。采用标准列表或带有固定气味类别(如：果味)的风味轮，再通过特定的描述符(如苹果味、香蕉味、草莓味等)细分，便于评价。

52.2.2　标度

为了评估不同的气味特征，可以根据具体的问题和评定小组的训练情况，使用不同的标度。因此，即使对于相同的气味特征，如气味的强度，在实践中也会有不同的标度——例如类别和相对标度。

1. 气味强度

气味强度描述了超过识别阈值(超阈值)气味的相对强度。在评估中，根据 Yaglou 等人的标准使用了许多描述性词类标度，例如德国指南 VDI 3882 第 1 部分使用的七分标度描述词：不可感知、非常弱、弱、明显、强、非常强和极强，以及丹麦室内气候协会使用的六分标度描述词：无气味、轻微气味、中等气味、强烈气味、非常强烈气味和极强气味(图 52.2)[17-19]。

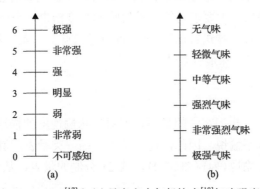

图 52.2　根据(a) VDI 3882-1[17]和(b)丹麦室内气候协会[18]气味强度评价的评定标度

除此之外，为了更客观地测量气味强度和更好地实现实验室间的可比性，人们还广泛使用了气味强度的相对标度。因此，评估的空气强度是要与空气中参考化合物的一系列浓度的气味强度进行比较。在 DIN ISO 16000-28 指南[20]和德国指南 VDI 4302 中，相较于丙酮浓度上升，受过培训的小组对感知强度 Π(PI)进行了评估。最低参考点为 20 mg/m³ (0 pi)，此时只有 50% 的评估者仍能感知丙酮(气味阈值)，每增加一个参考点(如 6pi =140 mg/m³)，就会增加 20 mg/m³。可以使用特殊设备向小组成员展现这些不同的浓度[21-24](图 52.3)。它们由 1～8 个漏斗组成，以呈现不同的丙酮浓度，包括空白空气。有 6～8 个漏斗的系统可以选择确定的丙酮浓度，而一个和两个漏斗的系统可以单独调整许多不同的丙酮浓度。与感知强度标度相似，ASTM 国际标准 E544-99 和 DIN EN 13725：2003 中的气味强度参考标度(OIRS)在这种情况下使用的是参考气味物质正丁醇。因此，参考气味物质既可以使用一组标准浓度固定的瓶子以静态方式呈现，也可以使用嗅觉计以动态呈现[16,25]。

图 52.3　一位评定小组成员正在嗅辨空气中不同浓度的丙酮，这些丙酮通过带有嗅探漏斗的特殊设备呈现(由 Fraunhofer IBP 开发的丙酮参考标准 ARS 2.0)(由 Fraunhofer IBP 提供)

另一种评估气味强度的方法是量值评估，它将被评估气味的强度与另一种气味的强度进行比较。首先，评估员被要求为第一种气味的强度指定一个任意的数字(如 50)。然后将第二种气味与第一种气味进行比较(如果闻到的气味只有第一种气味的一半强烈，则为 25)。这种方法对相似气味最有效[26]。

2. 气味愉悦度

虽然气味强度是一个相当客观的描述，但对气味愉悦度的描述更加主观。它描述了一种气味的主观愉悦或不愉悦。因此，使用了不同的分类量表，例如 9 分制的量表，从非常不愉悦(−4)到非常愉悦(+4)(图 52.4)，或 21 分制的量表，从令人不愉悦(−10)到愉悦(+10)[27,28]。

图 52.4　用于评价气味愉悦度的评定量表

3. 可接受度

　　与气味愉悦度一样，可接受度的评级也具有主观性质。可接受度或感知空气质量标度被广泛用于测量室内环境的舒适度[29]。可接受度可以通过简单的是/否评估或在一个类别标度上进行评价。因此要求小组成员想象他们每天暴露在测试的空气中几个小时。例如，量表可以由两个不同的范围组成，一个范围从明显不可接受(–1)到恰好不可接受(0)，另一个范围从恰好可接受(0)到明显可接受(+1)(图 52.5)[10,18,30-33]。这个量表的不连续性也迫使小组成员选择是否他们认为空气一般是可接受还是不可接受的。实验表明，可接受度投票是对气味强度和气味愉悦度的综合印象[29]。

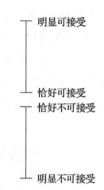

图 52.5　用于评估可接受度的类别量表(丹麦室内气候协会)[18]

52.2.3　室内空气和物料的气味评价

　　一个房间或物料的气味既可以直接评估，也可以在采样后评估。以下将根据来源的类型及随后的分析介绍不同的采样技术。

1. 室内空气评估和采样

　　理想情况下，室内空气评估应由经过培训的小型或未经培训的大型评定小组按前面提到的强度或可接受性标度直接在现场进行[13]。因此，必须考虑不同气味来源之间的适应效应。例如，暴露在空气中几分钟后，对人体生物排放物的适应可显著提高空气的可接受性，对烟草的适应可适度提高可接受性，而对建筑材料释放的适应仅略微提高可接受性[34]。为了避免适应效应，动态采样方法将空气直接导入靠近气味源的测量装置中，无论是在现场还是在移动实验室中，评定小组成员以可重复性和及时控制的方式暴露在空气中。

　　由于成本和时间的限制，这些现场评价并不总是可行的。另一种广泛使用的方法是采样，将被检房间的空气样本运送到测试设施。这一过程中最关键的一点是保持采样空气的完整性。为了避免污染或气味物质与采样容器之间的物理-化学相互作用，如吸附过程和化合物从内壁向外渗透(反之亦然)，取样袋或容器的质量是必须考虑的。为此，可以使用各种气体采样容器，例如聚合物袋、玻璃灯泡或不锈钢罐，它们被认为是不可渗透的、惰性的和无味的。不过，应该定期检查这些容器的背景排放[35,36]。此外，必须通过控制温度的储存和运输或稀释样品来避免冷凝效应或取样空气进一步可能发生的变化(如化合物的降解)。空气样本运输到实验室后，应尽快进行分析，按照欧洲标准 EN 13725:2003 和 ISO/DIN 16000-30 的要求应在采样后 30 小时内分析，按照德国 VDI 3880 的要求应在取样后 6 小时内进行分析[16,37,38]。

收集空气样品的另一种重要而方便的方法是用吸附材料进行采样(图 52.6)。这种方法最关键的部分是吸附剂的选择，因为鉴别的过程都是相同的。常用的吸附剂材料有三种：无机吸附剂(如硅胶)、碳基多孔材料(如碳捕集器、活性炭)和多孔有机聚合物(如 Tenax)。不同吸附材料的组合可能有助于重现具有代表性的空气样本。因此，要确保吸附材料上没有背景气味是很重要的。从空气中捕获挥发物的其他方法包括液体吸附(通常同时作为特定目标化合物的衍生剂)和冷阱(通常与固体吸附剂结合使用)。吸附材料可通过气相色谱-质谱法进行随后的解吸和分析，或通过如高效液相色谱进行洗脱和分析[2]。

图 52.6　用于 GC-O 分析的聚合物颗粒释放取样。样品被放置在气密顶空容器中。一个泵通过一个充满 Tenax TA 吸附材料的小管吸入空气(由 Fraunhofer IBP 提供)

2. 物料取样和评估

为了评估物料的气味释放，使用了几种标准方法，ISO 16000-6/-9/-10/-11/-25 和 ASTM D-5516/6670/7143[39]。测试物料在表面为不锈钢或玻璃且与室外空气隔绝的密封室中培育，密封室中温度、相对湿度、空气交换率和空气流速可以被控制和调节，以反映真实的室内条件。根据研究物料的不同，可以使用几种尺寸的测试室，进行快速测试或现场测量(图 52.8)，容积为从几立方米的大型步入式测试室到容积为 200～1000L 的测试室(图 52.7)，50 L 或 225 L 体积的 CLIMPAQs(物料、污染和空气质量实验研究室)，到只有几立方厘米体积的微型室或现场和实验室释放单元(FLECs)(图 52.8)。如上所述，培育后,挥发成分可以被吸附在吸附剂上进行进一步分析,空气可以在大释放室的出口直接进行评估,或者可以在采样袋中采集整个空气样本(图 52.9)。

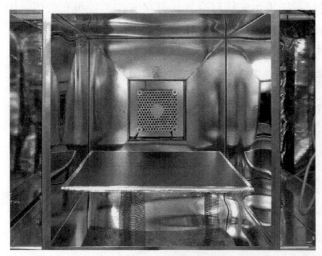 

图 52.7　在 200 L 释放测试室中的　　　　图 52.8　吸附材料在微型室中的空气
地板样品(由 Fraunhofer IBP 提供)　　　　　　采样(由 Fraunhofer IBP 提供)

图 52.9　从释放测试室中采集空气到采样袋中,用于随后的气味评估(由 Fraunhofer IBP 提供)

　　除了释放室,被动通量取样器(PFSs)也可用于捕获平面的释放。这些小型的、可移动的装置,只由一个小培养皿和吸附盘组成。碳捕集器 B 或涂有 2,4-二硝基苯肼(DNPH)的过滤器已成功用于被动通量采样器捕获释放物[40]。

3. 空气样本的评估

为了向所有小组成员标准化展示采样袋中未稀释空气,直接嗅探系统很有价值。因此,将空气采样袋引入装置中,操作者触发气流,使取样的空气通过漏斗进入鼻子进行气味评估(图 52.10)[20]。然后,小组成员可以对气味特征进行如上所述的评级。

图 52.10　一名专家使用直接嗅探系统(PureSniff)对空气采样袋的受控充气提供的
空气样本进行评估(由 Fraunhofer IBP 提供)

另一种广泛使用的评估空气样本的方法是使用嗅觉计的动态嗅觉测定法。为了评估气味阈值,稀释的空气样本可以按照浓度递增、随机或递减的顺序呈现给小组成员。按照升序,空气样本首先被非常大的空气容量稀释,从而得到一个不被察觉的气味样本。对于后续样品,稀释剂的体积不断减小。检测阈值可以通过每个小组成员检测到的气味的第一个浓度来确定,并可以表示为每立方米气味的单位(ou/m^3)。空气样本按降序不断被无气味空气稀释两倍。50%的小组成员感知到的最小浓度就是每立方米气味的单位值。该方法只适用于高气味样品,因为它区分不了两种弱气味的气味强度的细微差别[13]。递减方法的另一个缺点是,它可能引发小组成员的适应、吸附和遗留效应。类似的问题可能会随机出现。

模拟人类嗅觉的电子鼻作为人类气味评估的一种替代方法已经被开发(第 21 章)。它们由一组与模式识别系统结合的电化学传感器组成。传感器需要具有一定的灵敏度,以便它们不仅对特定的分子有响应,而且对很大范围或种类的挥发物有响应[41]。在室内空气质量控制领域,特定的电子鼻经常被用于监测有害化合物的释放水平,如甲醛、苯、CO、NO_2 和甲苯[42,43],还可进一步应用于评估特定的室内气味。

52.3　室内气味——选定来源

　　下面将讨论一些已研究过的常见室内来源的气味释放。表 52.1 概述了已被确定为来自不同材料的主要和次要释放的潜在气味物质。有趣的是，像醛基、酮基和羧基这样的被氧化的物质基团可以在不同的来源中被频繁和独立地识别。

表 52.1　不同来源释放到室内空气中的潜在主要气味物质、次生气味物质

气味物质来源	主要 VOC 潜在气味物质	次生 VOC 条件	潜在气味物质
建筑石膏/抹灰石膏	脂肪醛[(E)-2-丁烯醛，(Z)-4-庚烯醛]	氧化	苯甲醛增加
	脂肪族酮(1-己烯-3-酮)		
	有机酸(乙酸、戊酸、己酸)		
	2-乙基-1-己醇		
	对二甲苯		
	2-乙酰基-1-吡咯啉		
	单/二/三硫化物(二甲基三硫)		
	硫醇(丙硫醇)		
	芳香硫化合物		
木质材料	脂肪醛(戊醛、己醛、庚醛、辛醛、壬醛、(Z)-2-壬醛、(E)-2-壬醛、甲醛)	氧化	醛增加(几种直链醛、苯甲醛、2-壬烯醛、4-壬烯醛、6-壬烯醛)
	萜烯(α-蒎烯、β-蒎烯、Δ3-蒈烯、长叶烯、β-水芹烯、莰烯、月桂烯、香芹酮、柠檬烯、对异丙基甲苯、龙脑、石竹烯)	微生物降解结合五氯苯酚处理	氯茴香脑(2,3,4,6-四氯茴香脑)
	有机酸(乙酸、丁酸)		
	苯甲酸		
	苯乙酮		
	1-辛烯-3 酮		
油毡	脂肪醛(2-烯醛最高至 C_9)	氧化	醛增加
	有机酸(最高至 C_6)		有机酸增加(苯甲酸、丙酸)
	酮	加水	有机酸增加(戊酸)
	甲苯		乙二醇醚
	2-戊基呋喃		2-癸烯醛
地毯	酯(醋酸乙烯酯)	氧化	醛增加(几种直链醛、2-壬烯醛、乙醛、甲基苯甲醛)
	醇(1,2-丙二醇)		酮(2-丁酮)
	脂肪醛(高达 C_{10})		脂肪酸
	芳香醛(苯甲醛、甲基苯甲醛)	加热	苯并噻唑
	碳氢化合物(丁羟基甲苯、苯乙烯、4-苯基环己烯、4-乙烯基环己烯)		

续表

气味物质来源	主要 VOC 潜在气味物质	次生 VOC 条件	潜在气味物质
聚丙烯(PP)	脂肪族酮($C_6 \sim C_9$)	氧化	酮增加($C_6 \sim C_9$)
	脂肪醛($C_6 \sim C_9$)		醛增加($C_6 \sim C_9$)
聚乙烯(PE)	酮($C_6 \sim C_9$)	氧化	酮增加($C_6 \sim C_9$)
	脂肪醛($C_6 \sim C_9$，8-壬烯醛)		醛增加($C_6 \sim C_9$)
	硫化物	热氧化	酮(2,3-丁二酮、1-己烯-3-酮、1-庚烯-3-酮、1-辛烯-3-酮、1-壬烯-3-酮
	硫醇		醛类[己醛、辛醛、壬醛、(E)-2-壬烯醛]
热塑性聚烯烃(TPO)	2-乙酰基-1-吡咯啉		
	酮(2,3-丁二酮、1-己烯-3-酮)		
	脂肪醛[3-甲硫基丙醛、(Z)-2-壬烯醛、(E)-2-壬烯醛]		
聚苯乙烯(PS)	碳氢化合物(苯乙烯、α-甲基苯乙烯)	氧化	甲醛 苯甲醛 苯甲酸
聚氯乙烯(PVC)	2-乙基-1-己醇	加水	2-乙基-1-己醇增加
	苯酚	氧化	2-丁酮
	正丁醇		醛增加
聚氨酯(PU)	甲胺(三甲胺)		
	吡嗪(2-乙基-3,5-二甲基吡嗪)		
聚苯醚(PPO)	酚类(愈创木酚、甲酚、二甲苯酚)		
橡胶	苯并噻唑衍生物		
	胺		
	碳氢化合物(4-乙烯基环己烯、萘、苯乙烯)		
	脂肪醛		
	酮类		
	酯(异丁酸乙酯、2-甲基丁酸乙酯、戊酸乙酯)		
	酚(对甲酚、间甲酚)		
	硫(硫化氢、二硫化碳、二甲基硫醚)		
	苯甲醛		
电子设备	酚(对甲酚、间甲酚、邻甲酚)		
家居清洁剂	萜烯(香茅醇、香叶醇、芳樟醇、α-松油醇、香茅醛、香叶醛、橙花醇、乙酸芳樟酯、莰烯、柠檬烯、β-月桂烯、α-水芹烯、α-蒎烯、β-蒎烯、α-异松油烯、α-松油烯)		
	脂肪醛(辛醛、壬醛、癸醛)		

续表

气味物质来源	主要 VOC 潜在气味物质	次生 VOC 条件	潜在气味物质
人的呼气	碳氢化合物(异戊二烯)		
	醛		
	酮(丙酮)		
	醇(乙醇、甲醇)		
人的皮肤	有机酸(3-甲基-2-己酸, 3-羟基-3-甲基己酸)		
	硫醇(3-巯基-1-己醇、2-甲基-3-巯基-1-丁醇、3-巯基-1-戊醇、3-甲基-3-巯基-1-己醇)		
	16-雄甾体(5α-雄甾-16-烯-3-酮)		
	酯		
	醛(乙醛、壬醛、癸醛)		
	碳氢化合物		
	醇		
	酮[6-甲基-5-庚烯-2-酮、(E)-6,10-二甲基-5,9-十一二烯-2-酮]		

52.3.1　材料

　　不同类型的建筑材料根据所使用的原材料、添加剂、涂料和加工方法,有其特定的释放模式。在这些释放物中,几种气味活性物质会给材料带来典型的气味或产生不想要的异味。材料的降解过程如氧化和水解产生的二次释放可以随着时间的推移改变或产生气味(图 52.11)[44]。

图 52.11　材料中次生 VOC 的形成

　　许多研究使用提取技术从材料中分离出挥发性物质和气味物质,特别是塑料,为有关食品包装或玩具等材料安全问题提供了有价值的信息。因为气味释放到空气中与释放到液体中有很大的不同,这里不再介绍。因此,应该记住,在给定材料中潜在气味的存在并不一定会导致材料发出典型气味。首先,释放取决于物理因素,如湿度和温度。其次,必须考虑气味阈值以及不同气味间的协同效应。

1. 建筑石膏和抹灰石膏

　　建筑石膏由于其灵活的加工方式和广泛的应用领域,而成为一种非常普遍、受欢迎的建筑产品,例如以石膏板、灰泥和砂浆形式用作墙面和天花板的涂层。它由细小的建筑材料构成,如沙子和黏合剂(如石灰)。它以固体粉末的形式出售,在使用前与水混合形成糊状。

本文采用气相色谱-嗅辨法/气相色谱-质谱法研究了含有有机黏合剂的建筑石膏的气味质量。所有建筑石膏材料的气味主要是由乙酸、戊酸、己酸等有机酸引起的，这也是产生酸汗味和霉味的原因。此外，不同的样品释放出(E)-2-丁烯醛、2-乙基-1-己醇、1-己烯-3-酮和对二甲苯的气味，这与塑料和溶剂类的气味印象有关。在一个有脂肪和腐臭气味的样品中，(Z)-4-庚烯醛可被确定为关键化合物。除上述化合物外，建筑石膏还释放了其他 VOC，如其他醛、酮、(环)-烷烃/烯烃、醇、胺、酰胺、酯、乙二醇结构化合物、杂环化合物、有机酸、酚类化合物、苯衍生物、邻苯二甲酸盐、硅烷、硅氧烷和萜烯已被鉴定。这些物质大多数具有潜在的气味活性，但由于浓度低于其气味阈值，它们不太可能对研究材料的气味印象产生影响。此外，需要注意的是，气味影响化合物不能通过传统的 VOC 分析来识别，只能通过气相色谱-嗅辨法来识别[45]。

抹灰石膏是一种特殊类型的建筑石膏。它具有基于硫酸钙$(CaSO_4)$的盐结构，并释放一种抹灰石膏样、轻微的乳味、粉笔样的典型气味[13]。用气相色谱-嗅辨测定法在抹灰石膏样品中检测到几种醛、酮、乙酸、2-乙酰基-1-吡咯啉以及痕量含硫气味物质(硫化物、二硫化物、三硫化物、硫醇和芳香硫化合物)的气味[7,46,47]。根据原材料和加工方法，含硫有机化合物的浓度可达到令人不快的以含硫异味为主的水平[47]。用较高浓度的臭氧处理后，抹灰石膏板样品显示次生的苯甲醛释放量增加，这可能会导致异味[48]。

2. 木质材料

尽管木材用途广泛，但迄今为止，关于木材本身的气味，主要研究了用于葡萄酒和烈酒的木材气味，而且用的是溶剂提取分析的方法，而不是木材释放到空气中的气味。对处理过的木材、木制品和家具的释放物的分析表明，主要是萜烯类，如 α-蒎烯、β-蒎烯、$\Delta 3$-蒈烯、长叶烯、β-水芹烯、莰烯、月桂烯、香芹酮、柠檬烯、石竹烯以及饱和与不饱和醛类、溶剂和光引发剂裂解产物，如苯甲醛和苯乙酮[13]。

在上油、打蜡或上漆的拼花地板样品中，通过 GC-O 和香气稀释分析，确定青香气味的短链醛戊醛和己醛、木香的萜烯(如 α-蒎烯和 β-蒎烯)以及具有蘑菇样味的 1-辛烯-3-酮是最重要的气味物质。密封用途物料的主要气味是：油蜡拼花中的辛醛、(Z)-2-壬烯醛和(E)-2-壬烯醛及上漆拼花中的苯甲醛和苯乙酮。此外，两个样本不仅在气味质量上存在差异，而且在气味强度上也存在差异。由于漆比蜡和油更能阻止木质部分的气味释放，所以涂漆的拼花地板整体上气味没有那么强烈[49]。

木制板材，如刨花板、定向结构刨花板或中密度纤维板，由于价格便宜、用途广泛，而且还能给家具和建筑材料带来近乎自然的印象，因此很受欢迎。这些板材是用黏合剂将小块木材(通常由森林废材和劣质木材组成)粘在一起制成的。还可以使用其他添加剂，如木材防腐剂、阻燃剂、硬化剂和疏水剂。在这些材料中，甲醛和 VOC 的释放是主要问题[50]。甲醛主要来源于黏合木材颗粒的树脂，如氨基甲醛，而其他 VOC 主要来源于木材本身[51]。在其他 VOC 中，还有直接来源于木材或由木材降解而来的其他醛(戊醛、己醛、庚醛、辛醛、壬醛)和萜烯(即 α-蒎烯、β-蒎烯、莰烯、3-蒈烯、对-聚伞花烃、柠檬烯和龙脑)，它们在刨花板和中密度纤维板产品中已经检测到并进行了量化[52,53]。虽然这些醛类和萜烯是众所周知的气味物质，但这些研究并没有评估这些化合物对木质板整体气味的影响。此外，在定向刨花板样品中已鉴定出源自黏合剂的带有汗味的有机酸，如乙酸和丁酸[7]。

在臭氧的影响下，可以明显看到不同松木板样品中，萜烯的释放在 24 小时内减少，而几种醛的释放，例如 C_3、$C_5 \sim C_{10}$ 的醛类、苯甲醛以及 2-壬烯醛，4-壬烯醛和 6-壬烯醛的释放却有所增加[48]。

在一个案例研究中，使用未经适当处理的木材被认为是造成框架房屋霉变的原因。以往使用的木材防腐剂五氯苯酚可以被微生物降解为氯苯甲醚，特别是在微生物活性较高的潮湿地区。2,3,4,6-四氯苯甲醚被确定为取自受影响的框架房屋的空气样本的主要成分[54]。该物质的气味阈值很低(0.01 ng/L 空气)，因此可能是产生异味的原因[55]。

3. 油毡

油毡被广泛用作柔软耐用的地板覆盖物。它由亚麻油(固化亚麻籽油)、天然树脂、软木或木材颗粒、矿物填料和颜料制成。

气相色谱-嗅辨法对油毡样品的研究表明，短链的 2-烯醛(最高至 C_9)和脂肪酸(最高至 C_6)具有青香、酸味，柠檬酸和腐臭气味，是造成油毡典型气味的主要原因[56]。随着油毡散发的更多气味物质被确定，还确认了饱和的、支链的和多不饱和的醛、酮、甲苯和 2-戊基呋喃[13]。在油毡中已观察到醛氧化为相应的脂肪酸，与新材料相比，这可能导致老化油毡的气味发生变化[44]。例如，在臭氧的影响下发现苯甲酸和丙酸的释放量增加。醛的释放量也增加了，而 1-戊烯-3-醇和 2-戊酮的释放量减少了[48]。此外，水的存在，无论是通过湿法清理还是底层混凝土的高含水量，都已被证明会触发油毡挥发性物质的次生释放，即脂肪酸、乙二醇醚类和 2-癸烯醛。特别是戊酸和 2-癸烯醛，在气味阈值较低(<5 ng/L 空气[57-59])时，可产生异味[60]。

4. 地毯

几个世纪以来，地毯因其隔热和美观的特性被用作地板或墙壁的覆盖物。它们由天然或合成纤维制成的上层绒毛组成，并附着于黏合剂背衬上。

地毯气味释放主要是由黏性背衬引起的。例如，以聚氯乙烯(PVC)为背衬的地毯主要释放乙酸乙烯酯和 1,2-丙二醇，而以聚氨酯为背衬的地毯则释放出 2,6-二叔丁基对甲酚[61]。以丁苯橡胶为背衬的地毯会释放出苯乙烯、4-苯基环己烯和 4-乙烯基环己烯[62]。在带有橡胶、纺织品、沥青和 PVC 背衬的地毯中已经检测到几种直链醛(直至 C_{10})以及苯甲醛和甲基苯甲醛[48]。在臭氧的影响下，不同地毯的 VOC 总浓度均有所增加[62]。例如，有研究表明，在与臭氧一起放置的地毯中，饱和及不饱和醛(2-壬烯醛、乙醛、甲基苯甲醛)、支链和非支链酮(如 2-丁酮)以及痕量脂肪酸的释放量均有所增加，这取决于用作背衬的黏合剂[48,63]。因此，特别是 2-壬烯醛的释放由于其持久性和极低的气味阈值[(E)-和(Z)异构体均≤0.1 ng/L 空气[64,65]]会引起气味烦恼[63]。在受热影响下，以丁苯橡胶为底衬的地毯上会释放出越来越多的苯并噻唑[66]。尽管在建筑环境中的热量很少受到关注，但停放的汽车中的温度最高可达 70℃，这种情况下，纺织的地板覆盖物可能会成为异味的来源。

5. 聚合物

塑料已经成为许多室内环境的组成部分。在使用添加剂和催化剂由单体生产塑料材料的过程中,特别是在热、压力、光或氧气的影响下,会引发原料的降解或反应产物。尤其在回收产品中,反应产物以及使用的原材料本身,即使是微量的,也可能有气味活性。

聚丙烯(PP) 通过 GC-O 分析,确定了低气味阈值的糖基化合物,特别是不饱和 $C_6 \sim C_9$ 酮和醛是聚丙烯(PP)释放的主要气味活性化合物。这些是由烷烃和烯烃的氧化过程产生的,并在材料老化过程中增加。有趣的是,在加工过程中添加的常用稳定剂不能阻止观察到的氧化过程[67]。

聚乙烯(PE) 与聚丙烯类似,不饱和 $C_6 \sim C_9$ 酮和醛被认为是聚乙烯(PE)释放的最重要的气味活性化合物,它们是通过氧化产生的,不受添加的抗氧化剂的支配[67]。在另一项研究中,8-壬烯醛被确认为是高密度聚乙烯(HDPE)中产生塑料异味的主要原因,尽管该研究没有分析空气样本,而是使用蒸馏获得挥发物[68]。另外,在 PE 样品中还发现了源自矿物油原料中天然杂质硫化物和硫醇的硫磺味[7]。此外,还研究了聚乙烯热氧化后次生 VOC 的形成。这种处理产生了强烈的蜡味或燃烧的塑料异味。利用 GC-O 可以在热氧化样品中识别出几种 $C_6 \sim C_9$ 饱和或不饱和的醛和酮。最主要的物质有 2,3-丁二酮、己醛、1-庚烯-3-酮、辛醛、1-辛烯-3-酮、壬醛、1-壬烯-3-酮和 (E)-2-壬烯醛,其中 α-不饱和醛和酮似乎是造成异味的主要原因[69]。

其他聚烯烃 在热塑性聚烯烃(TPO)样品中,一种强烈的烘烤异味(使产品无法使用)被确认为 2-乙酰基-1-吡咯啉,是一种含氮分子。由于聚烯烃的主要成分都不含氮,这种异味的来源一定是添加剂。由于 2-乙酰基-1-吡咯啉(0.02 ng/L 空气[70])的气味阈值非常低,因此即使是少量也会影响塑料材料的感官特性[71]。在一个 TPO 样品中鉴定出的其他重要的气味活性化合物为 2,3-丁二酮、1-己烯-3-酮、3-甲硫基丙醛、(Z)-2-壬烯醛、(E)-2-壬烯醛以及具有烤焦或天竺葵样气味的其他未鉴定的物质[72]。对 TPO 材料的其他研究表明,气味成分和整体气味感知高度依赖于原材料的配方以及加工条件,如注射成型时的熔体温度和停留时间。研究表明,在 TPO 配方中加入一种气味清除剂可以减少酸性化合物、苯酚和呋喃酮的含量,但不能减少醛的含量[73]。因此,阐明异味的化学结构以找到正确避免策略的重要性变得更加明显。

聚苯乙烯(PS) 聚苯乙烯样品已被证明能够释放气味活性的单体苯乙烯以及 α-甲基苯乙烯,它们均会引起刺激性的类似溶剂的气味印象[7]。臭氧处理 24h 后,苯乙烯释放量下降,甲醛、苯甲醛和苯甲酸释放量增加[48]。

聚氯乙烯(PVC) GC-O 分析聚氯乙烯(PVC)地板发出的气味显示,主要有 2-乙基-1-己醇(2E1H)、苯酚和正丁醇气味活性化合物。当与湿建筑材料,如未完全干燥的碱性混凝土接触时,2E1H 的释放量急剧增加,因为该物质由邻苯二甲酸二-2-乙基己酯(DEHP)(一种常用的增塑剂)水解而成[74]。在 PVC 地板样品中,与臭氧的接触导致 2-丁酮的次生释放和醛的释放增加[48]。

聚氨酯(PU)　可以看出，由于在制造过程中产生热量，会产生聚氨酯(PU)特有的气味。这种气味是由胺催化剂降解为各种甲胺引起的，它像三甲胺一样具有低气味阈值，可引起鱼腥味[75]。此外，在 PU 样品中已经鉴定出具有极低气味阈值的取代吡嗪(如 2-乙基-3,5-二甲基吡嗪；7pg/L 空气[76])，从而引起泥土味、坚果味的气味印象[13,71]。

聚苯醚(PPO)　聚苯醚(PPO)以取代酚为原料，酚类抗氧剂为添加剂。因此，可以发现这些酚类及其降解产物是从塑料材料中释放出来的。例如，在 PPO 样品的释放中，有气味活性的愈创木酚、甲酚和二甲苯酚已被 GC-O 鉴定[71]。

6. 橡胶

橡胶一词指的是具有弹性的聚合物，可以是天然的，也可以是合成的。为了提高这些材料的耐用性，通常对他们进行硫化处理。在此过程中，弹性体通过加入过氧化物或硫以及含氮和/或含硫的加速剂(如苯并噻唑)在加热下交联。因此，已发现苯并噻唑衍生物和胺类物质会被橡胶释放，这似乎是造成橡胶典型气味的原因。橡胶释放的其他化合物有溶剂、碳氢化合物(如 4-乙烯基环己烯)、醛、酮、酯(如甲基丙酸乙酯、2-甲基丁酸乙酯和戊酸乙酯)、酚类化合物(如对甲酚和间甲酚)、硫化氢、二硫化碳、二甲基硫醚以及萘、苯乙烯和苯甲醛[13]。

7. 电子设备

电子设备是在运行过程中产生热量的主动释放源。因此，电视机、录像机或电脑显示器等电子设备在开机时释放的 VOC 特别高。电子设备释放了各种物质类别的大量 VOC，总数超过 350 种。其中，以酚醛树脂为基础的印刷电路板的酚类化合物(如间甲酚、对甲酚、邻甲酚)可能是气味的来源[77,78]。此外，还可看出，在办公环境中，个人电脑的存在会对感知空气质量和生产效率产生负面影响。由于本研究测定的 VOC 不能充分解释这些不良影响，研究者强调了室内空气质量调查中常规分析方法的不足[79]。

8. 家居清洁剂

室内环境中经常使用清洁剂、洗涤剂和空气清新剂。它们通常是有香味的，以掩盖不想要的气味，并表明清洁度和新鲜度。经常用于此目的的气味物质主要是萜烯类化合物，如香茅醇、香叶醇、芳樟醇、α-松油醇、香茅醛、香叶醛、橙花醛、乙酸芳樟酯、莰烯、柠檬烯、β-月桂烯、α-水芹烯、α-蒎烯、β-蒎烯、α-异松油烯和 α-松油烯或醛，如辛醛、壬醛和癸醛[13,80]。

52.3.2　人体排放物(生物废水)

当进入一个不通风、被充分占用的房间时，人体排放物对室内空气质量的影响就变得明显。事实上，人们通过呼气和皮肤不断地释放出数百种 VOC。实际上，VOC 的组成各不相同，很大程度上受基因的影响，但也取决于年龄、健康状况、活动、个人卫生和营养。因此，人体生物废水在地区和文化上也会有所不同。在对德国拥挤房间中收集的空气样本调查中，发现了与人类存在显著相关的室内空气污染。这些物质包括来自呼气的乙醇、丙酮和异戊二烯、可能来自皮肤排放物的壬醛和癸醛，以及常用于个人护理产品中的 α-蒎烯、柠檬烯和桉叶油醇。尽管这些物质在目前的浓度下不会被人类随意感知，因为它们没有超过气味阈值，但丙酮、异戊二烯和柠檬烯在较高浓度下的组合，被认为与令人厌恶的空气质量相关[81]。

1. 呼气

与吸入的空气相比，人类主要通过呼气释放出异戊二烯、丙酮、乙醇、甲醇和其他醇类，仅次于含量更高的二氧化碳水平。分子量一般低于 100 g/mol 的其他化合物，包括其他不饱和与饱和的烃、醛、酮和醇，在人体呼气中排放量很少[82,83]。在健康者身上，尽管主要呼气排放化合物是核心代谢过程的产物，健康者之间主要呼气排放化合物相似，但许多次要化合物都有外源性来源，如食物、药物、护肤品或吸入的空气，因此在种类和含量上存在较大差异。

2. 皮肤

腋窝特别容易散发人体气味(第 44 章)。人体汗液中最重要的气味活性物质是几种羧酸。其中 3-甲基-2-己烯酸和 3-羟基-3-甲基己酸是最丰富的，气味阈值很低，空气中阈值范围为 0.15～0.26 ng/L[84-87]。此外，还在人体腋窝分泌物中发现了微量的巯基醇(3-巯基-1-己醇、2-甲基-3-巯基-1-丁醇、3-巯基-1-戊醇和 3-甲基-3-巯基-1-己醇)。由于其气味阈值极低，在 1～10 pg/L 空气范围内，因此它们仍有可能产生人体气味[88,89]。在人体汗液中也检测到一些具有低气味阈值的 16-雄甾体类挥发性类固醇(如 5α-雄甾烯-16-烯-3-酮：2.1 ng/L[90]空气)[91-93]。

人类还通过腋窝外的皮肤释放出多种 VOC，其中包括几种气味化合物。就像呼吸一样，许多释放出来的化合物强烈地依赖于个体因素，但有些对大多数人来说是常见的。利用顶空收集皮肤表面散发的挥发物的研究发现，主要是不同链长的羧酸、酯、醛、烷烃、短链醇和酮。因此，经常有报道称人体皮肤的挥发性成分中占主导地位的有 6-甲基-5-庚烯-2-酮、壬醛、癸醛和(E)-6,10-二甲基-5,9-十一二烯-2-酮(香叶基丙酮)[94]。此外，对皮肤排放物的 SPME(固相微萃取)检测显示，丙酮和乙醛排放量远高于在前面提到的 6-甲基-5-庚烯-2-酮[95]。

52.4　气味避免及减少措施

为了尽量减少室内空气中不想要的气味，基本上可以采取两种策略。最有利的肯定是通过改进生产工艺或改变原材料，从一开始就避免恶臭排放。第二种策略是从室内空气中去除具有气味影响的化合物。

规避策略的理想先决条件是了解不想要的异味的性质，包括其化学结构、性质和浓度，并了解其产生途径。然后采取措施消除材料的气味源，例如改变生产工艺。使用这种方法，可以制造出气味优化的 PPO，其气味强度、特征气味和感受空气质量的值都有所改善[71]。当使用回收材料时，将气味排放降至最低的任务尤其具有挑战性，因为各种气味都可能在之前的使用过程中吸附到原材料上。使用能结合特定气味的添加剂，有助于减少塑料材料制造过程中的气味。例如，制造过程中在原材料中添加一种称为 Abscents 的复合沸石可以有效地去除高密度聚乙烯 HDPE 中的异味[96]。

控制室内气味的一种成本较低、耗时较少的策略是将它们从空气中去除。因此，可以使用机械过滤器去除与吸附剂结合的物质，吸附剂固定了 VOC，如活性炭过滤器。例如，已有证据表明，诸如活化的 CMK-3 和 CMK-8 等多孔碳材料即使在低浓度下也能去除室内甲醛[97,98]。这些过滤器需要在达到其吸附容量时更换。

其他空气净化器利用氧化作用来破坏 VOC，从而去除室内空气中的污染物。长期以来，臭氧产生装置一直被使用，这一策略现在因潜在的健康风险而受到严厉批评。例如，臭氧空气净化器可将空气污染物氧化生成羧酸、环氧化物、有机过氧化物、醛和酮[99]。二氧化钛(TiO_2)等活性物质的光催化氧化也被广泛用于解构室内空气中的 VOC[100]。许多研究表明，这种方法并不总是能将有机化合物完全降解为 CO_2 和 H_2O。因此，不完全氧化产生醛、酮和有机酸，这些物质本身可能有毒、有刺激性或有气味，甚至超过它们的前体物[101]。等离子空气净化器和离子净化器适用于去除颗粒，但不适用于去除气相污染物。等离子清洁剂与催化技术相结合可以更有效地去除 VOC[102]。

52.5　健康方面和感官刺激

由于本章的重点是室内空气中的气味，其他室内 VOC 如苯、一氧化碳、甲醛、萘、二氧化氮、多环芳香烃、三氯乙烯或四氯乙烯等所引起的健康问题，将不再做进一步的详述，但仍是主要热点。关于这一热点的信息可在其他地方获取，例如世界卫生组织或其他国家机构的出版物[103,104]。通常应采用如前所述[如由德国联邦环境署(Umweltbundesamt, UBA)、DIBt(德国建筑技术学院、德国建筑技术研究所)或德国蓝天使标签系统(Blauer Engel)发布]的许可规范，约束建筑产品许可释放 TVOC、SVOC(半挥发性有机化合物)和致癌物质的最高水平，以最大限度地减少室内空气污染[5]。

当考虑室内空气中气味物质对健康的具体影响时，主要关注的问题和研究最多的影响是感官刺激。因此，应该考虑两个重要的事实。首先，需要注意的是，至少在因为感官的适应现象而阻止对刺激物的感知之前，刺激物通常以气味的形式被有意识地检测到，因为嗅觉检测阈值通常比上呼吸道刺激效应的估计阈值低 1～4 个数量级[6,105,106]。因此，一个原因是人的眼部和鼻腔黏膜的感觉刺激，也称为化学感觉，是通过一个不同的受体系统即三叉神经系统传递的，这种受体系统的敏感性不同于嗅觉系统[107](第 33 章)。在对不同蒸气的感觉刺激的几项研究中，结果显示在同源系列中，化学效应能力随链长而增加，直到达到无法检测到的同源物(截止同源物)。例如，在眼黏膜或鼻黏膜中，一系列直链醇的截止同系物为 1-十一烷醇，乙酸酯类是乙酸癸酯，正丁酸酯类是正丁酸己酯，2-酮类是 2-十三酮，正烷基苯类是庚基苯，脂肪醛类是十二醛，羧酸类是庚酸或辛酸。实验表明，这些截止同源物超过了临界分子大小，从而阻止它们与各自的三叉神经受体相互作用[108]。

其次，必须指出的是，刺激性可能不是来自气味本身，而是来自其与室内空气形成的反应产物，例如与臭氧的反应。室内的臭氧可能是由复印机和激光打印机等电子设备无意中产生的，也可能是由空气净化器有意产生的，或者可能只是从室外渗入而来的[99,109-111]。臭氧与一些来自清洁剂和洗涤剂产品的萜烯(如 d-柠檬烯和 α-蒎烯)的反应物，是室内空气中常见的 VOC，这已经被广泛研究[111]。由于其化学结构中存在碳碳双键，大多数萜烯很容易与臭氧发生反应。在这些反应中，会形成一些次生污染物，如各种自由基、醛(如甲醛)和羧酸，以及由超细(<0.1 μm)和较细(0.1~2.5 μm)粒径范围组成的次生有机气溶胶(SOA)[112-117]。与其反应物相反，萜烯/臭氧氧化产物明显具有更高的感官刺激作用[6,118]。因此，甲醛的感官刺激效应在动物和人类接触研究中得到了很好的证明[119-122]。此外，还可以证明，柠檬烯、α-蒎烯和异戊二烯的萜烯/臭氧氧化产物会引起小鼠上呼吸道的感觉刺激和呼吸不畅[105,111,123-127]。尽管这些动物研究中的臭氧和萜烯浓度与人类实际接触相比非常高，但一些常见臭氧引发的萜烯反应产物的人体参考值表明，3-异丙烯基-6-氧代庚醛(一种来自柠檬烯的氧化产物)(图 52.12)可能会导致室内环境中的感官刺激[128,129]。对萜烯氧化产物的进一步体内和体外研究已经观察到对健康的影响，如肺部炎症，但还需要收集进一步的数据来证实这些发现[111]。

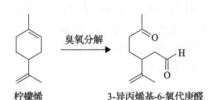

图 52.12　柠檬烯通过臭氧分解形成次生污染物 3-异丙烯基-6-氧代庚醛

总体而言，可以观察到萜烯/臭氧反应产物对啮齿动物健康产生不利影响的证据。然而，在室内环境中，它们对人体健康的影响取决于几个因素，如反应物的浓度、相对湿度、反应时间(新鲜或老化的反应产物)和萜烯本身的特性[111]。为了充分了解臭氧引发的萜烯化学性质对人类健康的影响，需要来自不同科学学科的多学科专业知识，如室内和环境空气研究、分析和大气化学以及毒理学和医学[111,130]。

如前所述，心理压力以及生理症状(如呼吸系统问题、恶心和头痛)，也可能是由不愉快的气味与负面健康影响的简单联系造成的[8]。尽管如此，在室内环境中出现不想要的气味也可能产生积极的副作用。例如，泥土味、发霉的气味可能是生物污染的暗示，比如霉菌对健康有实际的负面影响，它通常会藏在家具或墙纸后面而不被发现。

参 考 文 献

[1] P.S. Burge: Sick building syndrome, Occup. Environ.Med. 61, 185-190 (2004)

[2] E. Uhde: Application of solid sorbents for the sampling of volatile organic compounds in indoor air. In: Organic Indoor Air Pollutants, ed. by T. Salthammer, E. Uhde (Wiley, Weinheim 2009) pp. 1-18

[3] W. Horn, O. Jann, J. Kasche, F. Bitter, D. Müller, B. Müller: Umwelt-und Gesundheitsanforderungen an Bauprodukte-Ermittlung und Bewertung der VOC-Emissionen und geruchlichen Belastungen, UBA-Texte 16/2007 (Umweltbundesamt, Dessau 2007), in German

[4] The Blue Angel: https://www.blauer-engel.de/en

[5] Deutsches Institut für Bautechnik: Grundsätze zur gesundheitlichen Bewertung von Bauprodukten in Innenräumen, https://www.dibt.de/ de/Fachbereiche/data/Aktuelles_Ref_II_4_6.pdf (2010) in German

[6] P. Wolkoff, C.K. Wilkins, P.A. Clausen, G.D. Nielsen: Organic compounds in office environments - Sensory irritation, odor, measurements and the role of reactive chemistry, Indoor Air 16, 7-19 (2006)

[7] A. Burdack-Freitag, F. Mayer, K. Breuer: Chemische Analytik von organischen Geruchsstoffen und sensorische Evaluation von Fehlgerüchen in technischen Materialien und Bauprodukten, Gefahrst. - Reinhalt. Luft 71, 433-439 (2011), in German

[8] M. Brattoli, G. De Gennaro, V. De Pinto, A. Demarinis Loiotile, S. Lovascio, M. Penza: Odour detection methods: Olfactometry and chemical sensors, Sensors 11, 5290-5322 (2011)

[9] F. Mayer, K. Breuer: Geruchsstoffe von Bauprodukten in Innenräumen - Gaschromatographisch-olfaktometrische Untersuchung des Materialgeruchs eines Parkettbodens, Bauphys. 22, 96-100 (2000), in German

[10] H.N. Knudsen, U.D. Kjaer, P.A. Nielsen, P. Wolkoff: Sensory and chemical characterization of VOC emissions from building products: Impact of concentration and air velocity, Atmospheric Environ. 33, 1217-1230 (1999)

[11] T. Salthammer, F. Fuhrmann, V. Kühn, E. Massold, N. Schulz: Beurteilung von Bauprodukten durch chemische und sensorische Prüfungen, Gefahrst. - Reinhalt. Luft 64, 111-117 (2004), in German

[12] M. Brattoli, E. Cisternino, G. De Gennaro, P. Giungato, A. Mazzone, J.Palmisani, M. Tutino: Gas chromatography analysis with olfactometric detection (GC-O): An innovative approach for chemical characterization of odor active volatile organic compounds (VOCs) emitted from a consumer product, Chem. Eng. Trans. 40, 121-126 (2014)

[13] F. Mayer, K. Breuer, K. Sedlbauer: Material and indoor odors and odorants. In: Organic Indoor Air Pollutants, ed. by T. Salthammer, E. Unde (Wiley,Weinheim 2009) pp. 165-187

[14] L. Capelli, S. Sironi, R. Del Rosso: Odor sampling:Techniques and strategies for the estimation of odor emission rates from different source types, Sensors 13, 938-955 (2013)

[15] ISO 8586:2012, Sensory analysis - General guidelines for the selection, training and monitoring of selected assessors and expert sensory assessors (2012)

[16] DIN EN 13725:2003, Air quality - Determination of odour concentration by dynamic olfactometry (2003)

[17] V.D. Ingenieure: VDI 3882 Part 1 (Olfactometry, Determination of Odour Intensity (Berlin 1992)

[18] Danish Society of Indoor Climate: Standard Test Method for Determination of the Indoor-Relevant Time-Value by Chemical Analysis and Sensory Evaluation (Taasrup 2005)

[19] C.P. Yaglou, E.C. Riley, D.I. Coggins: Ventilation Requirements, ASHRAE Transaction 42, 133-162 (1936)

[20] DIN ISO 16000-28, Indoor air - Part 28: Determination of odour emissions from building products using test chambers (2012)

[21] J. Kasche, A. Dahms, B. Müller, D. Müller, W. Horn, O. Jann: Olfaktorische Bewertung von Baumaterialien, Proc. 7th Workshop Odor Emiss. Plast. Materials, Kassel (2005), in German

[22] J. Kasche, A. Dahms, B. Müller, D. Müller, W. Horn, O. Jann: Emission and odour measurement of construction products, Proc. Emiss. Odours from Mater. CERTECH Conf. Bruss. (2005)

[23] D. Müller, F. Bitter, J. Kasche, B. Müller: A two step model for the assessment of the indoor air quality, Proc. 10th Int. Conf. Indoor Air Qual. Clim., Beijing, Vol. I (2005) pp. 20-25

[24] Verein Deutscher Ingenieure, VDI 4302-Blatt 1-Geruchsprüfung von Innenraumluft und Emissionen aus Innenraummaterialien, (Düsseldorf 2012) in German

[25] ASTM International, ASTM E544-99-Standard Practices for Referencing Suprathreshold Odor Intensity, West Conshohocken (1999)

[26] St. Croix Sensory Inc., A Review of The Science and Technology of Odor Measurement (St. Croix Sensory Inc., Lake Elmo 2005)

[27] Verein Deutscher Ingenieure, VDI 3882 Part 2 - Ol-factometry, Determination of Hedonic Odour Tone (Berlin 1994)

[28] C.M. McGinley, M.A. McGinley, D.L. McGinley:"Odor Basics", understanding and using odor testing, 22nd Annu. Hawaii Water Environ. Assoc.Conf., Honolulu (2000)

[29] J. Panaskova, F. Bitter, D. Müller: Basis odor model for perceived odor intensity and air quality assessments, Proc. Clima 2007 - WellBeing Indoors,Helsinki (2007)

[30] G. Clausen: Sensory evaluation of emissions and indoor air quality, Proc. Healthy Build. Helsinki,Vol. I (2000) pp. 53-62

[31] G. Clausen, J. Pejtersen, K. Saarela, T. Tirkkonen, M. Tähtinen, D. Dickson: Protocol for testing of building materials, European Data Base on Indoor Air Pollution Sources in Buildings (1996)

[32] K. Breuer, E. Mayer: Luftverunreinigung aus Baustoffen?, Gesundheitsing. 124, 178-185 (2003), in German

[33] H.N. Knudsen, O. Valbjørn, P .A. Nielsen: Determination of exposure-response relationships for emissions from building products, Indoor Air 8,264-275 (1998)

[34] L. Gunnarsen, P.O. Fanger: Adaptation to indoor air pollution, Environ.Int. 18, 43-54 (1992)

[35] S.L. Trabue, J.C. Anhalt, J.A. Zahn: Bias of Tedlar bags in the measurement of agricultural odorants, J. Environ. Qual. 35, 1668-1677 (2006)

[36] J.M. Juarez-Galan, J.V. Martinez, A. Amo, I. Valor:Background odour from sampling bags. Influence in the analysis of the odour concentration, Chem.Eng. Trans. 15,87 -94 (2008)

[37] Verein Deutscher Ingenieure, VDI 3880 - Olfactometry - Static sampling (2011)

[38] DIN ISO 16000-30, Indoor air Part 30: Sensory testing of indoor air (2012)

[39] T. Salthammer: Environmental test chambers and cells. In: Organic Indoor Air Pollutants,ed. by T. Salthammer, E. Uhde (Wiley, Weinheim 2009) pp. 101-115

[40] M. Marc, B. Zabiegala, J. Namiesnik: Testing and sampling devices for monitoring volatile and semi-volatile organic compounds in indoor air,TrAC, Trends Anal. Chem. 32, 76-86 (2012)

[41] J.W. Gardner, P .N. Bartlett: A brief history of electronic noses, Sens. Actuators B-chemical 18, 210-211 (1994)

[42] A.D. Wilson, M. Baietto: Applications and advances in electronic-nose technologies, Sensors 9, 5099-5148 (2009)

[43] F.C. Tian, C. Kadri, L. Zhang, J.W. Feng, L.H. Juan, P .L. Na: A novel cost-effective portable electronic nose for indoor-/in-car air quality monitoring, Int. Conf. Comput. Distributed Control Intell. Environ. Monit. (CDCIEM) (2012) pp. 4-8

[44] B. Jensen, P . Wolkoff, C.K. Wilkins: Characterization of linoleum: Identification of oxidative emission processes. In: Characterizing Sources of Indoor Air Pollution and Related Sink Effects, ed .by B.A. Tichenor (American Society for Testing and Materials, Philadelphia 1996) pp. 145-152

[45] A. Burdack-Freitag, C. Scherer, F . Mayer: Geruchsbewertung und Geruchsstoffanalytik pastöser Innenputze, Gefahrst. - Reinhalt. Luft 75,76-84 (2015), in German

[46] A. Burdack-Freitag, F. Mayer, K. Breuer: Identification of odorous sulfur containing organic compounds in building products on gypsum basis, Proc. 11th Int. Conf. Indoor Air Qual. Clim.,Copenhagen (2008)

[47] A. Burdack-Freitag, F. Mayer, K. Breuer: Identification of odor-active organic sulfur compounds in Gypsum products, CLEAN-Soil, Air, Water 37, 459-465 (2009)

[48] M. Nicolas, O. Ramalho, F. Maupetit: Reactions between ozone and building products: Impact on primary and secondary emissions, Atmospheric Environ. 41, 3129-3138 (2007)

[49] F. Mayer, K. Breuer, E. Mayer: Determination of odoractive volatiles emitted by building materials by a new method using gas chromatography-olfactometry, Proc. Healthy Build., Helsinki (2000) pp. 551-556

[50] S.K. Brown: Chamber assessment of formaldehyde and VOC emissions from wood-based panels, Indoor Air 9, 209-215 (1999)

[51] Z. He, Y. Zhang, W. Wei: Formaldehyde and VOC emissions at different manufacturing stages of wood-based panels, Build. Environ.47, 197-204 (2012)

[52] M.G.D. Baumann, S.A. Batterman, G.Z. Zhang: Terpene emissions from particleboard and medium-density fiberboard products, For. Prod.J.49,49-56 (1999)

[53] M.G.D. Baumann, L.F . Lorenz, S.A. Batterman, G.Z. Zhang: Aldehyde emissions from particleboard and medium density fiberboard products,For. Prod. J. 50, 75-82 (2000)

[54] J. Gunschera, F. Fuhrmann, T. Salthammer, A. Schulze, E. Uhde: Formation and emission of chloroanisoles as indoor pollutants, Environ. Sci.Pollut. Res. Int. 11, 147-151 (2004)

[55] A. Strube, A. Buettner: The influence of chemical structure on odour qualities and odour potencies in chloro-organic substances, Expr. Multidiscip. Flavour Sci. Proc. 12th Weurman Symp., Interlaken (2008)

[56] B. Jensen, P. Wolkoff, C.K. Wilkins: Characterization of linoleum. Part 2: Preliminary odor evaluation, Indoor Air 5, 44-49 (1995)

[57] M. Christlbauer: Evaluation of Odours from Agricultural Sources by Methods of Molecular Sensory (Verlag Deutsche Forschungsanstalt für Lebensmittelchemie, Freising 2006)

[58] D.S. Yang, R.L. Shewfelt, K.-S. Lee, S.J. Kays:Comparison of odor-active compounds from six distinctly different rice flavor types, J. Agric. Food Chem. 56, 2780-2787 (2008)

[59] A. Burdack-Freitag: Formation of Potent Odorants During Roasting of Hazel Nuts (Corylus avellan) (Verlag Deutsche Forschungsanstalt für Lebensmittelchemie, Freising 2007)

[60] P . Wolkoff, P .A. Clausen, P .A. Nielsen: Applicationof the field and laboratory emission cell "FLEC"- Performance study, intercomparison study, and case study of damaged linoleum in an office, Indoor Air 5,196-203 (1995)

[61] A.T. Hodgson, J.D. Wooley, J.M. Daisey: Emissions of volatile organic compounds from new carpets measured in a large-scale environmental chamber, Air Waste 43, 316-324 (1993)

[62] C.J. Weschler, A.T. Hodgson, J.D. Wooley: Indoorchemistry: Ozone, volatile organic compounds,and carpets, Environ. Sci. Technol. 26,2371-2377 (1992)

[63] G.C. Morrison, W.W. Nazaroff: Ozone interactions with carpet: Secondary emissions of aldehydes,Environ. Sci. Technol. 36, 2185-2192 (2002)

[64] P. Schieberle, W. Grosch: Potent odorants of rye bread crust-differences from the crumb and from wheat bread crust, Z. Lebensm.-Unters. Forsch.198, 292-296 (1994)

[65] S. Widder: Oxidative Waste of Butter Oil - Influence of Antioxidative Agents, Ph.D. Thesis (TU Munich, München 1994)

[66] S. Sollinger, K. Levsen, G. Wünsch: Indoor pollution by organic emissions from textile floor coverings: Climate test chamber studies under static conditions, Atmospheric Environ. 28, 2369-2378 (1994)

[67] H. Hopfer, N. Haar, W. Stockreiter, C. Sauer, E. Leitner: Combining different analytical approaches to identify odor formation mechanisms in polyethylene and polypropylene, Anal. Bioanal. Chem.402, 903-919 (2012)

[68] R.A. Sanders, D.V. Zyzak, T.R. Morsch, S.P. Zimmerman, P.M. Searles, M.A. Strothers, B.L.Eberhart, A.K. Woo: Identification of 8-nonenal as an important contributor to "plastic" off-odor in polyethylene packaging, J. Agric. Food Chem. 53, 1713-1716 (2005)

[69] A. Bravo, J.H. Hotchkiss, T.E. Acree: Identification of odor-active compounds resulting from thermal oxidation of polyethylene, J. Agric. Food Chem.40, 1881-1885 (1992)

[70] H.D. Belitz, W. Grosch, P . Schieberle: Lehrbuch der Lebensmittelchemie (Springer, Berlin, Heidelberg 2008), in German

[71] F. Mayer, K. Breuer: Material odor-odoractive compounds identified in different materials - the surprising similarities with certain foods, possible sources and hypotheses on their formation, Indoor Air 16, 373-382 (2006)

[72] F. Mayer, K. Breuer: Human olfactory and odour analysis as a tool for the development of TPO materials with reduced odour for the automotive industry, 10th Int. Conf. - TPOs Automotive, Barcelona (2004)

[73] F . Mayer, K. Breuer: The influence of processing conditions on plastic material odor, Proc. 11th Int.Conf. Indoor Air Qual. Clim., Copenhagen (2008), Paper 10 495

[74] S. Chino, S. Kato, J. Seo, Y. Ataka: Influence of decomposed chemical emissions from PVC flooring on perceived air quality, Proc. 11th Int. Conf. Indoor Air Qual. Clim., Copenhagen (2008)

[75] M. Rampfl, F. Mayer, K. Breuer, D. Holtkamp: Odorous emissions of polyurethane raw materials and parts, 12th Int. Conf. Indoor Air Qual. Clim., Austin (2011)

[76] M. Rychlik, P. Schieberle, W. Grosch: Compilation of Ordor Thresholds, Odor Qualities and Retention Indices of Key Food Odorants (Dt. Forschungsanst. für Lebensmittelchemie, Freising 1998)

[77] M. Wensing, T. Kummer, A. Riemann, W. Schwampe: Emissions from electronic devices: Examination of computer monitors and laser printers in a 1m^3 emission test chamber, Proc.9th Int. Conf. Indoor Air Qual. Clim., Monterey (2002)

[78] T. Schripp, M. Wensing: Emission of VOCs and SVOCs from Electronic Devices and Office Equipment. In: Organic Indoor Air Pollutants,ed. by T. Salthammer, E. Uhde (Wiley, Weinheim 2009) pp. 405-430

[79] Z. Bako-Biro, P. Wargocki, C.J. Weschler, P .O. Fanger: Effects of pollution from personal computers on perceived air quality, SBS symptoms and productivity in offices, Indoor Air 14, 178-187 (2004)

[80] G.A. Ayoko: Volatile organic ingredients in household and consumer products. In: Organic Indoor Air Pollutants, ed. by T. Salthammer, E. Uhde (Wiley, Weinheim 2009) pp. 347-372

[81] A. Burdack-Freitag, R. Rampf, F . Mayer, K. Breuer:Identification of anthropogenic volatile organic compounds correlating with bad indoor air quality, Proc. Healthy Build. Syracuse (2009), Paper 645

[82] W. Cao, Y . Duan: Breath analysis: Potential for clinical diagnosis and exposure assessment, Clin.Chem. 52, 800-811 (2006)

[83] J.D. Fenske, S.E. Paulson: Human breath emissions of VOCs, J. Air Waste Manag. Assoc. 49,594-598 (1999)

[84] X.-n. Zeng, J. Leyden, H. Lawley, K. Sawano, I. Nohara, G. Preti: Analysis of characteristic odors from human male axillae, Journal of Chemical Ecology 17, 1469-1492 (1991)

[85] A. Natsch, H. Gfeller, P . Gygax, J. Schmid,G. Acuna: A specific bacterial aminoacylase cleaves odorant precursors secreted in the human axilla, J. Biol. Chem. 278, 5718-5727 (2003)

[86] Y. Hasegawa, M. Yabuki, M. Matsukane: Identification of new odoriferous compounds in human axillary sweat, Chem. Biodivers. 1, 2042-2050(2004)

[87] M. Troccaz, G. Borchard, C. Vuilleumier, S. Raviot-Derrien, Y . Niclass, S. Beccucci, C. Starkenmann: Gender-specific differences between the concentrations of nonvolatile $(R)/(S)$-3-methyl-3-sulfanylhexan-1-ol and $(R)/(S)$-3-hydroxy-3-methyl-hexanoic acid odor precursors in axillary secretions, Chem. Senses 34,203-210 (2009)

[88] M. Troccaz, C. Starkenmann, Y. Niclass, M. van de Waal, A.J. Clark: 3-methyl-3-sulfanylhexan-1-ol as a major descriptor for the human axilla-sweat odour profile, Chem. Biodivers.1, 1022-1035 (2004)

[89] A. Natsch, J. Schmid, F. Flachsmann: Identification of odoriferous sulfanylalkanols in human axilla secretions and their formation through cleavage of cysteine precursors by a C-S lyase isolated from axilla bacteria, Chem. Biodivers.1, 1058-1072(2004)

[90] J.E. Amoore: Specific anosmia and the concept of primary odors, Chem. Senses 2,267-281 (1977)

[91] R. Claus, W. Alsing: Occurence of 5α-androst-16-en-3-one, a boar pheromone, in man and its relationship to testosterone, J. Endocrinol. 68,483-484 (1976)

[92] D.B. Gower, K.T. Holland, A.I. Mallet, P .J. Rennie, W.J. Watkins: Comparison of 16-androstene steroid concentrations in sterile apocrine sweat and axillary secretions: Interconversions of 16-androstenes by the axillary microflora - A mechanism for axillary odour production in man?, J.Steroid Biochem. Mol. Biol. 48,409-418 (1994)

[93] A. Nixon, A.I. Mallet, D.B. Gower: Simultaneous quantification of five odorous steroids (16-androstenes) in the axillary hair of men, J. Steroid Biochem. 29, 505-510 (1988)

[94] L. Dormont, J.-M. Bessière, A. Cohuet: Human skin volatiles: A review, J. Chem. Ecol. 39,569-578 (2013)

[95] P. Mochalski, J. King, K. Unterkofler, H. Hinterhuber, A. Amann: Emission rates of selected volatile organic compounds from skin of healthy volunteers, J. Chromatogr. B 959, 62-70 (2014)

[96] K. Villberg, A. Veijanen, I. Gustafsson: Identification of off-flavor compounds in high-density polyethylene (HDPE) with different amounts of abscents, Polym. Eng.Sci.38,922-925 (1998)

[97] H.B.An, M.J.Yu, J.M.Kim, M.Jin, J.-K.Jeon,. H. Park, S.-S. Kim, Y.-K. Park: Indoor formaldehyde removal over CMK-3, Nanoscale Res. Lett. (2012), doi:10.1186/1556-276X-7-7

[98] M.J.Yu, J.M.Kim, S.H.Park, J.K.Jeon, J.Park, Y.K. Park: Removal of indoor formaldehyde over CMK-8 adsorbents, J. Nanosci. Nanotechnol. 13, 2879-2884 (2013)

[99] N. Britigan, A. Alshawa, S.A. Nizkorodov: Quantification of ozone levels in indoor environments generated by ionization and ozonolysis air purifiers, Journal of the Air & Waste Management Association 56, 601-610（2006）

[100] J. Zhao, X. Yang: Photocatalytic oxidation for indoor air purification: A literature review, Build.Environ. 38, 645-654（2003）

[101] J. Mo, Y. Zhang, Q. Xu, J.J. Lamson, R. Zhao: Photocatalytic purification of volatile organic compounds in indoor air: A literature review, Atmospheric Environ. 43, 2229-2246（2009）

[102] Y. Zhang, J. Mo, Y. Li, J. Sundell, P. Wargocki, J. Zhang, J.C. Little, R. Corsi, Q. Deng, M.H.K. Leung, L. Fang, W. Chen, J. Li, Y.Sun: Can commonly-used fan-driven air cleaning technologies improve indoor air quality? A literature review, Atmospheric Environ. 45, 4329-4343（2011）

[103] World Health Organization: WHO Guidelines for indoor air quality: Selected Pollutants（2010）

[104] World Health Organization: Environmental burden of disease associated with inadequate housing（2011）

[105] P. Wolkoff: How to measure and evaluate volatile organic compound emissions from building products. A perspective, Sci. Total Environ. 227, 197-213（1999）

[106] J.E. Cometto-Muniz, W.S. Cain, M.H. Abraham:Detection of single and mixed VOCs by smell and by sensory irritation, Indoor Air 14, 108-117（2004）

[107] R.L. Doty, J.E. Cometto-Muniz, A.A. Jalowayski,P. Dalton, M. Kendal-Reed, M. Hodgson: Assessment of upper respiratory tract and ocular irritative effects of volatile chemicals in humans, Crit.Rev. Toxicol. 34, 85-142（2004）

[108] J.E. Cometto-Muñiz, M.H. Abraham: A cut-off in ocular chemesthesis from vapors of homologous alkylbenzenes and 2-ketones as revealed by concentration-detection functions, Toxicol. Appl.Pharmacol. 230, 298-303（2008）

[109] H. Destaillats, R.L. Maddalena, B.C. Singer,A.T. Hodgson, T.E. McKone: Indoor pollutants emitted by office equipment: A review of reported data and information needs, Atmospheric Environ. 42, 1371-1388（2008）

[110] H.F. Hubbard, B.K. Coleman, G. Sarwar, R.L. Corsi:Effects of an ozone-generating air purifier on indoor secondary particles in three residential dwellings, Indoor Air 15, 432-444（2005）

[111] A.C. Rohr: The health significance of gas- and particle-phase terpene oxidation products: A review, Environ. Int. 60, 145-162（2013）

[112] M.S. Waring, J.R. Wells, J.A. Siegel: Secondary organic aerosol formation from ozone reactions with single terpenoids and terpenoid mixtures, Atmospheric Environ. 45, 4235-4242（2011）

[113] C.J. Weschler, H.C. Shields: Indoor ozone/terpene reactions as a source of indoor particles, Atmospheric Environ. 33, 2301-2312（1999）

[114] Z. Fan, P. Lioy, C. Weschler, N. Fiedler, H. Kipen, J. Zhang: Ozone-initiated reactions with mixtures of volatile organic compounds under simulated indoor conditions, Environ. Sci. Technol. 37, 1811-1821（2003）

[115] B.K. Coleman, M.M. Lunden, H. Destaillats, W.W. Nazaroff: Secondary organic aerosol from ozone-initiated reactions with terpene-rich household products, Atmospheric Environ. 42,8234-8245（2008）

[116] B.C. Singer, B.K. Coleman, H. Destaillats, A.T. Hodgson, M.M. Lunden, C.J. Weschler,W.W. Nazaroff: Indoor secondary pollutants from cleaning product and air freshener use in the presence of ozone, Atmospheric Environ. 40,6696-6710（2006）

[117] P. Venkatachari, P.K. Hopke: Characterization of products formed in the reaction of ozone with α-pinene: Case for organic peroxides, J. Environ.Monit. 10, 966-974（2008）

[118] P. Wolkoff, P.A. Clausen, K. Larsen, M. Hammer, S.T. Larsen, G.D. Nielsen: Acute airway effects of ozone-initiated d-limonene chemistry: Importance of gaseous products, Toxicol. Lett. 181,171-176（2008）

[119] G.D. Nielsen, K.S. Hougaard, S.T. Larsen, M. Hammer, P. Wolkoff, P.A. Clausen, C.K. Wilkins,Y. Alarie: Acute airway effects of formaldehyde and ozone in BALB/c mice, Hum. Exp. Toxicol. 18,400-409（1999）

[120] J.H. Arts, M.A. Rennen, C. de Heer: Inhaled formaldehyde: Evaluation of sensory irritation in relation to carcinogenicity, Regul. Toxicol. Pharmacol. 44, 144-160（2006）

[121] Y. Alarie: Sensory irritation of the upper airways by airborne chemicals, Toxicol. Appl. Pharmacol.24, 279-297（1973）

[122] D. Paustenbach, Y. Alarie, T. Kulle, N. Schachter,R. Smith, J. Swenberg, H. Witschi, S.B. Horowitz: A recommended occupational exposure limit for formaldehyde based on irritation, J. Toxicol. Environ. Health 50, 217-263 (1997)

[123] P.A. Clausen, C.K. Wilkins, P. Wolkoff, G.D. Nielsen:Chemical and biological evaluation of a reaction mixture of R-(+)-limonene/ozone: Formation of strong airway irritants, Environ. Int. 26, 511-522 (2001)

[124] P. Wolkoff: Formation of strong airway irritants in terpene/ozone mixtures, Indoor Air 10, 82-91 (2000)

[125] C.K. Wilkins, P.A. Clausen, P. Wolkoff, S.T. Larsen, M. Hammer, K. Larsen, V. Hansen, G.D. Nielsen:Formation of strong airway irritants in mixtures of isoprene/ozone and isoprene/ozone/nitrogen dioxide, Environ. Health Perspect. 109, 937-941 (2001)

[126] A.C. Rohr, C.K. Wilkins, P.A. Clausen, M. Hammer, G.D. Nielsen, P. Wolkoff, J.D. Spengler: Upper airway and pulmonary effects of oxidation products of(+)-alpha-pinene, d-limonene, and isoprene in BALB/c mice, Inhal. Toxicol. 14, 663-684 (2002)

[127] A.C. Rohr, S.A. Shore, J.D. Spengler: Repeated exposure to isoprene oxidation products causes enhanced respiratory tract effects in multiple murine strains, Inhal. Toxicol. 15, 1191-1207 (2003)

[128] P. Wolkoff, S.T. Larsen, M. Hammer, V. Kofoed-Sørensen, P.A. Clausen, G.D. Nielsen: Human reference values for acute airway effects of five common ozone-initiated terpene reaction products in indoor air, Toxicol. Lett. 216, 54-64 (2013)

[129] H. Hakola, J. Arey, S. Aschmann, R. Atkinson: Product formation from the gas-phase reactions of OH radicals and O_3 with a series of monoterpenes, J. Atmospheric Chem. 18, 75-102 (1994)

[130] European Commission-Joint Research Centre: Impact of Ozone-initiated Terpene Chemistry on Indoor Air Quality and Human Health (2007)

第53章 语言学视角下的气味描述

生活中，我们经常对食物进行评价，喜欢或者令人厌恶。饮食过程，也是我们对食物认知的自发表达过程，我们常报以"喜欢"或者"不喜欢"，或者用"表情和动作"等非语言行为来传达喜恶。当我们描述它们时，或感性或理性，分析它们时，或客观或主观。我们对食物的评估从看到和闻到它时就已经开始，然后是咀嚼它们的过程中所产生的各种感觉，包括味觉、鼻后香、质地以及三叉神经感觉等。众所周知，作为人类，我们用感官来评判食物品质，然而，我们却无法用语言贴切描述出所有的感官感受，尤其是嗅觉印象更难以形容。本章将阐述关于语言视角下的气味描述，本书原著为德语的英译版，翻译时，我们深知文化和语言是密不可分的，文化潜移默化地影响着我们对嗅觉印象的描述方式；本章还深入研究了描述气味的专业术语与日常用语。

Ein Tisch ist ein Tisch/《桌子还是桌子》
瑞士作家彼德·比克尔于 1995 年创作的短篇小说

对事物命名有助于我们在日常生活中和周围的人相互交流。比如，我们谈论"桌子"，谈论双方必须都要知晓这个物件是"桌子"。彼德·比克尔的短篇小说里的主人公是一位老人，他把"床"称为"画"，把"桌子"称为"地毯"，把"报纸"称为"床"。从此，他便与外界无法进行准确的沟通与对话，他不再被人理解，他也无法理解外界。与气味相比，像"桌子"这种具备明显特征的物件，是很容易被识别和描述的。可气味呢？可就没那么容易了。我们该如何定义或命名我们所感受到的气味，如何用语言表达我们的所闻所感呢？气味的描述是一个十分重要的命题，有没有一个普遍有效的概念来表达我们的嗅觉印象呢？

在日常生活中，甚至在实验环境中，那些未经训练的受试者，不少都感到难言其状，甚至无言以对。他们明知自己闻到了什么气味，很熟悉，但无法说出那是什么气味。若此时，能给出一套有效的感官语言解决方案，那岂不如释重负，豁然开朗了。事实上，感官感受(特别是味道和气味)的语言化实在是一个极具挑战的过程。

从生理学的角度来看，对各种感官信号的感受，例如就像摄入食物中不同的单一食材，香水的味道，或者看到的物体，都可以归因于在特定受体细胞的反应，从而清楚地将味觉和其他感官感受区分开。然而，我们还不完全清楚大脑对这些信号的处理方式。感官之间的信号整合，以及整合后在感官分析和日常生活中对这些信号的语言表达，可能需要一种跨学科的方法，来更好地理解不同感官的感受和我们如何在谈论人类的感受时创造术语的意思。

感官感受语言化的困难，尤其是对气味的描述，是一个常见的假设，因为它符合感官和消费科学领域的日常经验。因为我们在谈论到我们口腔的感受时，经常不能区分各种感受，因此在吃喝时，风味被用来作为口腔所感的整体描述。据 D. Small[1]的研究观点，口腔感受是一种多模态的感官体验，包括味觉、鼻后嗅觉和口腔体感信号。Shepard[2]在论文中引入了鼻后气味这一术语，以避免味道和部分风味双重意思的混淆。在感官分析中，风味的定义很重要，因为感官小组成员受过专业训练去识别以及用语言表达他们对不同感官信号的感受。然而，这可能只适用于说英语或其他西方语言的有感官术语词汇的团体。跨越文化和语言的边界，调查一些不太为人所知的地区，可能会揭示出完全不同的情况。贾海语是一种在马来半岛使用的语言，人们用贾海语可以命名气味的印象，就像命名颜色一样容易，而说英语的人命名气味就有困难[3]。对泰国南部讲马尼克语的狩猎/采集者也进行了类似的调查。研究表明，在马尼克语中，气味是可以编码的[4]。这强调了一个事实，即选择的语言在我们如何用言语表达我们的感受上扮演了关键角色。

在我们研究气味语言化的方法中，我们聚焦于语言如何描述感受，以及在交流时，还可以使用什么策略来语言化描述感受。我们的研究经验主要基于德语，通常也进行了与英语术语的比较，因为大多数出版物主要列出英语术语或翻译成英语术语。不过，比较多种西方语言后，一些概念可能是近似的。

从语言的角度来看，气味词汇属于语言(德语)的亚词汇，其大小和细节到目前为止鲜为人知。虽然，气味充斥在日常生活中，在香水、葡萄酒或咖啡中，被评价和描述。然而，未经训练的受试者很难用恰当的词语来表达气味：怎样才能用词语恰当表达捕捉到常见的气味，像草莓味、咖啡味或香草味？在未受过训练的人的理解中，什么是真正的气味？正如英语中术语"taste"一词，包含的不仅仅是限于基本味觉的生理理解，还包括更多，那气味呢？也是如此吗？我们将基于德语和英语来解决这些问题。

要真正了解语言中关于气味的术语，语言学的观点可能会增加对气味感受的理解，特别是对气味描述的理解。为了汇编和描述德语气味词汇，我们语言数据调查的目的是揭示气味的日常概念。在日常生活中，我们通过气味清楚地了解更多：在日常的气味描述中，我们并不局限于让我们产生纯粹生理上可察觉的印象，当谈到气味时，我们经常会说出有关强度的信息——轻微的、强烈的或过分的，或气味愉悦性的信息——好闻或难闻。

但不仅仅是气味概念的延伸导致气味的日常词汇相对广泛而复杂，因为气味经常与情感体验和记忆有关，而且还有评价，好或坏，以及情感描述，这些必须包括在气味术语中。

以德语为例，本章将详述气味术语。我们将举例说明感官科学中气味概念和日常概念的差异。此外，在口语和书面语之间也存在有趣的区别。在口语中，我们可能使用更强有力非语言的肢体语言，或与交流伙伴的互动可能有助于抓住我们语言表达的目的。在感官分析中，我们还在专家语言和专业语言之间建立了联系。接下来，当提到受过感官分析训练的人的语言时，专业语言术语或专家语言术语都被使用，也就是说，专业地描述感官感受。用于产品开发目的的食品开发计划，有一套标准流程，其中开发合适的评价词语是关键的一步。考虑到风味感知所有方面的扩展词汇，有助于建立与消费者的桥梁，例如，在广告中。

将语言和感官科学相结合的跨学科方法，始于一个关于消费者对果蔬新鲜度的感官语义学项目[5]。这个项目是与多所瑞士的大学合作，从食品、感官科学和语言学等学科对味道和特定产品进行了全面调查。

53.1　气味的专业术语与日常用语的比较

无论是在专业领域，还是在日常生活中，我们都需要对感官感受进行描述。而由于二者的应用目的不同、语言方式不同而存在较多差异，本章将就这些差异展开论述。

53.1.1　感官专业术语

在感官科学中，对于食物的描述以及在感官分析中用来分析性描述感受的各种描述语和词进行强度评价，都有成熟的方法。受过训练的人在运用感官的同时，以分析的方式来评价和描述食物，而不是出于享乐、情感或评判的角度来进行描述。

在感官分析中，通常会根据人的感官敏锐度、沟通技巧和描述感官感受的能力以及可用性和性格来招募"评测员"。国际标准化组织(ISO)的 8586 号文件中提供了标准的操作示例。其中一个环节就是描述气味。ISO 规范区分了对"鼻前"和"鼻后"嗅闻测试的样品呈现方式：通过鼻前吸入法测试，样品是以试纸或闻香瓶的形式呈现；针对"鼻后香"的测试样品则是以含漱"水溶液"的方式进行评估。嗅觉材料包括苯甲醛、薄荷脑和丁香酚等物质，它们最常见的名称是苦杏仁或樱桃、薄荷和丁香的气味。然后，对选定的评测员进行测试并培训他们使用量表来记录感官感觉。事实上，这是所有感官感受分析都同样要经历的过程。但是根据各个感官小组特性的不同，关注重点可能有所不同。针对某个产品类别，培训评测员是很有意义的，因为他们可能将成为描述和测量这一特定感官类别的专家。

在评估期间，通过重复样本或在数周乃至数月至更长时期内，对单个评测员的表现进行持续监测，可确保评测的质量。在生成评估数据、感官描述和感觉强度的过程中，词汇和词汇的扩展是至关重要的。通常，小组成员要从预先编写的术语列表开始描述。对于许多产品或产品类别来说，已有了单独的术语表作为描述感官的描述语或术语的来源，不过，目前还尚不存在广泛意义上普遍有效的术语库。参考文献[6]～[17]给出了最近出版的有关各种食物的感官术语库的精选案例。由于所有的词汇都很常见，所以小组成员都需要经过综合训练，并且要面对大量的产品来生成术语。大多情况下，描述语的初始列表通常包含更多种类的术语，在小组讨论中，这些术语逐渐被精简，简化后的术语都是必要(非冗余的)且具有单义性的。

某一种术语列表主要用于某特定产品，因为描述的术语与描述对象(即特定产品或特定品类)之间是对应关系，这样才能被评测员完全理解。术语和参照物的定义可能只适用于所选择的产品，除了甜味、酸味或咸味参照物外并不具备普遍应用性。因此，在定义和参考范例的帮助下，评测员接受训练，最终可以对同一样品进行重复且一致的描述和测量。

这确实是一种人为的情况，在这种情况中，人类为了感官科学的特定目的，被训练使用一种定制的语言。在大多数情况下，这种定制的语言是有效的，并且在开发该语言的小组(主要是评估小组，即评估人员组)内是可以被理解的。

为了说明在感官科学领域中存在哪些类型的术语以及气味描述的多样性，我们以上述引用的 12 篇出版物和 13 篇感官词汇产品类别的文献[6-17]作为气味术语评价的依据。除了对泡菜的研究外，无论描述语的原始语言是英语还是其他语言，我们选择的所有文献出版物都是英文的[8]。描述语的翻译是一个关键问题，但在评价时暂未涉及这一问题。

总共提取了 200 多个术语，其中包括重复出现的单词。总的来说，从这些术语中可以得出以下结论：

- 约 170 个不同的术语或单词组合被列出。
- 约 140 个术语是单一的词，如，果味、焦糖味和酸馊味，与之形成对比的是带有定语的词组，如煮熟的柠檬汁味、切碎的草味、番茄罐头味和新鲜柑橘味等。
- 大约 60%的术语都是指像桃、烟草、巧克力、培根、干李子、五香茶或百里香之类的东西。
- 12 个术语提到了化学物质，如二乙酰、二氧化硫、香芹酮、丁香酚和乙酸乙酯。

表 53.1 列出了常见术语及其定义和相关参考范例。有些作者只给出了描述语[15]。该列表包括：柑橘香、果香、发酵香、青香、糖蜜香和木香。对于柑橘香、糖蜜香、木香、青香这四类术语有相似性，其所指都相对单义，比如：柑橘香总是与柑橘类水果有关，青香总是与青草或蔬菜有关，而果香和发酵香，其所指范围较为宽广。术语解读时所举的"参考范例"很大程度上取决于受测产品的类别以及评测员的文化背景，如果小组正在评测一种不熟悉的产品，并且需要首先获得经验，这一点就变得显而易见了。接下来举一个美国评测小组的例子，对泡菜的感官评价。在术语表开发过程中，评测小组前往韩国对该产品类别的词汇进行了调研，并对实际样本进行了测试[8]。作者认为，由于泡菜可能会在全球范围内获得更多关注，因此亚洲以外地区对该产品的认知度可能会提高，从而增加消费者对泡菜的体验。

表 53.1　感官描述语的举例及其定义和参照物

气味术语	定义	参照物	文献出处
柑橘香	带有柑橘类水果整体印象的芳香	—	Lawless 等[6]
	与鲜榨橙汁或柠檬汁有关的芳香	鲜榨橙汁和柠檬汁	Bett-Garber 和 Lea[9]
	柠檬、橘子、柑橘等柑橘类的香气	将天然产品放在感官品尝杯里	Monteiro 等[11]
果香	与非特定水果有关的混合芳香：浆果、苹果、梨、热带雨林的、甜瓜，但通常不含柑橘类水果	无	Lawless 等[6]
	—	切碎的 Granny Smith 苹果和红富士苹果各 100 片	Haug 等[7]

续表

气味术语	定义	参照物	文献出处
果香	与桃、苹果、杏、李子等果树相关的香气	将天然产品放在感官品尝杯里	Monteiro 等[11]
	甜酸混合物,让人联想到各种不同的水果	Welch 白葡萄汁	Cherdchu 等[12]
	香气扑鼻,香甜可口,让人联想到各种水果。如果可能,请描述具体的水果	—	Suwonsichon 等[15]
	成熟或未成熟的新鲜橄榄的气味/香气特征	Aloreña 初榨橄榄油	Galán-Soldevilla 等[13]
	与果味麦片有关的香气	Post 品牌的果味麦片	Leksrisomong 等[16]
发酵香	过熟水果的香气,微微发酵的甘蔗汁	杧果酵素汁	Smyth 等[8]
	与发酵的水果、蔬菜相关的香气	一份酸菜汁兑入两份水	Bett-Garber 和 Lea[9]
	甜的、过熟的、腐烂的、发霉的、甜的、略带褐色、过熟的香气,与发酵的水果、蔬菜或谷物有关;有酵母味	Great lakes 品牌的番茄干	Cherdchu 等[12]
	甜的、略带褐色、过熟且略带酸味的芳香混合物	黑莓 WONF 3RA654	Suwonsichon 等[15]
	可能含有绿蔬的发酵奶酪味酸香混合物,如酸菜、发酸的干草或渥堆的草	Frank 优质草药	Leksrisomong 等[16]
青香	鲜切叶、草或绿色蔬菜的香气		Lawless 等[6]
	与新鲜的茎秆、梨皮或西瓜皮有关的青香香气	顺-3-己烯-1-醇、花茎、番茄梗、西瓜皮	Bett-Garber 和 Lea[9]
	与绿色植物/蔬菜有关的强烈的微刺激性芳香,如芦笋、芽甘蓝、芹菜、菠菜等	紫菜(海带)	Cherdchu 等[12]
	新割草的气味/香气特征	50 毫升水或新切的草中加一滴顺-3-己烯-1-醇	Galán-Soldevilla 等[13]
	微酸芳香剂,通常与未成熟的水果有关	Granny Smith 绿苹果(无果皮)	Suwonsichon 等[15]
糖蜜香	—	1/2 勺未硫化的糖蜜(给出确切的产品)	Haug 等[7]
	焦糖头香,可包括略带尖锐、刺激的含硫糖蜜香	祖田牌蜜糖	Cherdchu 等[12]
木香	与树皮相关的平滑、深色、干燥、发霉的香气	雪松油	Suwonsichon 等[15]
	与木桶、木材相关的香气	在每升 19%(体积比)的酒精中浸泡 1.0 g 中度烘烤的橡木片	Monteiro 等[11]
	平滑、深色、干燥的树皮或者木制品的芳香物质	冰棍木棒、4-乙基愈创木酚	
	木材的气味	将刨花放入 60mL 烧瓶中	Galán-Soldevilla 等[13]

必须指出的是,这些例子或多或少都是常见的产品,包括经典感官科学方法的结果。然而,在其他领域,如葡萄酒,"专家用语"中含有那些并不精准的评价,除了感官描述语,其词汇列表也更加广泛。例如,Lehrer[18]将葡萄酒评估专家分为两类,一类是有科学志向的专家,另一类是从事葡萄酒行业的品酒师或写葡萄酒的作家。

通过对"一般专家用语"以及"感官专家术语"进行观察,可以发现:

- 感官科学家设计的术语列表,在用于"程度"评估时,这些术语可以区分出产品之间的差异。
- "小组讨论"需要确保所有成员都知道术语的具体含义。为此,工作人员要对术语进行详细说明,并为小组成员提供参照物,以便他们能够尝到或闻到,并使他们的感受与所列术语相匹配。

- 通常建议将单独的术语定义与其他事物相关联,该定义的读者必须通过日常生活中的经验或对照"参照物"来加深理解。
- 特别是关于气味的术语中,大多数术语都使用一些"实物"的名称来进行描述,而不是其所涉及的感官印象。偶尔术语也会以化学结构来命名。特别是对于芳香分析领域的专家来说,人们接受的训练是将一种感官感受与一种独特的化学物质联系起来,并将其列入描述词汇。
- 用单一的"实物名称"术语通常不足以精确地描述一种感受。水果在成熟和加工(烹饪)过程中会改变香气,从而出现诸如,煮熟的李子、番茄干、过熟水果或加工过的浆果汁等术语。与食物的某种状态有关的,还有"酸馊的黄油"、"五香茶"或"黑巧克力"等。
- 带有"像……一样的味"表达的新词几乎没有出现(干草样味、葡萄酒样味),而这样的表述在日常用语中十分常见。

"Curiosity"一词是文献[16]中提到的另一个术语,它与果香(非柑橘类)相关,该术语与感官感受无关,只有使用该术语的评价小组才能理解。

总的来说,在专家用语中,纯气味术语在语言(英语)中是有限的。大多数术语及其定义和参照物都适用于所调查的产品类别。Miller 等[19]试图将描述语"坚果味的"作为坚果、谷物或豆类等不同食品类别的示例。他们指出"坚果味的"一词的五个概念,有豆香坚果味、黄油坚果味、坚果粒样味、木香坚果味和全面坚果味,包括用于感官评价时衡量不同强度尺度的定义和参照物。不过,这些参照物是美国特有的,可能不太容易转移到其他国家。虽然在英语、德语和其他语言中可能没有一个完善的词汇表来描述嗅觉感受,但人们仍然能够通过命名物体或实际参照物来借代他们对这一感受的描述。有趣的是,有些文化的语言在表达另一种感官感受上有限制,比如颜色。在一些语言中,比如澳大利亚约克角半岛的翁皮拉语,或者巴布亚新几内亚的特罗布里兰群岛的基利维拉语,颜色术语的范围仅限于黑、白、红。同样地,在描述气味方面,他们也必须通过借代与之相近似的气味来源"实物"来进行描述,例如,气味像香蕉或花[20]。

纵观感官科学文献,有各种各样的方法来测量"预先定义的描述语"的强度(与实际感受相比的匹配程度)。Lawless 和 Civille[21]总结了最重要的几种方法,并在一篇关于如何开发术语库的综述中进行了概述,他们指出,感官分析的标准化词汇,可以促进不同受众之间的交流。根据他们的观点,术语库可能有助于在各个评测小组、公司甚至国家之间实现感官语言的标准化。随着商业的全球化,对产品的感官描述保持一致似乎成为一种需要。作者概述了收集术语、生成定义以及找到合适的参照物和词典验证的过程。从语言的角度来看,它虽然在评测小组内有效,但这种方法在某种程度上可以说是强加的。对于专家来说,感官词汇的发展可能会促进交流;然而对于非专业人士来说,这似乎是个难解的命题。

Giboreau 和同事[22]专注于如何使用综合方法定义感官评估的描述语。描述语定义的主要目标(因为这是感官科学中的常见方法)是尽量减少小组内描述语含义的矛盾,但根据研究者的说法,它还将有助于支持这些结果的用户或支持描述语的翻译。此外,较多的以主观而不是以客观为中心的定义可能是有利的,就像许多感官词汇一样。

　　还有个有趣的设想,那就是,在感官科学领域,是否有可能找到一种能够跨地理、跨文化来进行测量感官感受的语言呢?对于已经发表的通常未知的语言,简单地翻译术语是不现实的[23]。由于社会文化、语言类型及个体经历会影响对嗅觉印象的认知,因此即便概念相同,但实际感受到差别却可能不同。参考文献[23]中给出了贾海语(马来半岛的土著部落"Jahai"族人的语言)中常见的气味术语示例。这些术语不能简单用英语术语翻译。它们大多与难闻的气味有关,如尿液、血液、粪便和腐肉。令人愉快的词语则与糖果、熟食或鲜花有关。这反映出文化在某种程度上对语言的影响。

53.1.2　与日常用语比较

　　"专家用语"或"专业术语"在某种程度上是人为构建的语言体系。如 53.1.1 节所述,将特定感官感受的术语标准化,其目的是能够在少数人的参与下对产品进行感官测量,因此有必要对他们进行综合训练以完成这项任务。

　　这与我们的日常生活截然不同。我们会以个人经历、文化背景和语言偏好来表达我们的看法,这种看法不一定具有可比性,但其依然可以书面和口头的形式阐明我们的感受。

　　Urdapilleta 等[24]进行了一项收集关于花香气味描述的研究。他们让没有感官描述经验的大学生描述气味,并写在纸条上交给评测者。评测者被要求描述纸条上所写的气味、这些气味让他们联想到什么,以及用什么术语来表征这些气味。之后,不管是感官术语、个人记忆、表示程度(强度)的术语、"享乐表达"还是其他表述,这些术语都被分门别类。不足为奇的是,只有 18.6%的术语涉及感官感受,大多数术语(52.8%)与物体有关,这实际上可与专家用语相媲美。对于初学者来说,在感官描述方面享乐表达占比 17.1%,这是很常见的,比如对食物或香水的感受,在第一步就与喜欢或不喜欢紧密相关,而不是对感官刺激的中性和分析性描述。

　　在食品领域,葡萄酒的感官交流相较于其他食品要更为普遍,诸如咖啡和巧克力之类的产品也在精心设计语言以促进销售。之所以如此,是因为葡萄酒领域提供了更为"通用"的语言,它可能不仅是对产品的感官描述。例如,Lehrer 研究了美式葡萄酒语言[18]。她指出,葡萄酒语言中只有很少的纯气味术语,例如,香的和芬芳的。大多数与气味相关的术语都包括"借代物"名称,比如"黑莓"或"芦笋",感官词汇也是如此。对葡萄酒的非感官描述则包括评价性词汇,如"平衡的"或"复杂的",以及形容身体的词汇,如"肌肉发达的"、"粗壮的"、"瘦弱的"或"光滑的",这些词不一定与葡萄酒的气味感受有关。

　　对于感官描述的非专业人士来说,气味描述也主要利用"借代物"的名称。这些词汇也丰富了人们对享乐的表达、隐喻和对程度的描述,还增加了一些个人经验。

　　采用何种数据收集方法将影响到最终列出的术语。从语义的角度看,有两种可行的方法。第一种是"知义求名"的方法,首先品尝产品,然后收集描述用语并进行讨论。第二种方法称为"知名求义",以单词为出发点,通过讨论来阐明它们的意义[25]。为了深入了解这种方法,下一节将介绍德语的实验数据。此外,对书面语和口语的研究也很有趣,因为在交流中可以用更多策略来辅助我们表达"意思",而在书面语中,这种表达则会"限制"于一人。

53.2　日常用语中的气味术语

气味术语的基本原理是建立在德语中所谓"味觉"的词汇基础上的。由于味觉和气味在语言中是密切相关的,在日常生活中对其进行生理感受上的分化(滋味与气味)并不重要,因此本节将从味觉术语的角度提出一些见解(53.2.1节)。在文献中,这被界定为"味觉嗅觉混淆"[26]。此外,正如 Rozin[26]所描述的那样,嗅觉的双重性(鼻前香与鼻后香)可能会影响我们所认为的嗅觉印象。挥发性化合物要么是在鼻的正前方,即鼻前一段距离处被感知,要么是在鼻后,即在口腔中被摄取并感知。

这些原则是为德语而制定的,它们可能同样适用于英语或其他西方语言,但绝对不是普遍适用的。

关于翻译问题,要注意非常重要的一点。已经有人尝试出版多语言术语库。例如 ISO规范 5492 列出了感官词汇及其定义,又例如以结构术语为重点的特殊多语言词典,该词典已以多语言列表的形式出版[27]。单义的术语列表是至关重要的,因为在没有上下文的情况下,并不是所有的单词的翻译都是简单易懂的。不同语言中的概念不一定是一致的,尤其是多义词,即具有几种不同含义的术语。"Fresh(新鲜的;别致的)"就是一个例子[5]。

53.2.1　味觉的基础术语

德语中的味觉词汇是语言学家和感官科学家合作收集的。组合了不同程序(53.2.2 节),以确认和收集日常语言中可以用来描述味觉的术语。结果是收集了 1000 个味觉术语,同时也识别和分析了其他描述味觉的策略[25]。图 53.1 显示了德语中最重要的味觉术语(此处为英文翻译)。

53.2.2　德语中的气味术语:数据收集

为了具体示例我们是如何编译语言数据的,在此给出研究德语中气味词汇的方法,共包括如下三个步骤:

1. 第一部分是提取德国通用词典中的有关气味的单词:对不同的词典进行筛选,找出所有描述气味的形容词。摘录的关键是,这些词至少与 Geruch(德语气味,名词)或 riechen(德语气味,动词)中的一个有关,即必须在意义描述或例子中明确提及这些关于气味的词。

2. 第二部分是对德国最大的书面语语料库——"德文参考语料库(DeReKo)"的评估,该语料库由德国曼海姆语言研究所(IDS,德国语言学会)开发和维护。在其中使用相同的标准搜索气味术语即可。
   通过使用如"COSMAS II"等研究工具,还可以检测和验证乍看起来并不典型的气味术语,例如,grün(绿色)通常与油有关,这是一种在感官词汇中相当常见的叙词(53.1.1 节,表 53.1);neu(新)通常与新机器和新汽车有关;warm(温暖)通常与动物,特别是与马有关。此外,该工具还可以说明气味术语与单词"气味"或"嗅觉"的关联关系及关联频次。

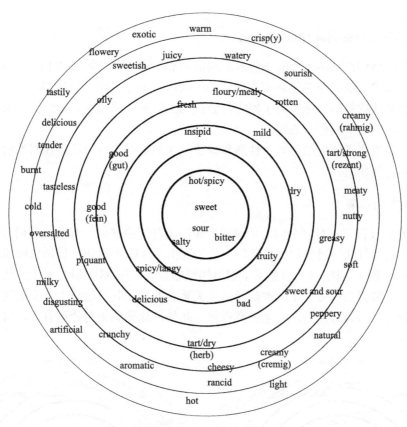

图 53.1　将德语的主要味觉术语翻译成英语

3. 第三部分包括测试人员在经过所谓的基础气味用语测试(BOTT)后，主动列出的气味术语的集合，该测试类似于 53.2.3 节中介绍的基本味觉术语测试。

基于三个步骤得出的结果，德语气味术语库编制完成。通过评估不同的词典，(仅)得到 44 个气味术语，之后通过检索语料库，可得到 290 个额外的气味术语，以此补全气味词汇表。最后，基础气味用语测试(BOTT)列出了 451 个被测试人员积极列出的气味术语。在对组合方法的结果进行修正后，确定了大约 600 个不同的术语，这些术语在德语中用于描述气味。

值得注意的是，在语料库研究和基础气味用语测试(BOTT)中，共同提及的术语仅有 125 个，因此可以看出，这些术语的使用频率是一定的。这种相当有限的交集表明，要么它们没有在词典中被记录下来，要么只在特定情况下(如书面交流)才会使用。

此外,基础气味用语测试(BOTT)的第三部分对气味词汇表的结构和内部词汇关系进行了说明。

53.2.3　基础气味用语测试(BOTT)

术语数量只是全面理解气味词汇表的一部分。其在用法上是核心词汇还是边缘词汇对研究而言也具有重要意义。为了识别德语核心气味词汇表的单词，本文提出了基础气味用语测试(BOTT)方法来区分核心词汇和边缘词汇。

1. 基础气味用语测试(BOTT)方法

根据 Morgan 和 Corbett[28]的颜色术语测试和基本味觉术语测试(BTTT),瑞士苏黎世联邦理工学院的 213 名学生被邀请在限定的时间内写下尽可能多的单词,这些单词可以用来描述食品或饮料的气味。为了确定每分钟列出的术语的数量,他们被要求每分钟后在已经写好的单词下面画一条线。

此外,还收集了他们的年龄、性别和成长地区的数据。写的次数和写的时间两者都对评价起决定性作用。

2. BOTT 的结果

在 BOTT 过程中,对每个词的出现频率和出现时间的评估,有助于对词典和文献研究方法收集到的气味词进行相关性排序。总共列出了 451 个术语。德语气味术语的这些结果如图 53.2 所示。图 53.2(a)显示了德语的原始结果,图 53.2(b)显示了英语的近似翻译。再次,必须指出的是,术语的翻译是至关重要的。尤其是没有上下文的逐字翻译,必须小心处理,因为可能无法完全理解意思。此外,这些结果对德语有效,可能仅部分适用于英语。

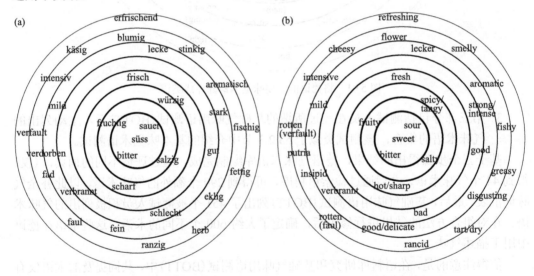

图 53.2　德语(a)的 30 个最主要的气味术语及其近似的英语翻译(b)

在图 53.2 中,气味术语在圆圈内的位置是根据它们被提及的频率来标注的,图中心的术语是列出的 30 个最频繁使用的气味术语。

据此评估,以下观察结果尤其令人感兴趣:

- Süss(甜的)经常被提及,甚至在基础气味用语测试(BOTT)开始时就被提及(通常在第一分钟),而所有其他的核心气味术语则在后面被提到(表 53.2)。因此,尽管从生理学角度来说,Süss(甜的)是一个味觉描述词,但它必须被视为核心"气味术语"。

表 53.2　在 BOTT 的第一分钟内列出的 10 个最重要的气味术语

气味术语(德语)	气味术语(英语)	气味术语(中文)	提及频率/%
Süss	Sweet	甜的	78.9
Sauer	Sour	酸的	58.2
Bitter	Bitter	苦的	41.8
Salzig	Salty	咸的	37.6
Fruchtig	Fruity	果香的	26.8
Scharf	Hot/sharp	辣的	26.3
Würzig	Spicy/tangy	辛香的	22.5
Frisch	Fresh	新鲜的	17.4
Gut	Good	好闻的	13.6
Fein	Good/delicate	美妙的	12.7

- Süss 似乎是德语中的核心气味术语(图 53.2)和核心味觉术语(图 53.1),这一发现说明了气味和味觉之间的接近性。它也证明了在日常生活中,味觉和嗅觉之间在用词上通常没有明显的区别[26]。
- 因此,在德语的气味词汇中,其他味觉术语也处于核心地位,这并不奇怪。它们包括基本的味觉术语,顺序如下:甜的(Süss)、酸的(sauer)、苦的(bitter)和咸的(salzig)(表 53.3)。第五种基本味觉术语"鲜味(umami)"并没有被提及。这恰恰证明了味觉和气味的混淆。显然,人类如何感受感官刺激并不重要,重要的是它的品质,比如它是甜的还是酸的。

表 53.3　德语中 20 个最主要的气味术语

气味术语(德语)	气味术语(英语)	气味术语(中文)	提及频率/%
Süss	Sweet	甜的	85.0
Sauer	Sour	酸的	69.5
Bitter	Bitter	苦的	61.5
Salzig	Salty	咸的	57.3
Fruchtig	Fruity	果香的	54.9
Würzig	Spicy/tangy	辛香的	51.2
Frisch	Fresh	新鲜的	46.0
Scharf	Hot/sharp	辣的	44.6
Gut	Good	好闻的	30.5
Schlecht	Bad	难闻的	27.2
Mild	Mild	温和的	23.9
Verbrannt	Burnt	焦煳的	22.5
Stark	Strong/intense	强烈的	21.1
Fein	Good/delicate	美妙的	20.2
Lecker	Delicious	美味的	20.2
Verdorben	Rotten	腐败的	18.8
Fettig	Greasy/oily	油腻的/油滑的	18.3
Blumig	Flowery	花香的	17.4
Faul	Rotten	腐烂的	16.9
Herb	Tart/dry	酸涩的	16.9

- 另一个有趣的地方是对感受的评估。正面和负面的评价似乎对描述非常重要：好的(Gut)、坏的(schlecht)、好吃的(fein)和美味的(lecker)是最常被提及的术语。

- 用来描述难闻气味的负面术语很早就被列出。例如，烧焦的(verbrannt)、酸败的(ranzig)、臭的(stinkig)或腐败的(verfault)

- 此外，气味感知的强度也很重要。无味的(fad)、温和的(mild)、加强的(intensiv)或强烈的(stark)之类的术语显示了强度描述的重要性。

- 10.2%的气味术语表示对食品加工的"积极"或"消极"评价。这样的术语包括烧焦的(verbrannt)或腌制的(gepökelt)等。

- 一些术语指的是一年中不同的时节，比如圣诞节(weihnachtlich)、秋天(herbstlich)、夏天(sommerlich)等。在这种情况下，特定的事件(如圣诞节)似乎与不同的气味[紫丁香(zimtig)，即肉桂样的味道]有着千丝万缕的联系。

- 随着我们所吃的食物越来越全球化，根据具体的食物体验做出参照物也就不足为奇。这一点在泰国人(thailändisch)、东方人(orientalisch)或美国人(amerikanisch)等术语中表现得很明显。

- 德语有多种标记词源的方法(例如后缀-ig 和-artig 表示"像……一样"，例如"柠檬(zitronig)"、"像柠檬一样(zitronenartig)"；或者表气味强度(后缀-lich，表示较低的强度)。举例来说，"süsslich"就是"微甜"的意思。因此，可以把一个用来命名物体名词派生为形容词，并由此产生一个感官气味描述词。这是气味术语中 20.8%的情况。

通过对这些结果的评估，我们可以深入了解德语中气味词汇的规模和结构，与基本味觉术语测试(BTTT)(53.2.3 节)中 836 个术语的味觉词汇相比，德语气味词汇(451 个)的规模和结构明显较小。尽管从生理学角度来看，气味感知的数量比味觉的感知受到的限制要少，但语言中用于描述气味的形容词数量的确很有限。

对此，发现有两种可能的解释：首先，有许多其他的方式来描述气味(53.3 节)，使用形容词不是唯一的选择。例如，可以使用短语来表示，其中还会包括一个对比对象，如气味让我想起(der Geruch erinnert mich an)或闻起来像(das/es riecht wie)。我们发现后一个例子在 IDS 语料库中出现了 300 多次。

另一方面，基础气味用语测试(BOTT)指出许多形容词都可以从表示指称或宾语的名词派生出来，比如像浆果的(beerig)或像大蒜的(knoblauchig)。因此，这些参照物可以用德语中不经常使用的特殊格式来描述。

如本章开头所述，通过各种程序收集的 600 个气味术语，其中只有 125 个术语的少部分交集。一种可能性是，这些术语在不同的语言变体中使用，比如主动语态和被动语态，书面语和口语。

语料库检索发现的术语主要用于书面交流。相比之下，基础气味用语测试(BOTT)收集的术语包括许多特殊构成的术语以及味觉术语。后者可能表明，在如此的分析实验情境下，测试者未能区分出味觉和气味。此外，在日常生活中进行这样的区分也毫无意义。

观之 Urdapilleta 等的研究[24]，尤其是他们在收集气味描述词时，在没有真正品尝参照物的情况下就进行了词汇采集，这样做限制了术语被列出的多样性。

53.2.4　书面语中的气味术语

在对语料库数据进行评估时，也出现了一些有关书面语的情况：研究者在术语表中发现，与基础气味用语测试（BOTT）中列出的术语不同，书面语存在一些差异。有趣的是，这些术语包括一些通常不再使用的术语，或者属于特殊群体用语。首先提到了高级的术语，只有在语料库数据中才能找到的一个高级术语是"香脂的（balsamisch）"。另一个例子是，某个特殊群体使用的术语，如受过教育的人或专家会使用"不祥的/不吉利的（ominös）"。甚至专家用语中的术语，如"樟脑样的（campherartig）"也被收录在词典中，并用在书面语中，但在日常生活中却很少见。

53.2.5　口语中的气味术语

口语的优势是更灵活，能适应具体情况[29]。基础气味用语测试（BOTT）研究表明，口语不仅使用"词汇化"的气味术语，而且还使用在词典中显示相应定义的术语。为了能够捕捉气味感知的复杂性并向他人描述，在完全不同的上下文中使用过如下词语，例如丑陋的（hässlich）或绿色的（grün）；还包括许多特殊的构成形式以及由名词加后缀派生而来的形容词，如后缀为"像……一样的（-ig）"，比如"像木头一样的（holzig）"、"像泥土一样的（erdig）"、"像柠檬一样的（zitronig）"和"像巧克力一样的（schokoladig）"等。

作为获取口语数据的另一种方式，专题小组讨论是一种有趣的方法。在研究中，我们可以观察到，在专题小组讨论中，参与者经常使用临时的话语方式来描述特定的口味。同样地，在经过长时间的讨论后，参与者通常就一个术语达成一致意见，其中包括之前所描述的内容。这类似于与训练有素的评测员进行感官小组讨论，术语库的开发也是以类似的方式进行的。

53.3　用日常用语描述气味感知的策略

对比受过专业训练的人和未经训练的人的词汇表，可以清楚地看出，纯粹的气味描述术语并不多。因此，研究表达我们感受的语言策略是很有意义的。从语料库数据和对德国通用词典的评估已经提到了一些方面。这些策略包括命名策略、享乐性描述和强度描述。在日常生活的对话中，伙伴之间很少用感官描述术语来描述气味。因此，研究讨论或对话中用来描述个人感受的策略是很有必要，以便更好地理解德语中描述气味感知的方法。

在下面的小节中，我们想说明感官感受的描述可能在"给出一个单词"、"讨论一个术语"与其他词（单词字段）或叙述序列之间有所不同。

语言数据是通过专题小组讨论收集的。小组选择了几个产品类别，并根据性别、年龄和母语（母语为德语）选择了参与者。专题小组是由有限人数的参与者进行的小组讨论；目的在于适度温和的激活对话，这样就可以在一种相对轻松和非正式的氛围中展开自由的讨论。与市场调查中的专题小组不同，该组所有的对话都基于视频和音频记录进行了完全转录，包括有关人们交谈方式的详细信息。这也包括非语言反应和感叹词，如"啐"

(pfui)或"呕"(igitt)。因此,专题小组讨论的结果可以帮助揭示一些"言外之意"。

下面,我们用具体的语言例子来说明研究结果。这些例子在原始抄本和翻译版本中都有呈现。用大写字母突出重点、用括号分隔不同长度的空格以及用(.)、(-)和(‐)表示中间分隔等。

53.3.1　如何使用单词

在大多数情况下,一个简单的术语不足以描述气味;一个人在与他人交谈时,需要多个(气味)术语来传达他的个人感受。这可以通过在单词字段中界定单词(和语义澄清)来证明(表 53.4)。

表 53.4　以妇女和酸奶为例,根据专题小组数据说明词域概念的语言文字记录

德语	中文
Mia: ich glaub er RIECHT auch nicht beSONders; ich find wenn man(.)wenn man JOghurt aufmachtund er RIECHT irgendwie stark nach-(bewegt Hände mit gespreizten Fingern)-was: weiss nicht so(‐)ja nicht FAUlig IST ja es nicht;	Mia:我觉得这个不是很好闻,我想当(.)当你打开一个酸奶杯时,它有一种非常强烈的气味(手指张开,移动双手),像什么呢? 我不是很确定(‐)- 这个味道是不是变质了
Zoe: Ja EINmal dieses SÄUerliche	Zoe: 好吧,首先,这个味道有点酸
Mia: Ja(-)ja- aber so SAUer ist ja mmh in verbindung mit MILCH oKEY weil es gibt ja auch so verschiedene KÄse die ziemlich heftig RIEchen; und aber das ist dann so diese EIgenart das ist oKEE	Mia: 是的(-)是的- 好吧,对于牛奶来说, "酸"是可以的 因为还有很多不同的奶酪 闻起来也很浓 但这就是这个特点 没关系

表 53.4 是与女性就酸奶进行的专题小组讨论的摘录。参与者 Mia 首先试图用"腐烂的(faulig)"来描述酸奶样品的气味,但她自己并不确定这个词是否正确。Zoe 同意这一点,但为了进一步解释,Zoe 使用了语义上相似的术语"酸的(sour)",Mia 最终酌情采用了"酸的(sour)"一词——"酸"和奶制品联系在一起是可以的。

53.3.2　如何使用图像/场景

在专题小组对话中可以观察到:参与者经常利用参照物推理具体情境,或是描述不同产品可能的或实际的体验。在这些方式中,参与者勾勒出动态场景、图片和场景,通过这些情景,他们将气味术语语境化,同时将其模糊意义具体化。

表 53.5 是与女性就面包进行的专题小组讨论的摘录。参与者 Ida 用森林里的真菌图像来描述一款特制面包的气味,因为没有合适的词来描述这种气味。最后 Joy 试着用一个词来描述这个气味:"泥土气的,泥土味的(erdig)"。需要特别注意的是,Ida 不仅用图片来说明,而且通过手势来支持她的描述。

53.3.3　如何使用参照物

典型参照物对气味术语的描述具有重要意义。他们可以明确气味术语的含义,并指出这些术语在日常用语中出现的具体语境。

表 53.5　语言说明文字，用于说明基于专题小组数据的场景的概念，其中以妇女和面包为例

德语	中文
Ida: Aber wie das（.）um das BROT irgendwie den geSCHMACK zu beschreiben; und dann sind mir so（-）- eben so BAUMpilze in den sinn gekommen also wenn du in den WALD gehst- Ida: Und dann （（mit den Händen Pilze anzeigend））überall- die PILze an den BÄUmen hängen so riecht（.）also so wie das RIECHT und so SCHMECKT auch das brot. also（-）vielleicht auch ein bisschen so- wie TRÜffel oder so（-）; aber irgendwas das aus dem BOden kommt; und aus dem wald-	Ida: 但是如何描述气味呢（.）面包 描述味觉的话， 我想到了（-）- 树上的真菌 就像你走进森林里一样 Ida: 之后 （利用手势示范）到处 树上挂的都是真菌 我闻到这样的味道，闻起来像是这样 就是面包的味道 也许也有点像 松露之类的东西 但是是从地里 和森林里出来的东西
Joy: ERdig;	Joy: 泥土气息
Ida: mhm（.）also ähm GANZ genau	Ida: 嗯（.）好吧，呃，很准确
Ada: ERdig ist gut	Ada: "泥土气息"，是的

　　据观察，典型参照物是解释气味术语的一种重要策略，通常也用于味觉的描述[25]和气味感受。

　　表 53.6 是与男性就"人工"和"天然"两种味觉术语进行的专题小组讨论的摘录。为了描述人工香味的构成，参与者 Rolf 首先对人工气味进行了评论，并给出了塑料袋的气味作为人工气味的参考。

表 53.6　语言文字记录，用于说明基于原型参考描述的概念，该原型参考基于专题小组数据，其中男性和自然/人工为重要感觉描述符的示例

德语	中文
Tina: Und WIE SCHMECKT es dann（.） wenn es KÜNSTLICH schmeckt（-）? was macht dieser（.）KÜNSTLICHE GESCHMACK aus（2.45）	Tina: 它尝起来是什么味道（.） 尝起来像是人工的（-）? 这是什么做的（.）尝起来像人工的（2.45）
Rolf: Hat auch VIEL mit GERUCH zu tun und wenn der GESCHMACK so n bisschen is wie DAS（-）， wenn man ne TÜTE aufmacht, und es riecht nach PLASTIK, dann（-）hat man oft SCHON- den GESCHMACK so: Auch auf der ZUNGE-	Rolf: 这个气味（-）， 尝起来有点像 你打开一个塑料袋时， 它闻起来像塑料， 然后（-）它已经是- 舌尖上的味道了-

53.4　结　　语

　　针对"我们如何谈论气味感受"的调查，揭示了语言的有趣特征，因此，即使语言仅限于特定术语，我们也有能力表达它们。很明显，这类研究所采用的方法会影响到结果。我们的重点是采用不同的基于语言学的研究方法。

　　根据所研究的语言不同，准确描述的"术语数量"或"表达策略"可能也会有所不同。此外，人与人之间也存在个体差异。例如，像在感官分析中所做的那样，"用语言来表达感受"这项训练可能会影响"语言中对术语的使用方式"及"表达策略"。对德语的研究表明，对于这种特定的语言，气味词汇是有限的。不同群体的人，无论是否受过训练，词汇量都存在差异。然而，所有群体都明显缺乏明确界定的术语。气味描述的最显著的特征可能是物体被命名或特殊的形成物的出现。

　　与包含约 1000 个术语的德语味觉词汇相比，由 600 个术语组成的气味词汇是相当少的。对于这个事实，有两种解释。首先，味觉词汇还包括如生理意义上的味觉等其他感知(图 53.3)。质地术语(松脆的、奶油状的)、对口感的描述(干的)、温度的描述(温暖的、冷的)或是"享乐表达"的描述都是从语言的角度来描述味觉的。第二个原因可能是使用了其他结构，例如短语"闻起来像"，因为比起使用气味形容词，使用参照物的名称来借代表达受测物的气味更为常规。

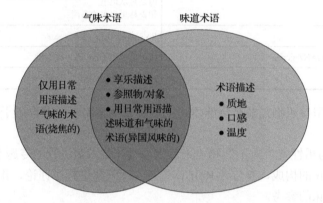

图 53.3　用日常用语识别气味和味道的术语：相似点和不同点

　　图 53.3 展示了德语中用于气味和味觉感受的术语类型，以及它们在日常用语中的联系。很明显，二者有一定的重叠，因为我们通常对这两种不同的感官感受(味觉-嗅觉)不做区分，因此它们之间的混淆是众所周知的[26]。

　　总的来说，可以得出结论，语言提供了多种"表达策略"以表达我们的感官感受，即使我们可能没有确切的用语来描述咸味或甜味等基本味觉。此外，尽管我们可能使用模糊的描述，但在交流中我们可以彼此理解。表达感官感受，这是非常私人的事情，可能不是日常生活中的主要问题。然而，理解"语言是如何被用来表述感官感受的"这个命题，能够帮助我们使用更专业的方法来描述我们的感受。

参 考 文 献

[1] D. Small: Flavor in the brain, Physiol. Behav. 107, 540-552 (2012)

[2] G.M. Shephard: Smell images and the flavour system in the human brain, Nature 444 (16), 316-321 (2006)

[3] A. Majid, N. Burenhult: Odors are expressible in language, as long as you speak the right language,Cognition 130, 266-270 (2014)

[4] E. Wnuk, A. Majid: Revisiting the limits of language:The odor lexicon of Maniq, Cognition 131, 125-138 (2014)

[5] S. Péneau, A. Linke, F. Escher, J. Nuessli: Freshness of fruits and vegetables: Consumer language and perception, Br. Food J. 111 (3), 243-256 (2009)

[6] L.J.R. Lawless, A. Hottenstein, J. Ellingsworth: The McCormick spice wheel: A systematic and visual approach to sensory lexicon development, J. Sens.Stud. 27, 37-47 (2012)

[7] M.T. Haug, E.S. King, H. Heymann, C.H. Crisosto:Sensory profiles for dried fig (*Ficus carica* L.) cultivars commercially grown and processed in California, J. Food Sci. 78 (8), S1273-S1281 (2013)

[8] H.E. Smyth, J.E. Sanderson, Y. Sultanbawa: Lexicon for the sensory description of Australian naïve plant foods and ingredients, J. Sens. Stud. 27, 471-481 (2012)

[9] K.L. Bett-Garber, J.M. Lea: Development of flavor lexicon for freshly pressed and processed blueberry juice, J. Sens. Stud. 28, 161-170 (2013)

[10] G. Zeppa, M. Gambigliani Zoccoli, E. Nasi, G. Masini,G. Meglioli, M. Zappino: Descriptive sensory analysis of Aceto Balsamico Tradizionale di Modena DOP and Aceto Balsamico Tradizionale die Reggio Emilia DOP, J. Sci. Food Agr. 93, 3737-742 (2013)

[11] B. Monteiro, A. Vilela, E. Correia: Sensory profile of pink port wines: Development of a flavour lexicon, Flavour Fragr. J. 29, 50-58 (2014)

[12] P. Cherdchu, E.I.V. Cahmbers, T. Suwonsichon: Sensory lexicon development using trained panelists in Thailand and the USA: Soy sauce, J. Sens. Stud.28, 248-255 (2013)

[13] H. Galán-Soldevilla, P. Ruiz Pérez-Cacho, J.A. Hernández Campuzano: Determination of the characteristic sensory profiles of Aloreã table-olive, Grasas y Aceites 64 (4), 442-452 (2013)

[14] I.S. Koch, M. Muller, E. Joubert, M. van der Rijst,T. Næs: Sensory characterization of rooibos tea and the development of a rooibos sensory wheel and lexicon, Food Res. Int. 46, 217-228 (2012)

[15] S. Suwonsichon, E.I.V. Chambers, V. Kongpensook,C. Oupadissakoon: Sensory lexicon for mango as affected by cultivars and stages of ripeness, J. Sens.Stud. 27, 148-160 (2012)

[16] P.P. Leksrisomong, K. Lopetcharat, B. Guthrie,M.A. Drake: Descriptive analysis of carbonated regular and diet lemon-lime beverages, J. Sens. Stud.27, 247-263 (2012)

[17] E.I.V. Chambers, J. Lee, S. Chun, A.E. Miller: Development of a lexicon for commercially available cabbage (Baechu) kimchi, J. Sens. Stud. 27, 511-518 (2012)

[18] A. Lehrer: Can wines be brawny? Reflections on wine vocabulary. In: Questions of Taste: The Philosophy of Wine, ed. by B.C. Smith (Oxford University Press, New York 2007)

[19] A.E. Miller, E.I.V. Chambers, A. Jenkins, J. Lee,D.H. Chambers: Defining and characterizing the nutty attribute across food categories, Food Qual.Prefer. 27, 1-7 (2013)

[20] A. Majid, S.C. Levinson: The senses in language and culture, Sens. Soc. 6 (1), 5-18 (2011)

[21] L.J.R. Lawless, G.V. Civille: Developing lexicons:A review, J. Sens. Stud. 28, 270-281 (2013)

[22] A. Giboreau, C. Dacremont, C. Egoroff, S. Guerrand, I. Urdapilleta, D. Candel, D. Dubois: Defining sensory descriptors: Towards writing guidelines based on terminology, Food Qual. Prefer. 18, 265-274 (2007)

[23] N. Burenhult, A. Majid: Olfaction in Aslian ideology and language, Sens. Soc. 6 (1), 19-29 (2011)

[24] I. Urdapilleta, A. Giboreau, C. Manetta, O. Houix, J.F. Richard: The mental context for the description of odors: A semantic space, Rev. européenne Psychol Psychol. appl. 56, 261-271 (2006)

[25] L. Bieler, M. Runte: Semantik der Sinne. Die lexikografische Erfassung von Geschmacksadjektiven, Lexicographica 26, 109-128 (2010)

[26] P. Rozin: Taste-smell confusions and the duality of the olfactory sense, Percept. Psychophys. 31 (4), 397-401 (1982)

[27] B. Drake: Sensory textural/rheological properties—A polyglot list, J. Texture Stud. 20, 1-27 (1987)

[28] G. Morgan, G. Corbett: Russian colour term salience, Russ. Linguist. online 13, 125-141 (1989)

[29] J. Schwitalla: Gesprochenes Deutsch. Eine Einführung, 3rd edn. (Erich Schmidt, Berlin 2006)

第 54 章　香水的创作

　　香水的创作过程包括创造出独特且诱人的香料成分的组合。著名调香师让·卡尔斯(Jean Carles)在 1961 年曾说过，调香不是一门科学，而是一门艺术。的确，香水的创作并非易事，它的产生需要经过大量的嗅觉训练与识记工作。与此同时，在新香水的创作过程中需要权衡诸多因素。从技术层面上来说，例如，香水的特质、稳定性以及法规、毒理学等方面，均是调香师在产品创作过程中需要考虑的问题。因此，新香水的创作是创意与技术的交叉，是艺术与科学的融合。

54.1　介于工匠与艺术家之间的调香师

54.1.1　香水产业发展简史

1. 古代香水业

　　香水一词源于拉丁文 *"per fumum"*，原意为"通过烟雾"。散发愉悦气息的香水是由精油或芳香化合物、定香剂以及溶剂共同组成的混合物。香水的制作始于古埃及，后由罗马人和波斯人进一步发展(图 54.1)。据考古学发现与历史文献考证，在这些早期文明中，香水是珍贵罕见之物，主要用于各种宗教仪式中。其后，在 8 世纪到 14 世纪之间，阿拉伯人开发了水蒸气蒸馏法用于植物提取，极大地推动了香水产业的发展。

图 54.1　加洛罗马时代的香水容器

　　14 世纪，香水被从圣地归来的东征十字军引入欧洲。随后，香水的使用迅速地在欧洲贵族阶层中流行。现代的首款香水为精油混合的乙醇溶液，于 1370 年在匈牙利问世，受匈牙利伊丽莎白女王之命而创作。意大利文艺复兴期间，香水艺术在欧洲蓬勃发展，威尼斯成为香水之都。随后，在 16 世纪，凯瑟琳·德·美第奇(Catherine de' Medici)将意大利的香水精制工艺引入法国。其后，法国格拉斯地区的花香香料提取名声大噪，法国逐渐成为欧洲香水与化妆品的制造中心。

2. 现代香水业

19 世纪末期，由于天然原料的各种局限性以及对香气丰富性的需求，调香师将天然等同的合成香料引入香水中，如香兰素和香豆素。自此，开启了香水业的现代发展。20 世纪，合成香料在香水中的进一步应用，奠定了化学工业在香水业中的重要地位。如伊丽莎白·德·费多(Elisabeth de Feydeau)所述[1]，随着调香师可用香原料的显著扩展，香水的使用被普及，其"精英"特性消失了。众多区域性的小公司合并或被大型企业吞并，香水发展成为了全球性行业。据 Leffingwell & Associates 统计[2]，2008~2012 年，五家香精香料制造企业占据了整个香精香料市场的六成，这五家公司分别为：Givaudan(奇华顿，瑞士)、Firmenich(芬美意，瑞士)、IFF(国际香精香料公司，美国)、Symrise(德之馨，德国)以及 Takasago(高砂香料工业株式会社，日本)。在这种全球化背景下，目前仅有三家奢侈品品牌，香奈儿(Chanel)、娇兰(Guerlain)以及巴杜-罗莎(Patou-Rochas)仍保有其香水的内部研发。

3. 香水业发展的新趋势

据伊丽莎白·德·费多的调研[1]发现，目前，为强化香水的奢侈品市场定位，数个品牌选择聘请大师级调香师以研发新产品。爱马仕(Hermès)品牌 2004 年聘请了调香师让·克洛德·埃琳娜(Jean-Claude Ellena)作为其香水设计总监，调香师克里斯汀·内格尔(Christine Nagel)于 2014 年加入了其开发团队。采用同样的发展策略，2006 年 LVMH 集团聘请了弗朗索瓦·德马奇(François Demachy)作为克里斯汀·迪奥(Christian Dior)香水创作的负责人，2011 年路易斯威登(Louis Vuitton)聘请了雅克·卡瓦列尔·贝勒特鲁德(Jacques Cavallier-Belletrud)为其研发首款香水。

最近，又呈现了一种新趋势：另类香水或小众香水[1]。这一趋势被一些相对低调的品牌所推动，例如，阿蒂仙之香(L'Artisan Parfumeur)、蒂普提克(Diptyque)、芦丹氏(Serge Lutens)以及别样公司(The Different Company)等，其目的是通过精心选择的产品宣传与销售渠道，重新定义其香水产品的奢侈品市场定位。

基于历史渊源，首先是欧洲，其次是美国，在香水的设计与贸易方面占据了主要地位。根据国际日化香精香料协会(IFRA)的报道，目前全球调香师人数不到 900 名，其中 60%~70% 的调香师位于欧洲。而且，香水的开发主要在两座城市：巴黎和纽约。

54.1.2　什么是调香师？

调香师是创造香水的专家，他们的工作不仅是增添愉悦和舒适，而且是要实现香水应用的预期效果。当问及调香师们的创作灵感时，会有无数答案。取决于其自身的经验以及其在产品研发过程中的感受，调香师们研发新产品的过程不尽相同。一些调香师会注重突出他们所感兴趣的某种原料或特别的香气系列，另一些调香师则致力于将个人的嗅觉感受转化为香气。音乐、文学以及绘画都有可能激发调香师的创作灵感。香水的创作首先始于脑海。然而，正如调香师雅克·波尔奇(Jacques Polge)阐述的，"这一概念不是一个想法，也不是一个形象，而是一种气味"，该概念是矛盾的[3]。波尔奇自 1978 年以来一直担任香奈儿香水实验室(Chanel perfume laboratories)主任。有类似感触的还有让·克洛德·埃琳娜(Jean-Claude Ellena)，她说"我是唯一一个可在精神上唤起香气(我创造的)的人"[4]。

因此，香水的创作首先是一种知性方法。这种观点对于新手来说可能会觉得惊奇。最近一个法国科研小组对调香师的大脑进行了研究，以期对调香师有更深入的了解。研究表明，高强度的嗅觉训练造成了调香师脑部关键嗅觉与记忆区域的重新划分，相关脑区域灰质体积有所增加[5]。因而，研究者指出调香师能够在脑海中创建一种并不存在的香水，并清晰感知到它的气味，这对大多数人来说几乎是不可能的[6]。而且，研究者认为调香师的经验越丰富，其脑部关键区域(右侧初级梨状皮层、左侧眶额皮层和左海马)越少地处于激活状态。随着多年嗅觉实践，脑部灰质体积增加，嗅觉专家甚至表现出可抵消衰老对灰质体积的影响，而对于未经嗅觉训练的人来说，灰质体积随着年龄的增长而减少。这些研究结果显示，人脑具有强大的可塑性。嗅觉训练具有重要作用，通过嗅觉练习去熟悉不同香气成分，进而从想象中掌握气味。综合这些研究结果，可以更好地了解调香师的工作，明白高度专业嗅觉训练的必要性。

54.1.3　如何成为一名调香师?

让·卡尔斯(Jean Carles)曾说过"调香师唯一的工具就是他的鼻子"[7]，而且通常调香师也具有嗅觉方面的天赋。有志于调香者需要在申请的过程中通过多项嗅觉测试，而一个好鼻子是成为调香师的重要指标。然而，让·卡尔斯却也提及，"没有人天生就具有更为优秀的鼻子，嗅觉练习在这个过程中具有重要作用，每个人都可以通过训练获得更好的嗅感"[7]。因此，嗅觉训练是成为调香师的第一步，该训练包括了学习并记忆数百种天然及合成的香原料。嗅觉训练也要学习哪些气味可以很好地协调搭配，产生和谐的组合品。由于香料的种类繁多，嗅觉训练注定是严苛并高强度的。对于众多的调香师而言，每天练习是不可或缺的[4,7]。因此，气味学习是立足于大量个人工作的。据 IFRA 统计，一名合格的调香师至少需要经过 7 年的训练。

1. 企业学院

由于全球与香水相关的官方学习课程较为稀有，对于新手来说想要进入香水产业有一定的难度。基于初入行面对数百种香气物质的迷茫感受，让·卡尔斯于 1946 年在格拉斯(Grasse)创建了第一个香水学院。该学院作为罗尔(Roure)公司的一部分，旨在使用让·卡尔斯创立并以其名字命名的培训方法，培养未来的内部调香师。在其后的 1992 年，罗尔公司与奇华顿(Givaudan)合并，该香水学院更名为奇华顿香水学院。许多优秀的调香师，例如雅克·波尔格(Jacques Polge，香奈儿集团)，让·克洛德·埃琳娜(Jean-Claude Ellena，爱马仕集团)以及蒂埃里·瓦瑟(Thierry Wasser，娇兰集团)，均出自该学院，可以说该学院所培养的调香师开发了当前市场上三分之一的香水作品[8]。

当前，所有的主要香精公司都有其内部的调香培训计划。这类内部培训计划通常设计为 4 年，以教导员工学习香水中使用的不同原料、香精配方技术以及调香工作技术方面需要掌握的技能。此后，学员成为初级调香师，可加入高级调香师的研发团队，完成后期的能力提升培养。行业内部培训计划具有很强的选择特性，每年接收来自全球以百计的背景各异的学员，其中却仅有少数优秀的学员能获得初级调香师的认证，即便是对于这一少部分人，公司也不会承诺其日后的职位。奇华顿香水学院的总监让·吉查德(Jean Guichard) 曾提及，在 2011 年该学院仅从 200 名候选人中保留了 3 名学员[1]。他强调，出于对其产品品位的重视，申请人的文化素养是香精公司所考量的一个重要因素。

2. 独立学院

除了企业学院外，一些大学也为想成为调香师的学员提供培训计划。最负盛名的香水独立学院是位于凡尔赛(法国)的 ISIPCA 学院(法国国际香水、化妆品及食品香料高等学院)。该学院由调香师让·雅克·娇兰(Jean-Jacques Guerlain)于 1970 年创立。ISIPCA 是国际上香水、化妆品以及风味界具有公信力的学院，可提供从本科到研究生的一系列教育。这些培训项目大多是与香水公司在职工脱产学习合同的背景下提出的。另外，普利茅斯大学(英国)的 ICATS(国际香精香料贸易研究中心)为香精贸易、香水和风味行业的专业人士和有抱负的专业人士提供了灵活的培训计划。该中心提供的课程可供来自全球各地的学员远程学习，并获得 IFEAT(国际精油香料贸易联合会)证书。除了这些较为知名的学院外，位于巴黎的法国高等香水学院(École Supérieure du Parfum)近期启动了新的学习课程。该课程包括四年的前期学习阶段，期间穿插有两个实习期，随后第五年进行实地工作和尾年课题完结。其中，关于香水技术部分的课程，由位于格拉斯(法国)的格拉斯香水学院(Grasse Institute of Perfumery)，以及位于伦敦(英国)的香水艺术学院(Perfumery Art School)共同承担。该部分的学习为期一年，由获得认证的调香师授课并进行实际操作练习。

与企业学院一样，在独立学院中学习同样竞争激烈。每所学院每年从成百上千的学员中只会选择不到 20 人。最终，每年通过各种渠道学习的学员中，能成为调香师的不过十余人，其余的学员将成为化妆品师、评估师、市场营销助理、品控员、生产部经理等[8]。

54.2　调香是一种艺术

54.2.1　调香师的调色盘

让·克洛德·埃琳娜(Jean-Claude Ellena)曾说"香水艺术与化学紧密相关"[8]。调香师的调色盘是由诸多物质组成的，并且跟随着化学领域的发展与时俱进。通常来讲，调香师们选用的原料可被分为三类：天然成分、合成成分以及香基(图 54.2)。

1. 天然成分

天然成分是天然原料经由多种提取方法制得。根据提取物中蜡质成分的含量，天然成分可分为精油、浸膏、树脂、净油和油脂。最常用的提取技术有水蒸气蒸馏法、溶剂

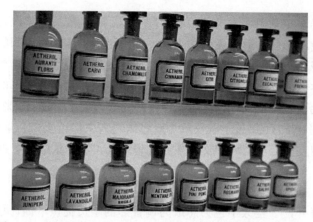

图 54.2　芳香物质构成了调香师的调色盘(图片取自 Fotolia.com)

萃取法(通常选用乙醇或己烷作为溶剂)、超临界流体萃取法、分馏法、压榨法。芳香成分可提取自天然原料的不同部位,通常为植物的花、蕾、果、叶、皮、杆、树脂、树胶、籽、根及苔。例如,玫瑰和茉莉香气提取自新鲜处理的花瓣,鸢尾脂由干燥的成熟根茎经蒸馏制得,而天竺葵精油是由其新鲜叶子经蒸馏制得(彩图 45、彩图 46)。天然提取物的主要特征香气成分是植物的次生代谢产物,例如,萜烯类、倍半萜类以及脂肪酸衍生物类。因此,天然提取物的成分品质极大程度上不仅取决于其植物品种,而且也受原料产地影响。同时,一种植物的不同部位可提取得到具有不同香气物质的提取物。如肉桂皮经水蒸气蒸馏可获得富含肉桂醛的精油,而肉桂叶经蒸馏后,精油中含有丰富的丁香酚[9]。

　　动物源香料,例如,灵猫香、海狸香以及龙涎香,通常被用作定香剂。但现在这些香料均被其化学重构物质所替代。这方面的一个例外是蜂蜡净油,目前仍被用于香水的创作。

　　虽然天然成分具有独特且复合的香气特征并一直被沿用,但其使用中存在几项主要局限。首先,天然成分的成本过高限制了其应用。确实,由于多种天然成分的提取得率低,日常使用很少用到,例如玫瑰和茉莉净油。表 54.1 列举了提取各种天然香料所

表 54.1　提取各种天然成分所需取用的相应植物原料的用量[10,11]

产品	提取物形式	原产地	植物品种	获得 1kg 提取物的原料用量
橘	油	意大利	*Citrus reticulata*	1350kg 果实
橙花	油	突尼斯	*Citrus aurantium*	1000kg 花
茉莉	净油	埃及	*Jasminum grandiflorum* L.	400kg 花
玫瑰	油	保加利亚	*Rosa damascena*	4500kg 花
玫瑰	净油	土耳其	*Rosa damascena*	700kg 花
五月玫瑰	浸膏	法国	*Rosa centifolia*	400kg 花
鸢尾	净油	意大利	*Iris pallida*	2000kg 根
广藿香	油	印度尼西亚	*Pogostemon cablin* (Blanco)	50kg 叶
香根草	油	海地	*Vetiveria zizanoides* L.	250kg 根
依兰依兰	油	科莫斯	*Cananga odorata*	50kg 花

需取用的相应植物原料用量[10,11]。其次，即便是科技进步的今天，由于原料稀缺或提取率低等原因，一些植物的香气成分仍不可得，例如铃兰（*Convallaria majalis*）、鸡蛋花（*Plumeria acutifolia*）、冬凌草（*Heliotropum arborescens*）和金银花（*Lonicera caprifolium*）等。最后，由于在提取中会使用加热和强力溶剂等原因，会影响原料中的香气成分，导致最终提取得到的香气与天然中存在的有一定差异。天然香料的这些局限性，促使人们在香水的制备中，使用合成香料进行替代，特别是香水的功能性成分。

2. 合成成分

自 19 世纪末开启现代香水产业以来，香水中使用的绝大多数合成成分与其天然香气物质在结构上相同。19 世纪后，有机合成技术的进步，极大地扩展了调香师可用原料的范围，为香水的创作提供了新的视角。表 54.2 列举了自 1960 年以来，在香水创作中新启用的主要合成成分及其相应的香水代表作品[1]。香奈儿 5 号的创作者欧内斯特·波克斯（Ernest Beaux）曾说，"一个有价值的香水作品需有新原料的引入，调香师需要化学家们开发新的香气物质，从而创造出新的香韵"。因此，科学家们从未间断过对新型合成原料的寻找。IFRA 的统计报道表明，香水行业对于研发，尤其是找寻新物质并进行专利申请的投入约占其年收益的 18%。这些被"捕获"到的新成分，对于确保调香师作品的新颖性与独创性具有重要的意义。然而，新香气成分的找寻也需要机缘，例如，奇华顿公司的科研人员每年能研发 2000 多个新的分子，但经过一系列的香气评估、合成研究以及综合测评，每年只有 3 到 4 个分子能最终被启用[12]。同性能好的天然成分一样，绝好的合成香料同样价格昂贵。因此，首次被启用的原料通常被用于高端产品的设计中，其后，其应用可逐步扩展到更多的产品系列中。

表 54.2　过去 50 年中调香师启用的主要合成化合物[1]

年份	事项	启用者	应用的香水产品
1957～1962	二氢茉莉酮酸甲酯（MDJ）或希蒂鸢	芬美意	*Eau Sauvage*（Dior, 1966）
1961	合成香料 Z11	芬美意	*Bulgari pour homme*（Bulgari, 1995）
1962	甲基柏木酮	国际香精香料公司	*N°19*（Chanel, 1970） *Silence*（Jacomo, 2004）
1964	新铃兰醛	国际香精香料公司	*Fidji*（Guy Laroche, 1966） *Parfum d'été*（Kenzo, 1992）
1965	佳乐麝香	国际香精香料公司	*Jovan Musk*（Jovan, 1974） *Trésor*（Lancôme, 1990）
1965	三甲基琥珀酮	国际香精香料公司	*Amarige*（Givenchy, 1990） *Allure*（Chanel, 1996） *Armani Code*（Armani, 2004）
1966	二氢月桂烯醇	国际香精香料公司	*Cool Water*（Davidoff, 1988）
1966～1974	西瓜酮	辉瑞	*New West for her*（Aramis, 1990） *Kenzo masculin*（Kenzo, 1991） *L'Eau d'Issey*（Issey Miyake, 1992）
1967	α-突厥烯酮、β-突厥烯酮	芬美意	*Poison*（Dior, 1985）

续表

年份	事项	启用者	应用的香水产品
1968	开司米酮类似物	国际香精香料公司	*Ivoire* (Balmain, 1980) *Amarige* (Givenchy, 1990) *Jungle Elephant* (Kenzo, 1997) *Alien* (Thierry Mugler, 2005)
1969	乙基麦芽酚	辉瑞	*Angel* (Thierry Mugler, 1992)
1970~1974	α-突厥酮、β-突厥酮	芬美意	*Nahema* (Guerlain, 1979)
1973	五月铃兰醇	芬美意	广泛应用
1973	α-新丁烯酮	芬美意	*Cool Water* (Davidoff, 1988)
1973	康辛醛	国际香精香料公司	*Vanderbilt* (Gloria Vanderbilt, 1982) *Amor Amor* (Cacharel, 2003)
1973	新洋茉莉醛	国际香精香料公司	*Alliage* (Estée Lauder, 1972) *L'Eau d'Issey* (Issey Miyake, 1992)
1974	王朝酮	芬美意	*Eternity for men* (Calvin Kelin, 1989) *Romance* (Ralph Lauren, 1998)
1974	西番莲硫醚	芬美意	*In Love Again* (Yves Saint Laurent, 1998)
1975	龙涎酮	国际香精香料公司	*Trésor* (Lancôme, 1990) *Light Blue* (Dolce & Gabbana, 2001) *Terre d'Hermès* (Hermès, 2006)
1977	海风醛	国际香精香料公司	*Acqua di Gio* (Armani, 1996) *Very Irrésistible* (Givenchy, 2003)
1979	绿花酚	国际香精香料公司	*J'Adore* (Dior, 1999) *Pure Poison* (Dior, 2004)
1979	白檀醇	国际香精香料公司	*Eternity* (Calvin Klein, 1988) *Hervé Léger for women* (1999)
1982~1986	赛木香醇、右旋赛木香醇	芬美意	*Tommy* (Tommy Hilfiger, 1995) *Light Blue* (Dolce & Gabbana, 2001)
1983	聚檀香醇	芬美意	*Samsara* (Guerlain, 1989)
1984	花冠醇	芬美意	*L'Eau d'Issey pour homme* (Issey Miyake, 1994) *Romance* (Ralph Lauren, 1998)
1984	白花醇	芬美意	广泛应用
1984	苹果烯	国际香精香料公司	*Roma* (Laura Biagiotti, 1988) *Pleasures for men* (Estée Lauder, 1997)
1984	龙涎醚	芬美意	*Drakkar Noir* (Guy Laroche, 1982)
1986	顺式二氢茉莉酮酸甲酯	国际香精香料公司	
1986	环辛烯基碳酸甲酯	国际香精香料公司	*Unforgivable* (Sean John, 2006)
1988	没药酮	芬美意	
1989~2008	麝香烯酮、右旋麝香烯酮	芬美意	*L'Eau d'Issey* (Issey Miyake, 1992) *XS* (Paco Rabanne, 1993) *Noa* (Cacharel, 1998)
1991	乙酸戊基环己酯	国际香精香料公司	*Be delicious* (Donna Karan, 2004) *Boss Bottled* (Hugo Boss, 2006)
1991	海菲麝香	芬美意	*Flower by Kenzo* (Kenzo, 2000) *Miracle* (Lancôme, 2000)
1992	浆果乙酯	芬美意	*Light Blue* (Dolce & Gabbana, 2001)

续表

年份	事项	启用者	应用的香水产品
1993	不饱和大环麝香：环十五烯内酯、麝香烯酮、环十五烯酮	芬美意	*Jean Paul Gaultier feminine*(1993) *Bulgari for men*(Bulgari, 1995) *Truth*(Calvin Klein, 2000) *Flower by Kenzo*(Kenzo, 2000)
1993	环十五烯内酯	芬美意	*Cologne*(Thierry Mugler, 2001)
1993	降龙涎醚	芬美意	*L'Eau d'Issey pour homme*(Issey Miyake, 1994)
1993	诺瓦檀香	芬美意	
1993	二氢茉莉酮酸甲酯	芬美意	
1994	黑醋栗环醚	国际香精香料公司	
1994	清冬醛	芬美意	
1995	大唐檀香	芬美意	
1996	风铃醇	芬美意	*Eau parfumée au thé blanc*(Bulgari, 2003)
1997	罗曼麝香	芬美意	
1997	牡丹腈	奇华顿	
1997	乔冶木	奇华顿	*Artisan*(John Varvatos, 2009)
1998	香紫苏酯	芬美意	
1998	8,8-二甲基-7-异丙基-6,10-二氧杂螺[4.5]癸烷	奇华顿	
1998	环十五烯酮	芬美意	*Truth*(Calvin Klein, 2000)
1998	麝香 Z4	国际香精香料公司	*Very Irrésistible*(Givenchy, 2003) *Pure Poison*(Dior, 2004) *Armani Code*(Armani, 2004)
1999	二氢金合欢醛	奇华顿	
2000	爪哇檀香	奇华顿	*Wonderwood*(Comme des garcons, 2010)

3. 香基

香精成分的第三大类是香基。香基，也被熟知为谐香，是提前配置好的香料的简单组合，可以在香水配方中直接使用[13]。香基可提供一种独特嗅觉感受，例如，皮革香、果香或者花香香韵。香基的使用可以为调香师带来诸多的便利。首先，使得低用量下添加困难的强势香料的使用更为便利。模拟动物源香气特征的香基可用于替代已被禁用的动物香料。此外，香基可以调配出实际提取不到的花香或果香，扩大了调香师的原料范围。在调配鲜花香气时使用香基，有时比天然提取物更为有效，尤其是在调配鲜花香韵时。

54.2.2　香气分类：头香、体香和基香

让·卡尔斯(Jean Carles)开发了一种易于学习香精香料知识的新方法，其根据香气成分的挥发性及其持久性将所有成分分成了三个类别[7,8,13]，分别是头香、体香和基香。表 54.3列举了三类挥发性香韵和香气物质示例。头香(也被称为顶香)是具有高挥发性但持久力低的物质。这类香料体现了香水前 15 分钟所散发的香气。体香(也被称为中香)具有中等强度的挥发性和持久性，其香气能保持数小时。基香(也被称为尾香)具有低挥发性和高

持久性，其香气可在闻香纸上持续数日(图 54.3)。让·卡尔斯在 1962 年曾诠释过基香的特性，基香香气物质通常一开始在闻香纸上散发的气味并不愉悦，但其在挥发后期的表现却非常优秀[7]。所以基香需要使用具有中高等级挥发性的香气物质，以提升香水在开瓶瞬间的吸引力。因此，香气是头香、体香和基香香气物质的优化组合。根据 Calkin 与 Jellinek 的统计，三类香气物质的最佳配比，头香约占 15%～25%，体香为 30%～40%，基香为 45%～55%[13]。

表 54.3　基于挥发性与持久性的香气物质分类[7,8,13]

头香	
柑橘香	橙精油、柠檬精油、橘精油、葡萄精油、佛手柑精油、青柠精油、香橙精油
草本香	松精油、迷迭香精油、罗勒精油、牛至精油、龙蒿精油
醛香	癸醛、十一醛、2-甲基十一醛、月桂醛
海洋气息	西瓜酮、甘榄醛、阿果香基
青香	白松香精油、顺式 3-己烯醇及其酯、芫荽精油
果香	黑加仑净油、乙酸异戊酯、己酸乙酯、丁酸乙酯
体香	
花香	玫瑰香(玫瑰精油、风信子、铃兰香)：苯乙醇和香叶醇；白花香(橙花净油、茉莉花净油、晚香玉净油)：邻氨基苯甲酸甲酯和吲哚；黄花香(桂花净油、决明子净油、小苍兰香气)：β-紫罗兰酮；珍稀花香(依兰精油、康乃馨香气、百合花香气)：水杨酸苄酯和丁酸酚；茴香花香(含羞草净油、紫丁香、紫藤香)：茴香醛或洋茉莉醛
辛香	清凉感：胡椒精油、豆蔻精油、肉豆蔻精油、粉红胡椒精油；热辣感：肉桂精油、丁香精油、甜椒精油
基香	
木香	雪松精油、檀香精油、广檀香精油、香根草精油、沉香净油、橡苔净油
动物香	麝香、合成麝香、海狸香净油、桦树精油
琥珀香	龙涎香、赖柏当净油、没药油、岩蔷薇精油
香草香	零陵香豆净油、香兰素、乙基香兰素、乙基麦芽酚、安息香树脂

图 54.3　用于感官评价的香水瓶和闻香纸(来自网络 Fotolia.com)

　　尽管对香气物质进行了如此分类，头香、体香和基香的概念旨在指导学员对于香气物质的应用，而并非束缚其在香水创作中的发挥。实际上，香气的分类更多取决于其混合应用时的效果。例如，丁香精油被列为体香物质，但其使用中却具有部分头香物质的特性。与此相反的，橙花精油被认为是头香香料，却同时具有体香香料的特性。另外，取决于香气的应用领域，其头香、体香和基香成分间的比例也会有很大的不同。例如，一款优良的香水，使用后几小时仍具有独特的"唤起"作用，反之，沐浴露则强调瞬间的清新感和香气释放。因此，一款成功的香水必然是各类香料物质协调融合的结果，这样才能使其在应用后的每个阶段都有完美的香气释放[7,13]。

54.2.3　以嗅觉角度的香气分类

　　与其他艺术专业的学习过程一样，调香学员的学习首先是了解原料特性，随后是模型香气的复配。学员进行香气嗅觉分类的学习，并对其同时代的特征香水产品进行分析。如让·克洛德·埃琳娜(Jean-Claude Ellena)所说，"通过香水调配的模拟练习，可以使学员认识到香原料配伍在香水创作和细节体现方面的重要性[8]"。

　　最为著名的香气分类是由法国香水协会(Société Française de Parfumerie，SFP)于1984年创立的，它将香气分为七种不同嗅觉类型[1,8,10]：

- 柑橘香型，或黄金果香型，定义为柑橘所散发的香气类型。这类型的香气首先在古龙水中应用。其后，随着比天然香料具有更好持久性的合成香料的应用，该香型在1960年前后得到了更多应用。
- 花香型，体现单一或混合型花香的香气。
- 蕨香型，法语中意为蕨类植物，以薰衣草、天竺葵、香豆素和橡苔的混合香气为代表。该香型以1884年问世的霍比格恩特"皇家馥香"香水为代表。
- 塞浦路斯香型，以橡苔、桔梗、广藿香、佛手柑所具有的香气为代表。该香型的命名取自于1917年弗朗索瓦·科蒂(François Coty)创作的香水 Chypre，这个法语词汇的释义翻译为塞浦路斯。
- 木香型，主要以木香为主。一些木香很浓郁，如檀香和广藿香，有些则较淡，如雪松香和香根草香。
- 琥珀香型或东方香型，代表着包含三种主要香韵的一大类香气：琥珀香韵，香草样香、零陵香豆素和膏香；具有丁香和肉桂香气特征的辛香香韵；具有广檀香和檀香特征的木香香韵。
- 皮革香型，由蜂蜜、烟草、树木以及木焦油香气所构成。

　　每个香型的香气根据其成分的额外性质又分为几个亚类。由于每年都有新香料被引入，推动了香型亚类不断发展。例如，1966年辉瑞公司引入了西瓜酮1951，创立了"水/海洋/清新"这一亚香型，其香气散发海洋的气息。同样，20世纪90年代初期，乙基麦芽酚的使用开启了散发甜蜜愉悦气息的"美食"系列。

　　考虑到男士香水数量与种类的日益增长，最近香水专业网站 Osmoz 提出了一套新的香气分类方法。伊丽莎白·德·费多(Elisabeth de Feydeau)的调查表明，自1930年男士香水入市以来，到2007年，已占到市场份额的三分之一[1]。Osmoz 网将香水分为八个主要的香型：四个女士香型(柑橘香型、花香香型、塞浦路斯香型和东方香型)与四个男士香型(柑橘香型、芳香香型、木香型以及东方香型)。芳香是基于一种或多种芳香植物的香气类型，如鼠尾草或迷迭香。

54.2.4　调香师如何创作？

根据 IFRA 的统计，每种香水的组成原料有 50～250 种，可从多达 3000 种的香料中选择。在成百上千香精香料的基础上，调香师在一直不停歇地寻找新的嗅觉感受。如前所述，香水的研发是一种理性创作，会因调香师的个性及研发背景而有所不同，如香水的预期命名、包装或市场定位。

一旦调香师有了新的灵感或一种香气活跃于脑海，则意味着调香工作开始了。香气的配方是一系列特定用量香料的组合。创作的过程反反复复，第一个配方调制出来后会在闻香纸上进行评估，其后，香气的配方进行再调制，再评估，过程反复循环[10]。在每一次的评测中，从最具挥发性的头香到最具持久性的尾香都需考虑，以评估产品香气的整个渐变过程。香气的创作过程可能只有几周，也可能会持续数年，所以，调香师需要坚持才能创作出最好的配方。最终，正如让·雅克·娇兰(Jean-Jacques Guerlain)所描述的 "在黑暗中摸索许久后，存在于我脑海中的香气雏形日渐成型"[3]。香奈儿香水公司研发部主管调香师克里斯托弗·谢德雷克(Christopher Sheldrake)强调说 "当一款香水散发的香气卓越、与预期一致、能满足人们的期望时，说明这款产品的创作成功完成了"[14]。

调香是一种依赖于设计者的个人工作，因此，很多调香师把调香看作是一种艺术，如同作画和谱乐。创作了香水-清新之水(克里斯汀·迪奥品牌)的著名调香师埃德蒙·鲁尼特斯卡(Edmond Roudnitska)是这一观点的首位拥护者。除了其香水名作外，他还与哲学家艾蒂安·苏里奥(Etienne Souriau)合作，证明了香气创作过程的艺术特质(彩图 47)[15]。对埃德蒙·鲁尼特斯卡而言，学习对于品鉴香水创作如同对鉴赏音乐一样重要。他曾说过 "随着对学习的掌握、事实的认知和艺术的理解，人们才可分析它们并进行有益的比较，从而提升品位"。如今克里斯多夫·劳达米尔(来自 IFF)也持同样观点。如他所言，香水显现了人们对美好的永恒追求，诠释了创作者的特质，香水不仅能愉悦人的感官，也能愉悦人的情绪[16]。

然而，随着香水产业的发展，调香师的工作也发生了变化。现在，许多香水的创作是由一个调香师团队来完成的，而非传统地出于一人之手。对于目前共同创作的方式，各方人士看法不一。奥利维尔·克雷斯普(来自芬美意)表示，同其他调香师一起完成创作是种完美的体验[17]。于他而言，在香水的创作过程中，调香师往往需要协助以及建议，同其他调香师交流会获益匪浅。与此意见相左的，让·克洛德·埃琳娜(Jean-Claude Ellena)表示，"即便交流具有其有益性，集思广益是对任何一个创作过程的完全否定"[4]。

此外，尽管调香师投身于香水创作中，他们通常会在同一时间接手不同的创作项目。大多数的设计师需要在不同的项目中转换，以获得新的灵感，避免创作瓶颈[4,14,17]。

54.3　调香是一门科学

香水的创作需要基于大量嗅觉训练的专业知识。但是调香师也需要同时考虑到多重技术参数，如性能、稳定性和调配方法，这样才能创作出符合要求的配方。

54.3.1　用于定义香气成分的理化参数

可采用理化参数值来描述香气成分的感官性能。这些理化参数数据，特别是饱和蒸气压以及 $\log P_{o/w}$ 是选择香料时的重要参数[8,10,13]。饱和蒸气压是表征某种物质在特定温度下的封闭体系内的平衡气压。如表 54.4 所示，黄葵内酯在 25℃时的饱和蒸气压在 0.01 hPa 以下，说明它是具有低挥发性高持久力的香料，而梨醇酯，在 25℃时有较高的饱和蒸气压 2.53hPa，这意味着其香气将会在 1 分钟内溢散[18]。

表 54.4　两种香料理化参数对比[18]

化合物	结构	感官描述	饱和蒸气压	$\log P_{o/w}$	保留持久性
黄葵内酯		麝香	<0.01	6.510	>48 h
梨醇酯		果香、花香、梨香	2.53	1.650	<3 h

此外，作为香气成分在产品中应用，需要重点考虑的是其在水相和有机相的分配性能。该参数由 $\log P_{o/w}$ 表征，亦称为油水分配系数。具有较高 $\log P_{o/w}$ 数值的物质具有较高的疏水性能，因而，其对与水相相异的其他介质表面具有较高的亲和力。如在表 54.4 中可以看出，黄葵内酯比梨醇酯的疏水性强很多，因此，其在皮肤、头发或者衣服表面比乙酸戊烯酯具有更好的亲和性[18]。

实际上，调香师往往是通过实际的工作经验，建立对各种香料的饱和蒸气压和 $\log P_{o/w}$ 等理化性质的了解。香水是含有多种物质的混合物，通过单一物质的理化参数数值并不能推测其在最终产品中的性能。

54.3.2　挥发性、强度与留香值

香精需要挥发才能被感知。香气物质的挥发性取决于两个因素：分子量和极性。通常，结构组成上少于八个碳原子的分子，其挥发性太强而很难以被应用[13]。而结构组成上大于 18 个碳原子的分子由于其挥发性较弱，很难到达鼻腔的嗅觉受体，同样不适用于在香水中应用。同时，物质的挥发性同样受其官能团、与其他物质形成非共价键能力的影响。查尔斯·塞勒(Charles Sell)解释说"一个分子的极性越强，越容易与周围的分子如香气成分、纤维素(纸条)以及蛋白质(皮肤、头发)等形成静电键，例如氢键"[13]。

除挥发外，调香师还需要考虑香气成分的强度。强度也称为留香值，定义了香水的持久性，以闻香纸上可检测到香气的持续时长凭经验衡量[8]。留香值主要由香料的挥发性能所决定[13]。

54.3.3　感官阈值

嗅觉感知阈值定义为香气成分能被感知到的最小浓度，而嗅觉识别阈值表示以气味

形式被识别出的香水成分最低含量。显然,嗅觉感知阈值是香水的重要参数,它提供了气味物质嗅觉强度的信息,因此也给出了调配时可用量范围的信息。如香兰素的嗅觉感知阈值为 0.02 ng/L,这意味着香兰素在高度稀释溶液中仍可被感知[8]。相反,乙酸异戊酯的嗅觉感知阈值为 95 ng/L,因此,一旦被稀释,该香料将很快无法被感知[8]。

54.3.4 发散、绽放和唤起

查尔斯·塞勒(Charles Sell)定义发散为"香气或香气成分布满整个空间的能力"[13]。二氢茉莉酮酸甲酯,也被称为希蒂莺,是具有最佳发散性能的香料之一。该物质喷洒于闻香纸上虽不会给人以很强的嗅觉冲击力,但任何进入该房间的人都能即刻嗅到其散发的花香。香料物质的发散性受其两个性能的影响:挥发性和感知阈值。香料物质需具有较弱的挥发性才不至于蒸发过快,同时,还需要极低的感知阈值才易于被感知到。

另一个重要的参数是香气的绽放性能,查尔斯·塞勒(Charles Sell)将其定义为"当不以油或气雾剂等形式单独存在,而是被应用于香皂等产品后,香料散发香气的能力"[13]。香料的"干"绽放性能应与其"湿"绽放性能相区分,即放置在室内未被使用的香皂与正在被使用的香皂对比,其香气释放性能不同。香气绽放性能是功能性产品的一大特征,如身体护理产品、家庭护理产品等。

最后,唤起是应用香水产品后的香气痕迹现象。该特征在创作高端香水产品时,是被重点评估的产品特性[14]。

54.3.5 应用介质的影响

香水是多种物质的混合物,物质间以及物质与介质间均可以发生反应[10,13]。高端香水的制作,是以相对香气友好型的乙醇水溶液作为产品基质。而其他产品,例如香皂或除臭剂,则会应用更为强烈的介质。对于任何一款产品,香水均需要经历生产、分销以及存储。因此,调香师设计的香精需在产品中能够稳定,并且不与其活性成分发生反应。

调香师在香水创作过程中需要考虑的一个重要参数是 pH[10,13]。确实,调香师设计的香水需要保持其产品的 pH 整体平衡。高端香水的功能成分通常会涉及酸碱性,但其最终产品的特点均是 pH 中性。在一些极端的介质中,会发生如缩醛化、酯键水解以及醇醛缩合等多种化学反应,这些反应限制了调香师对各种原料的应用。查尔斯·塞勒(Charles Sell)解释说"虽然所有的香气成分在中性条件下都足够稳定,但调香师在设计香水时,只有 65%的香料可用于止汗香精的调配,45%可用于洗衣粉、25%可用于酸性洁厕剂,而只有 5%的香料可用于餐具清洁粉。

除了介质的 pH,调香师必须考虑是否存在会引起不良化学反应的氧化剂或还原剂。设计师也需考虑表面活性剂、遮光剂、颜料等的影响[10,13],这几种物质会造成表面或内腔吸附活性物质,从而造成香料损失,降低香气强度。

54.3.6 感官性能

创作香水是为了带来令人愉悦的气味,但个体对愉悦香气的感受是高度主观的。因此,在投产新产品之前,通常需要做大量的感官评价研究,以确保香水创作的成功。以往，感官评价主要侧重在双极愉悦维度，也就是对于一种香气人们喜欢与不喜欢的倾向比例。而这种方法仅能够预测产品是否能取得市场上的成功，却不能给出客户应用产品的感受反馈。在过去的 20 年里，研究者开发了多种测试方法，特别是监测人们对于气味刺激在情绪以及行为上的反应，以获得对香水产品更深层次的认识。由于嗅觉系统与人情绪中心的脑边缘系统间存在直接的联系，气味的确可引发人诸多的情绪变化。

通常，人的情绪反应可分为六大基本类：愤怒、厌恶、恐惧、开心、悲伤以及惊讶[19]。但这种基础的分类很难对应嗅觉刺激带来的情绪感受。最近，来自瑞士情感科学研究中心的学者表明，气味所引发的嗅觉刺激，在幸福感知、社交互动、危险防御、唤起与放松以及引发回忆等方面的作用，在较窄的程度范围内影响人的感觉[20]。基于该观点，研究人员开发了日内瓦情绪与气味关系量表（GEOS），其分为六个层次：敏感、放松、愉快、提神、感官愉悦和不愉快[21]。与芬美意公司进行合作，该项目的研究人员将其研究扩大到了其他领域，迎合商业及相关发展的需要，开发了全球"ScentMove"语言化工具，专注于区分香水产品可带给人们的情绪影响[22]。

IFF 公司采用类似的方法，专注研究了产品对情绪的影响。愉悦的香气确实会引发正面情绪，而令人厌恶的气味会带来负面情绪[23]。IFF 公司研发了一种叫作情绪扫描定位的自检方法，用以检测气味和香精对情绪产生的主观影响和生理效应[24]。该方法基于八种情绪分类：开心、放松、敏感、刺激、激愤、紧张、沮丧和淡漠。被测试人员需要针对每一件被测样本选择与其情绪感觉相对应的一个类别。类似地，高砂香料工业株式会社（Takasago）开发了一种人们对嗅觉刺激的情绪感应的检测方法[25]。采用磁共振成像技术，该方法检测人们在香精样品的刺激下，脑多巴胺通路的信号反馈。应用该方法，可以检测到各种香水产品带给使用者的镇静或兴奋作用。总体而言，所有领先的香精香料公司目前都在新产品的研发中，引入了其在影响情绪方面的评估。

54.3.7　稳定性

在储存过程中，香水产品的品质会发生变化：香气在变化，基质也在变化。因此，在产品投入市场之前，需要对其理化指标进行检测，以确保产品在储存期间没有发生重大的变化。产品稳定性的检测包括了在不同加速储藏条件下，监测香精在基质中、最终包装中以及产品其他方面的任何变化。加速试验的原理主要是基于阿伦尼乌斯速率方程：反应的温度每升高 10℃，反应的速率加快一倍。因此，在 20℃下 12 个月的陈化试验，等同于 40℃下 12 周的试验，或 50℃下 6 周的试验，或 60℃下 3 周的试验。在实际的操作中，所有的香精公司在 0~4℃、20℃或 25℃、37℃的条件下，以 12 周的稳定性试验作为最基本的检测标准[13]。检测的条件通常严于产品的实际条件，以保证产品具有很好的稳定性。

此外，根据产品包装的不同，通常需要做额外的稳定性试验。首先，对使用可渗透包装材料如纸质或纸板包装的产品进行湿度测试。湿度试验通常需要在高湿度条件下，如 37℃/70%相对湿度，或 40℃/80%相对湿度下，监测产品品质的任何变化[10]。

对于会暴露于日光或强烈阳光下的产品，通常还需要做感光测试。感光测试用可发射 300~800 nm 紫外线的氙弧灯，在 400 W 或 1000 W 光强下进行测试。在测试的条件下，1000 W 氙弧灯下照射 6 h，足以检测出产品在日光照射下 3 个月后可能发生的任何变化[13]。然而，感光测试的设计存在一个严重的缺陷，因为即便是有风扇进行冷却处理，在紫外灯光照射下，灯箱内的温度也会格外高，这会导致测试条件偏离预设的试验温度。

在实际的应用中，供调香师选取的香料均是经过储藏测试的，其稳定性性能被收集于内部数据库，以辅助调香师挑选适合其产品的最佳香气物质[13]。

54.3.8　安全与毒理学问题

在 1960 年前后，香水行业组建了用于进行行业监管的两个主要国际组织：国际日用香料研究所(Research Institute for Fragrance Materials，RIFM)和国际日用香料香精协会(International Fragrance Association，IFRA)。

RIFM 是 1966 年成立的一家非营利性组织，在香精香料安全使用方面，具有国际科学权威。RIFM 的香精香料数据库是全球最大的，对超过 5000 种原料进行了分类。RIFM 开展了涵盖香精香料安全性所有方面的科学研究，其研究得到了包括香精制造商和消费品制造商在内的 60 余家公司的资助。此外，其活动由独立的专家小组审查，该小组提供战略指导，确定科研方案，并阐释人类健康和环境保护相关的研究结果。

IFRA 成立于 1973 年，成员为来自 15 个国家的 100 余家香精制造商，其成员占全球产量的 90%。IFRA 注册于瑞士，运营中心位于比利时布鲁塞尔，董事会由六家活跃的公司组成，分别为芬美意(Firmenich)、奇华顿(Givaudan)、国际香精香料公司(IFF)、罗伯特香精香料公司(Robertet)、德之馨(Symrise)和高砂香料工业株式会社(Takasago)。IFRA 负责起草并更新《业务守则》，为行业的良好生产规范、质量控制、标签和广告制定相应标准。该守则还设定限制甚至禁止使用某些成分。《业务守则》根据 RIFM 专家小组的结论进行更新。目前，IFRA 的安全计划包括了 186 个标准，这些标准对特定的香料进行了限用或禁用。

除以上提及的两个国际组织外，欧盟委员会也是规范香精行业的主要参与者。的确，香精行业现在已经全球化，欧洲法规通过限制调香师可用原料的变化直接影响了国际市场。更具体地讲，欧洲化妆品 76/768/EEC 令的第七次修正案中，强调了被消费者安全科学委员会(Scientific Committee for Consumer Safety，SCCS)定义为皮肤致敏剂的 26 种香料。自 2005 年三月以来，在欧洲，如在化妆品的原料中存在这些化合物的，要在其成分列表中列出。对于免洗化妆品，如其原料中有这 26 种中的任何一种且含量大于或等于 10 ppm，或者润洗类产品中含量大于或等于 100 ppm，需在标签中标明[10]。由于在 2005 年之前这 26 种原料被普遍应用于香精中，欧洲化妆品 76/768/EEC 令的第七次修正案引发了香精公司据此对产品成分列表或配方的大规模修改。

54.4　香气创造的新挑战

香水业在科学进步的过程中不断地发展。与此同时，消费需求的变化也为香水创作带来了新的挑战。本节详细介绍了几种新趋势。

54.4.1　环境问题

　　在过去的二十年中,消费者对环境问题特别是环境可持续发展方面的关注不断增强。生态与道德意识已影响到了调香师的原料选择。首先,对具有可追溯性的天然成分的需求不断增长。IFF-LMR Naturals 公司是该方面的行业先驱之一,该公司同来自世界各地的农场主直接建立联系,以确保其产品原料的可追溯性,以及其产品生产的可持续性。例如,IFF-LMR Naturals 公司 2010 年与勃艮第的农场续签了十年的合同,以确保其黑加仑花蕾净油生产的原料来源。目前,该发展策略与公平贸易协同发展,一些香精制造商已同当地的农场建立了合作发展关系,以确保具有战略重要性的天然成分原料的可持续供给,包括香根草、香兰素、依兰依兰、零陵香豆和广藿香等。通过建立的合作关系,农场群体可以得到基本价格保障以及定期的技术支持,使其提高产品产量、优化产品加工工艺。通过这种方式,香奈儿(Chanel)、罗伯特香精香料公司(Robertet)和 Serei no Nengone(SNN)三者之间在 2009 年建立了合作,以确保新喀里多尼亚的檀香油可持续性生产[14]。另外,消费者对于有机作物的青睐,增加了对有机认证天然原料成分的市场需求。该需求同时对分析方法,特别是检测天然原料成分中农药残留的方法提出了挑战。

　　可持续发展问题同样涉及合成原料。实际上,目前很多研究者在从事物质的生物可降解性方面的研究,并开发在生产过程中结合绿色化学的技术。绿色化学设计的产品和工艺过程,具有减少废弃物、降低溶剂使用、提升生物可降解性和提高能源效率等特点。

54.4.2　新法规问题

　　2012 年 6 月,欧盟消费者安全科学委员会采纳了关于化妆品中香料过敏原的新建议(SCCS/1459/11)。该建议更新了消费者需要注意的化妆品原料中香料致敏原列表(欧洲化妆品 76/768/CEE 令)。建议明确了对人类具有致敏性的香料成分,在化妆品产品中可使用的最大浓度限度。建议同时表明,三种过敏源香料(新铃兰醛、地衣醇以及氯冉醇)不得在化妆品中使用。经过征求不同利益相关者的意见后,化妆品法规将做出相应的修改。

54.4.3　新香精的应用

　　如今,对优秀调香师的挑战包括了新的感官领域的开发。本节介绍了这方面的部分内容。

　　1. 香气品牌

　　目前,多家公司致力于强化其品牌识别度以及提升客户的使用满意度。基于该目标,几个品牌已建立了其在嗅觉方面的特征。嗅觉特征也称为香气品牌,定义为针对某个品牌专门设计并在应用时于环境中散播的香气。时尚以及美妆品牌是首先启用环境香气的。而如今,随其后追寻这种趋势的是众多的酒店、水疗中心以及饮料和食品品牌。初步结果表明,环境香气可以提高客户的舒适感,从而延长其消费时长。嗅觉吸引带来的市场,为香精创作开辟了新的空间。

2. 医疗

　　雅克·波尔格(Jacques Polge)曾说，"嗅觉是我们五大感官中最重要的也最为本能的感官：一个人如果失去了嗅觉，那么他的人生将索然无味"[1]。然而，人的嗅觉感知能力以往却不被医务人员所重视。随着人们认识到嗅觉在情感激发方面的重要性，人们开始将其应用于医疗。实际上，气味能引发人强烈且长效的自传体记忆，对比其他的感官模式线索，嗅觉更为有效[26]。自2000年以来，一些医疗项目已经开始采用嗅觉练习作为神经系统失调患者的治疗手段。例如，在2001年，雷蒙德·庞加莱医院(格切斯，法国)的布鲁塞尔(Brussel)教授团队与IFF合作，推行了一个帮助脑损伤患者恢复记忆，以及提高患者生活质量的医疗项目。在该项目中，IFF制备了重组日常气味的嗅觉试剂盒为患者进行训练，提升其嗅觉敏感性[27]。该修复实验获得了成功，随后，雷蒙德·庞加莱医院和语言治疗师以及营养学家合作，开展了多个修复项目。胡默尔(Hummel)等人肯定了嗅觉训练对于嗅觉损伤患者的帮助效果，并验证了人类大脑在遭受严重外伤后惊人的可塑性[28]。最近，对帕金森病人开展的嗅觉训练表明，该训练可极大地增强患者的嗅觉能力、提升其生活质量[29]。

54.5　结　　论

　　如今，香水创作过程不仅需要创新能力，还需要对最终产品中分子间、分子与皮肤和环境相互间的作用有所认识。这些要求对调香师是挑战，同时也激发了他们创作原创产品的创造力。除了这些限制外，调香师还需要了解客户的需求。实际上，调香师需要了解所有这些新的趋势和变化，才能创造出满足客户需求的产品。从某种意义上来讲，香水反映了我们的文明。香水的使用经历了几个世纪的发展，从宗教礼物到药物，自19世纪起，又发展成为卫生美容产品。即便是工业国际化的现在，对于香水的偏好仍具有区域性，而调香师也需要了解这些文化的不同。

　　调香界普遍认同，在香水的成功创作中没有哪一点是绝对关键的。但对于成为一个调香师来说，一些要素却是必要的：创造力、好奇心、开放的心态、毅力以及出色的记忆力。

致　　谢

　　感谢调香师、香奈儿香水研发总监克里斯托弗·谢德雷克(Christopher Sheldrake)。感谢盖尔·麦迪欧(Gaëlle Madiot)、娜塔莉·大卫(Nathalie David)、卡罗尔·苏罗特(Carol Surot)以及米歇尔·埃尔巴兹(Michèle Elbaz)，在文章撰写阶段内容讨论方面的贡献。感谢伊丽莎白·德·费多(Elisabeth de Feydeau)，授权使用她的数据。最后，对允许使用其图片的让·弗朗索瓦·维耶(Jean-François Vieille)表示感谢。

参 考 文 献

[1] E. de Feydeau: Les Parfums: Histoire, Anthologie, Dictionnaire (Robert Laffont, Bouquins, Paris 2011), in French

[2] Leffingwell and Associates: available online at http://www.leffingwell.com/top_10.htm (October 30th 2014)

[3] R. Stamelman: Perfume. A Cultural History of Fragrance from 1750 to the Present (Rizzoli, New York 2006)

[4] J.-C. Ellena: The Diary of a Nose: A Year in the Life of a Parfumeur (Rizzoli, Ex Libris, New York 2013)

[5] C. Delon-Martin, J. Plailly, P. Fonlupt, A. Veyrac, J.-P. Royet: Perfumer's expertise induces structural reorganization in olfactory brain regions, Neuroimage 68, 55-62 (2013)

[6] J. Plailly, C. Delon-Martin, J.-P. Royet: Experience induces functional reorganization in brain regions involved in odor imagery in perfumers, Hum. Brain Mapp. 33, 224-234 (2012)

[7] J. Carles: A method of creation and perfumery, Soap, Perfumery and Cosmetics, Year Book, pp. 13-30 (1968)

[8] J.-C. Ellena: Perfume, the Alchemy of Scent (Arcade Publishing, New York 2011)

[9] H. Surburg, J. Panten: Common Fragrance and Flavor Materials. Preparation, Properties and Uses, 5th edn. (Wiley-VCH, Weinheim 2006)

[10] C.S. Sell (Ed.): The Chemistry of Fragrances. From Perfumer to Consumer, 2nd edn. (RSC Publishing, Cambridge 2006)

[11] Y.-R. Naves: Technologie et Chimie des Parfums Naturels: Essences Concrètes, Résinoïdes, Huiles et Pommades aux Fleurs (Masson and Cie, Paris 1974), in French

[12] C. Burr: Synthetic $N°5$, T Style Magazine, The New York Times, August 27th (2006)

[13] C.S. Sell: Understanding Fragrance Chemistry (Allured Publishing Corporation, Carol Stream 2008)

[14] Private interview of Christopher Sheldrake, Perfumer/Director RD Perfumes, Chanel, (April 2014)

[15] E. Roudnitska: L'esthétique en Question: Introduction à une Esthétique de L'odorat (PUF, Paris 1977), in French

[16] F. Berthoud, F. Ghozland, S. d'Auber (Eds.): Enjeux et Métiers de la Parfumerie (Editions d'Assalit, Toulouse 2005) pp. 97-103, in French

[17] Interview of Olivier Cresp for Osmoz website: http://www.osmoz.fr/osmoztv/2/invite-osmoz-les-parfumeurs-olivier-cresp-1-5 (last accessed November 19th 2013)

[18] International Flavors and Fragrances Inc.: http://fragranceingredients.iff.com/

[19] P. Ekman, W.V. Friesen, M. O'Sullivan, A. Chan, I. Diacoyanni-Tarlatzis, K. Heider, R. Krause, W.A. LeCompte, T. Pitcairn, P. Ricci-Bitti, K. Scherer, M. Tomita, A. Tzavaras: Universals and cultural differences in the judgments of facial expressions of emotion, J. Pers. Soc. Psychol. 53, 712 (1987)

[20] C. Chrea, D. Grandjean, S. Delplanque, I. Cayeux, B. Le Calvé, L. Aymard, M.I. Velazco, D. Sander, K.R. Scherer: Mapping the semantic space for the subjective experience of emotional responses to odors, Chem. Senses 34, 49-62 (2009)

[21] C. Ferdenzi, A. Schirmer, S.C. Roberts, S. Delplanque, C. Porcherot, I. Cayeux, M.I. Velazco, D. Sander, K.R. Scherer, D. Grandjean: Affective dimensions of odor perception: A comparison between Swiss, British, and Singaporean populations, Emotion 11, 1168-1181 (2011)

[22] C. Porcherot, S. Delplanque, S. Raviot-Derrien, B. Le Calvé, C. Chrea, N. Gaudreau, I. Cayeux: How do you feel when you smell this? Optimization of a verbal measurement of odor-elicited emotions, Food Qual. Prefer. 21, 938-947 (2010)

[23] A.N. Rétiveau, G.A. Milliken: Common and specific effects of fine fragrances on the mood of women, J. Sens. Stud. 19, 373-394 (2004)

[24] P. Given, D. Paredes (Eds.): Chemistry of Taste: Mechanisms, Behaviors, and Mimics (American Chemical Society, Washington 2002)

[25] J.F. Warr: Method for measuring the emotional response to olfactive stimuli, US Patent 2012/0220857 (2012)

[26] S. Chu, J.J. Downes: Odour-evoked autobiographical memories: Psychological investigations of proustian phenomena, Chem. Senses 25, 111-116 (2000)

[27] K. Grunebaum: Les odeurs au secours de la mémoire. Le Figaro, December 15th(2005), available online at http://www.olfarom.com/medias/pdf/le_figaro_15-12-2005.pdf

[28] T. Hummel, K. Rissom, J. Reden, A. Haehner, M. Weidenbecher, K.-B. Huettenbrink: Effects of "olfactory training" in patients with olfactory loss, Laryngoscope 119, 496-499(2009)

[29] A. Haehner, C. Tosch, M. Wolz, L. Klingelhoefer, M. Fauser, A. Storch, H. Reichmann, T. Hummel: Olfactory training in patients with parkinson's disease, PLos One 8, e61680(2013)

第 55 章　沉浸式环境中的气味

沉浸式环境为用户提供一个由电脑生成的虚拟现实场景。它们广泛应用于工程学、市场营销、教育培训、理疗或娱乐等各个领域。在多模态体验中,除了主要的视觉或听觉感受外,嗅觉也是其中一种重要的感觉,可以让用户沉浸在虚拟场景中进行决策、设计以及学习。虽然嗅觉的加入可以让人机交互实现更多功能,但目前这种电脑控制的气味设备还没有广阔的市场。此类设备应至少提供香气调和、释放、扩散/流通、中和及排空功能。此外,沉浸式环境必须能提供实时交互体验,不仅要与其他体验和场景同步,还需要模拟与实时场景相结合的嗅觉体验。既可以采用简单的事件驱动控制模型来控制,也可以使用更复杂的流体动力学模型来获得更好的体验。在过去的几十年里,也有过很多次将气味设备引入大众娱乐市场的尝试,如电影和游戏,但都没有成功,或许香精行业会有更好的发展前景,例如开发一款带有智能香氛功能的可穿戴设备。

55.1　沉浸式环境的定义

沉浸感,意味着在虚拟世界中的存在感。虚拟环境是在电脑中生成的(图 55.1),可被应用于娱乐,例如电脑游戏,也可被用于教育、产品开发决策、生产计划或采购决策等更严肃的工作中。与虚拟环境相对的称为实体环境,而沉浸式环境是电脑虚拟生成的环境,可以让用户感觉像是在实体环境。这意味着沉浸式环境提供了实时体验,并且用户可以与之互动。

沉浸式环境在体验上要远胜于日常使用的工作站、移动和穿戴式电脑所呈现的简单视窗图形化界面。这种体验通常通过选择以下的措施来实现[1]:

- 空间表征及数字三维模型。
- 立体显示的空间视觉感。
- 头戴式虚拟现实显示器(图 55.2),或显示器固定在某个场景中(图 55.3、图 55.4)。
- 眼动追踪与头部追踪技术,可以实现在虚拟世界中进行自然运动。
- 用户可以使用空间交互设备在虚拟环境中导航或操控[2]。
- 多模态体验。声音、运动、触觉(图 55.5)、香气和味觉[3,4]等被添加到虚拟环境中。这意味着嗅觉是用来创造沉浸式环境的感知方式之一。

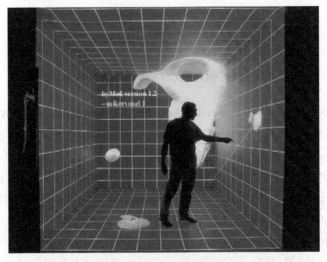

图 55.1　电脑虚拟生成的环境(Victor Brigola)

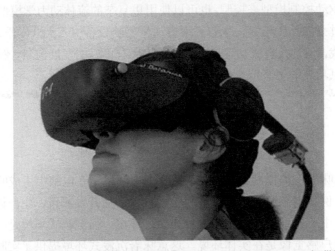

图 55.2　头戴式显示器(由斯图加特 IAT 大学 Fraunhofer IAO 提供)

图 55.3　立体投影墙(由斯图加特 IAT 大学 Fraunhofer IAO 提供)

图 55.4　沉浸式投影室（由斯图加特 IAT 大学 Fraunhofer IAO 提供）

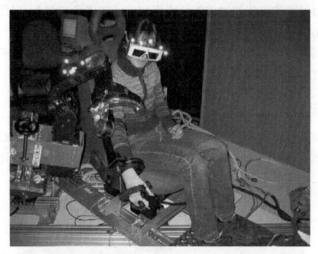

图 55.5　外骨骼设备的触觉反馈（由斯图加特 IAT 大学 Fraunhofer IAO 提供）

55.2　虚拟现实技术

沉浸式环境为用户带来虚拟现实体验[5]。在沉浸式环境体验中，用户不需要周边实体环境中存在的实物，甚至不需要实体环境。表 55.1 列出了使用虚拟环境的充分理由。

表 55.1　使用虚拟环境的理由

理由	示例
实体环境不复存在	考古
实体环境尚不存在	建筑规划、产品开发
非实体环境	游戏、抽象信息空间
无法进入的实体环境或危险的实体环境	火星探险、危险训练
成本过高或实现周期过长的实体环境	原型构建

虚拟现实(VR)绝不是物理现实的精确再现,它因如下原因而有所不同:

- VR 本质上不同于现实。
- VR 提供现实的模型及模型误差。
- VR 是通过不完善的人机界面感知的,其性能和再现能力受到限制。
- VR 通常是对现实的简化或理想化。

因此,在大多数情况下,遵循将现实完美再现的理想 VR 概念是没有必要的。所以 VR 可更好的理解为,它是以特定目的对现实的充分展现。如同艺术品[6]中的"瑕疵"一样,是可能存在的。通常情况下,用户并不需要这个瑕疵,但却能接受它的存在[7]。此外,在沉浸式体验过程中会产生认知沉浸或适应效应——虚拟现实成为用户的当前现实。

鉴于此,对应用目的至关重要的 VR 中添加气味是有帮助的。如设计一个商店,如果香气是这家店铺体验的一部分,那么使用 VR 技术来设计店铺内部,就需要在 VR 设备中使用香精。如果博物馆想通过 VR 技术再现一个"考古现场",以此向参观者展示一个虚拟的中世纪小镇,就应当考虑将气味作为虚拟环境的一部分。

VR 中的气味需要适当的施香设备(第 58 章)。如果需要根据场景改变气味,则需要电脑控制的施香设备、适当控制的排空或中和设备。

55.2.1　增强现实技术

现实虚拟模型是 VR 中人们关注的焦点,与之相反,增强现实(AR)则是在实体感知空间中引入虚拟元素(图 55.6)。视觉虚拟元素可以是实体对象的模型化,也可以是抽象的空间信息或是二维图形组件。

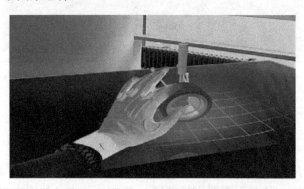

图 55.6　工程工作区中的增强现实技术(由斯图加特 IAT 大学的 Fraunhofer IAO 提供)

与 VR 不同的是,AR 总是与用户当前的空间情境相关,并依赖于情境。它是一种与情境相关的技术。当增强现实只与一个特定的位置相关时,它可以使用固定设备(不可移动),但这只是极少数的情况。大多数情况下,AR 也依赖移动或可穿戴设备。

例如,在实际地标上可以添加虚拟观光信息,在视野中叠加导航信息,在商店橱窗中呈现个性化位置相关广告,甚至可以从目录中挑选家具并将其虚拟放于现有客厅中,也可以在古代废墟上叠加虚拟的庙宇。

AR 要么利用人类的自然感知,通过可穿戴设备叠加信息;要么使用摄像机图像,并通过附加信息来增强这些图像。其中一类增强现实(AR)应用程序就是通过附加信息来增强智能手机或平板电脑的实时摄像头视频。

就像在虚拟现实(VR)中一样，空间表征也是增强现实(AR)的关键，另外空间关系也起着重要作用。用校正信息增强文字处理器屏幕不被视为 AR，然而在城市天际线上标注一座塔的高度则被公认为是增强现实(AR)。为了更合理的标注增强信息，在实际观测中正确的定位虚拟物，是增强现实(AR)的关键技术。

一方面，在增强现实(AR)中使用气味比在虚拟现实(VR)中更加困难。因为增强现实(AR)在公共空间中的应用十分广泛，释放出的香精会对环境中的人造成干扰或对环境造成污染。在可穿戴设备中集成施香装置也许能避免出现这一情况，然而截至目前，还没有用于解决该问题的设备。另一方面，使用可穿戴设备进行情境式施香也可能是未来增强现实发展的一种可能。

55.2.2　混合现实技术

混合现实是虚拟现实概念的延伸，表示在感知空间中实体元素和电脑生成虚拟元素的混合[9]。由此可知，增强现实是混合现实，但混合现实并不一定是增强现实。对于许多虚拟现实(VR)应用来说，混合现实(MR)是一种更精确的表达。当用户感觉自己是场景的一部分时，例如在体验建筑或玩游戏时，更精确的命名是 MR，此时 MR 是比 VR 更精确的命名。与虚拟现实(VR)相比，用户成为场景的一部分是混合现实的特征，这样定义更为精准。当用户要坐在虚拟场景中，他们需要真实的座位或椅子，此时虚拟现实(VR)变为了混合现实(MR)。虚拟场景中的感知硬件总是意味着混合现实(图 55.7)。

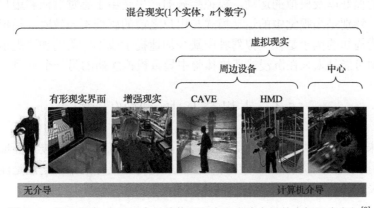

图 55.7　混合现实-介于无介导的物理现实和电脑介导的虚拟现实之间[8]
(由斯图加特大学 IAT 的 Fraunhofer IAO 提供)

将气味应用到由商业设备(气味营销中使用)代表市场的沉浸式环境中，被看作是混合现实(MR)；若气味由电脑生成并由电脑控制的气味输出设备提供，则将其视为虚拟现实(VR)。

55.3　沉浸式环境中的多模态应用

多模态是沉浸式环境的特征之一。在虚拟体验中视觉模态往往是占主导的，而其他模态则被忽视。尤其是在设计、建筑和工程学科中的许多基于视觉的决策支持应用中，情况就是这样。而在模拟类或娱乐类的应用中，听觉和触觉模态变得重要，因而得以重视并被应用。游戏和模拟类应用则通常利用声音和专有的触觉界面来改善体验。接下来讨论的感觉包括众所周知的五种感觉：

- 视觉。
- 听觉。
- 嗅觉。
- 味觉。
- 触觉。

以及与此相关的另外四种感受模式，包括：

- 热觉感受。
- 痛觉感受。
- 平衡感受。
- 本体感受。

　　所有的模态都与沉浸式环境相关，并在沉浸式环境中被使用，但由于伦理原因，痛觉感受在非医学应用中通常被忽略。

　　Nambu 等[10]在一项实验中表明，模态之间不是相互独立的，他们发现嗅觉感受会因视觉的变化而改变，甚至可以通过单纯的视觉刺激获得嗅觉感知。

　　在沉浸式环境中，人类感知的多模态特性也可能导致模拟疾病。用户是否发生此症，取决于用户的偏好以及模拟的运动。模拟疾病的产生是由于感觉刺激和用户感受之间的冲突引起的，特别是当视觉中的运动模式与用户之前的感受不一致时，模拟疾病就会产生。一个众所周知的例子是在模拟驾驶中缺少加速提示或不完美的加速提示。空气质量及异味刺激则可能是未来在沉浸式环境体验中导致模拟疾病的另一个原因。

55.4　人机交互中气味的功能

　　由于气味并不是人类首选的交流方式，因而它在人机交互和沉浸式环境方面尚未得到广泛的应用[11]。但人类能感知气味并做出反应，可见气味的某些功能是能够用于人机交互的，如表 55.2 所示。

表 55.2　气味在人机交互中的功能

功能	示例
以气味输出为主要目的电脑系统	智能可穿戴式施香设备 房间气氛控制
气味处理反馈	电脑辅助香精合成系统
气味作为模拟体验的一部分	消防员培训
提升沉浸式环境中的存在感	面包店的虚拟服务工程
引发情绪反应	情感计算
记忆支持	痴呆患者的生活环境辅助系统
非紧急警告和通知	工作中提示休息

气味由人类吸入空气中的化学物质所决定,这种感觉模式不适用于快速的交互任务。原因在于,这些化学物质释放后,还要经过一段时间的流动与扩散,才能被吸入嗅觉受体中。而如果需要改变气味,则须驱散或化学中和呼吸区域中已经存在的化学物质,并以另一种物质代替。此外,空间也是影响气味感知的一个因素,其影响程度依据气味的多少和气流的强弱而定[12,13]。以下为相关技术功能:

- 合成。
- 释放。
- 扩散和流通。
- 中和(化学分解)。
- 排空。

由电脑操控的气味设备须至少具备以上功能的一个子功能,并设有电脑控制接口。

55.5　系　统　设　计

55.5.1　施香设备

施香设备可根据不同变量进行分类。以下为主要变量:

- 空间范围。
- 香精制备。
- 释放气味的物理机制(颗粒进入气流、蒸发)。
- 消除气味的物理机制(扩散、流通、排空、中和)。
- 香精释放的控制。

首先,要使气味作用于身体周围,可通过头戴式设备或可穿戴设备实现。在此情况下,气味释放系统可跟随用户移动。其次,可通过固定设备实现气味对身体周围的覆盖。这包括安装在电影院座位上的设备或安装在工作站上的气味发生器。最后,气味也可作用于整个房间或部分房间。目前所用的大部分环境气味系统可实现该功能,而立体投影室(CAVEs,全空间沉浸式影院)尤其需要该功能(图55.4)。

气味制造系统的内部或外部均可产生气味。在系统外部,装入的预制气味可通过气味设备释放;而在系统内部,气味可以在这里完成调和,从而提高气味的多样性和气味制作的灵活性,但同时也使感觉保真度有所降低。

释放气味的物理机制包括通过加热或加快空气流动使溶液汽化、在文丘里管内混合和其他方式。其中加热手段可能引起化学反应,对气味造成影响。

关于消除气味的手段,主要有以下几种:最简单的方法是通过扩散和环境对流来稀释气味,这种方法不需要什么技术手段。结合技术系统的解决方案包括:通过分解分子来消除气味,以及将气味分子与其他分子结合来中和气味。其中,中和法需要一定的中和物质,比如用于家庭除臭剂的环糊精。

通过手动开关气味释放装置可实现对气味的控制,例如闭环控制器可以控制空气中气味的浓度。而通过电脑接口控制气味是最灵活的方法,该方法被普遍用于虚拟环境中。

目前市场上的气味设备种类有限，主流的气味设备可谓仅仅是个预制气味的释放装置，并且仅能释放单一气味。市场上也有一些产品支持催化分解，实现气味的化学中和。这种方法可作为一种备用的气味制造手段，也可作为气味设备的一项附加功能。

市场上大多数设备都不具备用于软件控制的电脑接口，因而无法参与电脑创建并控制的沉浸式环境中。

图 55.8 示例为具有电脑控制气味输出装置的混合现实(MR)系统，这种气味设备可释放的预制气味多达五种。天花板的通风口用于排空这些气味，房间内还配有用于通风的空调系统，而中和物质则由一个单独的系统进行释放。

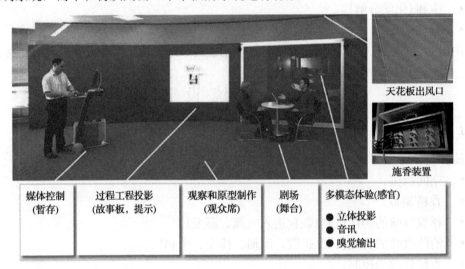

图 55.8　用于服务工程的带有施香装置的沉浸式系统(由斯图加特 IAT 大学的 Fraunhofer IAO 提供)

嗅觉电视是一种可编程的气味设备[14]，于 1960 年左右被发明，专为电影院而设计。该系统使用预制气味容器，依照一定的顺序将其排列在传动带上；气味由电影胶卷中的编码信号控制，通过观众座椅上的排气通道释放出来。电影《神秘的气味》就是为该系统量身定做的。

最近，日本东京的一个研究团队对这个创意继续研究，将其应用在电脑或电视屏幕上[15]，通过控制屏幕前的气流，实现了二维分布的局部气味体验。该团队在嗅觉屏幕上的研究主要是为了实现对气味的空间感知[12,13,15]。

在进入千禧年的头十年里，电脑控制气味设备的领域内出现了新的创业公司，他们致力于将这种设备商业化。总部设在以色列的 Scentcom 公司[16]声称，他们已经开发了一项技术，并开发了一些应用，涉及游戏、家庭影院、玩具、军用仿真及训练、移动设备以及机动车警报装置等方面，但是几乎这方面的所有创业公司多以失败告终。这些创业公司中的一些人与 Scentcom 公司一样，也采用了从有限的基础香气中调和气味的方法。AromaJet 公司[17]计划用 16 种成分来合成气味。但到目前为止，还没有针对个人或娱乐的商业化的电脑控制多元气味设备。

55.5.2　软件和集成应用方面

沉浸式环境必须为用户提供由电脑生成的、实时交互式虚拟现实体验，这就需要与这些需求相对应的软件。软件与硬件都必须协同为所有模式提供一致的用户体验，尤其是感官模式必须同步。由于受分子扩散和对流的物理限制，嗅觉捕捉这些气味分子会存在时间上的滞后和延迟，所以气味与其他感官模式的同步问题就变得十分重要。可接受的时间滞后性取决于具体场景，通常以秒度量。另外，气味在释放管道中的停滞时间也必须考虑在内。

沉浸式环境通常建立在表示场景结构的场景图上，在这些图中，场景中的对象即成为一个节点。在有气味输出的沉浸式环境下，可以将嗅觉属性分配给这些节点，并成为场景图的一部分。

与某种气味相关联的对象可以是各种空间或房间，当使用者在某个空间或房间内时，相应的气味被释放出来。当用户转换空间时，则会释放对应空间的新气味。另一种方法是给场景中的物理对象指定气味，当用户接近虚拟空间中的物体时，相应的气味将从气味输出系统中释放。当使用者离开物体时，气味输出减少或停止。在这些情况下，房间需要一定的通风，以确保用户在场景中移动时气味能够消失。

事实上，这些模型并不是特别符合物理学规律。有一个更复杂的系统，一方面在虚拟世界中模拟流体动力学和气味传输，另一方面尝试将物理世界与虚拟世界相匹配。它所使用的流体动力学计算可以从计算简单的一维运动模型到解析全空间流体动力学模型。然而，由于复杂的流体动力学模型尚不能完成实时处理，因此有必要采取相对折中的办法。

这种前向控制方法的缺点是缺乏来自实体世界的反馈，这可能会导致计算与现实之间的背离。带有控制算法的气味传感器可以通过实现闭环控制来解决这个问题。

55.6　应　　用

沉浸式环境广泛应用于工程、建筑、市场营销、教育培训、娱乐、甚至理疗等不同领域。其中大部分应用都是多模态的，但只有在极少数情况下才会应用嗅觉展示。接下来将重点介绍带有气味的应用。这些应用在未来的潜力胜过现今的产业表现。

55.6.1　电脑控制的香氛

沉浸式环境通常包括电脑图像和其他感官模式，从这个意义上说，电脑控制智能气味设备将是虚拟环境或混合现实中的一个临界案例。气味不是来自于自然实体环境，也不由其使用者手动释放，而是由电脑和气味输出设备产生，从而增强实体环境。

带有施香功能的可穿戴设备或香薰设备就属于这类应用，作为传统香水产品的更新换代，或者是在运动和生活中作为可穿戴设备的附加功能，它们也许将在不远的未来被开发上市。

Chen[11]建议将虚拟现实疗法与芳香疗法相结合。具体的建议是将气味作为刺激物应用在 VR 支持的恐惧症治疗中。

55.6.2　工程学

以用户为中心的产品开发已成为产品设计开发的重要途径。人体工程学包括更多以人体为导向的工程学内容,以及与硬件和软件相关的可用性方面,也包括用户体验方面。这种方法旨在为用户设计一种体验,而不是专注于实体产品的设计。其核心观点为产品的重点不是硬件和软件,而是为用户提供服务。产品开发的目的是提供一种服务,而不只是提供一个实物产品。

这也意味着由产品开发工程变为体验开发工程。在数字或虚拟工程中,沉浸式环境可以用于产品物理原型出现之前,就对该产品进行的使用体验模拟,而这种模拟是为了更好的评估最终用户及其相关利益者对该产品的应用体验和感受。

沉浸式体验工程系统的示例如图 55.8 所示。为实现服务产品的开发目的,可使用立体投影墙提供一个模拟服务环境的视觉沉浸式场景[18,19],实验室还配备了音频系统和重音设备,以实现多模态的体验。

香精行业的另一个例子是对香精产品根据环境-敏感进行决策。拟用环境以视觉或视听方式显示,气味以平行方式呈现。决策者在该场景中体验产品,并依照自身感知做出决策。

气味通常被认为是产品和用户体验的一个组成部分。这不仅适用于化妆品、食品或咖啡,也适用于技术含量更高的产品,如汽车。在这些产品中,气味甚至被用来打造品牌。在这些情况下,气味是体验开发工程中不可或缺的一部分。因此,需要在沉浸式环境中实现全面的体验设计。

体验开发工程的一个特例是产品定制。客户参与产品的设计,在规定选项及各项产品参数中,可以一定程度上进行自由选择,从而出现大量组合,然后按需生产。

这也适用于与香精有关的产品。在这些情况下,顾客需要对他/她的选择进行反馈,这又造成了对电脑生成香气的需要。互联网和网页浏览器经常被用于大规模定制。由于缺少用于电脑的商用气味输出设备,香气定制无法进行。因此,必须在销售场所提供特殊设备来实现香气定制。

55.6.3　市场营销

在过去的几十年里,香氛营销变得越来越重要。通过以下方式,香氛被用于支持营销:

- 为顾客提供愉悦的购物体验。
- 用产品本身的气味做广告(广告牌香氛)。
- 建立香氛品牌。

天然香氛经常被使用。一个典型例子是在面包店现场进行烘焙。如果销售的是预包装食品,比如便利店的袋装面包,这种情况下就将无法实现现场烘焙,则可以在销售点使用带有烘焙香气的施香设备。这种设备还可以更好地控制气味的强度。还有一类产品,它的用户体验会因时间变化而发生不同,或者当多种用户体验与某个产品相关,或者需要讲述某个产品故事,或者需要按照顺序展示多个产品时,在上述这些情况下,则需要一套电脑控制沉浸式环境体验装置来完成。这套装置最简单的实现方式就是,设定显示器所播放的视频顺序并与香氛设备同步。

55.6.4　教育和培训

为达到教育和培训的目的，沉浸式环境可以创造出一种真实存在感。特别是沉浸式模拟器可以获得高度自动化的决策和行为，这尤其适用于情况危险或难以重现的某些场景。

在非紧急情况下，能够编程的气味设备可以用于训练感觉分析。多模态沉浸式系统可用于训练气味识别、气味设计或感觉选择。

在更复杂的情况下，气味也很重要，如在医学教育和培训中，或者在化学和火灾隐患中，以及在军事训练中。具有气味输出的沉浸式环境，也可用于虚拟历史，以获得跨时空的体验，达到研究和教育的目的。

55.6.5　娱乐

视听娱乐正朝着更加身临其境的方向发展。立体设备已用于电影院、家庭娱乐和游戏中。气味作为电影、电视、游戏等大众娱乐视听体验的补充形态，几十年来一直是研究和创业公司的课题，但目前看，要想进入更广泛的大众市场还暂无可能。

即使是定制的多模态影院，呈现所谓的四维(4-D)节目，也只是注重动觉和触觉的增强，气味的应用还很少见。

55.6.6　结论

总之，目前还缺乏使用气味的沉浸式环境。由于还不存在电脑控制气味输出设备的市场，气味的应用因此受到影响。尽管在过去的几十年里，曾有几次尝试将气味设备引入大众市场，用于娱乐，如电影、电视和游戏，但都没有成功。在香精应用行业中发展，或许是此类设备获取市场的更可能的途径。带有施香功能的可穿戴设备可能是其正确的发展方向。

参 考 文 献

[1] R. Blach: Virtual reality technology-An overview.In: Product Engineering: Tools and Methods Based on Virtual Reality, ed. by D. Talaba, A. Amditis (Springer, Berlin 2008) pp. 21-64

[2] D.A. Bowman: 3D User Interfaces: Theory and Practice (Addison-Wesley, Boston 2005)

[3] H. Iwata, H. Yano, T. Uemura, T. Moriya: Food simulator: A haptic interface for biting, Proc. IEEE Virtual Real. (2004) pp. 51-57

[4] T. Narumi, T. Kajinami, S. Nishizaka, T. Tanikawa, M. Hirose: Pseudo-gustatory display system based on cross-modal integration of vision, olfaction and gustation, IEEE Virtual Real. Conf. (VR) (2011) pp. 127-130

[5] W.R. Sherman, A.B. Craig: Understanding Virtual Reality: Interface, Application, and Design (Morgan Kaufman, San Francisco 2003)

[6] O. Grau: Virtual Art: From Illusion to Immersion, Leonardo (MIT, Cambridge 2003)

[7] M. Slater: Place illusion and plausibility can lead to realistic behaviour in immersive virtual environments, Philos. Trans. R. Soc. Lond. B Biol. Sci.364 (1535), 3549-3557 (2009)

[8] P. Milgram, F. Kishino: Taxonomy of mixed reality visual displays, IEICE Trans. Inf. Syst. E77-D (12), 1321-1329 (1994)

[9] E. Dubois, P. Gray, L. Nigay (Eds.): The Engineering of Mixed Reality Systems, Human-Computer Interaction (Springer, London 2010)

[10] A. Nambu, T. Narumi, K. Nishimura, T. Tanikawa, M. Hirose: Visual-olfactory display using olfactory sensory map, IEEE Virtual Real. Conf. (VR) (2010) pp. 39-42

[11] Y. Chen: Olfactory display: Development and application in virtual reality therapy, ICAT'06 Artif. Real. Telexistence-Workshops (2006) pp. 580-584

[12] H. Matsukura, A. Ohno, H. Ishida: On the effect of airflow on odor presentation, IEEE Virtual Real. Conf. (VR) (2010) pp. 287-288

[13] H. Matsukura, T. Nihei, H. Ishida: Multi-sensorial field display: Presenting spatial distribution of airflow and odor, IEEE Virtual Real. Conf. (VR) (2011) pp. 119-122

[14] F.W. Hoffmann, W.G. Bailey: Arts & Entertainment Fads (Harrington Park, New York 1990)

[15] H. Matsukura, T. Yoneda, H. Ishida: Smelling screen: Technique to present a virtual odor source at an arbitrary position on a screen, IEEE Virtual Real. Short Pap. Posters (VRW) (2012) pp. 127-128

[16] Scentcom's Digital Scent technology: http://www. scentcom.co.il. Accessed 25.07.14

[17] AromaJet.com: Announces Fragrance Synthesis Over the Internet: http://www.aromajet.com. Accessed 25.07.14

[18] W. Ganz, T. Meiren: Testing of new services, 2010 Int. Conf. Serv. Sci. (ICSS) (2010) pp. 105-109

[19] T. Burger, M. Dangelmaier: Service Engineering in virtueller Umgebung, Fachz. Inf. Manag. 23 (3), 49-55 (2008), in German

第56章 市场营销中的气味

在当前的市场营销活动中，营销者越来越多地使用气味来区分、强化和推广产品与服务。虽然气味在商业上应用广泛，但关于消费者如何感知与响应嗅觉刺激的认知却是零散且有限的。为了更好地了解气味在商业用途中的机会和局限性，本章回顾了心理学、消费行为学和市场营销文献的研究状况。现有研究将气味的应用分为气味主导型产品、气味附加型产品、营销手段以及环境气味提示。本章分为六个主要部分，首先是讨论香气的效用特性和人类处理气味的过程，接下来是消费者的气味反应。56.4节从多模式感知的角度来解释气味如何与其他感觉形态相互作用，以多感觉的形式影响消费者。56.5节重点介绍了可以增强或消除嗅觉影响的个人及环境因素。本章以道德方面的讨论作为结束，并概述了未来可能对研究者和实践者有益的研究方向。

56.1 气味营销

无论在世界的任何角落，消费者都面临着无数的选择。而营销者们正在尝试寻找新的方式来使他们的产品脱颖而出，吸引消费者并最终完成销售。提供综合感觉体验的营销方式愈发受到关注。例如，能够传递多重感觉体验的产品可以使品牌更具特色，甚至更加成功[1]，还能增强品牌记忆[2]；同时，也能提高零售环境对访客的吸引力[3]，并增强营销传播的整体说服力[4]。在视觉作为消费者认知产品的主导方式时，运用其他感官全面提升消费者的体验[5,6]，从而更有利于消费者的响应[7]、认知[8]、购买[9]和品牌记忆[2,8-10]。嗅觉由于其独特性，比其他感觉更易引发消费者的积极响应[11]。气味营销被定义为使用气味来烘托气氛、推广产品或定位品牌[12]，因此吸引了研究人员和从业人员的关注。

Morrin[3]将气味在营销和服务中的应用分为四类：

①气味作为产品的主要属性。

②气味作为产品的次要属性。

③作为促销工作的一部分。

④作为环境气味。

当气味作为消费者购买的主要驱动力时，即是气味作为产品的主要属性，例如香水或除臭剂中的香精[13]。在这种情况下，气味会提供有关产品的关键信息，例如除臭剂的清新度或剃须后的舒缓效果。相反，如果产品的主要属性与气味无关，则气味被视为产品的次要属性。在这些情况下，气味的功能在于辨识度，使其与其他竞品区分开来。例如，有些人即使蒙住双眼也能将妮维雅乳霜与其他品牌区分开，因为他们可以识别该品牌独特的气味[14]。在第三类中，气味被用于广告和营销中。例如，2006 年 Got Milk 在旧金山各公交车站的广告牌上张贴有香味的纸条来向公交车乘客们宣传乳制品，通过从小纸条上散发出的新鲜饼干的香味来吸引消费者。同样，2012 年麦凯恩(McCain)发起了一项营销宣传活动，其中使用了气味来向英国的购物者推广烤土豆产品。营销形式是消费者按下凸起的 3D 烤土豆上的按钮后就可以闻到产品的气味，并获得购物优惠券[15]。麦凯恩还采用了其他措施，包括自动气味释放器，每次有人经过时，这种气味释放器都会在超市的冷冻食品过道中释放出烤土豆的香气。他还在出租车顶上安装了巨大的三维(3D)土豆装置在英国的城市中穿梭。气味在市场营销中最常见的用途可能是其作为周边环境氛围，不表现为某个具体事物，而是用作呈现整体环境氛围。从酒店大堂到零售店、赌场、航空公司和医院，环境气味广泛用于各种环境[16]。在 20 世纪 90 年代，新加坡航空开创了环境气味商业应用的先河，所用香气专为其企业形象设计，用于起飞和降落前的热毛巾以及空姐的香水[1]。

使用气味来调动复杂心理活动进行营销会带来一些挑战，这些挑战不必遵循其他感觉营销的规则。气味营销在特性和机制上的独特组合能够产生独特的心理反应模式，因此需要特别关注各种问题。本章通过将嗅觉、消费者心理、营销传播结合到进一步的商业实践和研究中，来增进对营销中气味作用的理解。读者在本章将了解到以下领域的一些最新见解：

①气味的效用(消费者反应的特定驱动因素)。
②气味的影响(消费者对气味的反应范围)。
③与其他感觉所获信息的交互作用。
④个人与环境因素所致的偶然性。

本章进一步总结完善了对于气味相关的市场营销和消费者心理方面的了解；包括全面的评述、创新的概念框架和实证研究。我们追踪的是该领域内先驱学者的研究成果，我们的回顾是有选择性的，并不详尽。我们的目的是，通过当前所知以及本章各节的内容来解释那些著名学者的训练、创造性和动因是如何为气味营销领域奠定重要基础的。本章各节的结构如下：首先，介绍了关于香气的效用特性和人类处理气味过程的讨论。然后，将对气味对消费者的影响进行详细评述。鉴于消费者在消费环境中不仅能感受到气味，而且还能通过其他感觉获取信息，因此第三部分阐明了气味与其他感官之间的相互作用。第四部分证明了个体和情境因素如何增强和减弱气味的影响。最后，讨论了道德方面和未来研究的可能方向。

56.2　香气的效用特性与人类处理气味的过程

56.2.1　香气的效用特性

在心理学和认知科学中，感知是获取、解释、筛选和组织感官信息的过程[17]。究竟是什么使人类对气味产生反应，特别是效用特性是什么？有研究指出了触发消费者对气味反应的四个特性：气味特征、愉悦感、熟悉感和气味强度。

依靠位于嗅觉上皮细胞中的 600～1000 万个受体[18]，人的鼻子在捕捉和分辨 2000～4000 种不同的气味特征方面有相对较好的表现[19]。然而，未经训练的人并不善于鉴别和描述气味[20]。如在要求消费者对其家用物品的气味进行描述命名时，至少有一半物品的气味是无法被命名的[21-23]。随着对气味逐渐熟悉，成功率会相应提高[24]，通常人类会感觉这个气味很熟悉，有一定的辨识度，但却无法通过语言来精准描述或对其进行定义(鼻尖现象)[24]。这种气味命名的困难被认为是由多种原因引起的。第一个原因可能是在人类的进化历程中命名气味并不是一项生存必备技能，能捕捉到气味并能加以区分就足够了[25]。第二个原因可能是气味最常发生在日常生活中的某个特定环境下。因此，有人认为命名困难是由于缺乏特定环境[26]。第三个原因可能是气味与其名称之间的语义联系相对较弱。可以想象，大脑中负责处理语言的区域与负责处理嗅觉的区域是分离的，至少比其他感觉处理区域要离得更远[27]。另外，气味处理和语言处理使用相同的脑皮层资源[28]。因此，语言和嗅觉在同时处理时就会引发相同脑皮层的资源竞争，从而使气味的命名变得困难[20]。然而，这些限制中的一些可以被克服，因为人们可以被训练来提高他们更准确地命名和描述气味的能力[29]。

有时，人类将气味的愉悦感视为与气味特征[30]一样重要的属性，因为人类会很快速且习惯性的确定自己是否喜欢某个气味。甚至以前有消费者研究表明，人类会将气味的愉悦感与否作为嗅觉感知的独立且重要的评估因素[31]。除了令人愉悦之外，人类还可以感知并响应气味的熟悉度和强度。虽然对愉悦度和熟悉度的评估通常高度相关(将熟悉的气味评估为更愉悦，反之亦然)[32]，但愉悦度和强度之间的关系更为复杂[33]。熟悉的气味比不熟悉的气味更受欢迎，同时人们通常会发现令人愉快的气味更加熟悉。相比之下，取决于特定的气味，通常可以将气味强度与愉悦度之间的关系表征为倒 U 型曲线。在一定的范围内，香水的愉悦感随强度的增加而提升。超过此范围，过于强烈的气味强度则是令人不愉悦的。但是，对于某些气味，强度和愉悦感之间的关系可能是线性的，而不是倒 U 型的。尽管淡淡的鱼味是可以接受的，但是随着鱼味强度的增加，愉悦度会直线下降[11]。

人类对气味感知中愉悦感的辨别力是先天形成的还是后天培养的，这一问题仍在讨论中。支持愉悦感辨别力是先天形成的依据主要是对味觉的研究，味觉研究表明这种机制主要是先天固有的[34]。但是，也存在着辨别力是源于后天学习理论的证据[27]。根据该理论，某事物(一种气味)由于个人过去的经历而变得与另一种(愉悦度的认定)相关联[35]。后天学习理论的支持者认为，新生儿没有任何气味偏好。在一生中，气味会与经验和情感联系在一起，并产生愉悦感[30]。因此，愉悦感应是依赖于个人经验的。

56.2.2　气味处理过程

鉴于其他章节有专门论述人类处理气味过程的相关内容，在此，我们仅简要重点介绍一些与营销有独特关联的问题。首先，气味的特殊之处在于，一些学者认为嗅觉是大脑处理信息中最慢的[11]。其次，与其他感觉输入不同，嗅觉信息直接投射到杏仁体-海马复合体，而两者之间没有任何介体。通过所有其他感觉获得的信息输入将首先转导到丘脑[11]，然后将信息传递到更高的皮层区域。与气味处理进一步相关的是嗅觉神经和杏仁体(仅相隔大约两个突触)及海马(三个突触)[11]。杏仁体对于情绪和情绪记忆的处理至关重要[36,37]，并且在经典条件反射[38]和联想学习[39]中起关键作用。海马是短期和长期记忆的关键参与者，并参与多种陈述性记忆功能[11]。此外，海马是大多数跨模式整合发生的区域，即通过两种或多种感觉方式所获得信息的组合[40-42]。最后，有证据表明嗅觉和情感在神经进化过程中紧密相连[43]。参与香气处理的两个大脑区域——杏仁体和海马，都是以前由嗅觉皮层组织演化而来，因此表明现在专注于情感和联想学习的大脑神经结构在以前是专门用于嗅觉信息处理。

总而言之，人类大脑对于嗅觉信息的独特处理过程表明，其他感觉无法与情感、记忆和学习有关的大脑区域产生这种瞬时、明确的联系。这种独特的处理方式加上可影响香气的效用特性的大量选择，可能是香气具有营销力的主要原因。

56.3　消费者对气味的反应

气味营销是个新兴领域，尚未完全了解气味营销的所有影响，某些方面的影响甚至仍在争论中[44]。以下各节详细介绍了消费者对气味的反应，包括情感状态的变化、评价判断、意向、行为和记忆，并提供了一些综合案例。

56.3.1　情感状态的变化

人类的情感状态包括情感与情绪[45]。市场研究人员通常会以强度、持久性和参考性来区分这两个概念[46]。情绪强度较小、持续时间较长，并且在很大程度上是无意识的，因为它们会在没有具体对象的情况下发生。相比之下，情感则更为强烈，短期且与具体对象相关，并包含了某些认知过程的要素；换句话说，情感是由认知适度传递的[47]。根据情绪的倾向理论[45]和情绪信息范式[48]，人们认识到情感状态是影响消费者行为的重要因素。

对于消费者对气味的反应，我们最常讨论的是从消费者情绪到总体影响的转变[31,49-52]，这种转变通常根据 Mehrabian 和 Russell 提出的 PAD(愉悦-唤起-控制)的愉悦度和觉醒维度来衡量[53]。而其他的研究体现了不一致的结果。Bone 和 Ellen[44]回顾了 22 项有关零售和消费者服务中环境气味的研究，发现环境气味对消费者行为影响的结果差异很大，有200 多位消费者的不同反应证明了这一点。只有三项研究证明了环境气味的存在对消费者情绪的重大影响。其他研究都未能提供确凿的证据[9,54,55]，几乎没有证据支持流行媒体反复提到的通过环境气味诱使购物者的神话[4,12]。Chebat 和 Michon 的研究进一步提供了有力的负面证据表明购物者的积极情绪与环境气味完全无关，而愉悦感并未促成环境气味对行为的影响。因此，起初归因于环境气味对消费者行为的影响实际上可能是由于气味与其他因素之间相互作用而产生的影响，而不是仅单一接触气味引起的[56-58]。与这种解释一致的是 Orth 和 Bourrain[7]的研究，这项研究提出环境气味的愉悦感增强了消费者情感状态(情绪)对行为的影响，从而推动了探索倾向，例如消费者会去探索陌生产品或询价。

与购物环境缺乏证据相反，气味对情绪的直接影响已成为香薰疗法的主要原理之一。

一些香水甚至会触发与情绪变化密切相关的生理反应(心率变化)[59]。实验性(非现场实验)的研究为此提供了确凿的证据。例如，在带有薰衣草和柠檬(令人愉悦的香气)气味或二甲基硫醚(令人不愉快的气味)气味的房间内完成情绪问卷时，处于愉快状态小组成员报告的积极情绪要比处于令人不愉快环境中小组成员积极得多[51]。与这一发现相符的是，坐在牙医等候区的女士，如果在房间里能闻到橙子香气会比房间里没有橙子香气时表现出更多的积极情绪[60]。与大多数零售研究相反，Doucé和Janssens[61]发现当高档服装店散发出薄荷柠檬香气时，对消费者的情绪有积极影响(更强的愉悦感和更高的唤醒力)。但是，作者强调他们的研究结果是针对高端消费产品(高级名牌服装)的研究，而不同于先前实验中的生活低端消费产品(学校用品、装饰品、盥洗用品和家用清洁产品)的研究。

总之，尝试将气味与情绪联系起来的研究并非总是能清楚地看出情感状态的变化。尽管学者们已经在现实环境中进行了一些研究，例如赌场[62]、时装店[61]或购物中心[56]，但是大多数研究是在人工实验室情况下进行的[9,63]，这些研究结果的差异表明影响可能是取决于其他个人因素或环境因素。稍后，我们将在讨论什么条件下消费者对气味产生反应这一问题时，再继续论述。

56.3.2　评价判断

向消费者传达意愿是营销的核心目标之一。为了传达意愿(如产品质量、品牌个性或商场价格水平)，全球的零售商、服务业和品牌经理都使用各种视觉、触觉、听觉和嗅觉线索。产品质量是至关重要的，因为它代表了对产品内在核心价值的认知评估[64]。在难以判断产品质量时，消费者会参考外在线索来推断质量，这些外在因素包括了气味[65]。品牌个性也很重要，因为它系统地捕捉并分类了品牌的各个方面，包括可概括的象征性利益[66]，使消费者能够表达自己[67]，并帮助管理者区分报价[68]。能够成功传递品牌个性的公司也更易于获得消费者的关注[69]、更高的认可[70]、更好的辨识[65,71-73]以及更有利的品牌定位[74-76]和出色的业绩表现[77]。尽管营销者从理论上认识到了气味的营销潜力，但是研究该主题的报道仍然有限，大多数的研究集中于将气味作为次要产品属性，只有少数研究是关于环境气味的。

围绕气味作为次要产品属性，气味评估响应研究通常体现了消费者对产品属性和整体质量的判断[44]。Laird[78]在这一领域进行了开创性研究，指出家庭主妇如何评测连裤袜的质量。在评测的连裤袜中，有三双连裤袜散发出淡淡的香味(花香和果香)，而第四双没有。不管具体的气味如何，研究参与者对有气味的连裤袜在质量上的评价都明显更好(理由为更耐用、有珠光光泽和更结实)，而且表现出更加偏爱。另外，气味之间的差异表现为一半的参与者更偏爱水仙香味的连裤袜。Bone和Jantrania[8]研究了气味是否必须适合产品才能引起正面评价的问题，他们发现，实际上，如果消费者认为气味适宜会对产品有更高的评价。但是，无论产品的香气是否合适，有香气的产品都会比没有香味的产品获得更好的评价。

在调查了消费者对环境气味的反应后，研究者根据情感的正负法(愉快，不愉快)来选择适合实验室的气味。气味散布在一个房间中，该房间的设计类似于一站式购物商店，主要出售学生需要购买的生活用品和学习用品。与没有气味的情况相比，添加气味可以显著提高顾客对商品质量的评分[54]。这一发现在后来的现场研究中得到了验证，在现场研究中，令人愉悦气味的存在改善了消费者对购物中心的体验，并增加了购物者的消费金额[56]。Morrin 和 Ratneshwar[55]把环境气味的研究与作为第二产品属性的气味研究相结合，并将重点扩展到品牌上，要求消费者小组成员在存在特定环境气味的情况下对熟悉和不熟悉的品牌名称进行评级。研究结果表明，当散发出令人愉悦的气味时，消费者对品牌的评价会更高。

结合现有的研究可以证明气味能够影响与产品、品牌和购物环境有关的消费者的评估判断。研究人员在香气的效用特性(有无香气、吸引力、香型)、实验背景(产品、品牌、环境)和因变量(总体质量、特定属性)上的关注点有所不同，因此很难推断出广泛的结论或一般准则。另外，让研究参与者了解气味，在一些研究中使用评分的方法(受试者对气味特性进行评分)，可能会产生夸大或有偏差的结果[79]。

56.3.3　记忆

最近的研究强调，唤起非自愿性自传体记忆是成功向消费者营销的一种可能机制[80]。非自愿性记忆是艾宾浩斯的三种基本记忆之一，是基于个人经历而自动浮现的，之前没有尝试回忆[81]。与自愿回忆(有意回忆)不同，非自愿记忆的激活几乎不受人为控制[82]，因为包括气味[83,84]在内的各种线索会自动唤起内隐记忆(第 37 章)。当内隐记忆变得可触及时，由此产生的经验与原初经验的许多特性相同。它是生动鲜活的，伴有主观感觉和生理变化，并影响着注意力、思想和行为[82]。

由于人类处理气味的机制较为独特，所以嗅觉比其他感觉更容易唤起生动而复杂的记忆[41,85]。由嗅觉线索触发的内隐记忆通常是高度个人化的，由较少的认知组成，并带有强烈的感情色彩[86]。与视觉线索带来的自传体记忆相比，气味唤起的记忆可以追溯到过去[87]，并伴随着更多和更强烈的感情[85]。在气氛与自传体记忆的整合研究中，Orth 和 Bourrain[7]在充满自然和人造气味的实验室环境中，研究了气味诱发的怀旧记忆对消费者探索行为的影响。研究结果表明，环境气味唤起了人们的怀旧记忆，进而激发消费者的探索倾向，即冒险、寻求多样性和好奇的行为。

与市场营销和消费者有关的大多数研究都集中在将香气作为次要产品属性和品牌推广手段方面。为产品添加适宜的气味可以增强个人对产品信息以及相关特性的记忆[88]。例如，当向消费者展示铅笔时，无论闻起来是普通气味(松木)、不常见的气味(茶树)还是无气味的铅笔，经过两周时间，他们最记得带有不常见的茶树气味铅笔的信息[89]。由于消费者对有普通气味铅笔比无味铅笔的记忆度更高，因此研究人员得出结论，不管有什么香气，加香产品都能提高消费者对产品信息的记忆力。

与无气味的情况相比，在广告中伴随愉快和舒适的气味(在电影院中对水疗中心进行商业推广时散布玫瑰或檀香香气)可增强消费者的回忆(有与无)[90]。与此类似，当坐在有气味的房间时，若气味令人愉悦，消费者会更好地回忆起陌生的品牌名称。进一步的分析表明，当环境气味的愉悦度提高时，消费者愿意花费更多的时间来考虑产品的价格。

以上文献认为环境和产品相关的气味都会影响消费者的记忆和行为。但是，其具体效果取决于气味所唤起的个人回忆和个性化意义。

56.3.4　行为与意向

嗅觉刺激的关键作用之一是其指示功能。环境气味会提示空气中存在的特有物质，并可根据过往经验来加以判断，从而指导身体行为，去规避或接近[91]。这种增强气味意识的能力被认为是人们能够趋利避害的主要原因[54]。嗅觉几乎不需要任何认知方面的努力[31]，更不需要有意识的尝试就能做出基本行为反应，例如在有宜人的气味时深呼吸或在难闻的气味下屏住呼吸[92]。

一些研究文献为环境气味对消费者行为的影响提供了充分的证据。研究人员以趋避反应为重心来评估行为反应，具体措施包括，一个人在环境中的停留时间、消费和行为意向。例如，相对于不和谐的愉悦气味，和谐的愉悦气味能使消费者在商店里的停留时长有所增加[93]。这一发现同样适用于餐馆，在餐馆中，加入宜人的薰衣草香气能使消费者的停留时长和消费金额都有所提升[94]。在赌场中，散发香气会提高赌注金额[62]。然而，最近的发现表明，环境气味可以根据所研究的购物行为类型不同而发挥不同的作用[95]。虽然环境中的巧克力气味可以促进大多的趋向行为，并增加顾客在书店里的消费额，但也会出现目标导向行为的减少。气味的积极影响只有在产品与该气味主题完全一致时才会出现。相应地，与巧克力气味相关的书籍(如烹饪或烘烤指南)销售量增加，而非相关书籍的销售量则有所减少。

Fiore 等[96]研究测试了环境气味是如何影响消费者对产品陈列做出反应的，进一步证明了"一致性"的重要作用。研究结果表明，与无气味条件和仅具有愉快气味条件相比，当气味既令人愉悦又与所展示的产品主题一致时，消费者表现出更高的购买意愿，并愿意支付更高的价格。

总之，(愉悦的)环境气味会影响消费者在该场景中的停留时间及消费金额。然而，一些学者提醒，经验证据并不总是支持这些结果[97]，特别是对研究报告中影响趋避行为的心理机制尚未充分了解，还需要进一步研究[55]。

56.4　感觉联觉效应

我们之前对嗅觉影响的讨论表明，气味可以通过多种方式影响消费者的反应。但是，读者应注意，大多数研究要么在实验室进行(将其他感觉视为最小影响因素)，要么在实地研究中观察消费者对气味的反应，但并未考虑其他感觉的影响与变化。这些方法不能完全反映消费者通过五种感觉感受到的真实状况。事实上，在自然条件下关于商店、产品甚至品牌个性的个人判断是由遇到的气味、听到的东西、触摸的物体、体验的味道以及看到的产品共同驱动的[17]。因此，必须考虑与气味有关的感官联觉效应。

人类具有五种基本感觉(嗅觉、听觉、触觉、味觉和视觉系统)，每种感觉都对当下环境向大脑传递信息。尽管总的来说，视觉被认为是最主要的信息来源，而嗅觉被认为能提供的信息较少[5]，但是每种方式的重要性是相对的，是取决于个体情况的。例如，嗅觉在提供清洁和安全的相关信息方面更具功能性[6]，而缺少嗅觉信息输入会给消费者带来负向的产品体验[98]。在许多情况下，如食物的颜色和气味，需要共同呈现来展示产品的可用安全性。通过两种或多种感觉系统接收并输入信息的交联，称为联觉效应[99]，仍然是消费者行为研究中的一个新兴领域。尽管在该领域的最初研究较狭窄地关注了两种感官模式的相互作用，例如颜色和气味[100-102]或音乐和气味[103,104]，但一些研究已开始探索营销环境中的多感觉效应，如气味和触觉对产品评估的交联作用[89]或气味和视觉对产品记忆的影响[89]。下一节将更详细地探讨联觉效应研究。

56.4.1　嗅觉与视觉

许多感觉研究都集中在这样一个发现上：视觉支配其他感觉，视觉和嗅觉刺激之间的相互作用就是这样。尽管两者的作用属性差异很大，但嗅觉和视觉研究主要集中在气味和物体颜色的相互作用上。有两类研究涉及①颜色影响气味感知。②视觉和嗅觉共同影响个人对产品的反应和评价。

尽管一种感觉模式(视觉)对另一种感觉模式(嗅觉)的影响不是一个直接的营销问题，但许多致力于颜色如何影响气味感知的研究者，为营销领域提供了重要见解[105]。例如，当芳香液体被适当地着色而不是不适当地着色时(樱桃香味液体被染成红色与绿色对比)，人们更容易正确识别香气[106]。这一发现不仅适用于抽象刺激，而且还适用于消费品，比如葡萄酒专家会使用红葡萄酒的典型描述来形容染成红色的白葡萄酒[107]。根据 Demattè 等[100,105]的说法，视觉对嗅觉的主导作用是如此强烈，以至于人们即使明确被提醒要忽略视觉线索，但也会因颜色而产生偏差。例如，当被要求识别气味并忽略视觉线索(颜色)时，参与者的反应存在偏差，因为他们对气味的识别仍然依赖于颜色。由于视觉亮度和气味强度似乎存在相互关联，颜色的这种偏倚效应不仅适用于气味识别[108]，还可以适用于对气味强度的个体判断上[102]。

研究人员研究了视觉偏差的可能原因，他们认为颜色和气味之间的相互作用是在知觉层面上发生的[108]。功能性磁共振成像证实了这一观点，表现为处理气味和颜色而激活的大脑区域会随着感知同步发生变化[109]。这个概念被称为知觉错觉[110-112]，反映了以下事实：在感觉信息输入之后，大脑中更高级别的信息处理(在语义层面上)则与相异的嗅觉感知有关。当同一种气味被标记为正面信息(切达奶酪)而不是负面信息(体臭)时，会被认为更令人愉悦。相反，该气味则被评为更强烈[113]。这个证据进一步证实了在语义层面上存在视觉与气味的"一致性"效应。

为了实现这种一致性，香水公司会仔细将容器的颜色与液体匹配，并为包装和广告精心设计配色方案，以使购物者更好地了解其香水[99]。包装颜色已被认为是一种特别有效的工具，可以引导顾客对气味强度的联想(强：深红色；弱：淡绿色)、甜度(高：深红色；低：淡绿色)和新鲜度(高：淡绿色；低：深红色)[114]。消费者对除臭剂气味的感知取决于包装的颜色，将这些发现与见解结合起来，人们并不是将包装和内装物分开感知的，而是将它们视为一个整体[99]。

56.4.2　嗅觉与其他感觉输入

很少有研究关注气味与视觉外的其他感觉的相互作用。一些研究者已经探索了气味与听觉(通过听觉获得)和触觉(通过触觉获得)之间的联觉效应作用。与视觉一样，大多数研究都集中在感觉特性之间的基本关系上。只有极少数人研究了与营销直接相关的结果。

与先前讨论的颜色和气味之间的"一致性"效应相似，对于气味和听觉音调之间的相互作用也存在类似现象。不同的气味对应不同的音调和音量。例如，果味与较高音调有关[103,104]，声音的音量与所感知的气味浓度成正相关[115]。与营销环境更直接相关的是音乐和气味(其刺激品质)的"一致性"效应，这使顾客对环境的评价更为正面，其效果进一步延伸到了购买意向或冲动购买行为，并提高了产品及服务的满意度[116]。Spangenberg 等[117]将此发现归因于背景音乐的调节作用。在他们的研究中，当气味与音乐(圣诞气味-圣诞音乐)一致时，消费者对商店的评价会更满意。但是，将相同的气味与"不一致"的音乐(圣诞气味-非圣诞音乐)结合则会导致评价不佳。总体而言，音乐和气味的精心结合可以带来更好的购物体验和更有效的销售。于是刺激的一致性再次表现为关键因素。

关于嗅觉和触觉刺激的联觉效应研究还比较少见。初步发现表明，气味和触觉之间存在联觉效应，与之前讨论的颜色、音乐与气味的联觉效应类似[118]。将软布或粗布与柠檬味或动物性香气搭配使用时，其柔软程度会因香气的不同而有很大差异(柠檬香的程度更高)。虽然采用明确的方法(心理测验量表)获得了该结果，但随后的试验证实，当采用隐式关联测试时(隐式关联测试[119])，这种效果也保持不变。另一项研究是，让参与者用洗发水洗头时评估液体和头发的柔软度。研究表明在洗发水中添加不同的香气可极大地提高香气对触觉感知的影响。同样，使用不同的气味也会影响产品的触觉特性，如厚度[120]。Krishna 等[10]的研究进一步证明了气味影响触觉的能力。分别将"南瓜-肉桂"味与"海岛-棉花"气味与热凝胶包及冷凝胶包进行包装对比，当气味与温度匹配时，会引起消费者对凝胶包的正面评价。也许更重要的是，参与者们评估这些凝胶包在缓解疼痛(带有海岛气息的冷敷袋)和暖手(南瓜肉桂香气的热敷袋)方面更有效、更快捷。总结涉及香气的联觉效应的实证研究表明，嗅觉和其他感觉在语义层面的一致性是驱动消费者反应的主要动力。

56.5 评 分 监 督

研究人员和从业人员都经常试图更好地了解提高或减弱(可能甚至抵消)气味对消费者反应影响的条件。针对何时出现的相应问题，适度研究可通过深入了解调节变量的条件值来提供答案。尽管前面几节隐含地提到了调节变量(语义一致性)，而以下各段从气味发挥作用的条件出发，对主要变量进行了更结构化的概述。

56.5.1 一致性

在研究气味如何影响消费者行为的过程中，一个反复出现的问题是，影响效果的主要因素取决于气味与其他刺激的一致性[8,116,117]。在众多解释消费者对气味反应的理论中，绝大多数人承认，气味与产品、类别、购物主题或其他感觉之间的"一致性"可以产生有效反应。"一致性"是指两个或多个刺激物的显著性间的契合或匹配程度[10]。

在 Bone 和 Jantrania[8]的研究中也提到了"一致性"效应。该研究发现,带有椰子香气的防晒乳液比带有柠檬香气的同种乳液对产品信任度和态度获得了更积极的评价。同样,消费者认为柠檬气味的家庭清洁品比椰子气味的清洁品更具吸引力。在这两项研究中,较高的产品-气味一致性提高了对产品的趋近行为。

关于气味与其他感觉的一致性研究中,音乐受到了很多关注。结果表明,购物中心的音乐与气味之间的一致性会带来对购物环境的更积极评价,增强了购物体验,更高的趋近行为以及更强烈的购物冲动。例如有关零售气氛的研究表明,当环境气味和背景音乐(高/高或低/低[116])或其与假日的一致性(圣诞音乐-圣诞气味[117])方面匹配时,消费者会体验到更强的愉悦感,给予商场更正面的评价,并最终展现为进场行为。

当消费者根据刺激属性之间的语义关联进行评估时,存在一种特殊的一致性情况[10]。由于刺激感受与经验的相互关联,个体赋予感觉刺激一个语义;一致的关联会导致对产品更积极的评价,并增强对这个语义的感知。语义一致性研究的不同之处在于它将研究重点从感知层面转移到认知过程层面。一个著名的例子是 Krishna 等[10]结合粗糙与柔软的纸张来测试女性与男性的相关气味。语义一致性(根据粗糙度-柔软度进行评估)调节了双重感觉输入所带来的影响。总而言之,线索的一致性似乎是理解消费者对气味反应的关键。

56.5.2　个体差异

关于香气的感知和影响存在较多个体差异。个体差异不仅包括人口统计学变量(年龄、性别),还包括个体性情(人格特征)以及与情境相关的不稳定的个体状态(情绪)。

关于气味感知,大量证据表明人们的嗅觉能力不同,也就是他们捕捉和辨别气味的能力不同[121]。这种个体差异部分归因于遗传因素。此外,突出的环境因素等诸如吸烟习惯和年龄等因素也会影响人的嗅觉能力。吸烟具有负面影响,因为吸烟减少了用于接收气味分子的嗅觉受体数量及其敏感性[122]。同样,衰老也有负面影响,因为在整个生命周期中,嗅觉受体功能失调或衰亡[123]。相反,性别不是重要影响因素,女性和男性似乎有同等的气味捕捉与辨别力[124]。

气味对年龄可能会产生影响,因为消费环境中的气味会影响年轻人(而不是老年人)的消费情况[125]。从更全面的视角来看,Davies 等[126]认为感知环境气味的方式取决于客观存在的气味和消费者的敏锐度,这受个体,如年龄和性别的影响。这种观点与文献[60]的发现相符,即坐在牙科等候区闻到了橙子香气的男性(没有变化)和女性(有情绪转变)的情绪变化不同。

56.6　道　德　方　面

道德通常是致力于区分好或正确与坏或错误[127]。下面各段旨在提醒读者注意以下方面的一些挑战和陷阱:①将香气用于营销目的(营销道德)。②进行消费者对香气反应的研究(消费者研究中的道德)。

当公司将针对消费者的产品推向市场时,就会产生营销道德问题。鉴于营销必须以营利为目的，商业活动可能会引发道德问题[128]。然后，解决这些问题取决于所采取的观点，尤其是人们采用的是道义论还是目的论观点[129]。通常，解决市场营销的道德问题还涉及政府监管。批评者的声音表达了对营销人员使用气味进行误导、欺骗和操纵消费者的担忧。例如，有人争辩说，使用气味来增强消费者对产品质量的认识[8]符合误导和欺骗的标准，因为消费者认为该产品的质量似乎比通常情况下(没有气味)要好。另一个常见的应用是在二手车中使用新香精，以激发人们对新事物的感知，这样可能会提高消费者的购买意愿。关于市场营销对环境气味的使用，可以断定所建立的效果会诱使消费者采取行动(自发购买，过度支出)，如果没有气味的话他们则不会采取行动[130]。

　　相比之下，消费者研究中的道德问题出现在研究人员追求自身利益的目标时，这些目标可能与研究者或赞助研究的人的需求背道而驰。这些问题导致需要保护受试者(消费者)免受研究的潜在有害影响，并保护我们的知情权。在许多地方，人们达成共识，即受试者有权匿名，内心平静、坦率并可自由选择；与之相对的，他们同意应该将具有伤害性、欺骗性或操纵性的研究定为非法[131]。大部分显著突出的气味可能对健康或快乐存在风险[132]或致癌性[130]，还有一些可能会导致过敏[133]。鉴于越来越多的人对气味敏感，因此在进行气味反应试验时，甚至应考虑轻度反应，如头痛和哮喘[134]。

　　为了响应州或联邦政府法规的要求，许多国家和国际体系准则已被建立，旨在规范产品上或产品中所用香精的过敏原识别和强制性标示。除法规外，行业协会如国际香精香料协会还为其成员公司发布了详细的业务守则。大多数法规集中于如何保护消费者避开有害成分。然而，(根据第七修正案第 10.1 条，准则 2003/15/EC)对德国市售的 700 多种产品进行可能会引起过敏的 26 种香精的检测中，Klaschka[135]发现约有一半的化妆品、洗涤品和清洁产品含有至少一种以上的强制性标示成分，14%的产品含有强过敏原。时至今日，消费者仍在购买这些产品；公司自愿在产品包装上公示这些信息以减少过敏发生率的效果似乎很小。

56.7　未来的研究方向

　　尽管前面的部分说明了我们在更好地理解气味如何以及何时影响消费者行为方面取得了很大的进步，但我们的认识仍然存在巨大差距。从我们的角度来看，至少存在三种对未来而言有很大价值的研究途径：改进方法、推进分析和采用更全面的观点。

　　尽管所研究的气味属性、营销环境和消费者反应变量存在差异，但所阐述的研究主要还是依赖于单一的方法，即通过心理测评量表进行评估。虽然这些量表应用广泛，但它们在设计、分析和解释方面仍存在局限性[136]。为了克服显式测量(基于量表的调查或试验)固有的某些局限性，一些研究已开始依靠内隐式关联测试[119]和功能性磁共振成像[109]来捕获自动化思维和无意识反应。借助于先进或集成的技术，用以研究香气营销的效果，对从个人消费者的黑匣子中获得更具启示性的认识应该是可行的。

　　得益于社会科学的新发展，过去十年来，市场研究在更为复杂和更庞大的分析方面取得了长足的进步。例如，速度更快的高性能处理器支持大数据处理，可在相当短的时间内为大量案例(消费者)计算大量变量[137]。据此总结，只关注回答如何或"何时"，不如关注文献[138]中两位研究者进一步开发的分析方法，如附带条件的过程建模，以更好地量化并同时测试关于自变量如何(通过中介变量)和何时(调节变量的条件值)影响因变量的假设[139]。假设的间接(中介)效应强度取决于特定调节值，或所谓的条件间接效应[140]，或称为缓和调解，这是合理的。总的来说，许多关于气味营销的研究都提出了一种间接假设，即气味与消费者反应(入场回避或购买意向)之间存在间接关系(情感或评价判断的转变)，并且取决于个体情况(个人购物目标、年龄或性别)。考虑到初始方法存在的缺点[141]，建议条件过程建模比单独使用显著性检测或自举法产生更完整的结果[138,141]。因此，这些新方法和分析工具的应用可能需要从业者和研究人员重新考虑气味如何与消费者互动，从而更有效地销售产品和服务。

建立感觉信息输入的联觉效应，自然会采用更全面的观点，将其与营销研究进一步结合。过去的市场营销和消费者研究主要集中在通过视觉传达产品和品牌(通过广告)的经典方式。市场营销学者认为视觉是消费者信任度的主要来源[142]，但基本上忽略了感觉科学的潜在贡献。最近，研究人员开始接受体验营销的概念，充分理解消费者与产品[8]、品牌[9]或服务环境互动的重要性。虽然由此产生的视觉、触觉、嗅觉、听觉和味觉的多元观点被认为可以对上述问题作出解答，但评估和分析各种变量之间关系所需的新方法是最近才出现的(参见第 42 章)。

56.8　总　　结

本章涵盖了很多基础内容。然而，它几乎还没有开始直接或间接地将气味在营销现象中的多样性进行归因。为简洁起见，读者会发现包括消费者行为以及相关领域在内的许多重要研究领域都被省略了。随着新的研究框架和争议的发展，在未来几年中将有必要对此处讨论的观点进行更新、修订和扩展。我们希望本章能够推动人们对利用气味进行营销的关注与讨论，读者也能通过自己的教学、研究和实践为该学科做出贡献。气味营销确实是一个跨学科领域，我们很高兴有机会提供这些观点。

参 考 文 献

[1] M. Lindström: Brand Sense: How to Build Powerful Brands Through Touch, Taste, Smell, Sight and Sound (Kogan Page Publishers, London 2005)

[2] M.O. Lwin, M. Morrin, A. Krishna: Exploring the superadditive effects of scent and pictures on verbal recall: An extension of dual coding theory, J. Consum. Psychol. 20 (3), 317-326 (2010)

[3] M. Morrin: Scent marketing. In: Sensory Marketing-Research on the Sensuality of Products, ed. by A. Krishna (Taylor Francis, New York 2010) pp. 75-86

[4] J. Stephens: Stop and smell the brand, ABA Bank Mark. 39 (8), 30-34 (2007)

[5] H. Schifferstein, M. Cleiren: Capturing product experiences: A split-modality approach, Acta Psychol. (Amst.) 118 (3), 293-318 (2005)

[6] H. Schifferstein: The perceived importance of sensory modalities in product usage: A study of self-reports, Acta Psychol. 121 (1), 41-64 (2006)

[7] U.R. Orth, A. Bourrain: Ambient scent and consumer exploratory behaviour: A causal analysis, J. Wine Res. 16 (2), 137-150 (2005)

[8] P.F. Bone, S. Jantrania: Olfaction as a cue for product quality, Mark. Lett. 3(3), 289-296(1992)

[9] M. Morrin, S. Ratneshwar: Does it make sense to use scents to enhance brand memory?, J. Mark. Res. 40(1), 10-25(2003)

[10] A. Krishna, R.S. Elder, C. Caldara: Feminine to smell but masculine to touch? Multisensory congruence and its effect on the aesthetic experience, J. Consum. Psychol. 20(4), 410-418(2010)

[11] R. Herz: The emotional, cognitive, and biological basics of olfaction: Implications and considerations for scent marketing. In: Sensory Marketing-Research on the sensuality of products, ed. by A. Krishna(Taylor Francis, New York 2010)

[12] J. Vlahos: Scent and Sensibility, The New York Times, September 9(2007)

[13] D. Milotic: The impact of fragrance on consumer choice, J. Consum. Behav. 3(2), 179-191(2003)

[14] D. Maiwald, A. Ahuvia, B.S. Ivens, P.A. Rauschnabel: The hijacking effect of ambient scent, Mark. Rev. St. Gallen 30(2), 50-59(2013)

[15] D. Gianatasio: In Britain, bus shelter ads smell like delicious baked potatoes. ADWEEK(2012) http://www.adweek.com/adfreak/britain-bus-shelter-ads-smell-delicious-baked-potatoes-138111

[16] R.W. Holland, M. Hendriks, H. Aarts: Smells like clean spirit, Psychol. Sci. 16(9), 689-693(2005)

[17] J. Peck, T.L. Childers: Sensory factors and consumer behavior. In: Handbook of Consumer Psychology, ed. by C.P. Haugtvedt, P.M. Herr, F.R. Kardes(Lawrence Erlbaum, New York 2008) pp. 193-219

[18] W. Legrum: Riechstoffe, Zwischen Gestank und Duft(Vieweg und Taubner, Wiesbaden 2011)

[19] A. McPherson, A. Moran: The significance of fragrance and olfactory acuity for the consumer household product market, J. Consum. Stud. Home Econ. 18(3), 239-251(1994)

[20] Y. Yeshurun, N. Sobel: An odor is not worth a thousand words: From multidimensional odors to unidimensional odor objects, Annu. Rev. Psychol. 61, 219-241(2010)

[21] W.S. Cain: To know with the nose: Keys to odor identification, Science 203(4379), 467-470(1979)

[22] R.A. de Wijk, F.R. Schab, W.S. Cain: Odor identification. In: Memory for Odors, ed. by F.R. Schab, R.G. Crowder(Lawrence Erlbaum Associates, Mahwah 1995) pp. 21-37

[23] H. Lawless, T. Engen: Associations to odors: Interference, mnemonics, and verbal labeling, J. Exp.Psychol. Hum. Learn. Mem. J. Exp. Psychol. Hum. Learn. Mem. 3(1), 52(1977)

[24] J. Homewood, R.J. Stevenson: Differences in naming accuracy of odors presented to the left and right nostrils, Biol. Psychol. 58(1), 65-73(2001)

[25] E.P. Köster: The specific characteristics of the sense of smell. In: Olfaction, Taste and Cognition, ed. by C. Rouby, B. Schaal, D. Dubois, R. Gervais, A. Holley(Cambridge Univ. Press, Cambridge 2002) pp. 27-44

[26] F.U. Jönsson, M.J. Olsson: Knowing what we smell. In: Olfactory Cognition, ed. by G.M. Zucco, R.S. Herz, B. Schaal(John Benjamins, Amsterdam, Philadelphia 2012)

[27] T. Engen: Odor Sensation and Memory(Greenwood, New York 1991)

[28] T.S. Lorig: On the similarity of odor and language perception, Neurosci. Biobehav. Rev. 23(3), 391-398(1999)

[29] I. Lesschaeve, S. Issanchou: Effects of panel experience on olfactory memory performance: Influence of stimuli familiarity and labeling ability of subjects, Chem. Senses 21, 699-709(1996)

[30] R.S. Herz, S.L. Beland, M. Hellerstein: Changing odor hedonic perception through emotional associations in humans, Int. J. Comp. Psychol. 17(4), 315-338(2004)

[31] H. Ehrlichman, J.N. Halpern: Affect and memory: Effects of pleasant and unpleasant odors on retrieval of happy and unhappy memories, J. Pers. Soc. Psychol. 55(5), 769(1988)

[32] C. Sulmont, S. Issanchou, E.P. Köster: Selection of odorants for memory tests on the basis of familiarity, perceived complexity, pleasantness, similarity and identification, Chem. Senses 27(4), 307-317(2002)

[33] H.R. Moskowitz, A. Dravnieks, L.A. Klarman: Odor intensity and pleasantness for a diverse set of odorants, Percept. Psychophys. 19(2), 122-128(1976)

[34] E. Perl, U. Shay, R. Hamburger, J.E. Steiner: Tasteand odor-reactivity in elderly demented patients,Chem. Senses 17(6), 779-794(1992)

[35] E.A. Wasserman, R.R. Miller: What's elementary about associative learning?, Annu. Rev. Psychol. 48(1), 573-607(1997)

[36] J.P. Aggleton, M. Mishkin: The amygdala: Sensory gateway to the emotions, Emot. Theory Res. Exp.3, 281-299(1986)

[37] L. Cahill, R. Babinsky, H.J. Markowitsch, J.L. McGaugh: The amygdala and emotional memory, Nature 377(6547), 295-296 (1995)

[38] J. LeDoux: Fear and the brain: Where have we been, and where are we going?, Biol. Psychiatr. 44(12), 1229-1238(1998)

[39] E.T. Rolls, H.D. Critchley, R. Mason, E.A. Wakeman: Orbitofrontal cortex neurons: Role in olfactory and visual association learning, J. Neurophysiol. 75(5), 1970(1996)

[40] H. Eichenbaum: The hippocampus and declarative memory: Cognitive mechanisms and neural codes, Behav. Brain Res. 127(1/2), 199-207(2001)

[41] M. Doop, C. Mohr, B. Folley, W. Brewer, S. Park: Olfaction and memory. In: Olfaction and the Brain, ed. by W.J. Brewer, D.J. Castle, C. Pantelis(Cambridge Univ. Press, New York 2006) pp. 65-82

[42] J.A. Gottfried, R.J. Dolan: The nose smells what the eye sees: Crossmodal visual facilitation of human olfactory perception, Neuron 39(2), 375-386(2003)

[43] P.M. Lledo, G. Gheusi, J.D. Vincent: Information processing in the mammalian olfactory system, Physiol. Rev. 85(1), 281-317 (2005)

[44] P.F. Bone, P.S. Ellen: Scents in the marketplace: Explaining a fraction of olfaction, J. Retail. 75(2), 243-262(1999)

[45] M. Siemer: Moods as multiple-object directed and as objectless affective states: An examination of the dispositional theory of moods, Cogn. Emot. 19(6), 815-845(2005)

[46] H.T. Luomala, M. Laaksonen: Contributions from mood research, Psychol. Mark. 17(3), 195-233(2000)

[47] C. Beedie, P. Terry, A. Lane: Distinctions between emotion and mood, Cogn. Emot. 19(6), 847-878(2005)

[48] N. Schwarz, G.L. Clore: Mood as information: 20 years later, Psychol. Inq. 14(3/4), 296-303(2003)

[49] R.A. Baron: Environmentally induced positive affect: Its impact on self-efficacy, task performance,negotiation, and Conflict, J. Appl. Soc. Psychol. 20(5), 368-384(1990)

[50] K.G. DeBono: Pleasant scents and persuasion: An information processing approach, J. Appl. Soc.Psychol. 22(11), 910-919 (1992)

[51] S.C. Knasko: Ambient odor's effect on creativity, mood, and perceived health, Chem. Senses 17(1), 27-35(1992)

[52] H.W. Ludvigson, T.R. Rottman: Effects of ambient odors of lavender and cloves on cognition,memory, affect and mood, Chem. Senses 14(4), 525-536(1989)

[53] A. Mehrabian, J.A. Russell: An Approach to Environmental Psychology (MIT Press, Cambridge 1974)

[54] E.R. Spangenberg, A.E. Crowley, P.W. Henderson: Improving the store environment: Do olfactory cues affect evaluations and behaviors?, J. Mark., 60(2), 67-80(1996)

[55] M. Morrin, S. Ratneshwar: The impact of ambient scent on evaluation, attention, and memory for familiar and unfamiliar brands, J. Bus. Res. 49(2), 157-165(2000)

[56] J.-C. Chebat, R. Michon: Impact of ambient odors on mall shoppers' emotions, cognition, and spending: A test of competitive causal theories, J. Bus. Res. 56(7), 529-539(2003)

[57] M.D. Kirk-Smith, D.A. Booth: Chemoreception in human behaviour: Experimental analysis of the social effects of fragrances, Chem. Senses 12(1), 159-166(1987)

[58] S.C. Knasko, A.N. Gilbert, J. Sabini: Emotional state, physical well-being, and performance in the presence of feigned ambient odor, J. Appl. Soc. Psychol. 20(16), 1345-1357(1990)

[59] R.S. Herz: Aromatherapy facts and fictions: A scientific analysis of olfactory effects on mood, physiology and behavior, Int. J. Neurosci. 119(2), 263-290(2009)

[60] J. Lehrner, C. Eckersberger, P. Walla, G. Pötsch, L. Deecke: Ambient odor of orange in a dental office reduces anxiety and improves mood in female patients, Physiol. Behav. 71 (1), 83-86 (2000)

[61] L. Doucé, W. Janssens: The presence of a pleasant ambient scent in a fashion store the moderating role of shopping motivation and affect intensity, Environ. Behav. 45 (2), 215-238 (2013)

[62] A.R. Hirsch: Effects of ambient odors on slot-machine usage in a Las Vegas casino, Psychol. Mark. 12 (7), 585-594 (1995)

[63] A. Bosmans: Scents and sensibility: when do (in) congruent ambient scents influence product evaluations?, J. Mark. 70 (3), 32-43 (2006)

[64] R.K. Teas, S. Agarwal: The effects of extrinsic product cues on consumers' perceptions of quality, sacrifice, and value, J. Acad. Mark. Sci. 28 (2), 278-290 (2000)

[65] M.E. Creusen, J.P. Schoormans: The different roles of product appearance in consumer choice, J. Prod. Innov. Manag. 22 (1), 63-81 (2005)

[66] J.L. Aaker: Dimensions of brand personality, J. Mark. Res. 34 (3), 347-356 (1997)

[67] B. Grohmann: Gender dimensions of brand personality, J. Mark. Res. 46 (1), 105-119 (2009)

[68] Y. Sung, S.F. Tinkham: Brand personality structures in the United States and Korea: Common and culture-specific factors, J. Consum. Psychol. 15 (4), 334-350 (2005)

[69] J.P. Schoormans, H.S. Robben: The effect of new package design on product attention, categorization and evaluation, J. Econ. Psychol. 18 (2), 271-287 (1997)

[70] T.-M. Karjalainen, D. Snelders: Designing Visual Recognition for the Brand, J. Prod. Innov. Manag. 27 (1), 6-22 (2010)

[71] P.H. Bloch: Seeking the ideal form: Product design and consumer response, J. Mark. 59 (3), 16-29 (1995)

[72] P.W. Henderson, J.L. Giese, J.A. Cote: Impression management using typeface design, J. Mark. 68 (4), 60-72 (2004)

[73] U.R. Orth, K. Malkewitz: Holistic package design and consumer brand impressions, J. Mark. 72 (3), 64-81 (2008)

[74] S. Chan Choi, A.T. Coughlan: Private label positioning: quality versus feature differentiation from the national brand, J. Retail. 82 (2), 79-93 (2006)

[75] A. Kaul, V.R. Rao: Research for product positioning and design decisions: An integrative review, Int. J. Res. Mark. 12 (4), 293-320 (1995)

[76] R. Van Der Lans, R. Pieters, M. Wedel: Eye-movement analysis of search effectiveness, J. Am. Stat. Assoc. 103 (482), 452-461 (2008)

[77] J.H. Hertenstein, M.B. Platt, R.W. Veryzer: The impact of industrial design effectiveness on corporate financial performance, J. Prod. Innov. Manag. 22 (1), 3-21 (2005)

[78] D.A. Laird: How the consumer estimates quality by subconscious sensory impressions, J. Appl. Psychol. 16 (3), 241 (1932)

[79] G.D.S. Ludden, H.N.J. Schifferstein: Should Mary smell like biscuit? Investigating scents in product design, Int. J. Des. 3 (3), 1-12 (2009)

[80] D.D. Muehling, V.J. Pascal: An empirical investigation of the differential effects of personal, historical, and non-nostalgic advertising on consumer responses, J. Advert. 40 (2), 107-122 (2011)

[81] D. Berntsen: The unbidden past involuntary autobiographical memories as a basic mode of remembering, Curr. Dir. Psychol. Sci. 19 (3), 138-142 (2010)

[82] L.J. Levine, H.C. Lench, M.A. Safer: Functions of remembering and misremembering emotion, Appl. Cogn. Psychol. 23 (8), 1059-1075 (2009)

[83] R. Herz, T. Engen: Odor memory: Review and analysis, Psychon. Bull. Rev. 3 (3), 300-313 (1996)

[84] J. Willander, M. Larsson: Olfaction and emotion: The case of autobiographical memory, Mem. Cognit. 35 (7), 1659-1663 (2007)

[85] R.S. Herz, J.W. Schooler: A naturalistic study of autobiographical memories evoked by olfactory and visual cues: Testing the Proustian hypothesis, Am. J. Psychol. 115 (1), 21-32 (2002)

[86] P.B. Hinton, T.B. Henley: Cognitive and affective components of stimuli presented in three modes, Bull. Psychon. Soc. 31 (6), 595-598 (1993)

[87] S. Chu, J.J. Downes: Odour-evoked autobiographical memories: Psychological investigations of Proustian phenomena, Chem. Senses 25 (1), 111-116 (2000)

[88] A. Krishna: An integrative review of sensory marketing: Engaging the senses to affect perception, judgment and behavior, J. Consum. Psychol. 22, 332-351 (2012)

[89] A. Krishna, M.O. Lwin, M. Morrin: Product scent and memory, J. Consum. Res. 37 (1), 57-67 (2010)

[90] M.O. Lwin, M. Morrin: Scenting movie theatre commercials: The impact of scent and pictures on brand evaluations and ad recall, J. Consum. Behav. 11 (3), 264-272 (2012)

[91] L. Hvastja, L. Zanuttini: Recognition of nonexplicitly presented odors, Percept. Mot. Skills 72 (1), 883-892 (1991)

[92] J.M. Levine, D. McBurney: The role of olfaction in social perception and behavior. In: Physical Appearance, Stigma, and Social Behavior: The Ontario Symposium, Vol. 3, ed. by C.P. Herman, M.P. Zanna, E.T. Higgins (Lawrence Erlbaum, Hillsdale 1986) pp. 179-217

[93] D.J. Mitchell, B.E. Kahn, S.C. Knasko: There's something in the air: Effects of congruent or incongruent ambient odor on consumer decision making, J. Consum. Res. 22 (2), 229-238 (1995)

[94] N. Guéguen, C. Petr: Odors and consumer behavior in a restaurant, Int. J. Hosp. Manag. 25 (2), 335-339 (2006)

[95] L. Doucé, K. Poels, W. Janssens, C. De Backer: Smelling the books: The effect of chocolate scent on purchase-related behavior in a bookstore, J. Environ. Psychol. 36, 65-69 (2013)

[96] A.M. Fiore, X. Yah, E. Yoh: Effects of a product display and environmental fragrancing on approach responses and pleasurable experiences, Psychol. Mark. 17 (1), 27-54 (2000)

[97] H.N.J. Schifferstein, S.T. Blok: The signal function of thematically (in) congruent ambient scents in a retail environment, Chem. Senses 27 (6), 539-549 (2002)

[98] H.N.J. Schifferstein, P.M. Desmet: The effects of sensory impairments on product experience and personal well-being, Ergonomics 50 (12), 2026-2048 (2007)

[99] H.N.J. Schifferstein, C. Spence: Multisensory product experience. In: Product Experience, ed. by H.N.J. Schifferstein, P. Hekkert (Elsevier, Oxford 2008)

[100] M.L. Demattè, D. Sanabria, C. Spence: Cross-modal associations between odors and colors, Chem. Senses 31 (6), 531 (2006)

[101] A.N. Gilbert, R. Martin, S.E. Kemp: Cross-modal correspondence between vision and olfaction: The color of smells, Am. J. Psychol. 102 (3), 335-351 (1996)

[102] S.E. Kemp, A.N. Gilbert: Odor intensity and color lightness are correlated sensory dimensions, Am. J. Psychol. 110 (1), 35-46 (1997)

[103] K. Belkin, R. Martin, S.E. Kemp, A.N. Gilbert: Auditory pitch as a perceptual analogue to odor quality, Psychol. Sci. 8 (4), 340-342 (1997)

[104] A.-S. Crisinel, C. Spence: A Fruity Note: Crossmodal associations between odors and musical notes, Chem. Senses 37 (2), 151-158 (2012)

[105] M.L. Demattè, D. Sanabria, C. Spence: Olfactory discrimination: When vision matters?, Chem. Senses 34 (2), 103-109 (2009)

[106] D.A. Zellner, A.M. Bartoli, R. Eckard: Influence of color on odor identification and liking ratings, Am. J. Psychol. 104 (4), 547-561 (1991)

[107] G. Morrot, F. Brochet, D. Dubourdieu: The color of odors, Brain Lang. 79 (2), 309-320 (2001)

[108] H.N. Schifferstein, I. Tanudjaja: Visualising fragrances through colours: The mediating role of emotions, Percept.-Lond. 33 (10), 1249-1266 (2004)

[109] R.A. Österbauer, P.M. Matthews, M. Jenkinson, C.F. Beckmann, P.C. Hansen, G.A. Calvert: Color of scents: Chromatic stimuli modulate odor responses in the human brain, J. Neurophysiol. 93 (6), 3434-3441 (2005)

[110] R.S. Herz: The effect of verbal context on olfactory perception, J. Exp. Psychol. Gen. 132 (4), 595-606 (2003)

[111] R.S. Herz, J. von Clef: The influence of verbal labeling on the perception of odors: Evidence for olfactory illusions?, Percept. 30 (3), 381-392 (2001)

[112] I.E. de Araujo, E.T. Rolls, M.I. Velazco, C. Margot, I. Cayeux: Cognitive modulation of olfactory processing, Neuron 46 (4), 671-679 (2005)

[113] J. Djordjevic, J.N. Lundstrom, F. Clement, J.A. Boyle, S. Pouliot, M. Jones-Gotman: A rose by any other name: Would it smell as sweet?, J. Neurophysiol. 99 (1), 386-393 (2007)

[114] A. Scharf, H.P. Volkmer: The impact of olfactory product expectations on the olfactory product experience, Food Qual. Prefer. 11 (6), 497-503 (2000)

[115] V. Persson: Crossmodal Correspondences Between Visual, Olfactory and Auditory Information, Ph.D. Thesis (Stockholm Univ., Stockholm 2011)

[116] A.S. Mattila, J. Wirtz: Congruency of scent and music as a driver of in-store evaluations and behavior, J. Retail. 77 (2), 273-289 (2001)

[117] E.R. Spangenberg, B. Grohmann, D.E. Sprott: It's beginning to smell (and sound) a lot like Christmas: The interactive effects of ambient scent and music in a retail setting, J. Bus. Res. 58 (11), 1583-1589 (2005)

[118] M.L. Demattè, D. Sanabria, R. Sugarman, C. Spence: Cross-modal interactions between olfaction and touch, Chem. Senses 31 (4), 291-300 (2006)

[119] M.L. Demattè, D. Sanabria, C. Spence: Olfactory-tactile compatibility effects demonstrated using a variation of the Implicit Association Test, Acta Psychol. 124 (3), 332-343 (2007)

[120] A. Churchill, M. Meyners, L. Griffiths, P. Bailey: The cross-modal effect of fragrance in shampoo: Modifying the perceived feel of both product and hair during and after washing, Food Qual. Prefer. 20 (4), 320-328 (2009)

[121] Y. Hasin-Brumshtein, D. Lancet, T. Olender: Human olfaction: from genomic variation to phenotypic diversity, Trends Genet. 25 (4), 178-184 (2009)

[122] R.E. Frye, B.S. Schwartz, R.L. Doty: Dose-related effects of cigarette smoking on olfactory function, JAMA 263 (9), 1233-1236 (1990)

[123] J.C. Stevens, L.M. Bartoshuk, W.S. Cain: Chemical senses and aging: Taste versus smell, Chem. Senses 9 (2), 167-179 (1984)

[124] M. Larsson, D. Finkel, N.L. Pedersen: Odor identification, J. Gerontol. B. Psychol. Sci. Soc. Sci. 55 (5), P304 (2000)

[125] J.C. Chebat, M. Morrin, D.R. Chebat: Does age attenuate the impact of pleasant ambient scent on consumer response?, Environ. Behav. 41 (2), 258-267 (2009)

[126] B.J. Davies, D. Kooijman, P. Ward: The sweet smell of success: Olfaction in retailing, J. Mark. Manag. 19 (5/6), 611-627 (2003)

[127] N.C. Smith, J.A. Quelch: Ethics in Marketing (Irwin, Homewood 1993)

[128] J. Tsalikis, D.J. Fritzsche: Business ethics: A literature review with a focus on marketing ethics, J. Bus. Ethics 8 (9), 695-743 (1989)

[129] S.D. Hunt, S. Vitell: A general theory of marketing ethics, J. Macromarketing 6 (1), 5-16 (1986)

[130] H. Knoblich, A. Scharf, B. Schubert: Marketing mit Duft, 4th edn. (R. Oldenbourg, München, Wien 2003)

[131] M.B. Holbrook, R.M. Schindler: Age, sex, and attitude towards the past as predictors of consumers' aesthetic tastes for cultural products, J. Mark. Res. 31 (3), 412-422 (1994)

[132] U. Klaschka: Risk managmenent by labellin 26 fragrances? Int. J. Hyg. Environ, Health 213, 308-320 (2010)

[133] P.L. Scheinman: Allergic contact dermatitis to fragrance: A review, Am. J. Contact Dermat. Off. J. Am. Contact Dermat. Soc. 7 (2), 65-76 (1996)

[134] E. Senger: Scent-free policies generally unjustified, CMAJ Can. Med. Assoc. J. 183 (6), E315-E316 (2011)

[135] U. Klaschka: Risk management by labelling 26 fragrances?: Evaluation of article 10 (1) of the seventh Amendment (Guideline 2003/15/EC) of the Cosmetic Directive, Int. J. Hyg. Environ. Health, 213 (4), 308-320 (2010)

[136] J.J. Louviere, T. Islam: A comparison of importance weights and willingness-to-pay measures derived from choice-based conjoint, constant sum scales and best-worst scaling, J. Bus. Res. 61 (9), 903-911 (2008)

[137] W.G. Zikmund, B.J. Babin: Exploring Marketing Research (Cengage Learning, Boston 2007)

[138] J.R. Edwards, L.S. Lambert: Methods for integrating moderation and mediation: A general analytical framework using moderated path analysis, Psychol. Methods 12 (1), 1 (2007)

[139] A. F. Hayes: Process: A versatile computational tool for observed variable mediation, moderation, and conditional process modeling, White paper http://www.afhayes.com/ public/process2012.pdf (2012)

[140] K.J. Preacher, D.D. Rucker, A.F. Hayes: Addressing moderated mediation hypotheses: Theory, methods, and prescriptions, Multivar. Behav. Res. 42 (1), 185-227 (2007)

[141] D.P. MacKinnon, M.S. Fritz, J. Williams, C.M. Lockwood: Distribution of the product confidence limits for the indirect effect: Program PROD-CLIN, Behav. Res. Methods 39 (3), 384-389 (2007)

[142] A.A. Wright, J.G. Lynch: Communication effects of advertising versus direct experience when both search and experience attributes are present, J. Consum. Res. 21 (4), 708-718 (1995)

第 57 章 建筑中的感觉认知

从五种感觉来看(根据亚里士多德),当人们思考空间时,最先浮现于脑海的是视觉。其实,人们对空间的体验感,大多都始于视觉。本章以对不同感觉同等考量为前提,探讨如何营造更佳的建筑设计方法和设计空间。

特别是,精神空间往往提供一种超越视觉的体验。因此,空间接收是多感觉的,其影响因素包括有香气、明暗、冷暖及敬畏等。所有这些刺激因素构成了一种浓厚而绵密的建筑氛围。如果人类的感知可以叠加,那么来自于空间的这些刺激可不可以被清除?奥斯格堡应用科技大学的一项研究得出的结论是:中性空间是不可能被设计出来的。感觉对于人类来说是必不可少的,所以一个不具任何感知的空间,抽象来说,是非人类的(精神病院),是一种消极空间。因此,要创造积极的可感知空间旨在让大多数人身处其中能感到满意和舒适。这种建筑方面的设计方案可以适用于评测室的设计,以避免第六感的潜在负面感受,即进入评测环境时第六感的焦虑。

从化学家或感觉科学家的角度来看,设计一个嗅觉评测室要考虑的最重要因素就是其功能性——如气味的惰性、样品制备的便利性和展示的灵活性。这些前提显著地反映在普通感觉测试室的规范和设置中,如 DIN EN ISO 8589:2014-10[1]中所述。此类评测室的设计考虑周全,既有方便聚在一起分组讨论的房间,也有保证私密性的小隔间。因为有些样品可能需要入口品尝,因此配备了需要漱口和盥洗的设施。与此同时,上述房间或小隔间里还需要安装触摸屏或计算机工作站,用以记录评测数据。评测室里面的灯光照明也是可调的,用于保证样品本身的颜色不会影响评测结果。图 57.1 和图 57.2 中分别展现了典型的评测室平面图和具有代表性的评测分组讨论场景。

总而言之,很明显,这种评测室与日常气味体验的真实情况并没有真正的关联起来,而且也不能满足专门为感官体验、享受甚至是庆祝场景所设计空间的要求。

尤其当我们对建筑或空间环境的气味感知再引入心理学家的视角,那么设计这种房室所需考虑的前置要素就变得更为复杂了。我们已知多感觉融合的体验和情绪都可以在潜意识里影响气味的感知(第 35 章和第 42 章)。要进行完全公正的嗅觉评测,就需要一个绝对中性的环境。在这样的环境里,评测人员的情绪和除了嗅觉以外的其他感官都不应被激发、调动。那么这就带来一个问题,如何定义中性空间和与之相反的感知空间呢?有可能设计出这种针对嗅觉评测的中性空间吗?本章要解决的问题就是,如何设计一个只针对某一特定感觉如嗅觉的空间,以及空间体验与人的感官感受是怎样关联互动的。所预期的成功设计都必须考虑建筑的环境以及整个人体,并将感觉视为有价值的设计要素。

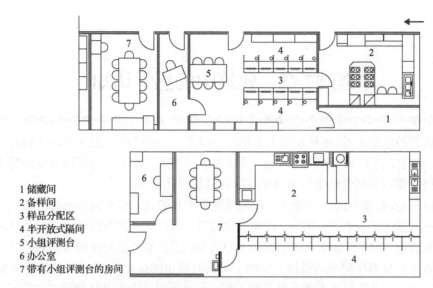

1 储藏间
2 备样间
3 样品分配区
4 半开放式隔间
5 小组评测台
6 办公室
7 带有小组评测台的房间

图 57.1　感觉测试室平面图，参照 DIN EN ISO8589:2014-10

图 57.2　专家小组成员讨论气味样品(Fraunhofer IVV 提供)

57.1　空间与空间界限

在思考建筑设计时，最终必须探寻空间的建筑定义以及空间由什么构成或形成。空间从某种程度上是由其界限来定义的，该界限是指所分配空间的建筑尺寸，如高度、宽度和深度。这种空间边界是开孔的，如门、窗和天窗，它们不仅是采光必需，也能进一步突显空间的边界。但是，对空间体验的巨大影响与由空间氛围和重要性唤起的感官品质有关。同等尺寸的小木屋就比白瓷砖房看起来更亲切。这种感受一方面与视觉感受有关，但另一方面是在判断空间氛围时，其他感觉也发挥了关键作用。

Dom Hans van der Laan 把建筑空间定义为一种身体、感觉与精神的体验。在建筑学中，对空间概念进行定义的尝试有很多，大体上有三种倾向：一是把空间看成一个实体的、被建造的容体；二是把空间理解为一系列复杂环境所营造的体验；三是将前两者的概念融合，强调观念的设计或空间理念的营造[2]。

57.2　感　觉　空　间

在日本建筑中，神社的中心是一个空的房室，称为 Jinja，在此处进行宗教活动。Kenya Hara 在他的书《白》中指出，日本神社的 Jinja 与白的意象相合，因此也被称为白或社。

其设计宗旨就是一种对于虚空的迎合。在地面的四个基点立起四个木柱，顶端用草绳打结，这就是神社的原型。这个空间就是由简单的绳索与四个柱子构成，没有其他的东西。本质上，这个空间里一无所有，所以这个空间具备了让某事物进入的巨大可能性，就如同一张等待被书写作画的白纸。像 Hara 描述的这种神社，其实是一种对于神圣空间的营造，类似的空间也出现在日本的地镇祭仪式中，地镇祭仪式的祭坛上供上农产品和清酒。要注意的是，地镇祭仪式里，也用到了四根竹柱和草绳，黏附有仪式性白纸。虽然清酒本身没有颜色（反映出空间的虚空性），但却有淡香。因此，基于这种嗅觉感受，虚空变得丰富且充盈，这种设计原则对于日本美学是不可或缺的——用简单而精妙的方式表达象征意味（图 57.3）。

图 57.3　日本的地镇祭仪式中的空间设计（建造新建筑前的祈愿仪式）由 Sugimata Yasushi 拍摄

类似的空间营造探索在西方基督教文化圈里显然也存在，就装饰而言，灵性的空间设计也是至简。专注、冥想、力求与上帝合一的目标使得任何多余的、刺激感官的物件与装饰通常都被舍去了。中世纪之前，特别是罗马时期（公元 1000 年～1200 年间）的宗教建筑，哪怕现在看来依旧是很好的范例，比如托罗内修道院（图 57.4）——纯粹的墙式立面，除了信仰之外别无他物。作为普罗旺斯三姐妹之一的托罗内修道院建于 1160～1190 年，是著名的西多会修道院，拥有罗马式长方形廊柱大厅，正厅上方是桶形穹顶，正厅上部墙面没有窗户，丰富的建筑雕塑在形式上以更强的纯净感、秩序感和极简感为导向。

(a)　　　　　　　　　　　(b)

图 57.4　托罗内修道院

有趣的是，虽然视觉和听觉上都被极度简化了，但是气味的运用却非常广泛。花卉装饰、香精油、线香（佛教、神道教、印度教）和焚香（天主教礼拜）都被视为是对神与上天（见第 4 章）表达崇敬之意的象征。特别是香，被认为是神的气味，因为香气烟雾升腾向上，指向上苍。而祈愿者作为神的信徒在赞美诗中这样描述：

圣诗141："快快临到我这里！大卫的诗。耶和华阿，我曾求告你；求你快快临到我这里！我求告你的时候，愿你留心听我的声音！愿我的祷告，如香陈列在你面前；愿我举手祈求，如献晚祭。耶和华阿，求你禁止我的口；把守我的嘴……"

在埃及和美索不达米亚，熏香被视为纯净、除厄、安抚、通灵之物[5]（图57.5）。

(a)　　　　　　　　(b)　　　　　　　　(c)

图57.5　日本祭祀场所里的花饰(a)、焚香(b)与供果(c)

诸如葡萄酒或是烈酒之类的馔饮元素在宗教场景中也颇为常见，比如天主教圣餐仪式中会用红葡萄酒，而墨西哥高地的教堂则会在仪式中使用一种叫pox的酒。酒精能给人带来一种密集的精神刺激，带人踏上一段超越之旅[6]。

正如之前所讨论的，营造一种空白的或中性的空间或许可以方便我们在其中植入某种功用，比如设计一个嗅觉实验室，而这正是2014年夏季学期我在奥格斯堡应用科技大学做的一系列设计实验的初衷。当然，营造这样一个空间所需要的实体界限比日本神社要多得多。空白或虚空的概念需要满足特定功能上的需求：一个意蕴极少可使评测人员专注于一种感觉的空间。

57.2.1　寻找中性/无感空间

第一个实验从中性空间的分析开始。想要营造一个不超过30平方米的平层自由空间，必须要慎重选择材料和建材尺寸。首要的设计问题就是，构建一个没有任何质感的空间、一个不具备任何特性的房间、一个不激发人类任何情绪和感受的零空间，到底有没有可能（图57.6~图57.10）。

很快就确认了中性建筑空间是不存在的，也不可能存在。哪怕我们使用没有色彩的材料(如白或黑)、没有任何特性的素材如没有任何连接组件或表面的壳，这种空间还是会激发人们的情绪。一个空间的特性越少，其氛围越令人毛骨悚然。一个学生甚至展示了一张精神病院的照片。听觉、嗅觉、触觉的缺失会让人疯狂。接下来的设计问题就成为：不让人产生空洞感的最简单的空间应该是什么样的？让空间的质感和氛围极简化不再是诉求，学生们开始探索与空间相关的积极、消极感受。比如，大多数人会把木质感和暖色调与积极的空间感受关联，而瓷砖和塑料以及灰色则是有些消极的。混凝土会带来一种粗糙感，但木质表面的浇铸形式会使混凝土更为人性化，混凝土也可以显得美观、积极。

图 57.6 Johanna Edelmann 设计的中性空间，仅由木柱构成，类似于日本的神社

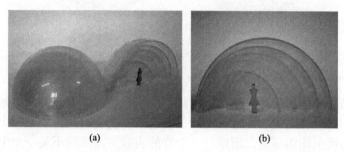

图 57.7 Brigitte Kastner 设计的中性空间，由玻璃-米纸夹层区隔，形成了半透明的穹顶

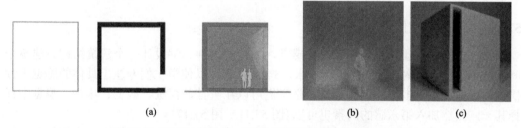

图 57.8 Christoph Stegner 认为正方形是最中性的几何空间

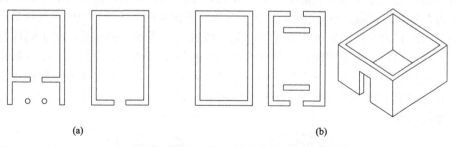

图 57.9 Wolfgang Kramer 分析了古希腊的迈加隆遗址和神庙内殿遗址的空间就是中性空间(a)，
并将之发展为通常被认为最适于艺术展示的白色立方体(b)

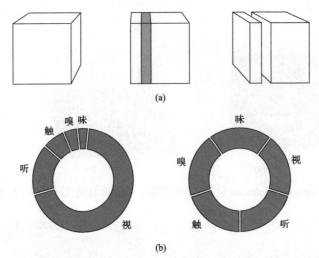

图 57.10　Marius Prechtl 将完全立方体剖开，以使中性空间更为易入(a)；
他的目标是在建筑上均衡地设置五感装置，进行交叉激发，以求在感觉平衡中达到协调(b)

　　总之，不带来任何情绪和氛围的空间是不可能存在的。空间会即刻触发我们的思想和记忆，使我们的躯体与灵魂和建筑空间关联起来。我们越想要削减一个空间的特性，就越会带来恐怖而负面的感受。所以，一个好的实验室需要的不是一个中性的环境，而是一个让大多数人能感到舒适的环境；不是一个冰冷的空置实验箱，而是一个充满了积极信号的房间，就像是客厅或沙龙，而不是实验的笼子。

57.2.2　寻找感觉空间

　　第二个实验是让学生们选取一种感觉，并针对这种感觉设计一个建筑结构。建筑空间的容积一致，长宽高分别限定为 5 米、5 米、7 米，以使学生们专注于具体的感觉干预措施。根据亚里士多德的五感理论，学生们可以在听觉、视觉、触觉、味觉、嗅觉中任择其一，当然加入第六感的因素也可以(图 57.11～图 57.17)。

　　每一个空间都要有一定的感知特性，并且要让人能专注于这一特性：空间怎么才能让人有听感？怎么才能营造寂静感？如何让人只专注在声音上？我看到了什么？我是如何感知的？视觉的刺激会不会过多，以至于我无法看到空间的实质？空间的气味是什么？气味是在何时转为嗅感的？如果我先以嗅觉，或触觉，或视觉去感受，对于同种材料的感受会不会不同？一个空间闻起来是什么样的？我能品尝到一个房间吗？嗅觉和味觉能激发我对空间的回忆吗？多感空间中的气味能在我的舌头上留下痕迹吗？如何在空间里移动，我能循着空间里的气味走动吗？空间的界限是什么，是我在空间中的位置边界还是我的感知边界？

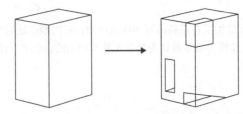

图 57.11　设计任务：从指定的容体中塑造一个感觉空间

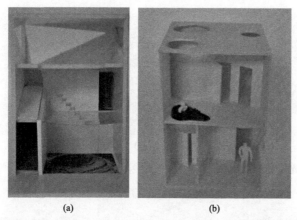

图 57.12　第六感显示了几个恐惧空间：陡峭的斜坡、看似巨大的深渊上的脆弱的玻璃楼梯、
狭窄的黑暗房间(a)；楼上可可浴的诱人气味穿过建筑(b)

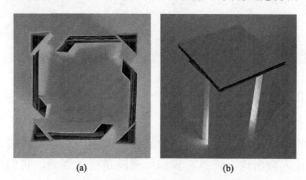

图 57.13　视觉感知很难做出成功的设计

图 57.14　触觉和光学结合在一起，创造了一个非常有趣的感觉空间

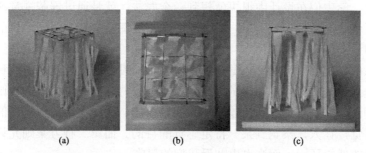

图 57.15　清新的空气使这座建筑吸引了游客，柔软的织物条在空间中轻轻挥动：
这是一个非常有诗意的空间，值得去感受和探索

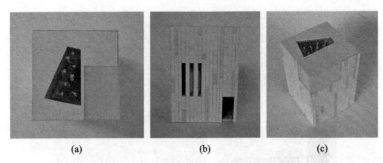

图 57.16　嗅觉：条形光带和天窗是中庭的采光来源；穿过空间的树木和泥土的气味是唯一的感觉引导

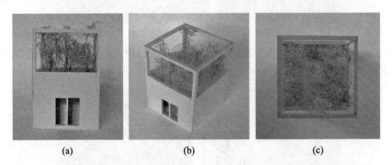

图 57.17　这个设计在视觉上暗示了树木的存在。一旦进入，这些感觉就会被触发：树木的气味、
踩踏泥土的声音、裸露的混凝土墙的触碰感、潮湿泥土的气味以及在某个地方扎根的感觉

　　对于感觉空间的设计，学生们最初喜欢从视觉入手。眼睛是承载人类感受的无与伦比的器官，很容易让人做出这一选择。我们周遭满是视觉刺激，我们的眼睛需求不断，这不仅是因为智能手机、平板电脑等各种电子产品越来越多，也是由于电影、媒体、广告的剪辑和产生速度越来越快。最终，很多学生未能设计出一个成功的视觉感知空间。这些建筑空间要么是视觉过载，要么是视觉过钝，都很难让人清晰地意识到，这是一个专门服务于视觉的空间(图 57.13)。

　　选择视觉作为感知目标的人如此之多，以至于我不得不强迫学生们认真考虑一下其他感知介入作为目标选择的可能性。然而，大多数学生甚至怀疑空间可以被鼻子和嘴巴感受，只有重新考虑后认为听觉和触觉感受显得可能。视觉之外以其他感知作为目标的空间设计其实都很成功。这种设计本身的挑战性让学生们可以透过更广阔的视角来思考，并通过更有创造性、更不同寻常的方法去解决设计难题(图 57.14、图 57.15)。

　　有趣的是，学生们在设计中很快就想到一个办法，就是通过屏蔽视觉的方式来调动人的触觉和听觉。多数设计方案里，听觉和触觉空间都没有灯光照明，目的就是让人能专注于耳朵和手的体验(图 57.16)。

　　值得注意的是，那些嗅觉、味觉和第六感的空间设计方案呈现出了两种截然不同的趋势：一种是通过抹杀其他所有感觉来达到专注某一特定感觉，另外一种则是调动人的所有感觉以期创造一种复合的感觉体验(图 57.17)。第一种方案需要很严谨的设计才能达到消除其他感觉，让人只察觉到某一特定感觉的目的。而第二种方案则允许设计出一种相对较为放松的感知环境，而这也更贴近我们的日常。

57.2.3　寻找感觉空间：多重感觉

　　建筑专业硕士(四五年级)和本科(三年级)的学生在一个类似的实验中去完成相同的任务，不过没有空间尺寸的限制。他们被要求为多重感知来设计空间，而不是专门针对某个特定感知。在这个感觉融合实验中，最开始也是针对中性空间进行研究，然后学生可以尝试对能激发感觉的各种诗性建筑构件进行组合(图 57.18、图 57.19)。这个设计任务里暗含了一个假设的前提，就是人类的感觉实际上是不能被天然地关闭，因此需要考虑到一个人在充满感性张力的建筑空间里，全身心感觉投入的状态。

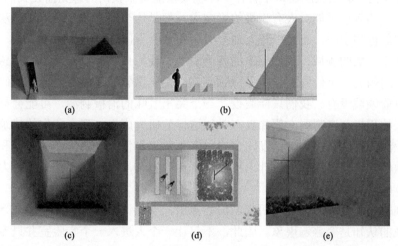

图 57.18　Christoph Stegner 构建了一个庄严的空间，用混凝土墙来展示模板的木质表面。祭坛被天窗所照亮，在视觉上将访客连接到外部环境。地板上松果燃烧，不仅引起声音刺激(在火的作用下收缩)，而且还产生嗅觉(松木燃烧的气味)以及缓慢蒸发的烟雾的视觉感受

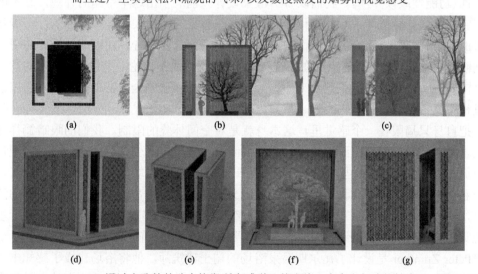

图 57.19　Marius Prechtl 通过多孔的外壁去均衡所有感觉，使光线、声音和气味能够穿透。在切成薄片的开放式立方体内，人们可以坐在木板凳上(触觉刺激)一边想象樱桃树不仅开花(视觉和嗅觉刺激)，还邀请人们来采摘果实(味觉刺激)，一边想象聆听森林中鸟鸣风吟(声音刺激)。整体的氛围让所有感官交织在一起，最终使身体、心灵和灵魂融于一处

57.3　以感知为建筑设计方法

虽然使用我们自己的身体与感觉来设计和体验一个空间似乎是很自然的事，但实际上感觉意识的不一致的确令人惊讶。关于建筑空间与人类感觉之间关系的研究很少有成文的结论。以气味为例，我们知道也能测定建筑材料释放有毒气体，但是对于这其中什么气体对人的身心有益却毫不知情。我们知道去测量对身体有潜在损害的东西，但是我们几乎没有任何研究去关注建筑中有什么环境要素能刺激我们的感觉而让我们感到愉悦。我们知道建筑的颜色可能对人有积极的影响力，但是这个理念非常模糊和主观。因为有人非常喜欢蓝色的空间，而另一些人则会因这种蓝色所包裹的阴冷感而恼火。

对于多重感知的领域，我们知道的就更少了。我们只能假设，某个积极感知信号的触发可能会削弱另一个信号的影响力。然而，在交互刺激领域还没有进一步的研究结果，至少在建筑业领域没有。我们只能假设，一个突出气味的消极刺激，可能会被一种丝滑触感所带来的积极刺激削弱。假如真有类似这样的研究成果，那么我们的建筑行业和设计师的职业潜能都能被极大地激发。交感与多重感知不仅能衍生出新的产品和材料，而且可以让敏感的用户帮助我们设计出更具定制化的方案，而不像现在只能努力满足市场审美(视觉)的需要。

考虑到需要对这个问题进行研究，需要指出，从设计师到普通用户，缺乏交感和多重感知领域的认知是个普遍现象。因此，不仅让一个人进入一个实验室并只专注于某个感觉的体验是一种挑战，而且对于这个实验室的构建来说也是一种挑战。建筑师设计一个空间，通常是从大体的空间尺度、建筑材料、采光入手的，影响到设计的因素往往是视觉性(功能性或预算)的。我们以 3D 渲染设计只能展示出这个空间的外观，却不能展示出它的味道、触感和声响。设计中对其他这些感觉的考量大多是排除性的：不能使用有害的建筑材料、以防产生刺激性的气味、安装的窗户要隔音、铺设的地板要防滑。与此同时，用户也同样把关注点放在了视觉效果上(我们通常谈论一个设计时，指的都是它的"样子")。但其实，我们最终对于一个建筑空间的体验是全身心的，我们本应在设计的过程中就考虑到所有这些因素。

把自身只局限在一个感觉里，这本身就是对空间体验的限制。我们的眼睛徜徉在一系列密集的视觉刺激里，而其他感觉却被封闭或未使用。很少有建筑(和建筑师)把设计重点放在视觉之外的感受里。我们的记忆可以使我们回想起幼时街角蛋糕店的香气，而雨声和雷声一定可以触及我们情感中的某事。旧木地板的声音、刚割过的青草地的清新气息，这些与空间有关的气味触发了许多记忆，这在文学中多有呈现。而在建筑设计里，以视觉之外的感知作为设计方法或重点设计要素的应用还比较少。

Peter Zumthor 是设计了瓦尔斯温泉浴场的瑞士建筑师，他将浴场建成了感知丰富的空间，那里甚至可以开音乐会。因为每个浴场的形状大小不一，因此声音的音效也大为不同。在巨大的片麻岩石墙(有时是裂缝，有时是真正的开口)上开始的光束，温泉的水温和矿物质都像音符一样参与音乐之中。甚至，时间都成为一个设计要素。温泉水的矿物质随着时间的流逝会改变石头的外观，而盐的结晶则会渗入建筑的缝隙，改变石材光滑的表面，锈蚀铜件。水蒸气沿着墙升腾，通过视觉来暗示着自己的存在；而这也是与温泉本身性质相关的一种设计体现。石质地板的处理也颇为巧妙，人们湿脚走过时不仅会有啪啪声，还会留下一个清晰的暗色脚印。一旦进入这个空间，所有的感觉就都被调动了，空间中的诗意也得以彰显。温泉建筑材料透出一种坚实的质感，虽然这种质感的表达很简单，但是与瓦尔斯山谷里的山石给人呈现的感觉彼此呼应。整个空间的属性清晰，陈设的辨识度也很高。从功用性上讲，温泉就是人们休闲、放空的地方。在这里，人们停下来，用身体感知，而非用头脑思考。

对于任何一个有强烈概念感的空间来说，其设计特性都可以从以下几个方面来考量：有质感的材料选择应当与周围的环境形成情景互溶（建筑学中常常称之为场所精神）；从使用角度，房间设计应功用清晰、分区易识；其空间品性要能使人回味往昔，并能全身心地浸入感受。

57.4　理想的实验室

最后一个实验，本科生的课题任务是设计一个感觉实验室。他们可以在自己对于中性空间和感觉空间的研究基础上进行延伸。但是，这个任务不能只是一种抽象的空间实验，而要做成一个非常具体的建筑工程项目，包括有卫生设施、技术配套设施、门窗、还要有相当的适应性、移动性和扩展性。

为了完成这个任务，学生们从一个小评测间的设计开始入手。考虑到顾客（受测人）的情况，一系列问题相应提出。如何进入房间？从什么位置开始让人意识到正常的外部世界与实验室空间之间的跨越？人们评测时会有被监视（有意识或无意识）的感觉吗？从哪儿以及何时与实验室工作人员互动？如何离开实验室空间？有没有休息区可以让人喘一口气再回到现实世界？在空间里面时能否看到建筑的外部环境？空间的布局是否过于紧凑以至于让人产生像是在传送带上停不下来的感觉？

对于建筑的主要使用者（评测人）来说，要考虑的问题包括：如何会见顾客？在什么位置，如何寒暄聊天和进行测试？如何运行工具和机器？在哪儿收集数据？如何改变评测环境？测试设施方便易调吗？能对不止一个人进行测试吗？房间的外观、大小、技术设备的调整可以由一个人独立完成吗？还有最重要的，怎样才能保证访客专注于测试任务而不被其他环境因素影响（积极或消极的）。

虽然我们没有深入到测试的具体技术细节，但是学生们还是要把一些技术问题考虑进去了，比如在评测间里，施香的方式其实是有多种可能性的。针对那些已经被消极情绪所影响的受测者，我们还需要一套不同的评测方法。一个建筑空间的可变性（如可移动的墙板等）太强会让人产生一种实验感，而这会给评测带来一些消极感受。

结果是，很多设计看起来像是一种展馆式的空间（图57.20），玻璃环绕建筑物，其顶部仅用细柱做支撑。评测室、机器设备和卫生设施都像是一个个自由单元一样置于其中。人们可以在这样的空间里随意走动，而且总能看到建筑外部的环境（图57.21）。

图 57.20　柱子的网格将屋顶提升到地面之上，允许一系列独立的实验室盒子
自由地布置在隔热和建筑围墙的下方和内部

图 57.21　由一排柱子构成立面，其内部空间很灵活；技术设备安装在地板和墙板上，
以便每个实验室模块根据需要进行取舍

　　像客厅一样的阅读区、茶水间和咨询台随意地散在空间各处。整体空间的氛围呈现了一种自然的开放感和亲切感。实体实验室的随机布局与整体开放式的平面布局相比，强化了透明的外观，这不仅是身体上的感受，也是心理上的感受：不是进入未知空间，而是一切都明显地显示出来。实验室工作人员与受试者进行互动是正常的，并增强了空间的随和气氛。

　　由于这种建筑空间配置简易，我们可以更多地关注这种自由单元(图 57.22)。技术装备要么安装在地板上，要么是天花板上(不怎么理想)，这样设备之间可以轻松地直接通过地板或间接地通过墙体对接。空间内部是一种网格状结构，因此墙体可以放置在任意一个网格上(与结构立柱对应)，并且可以轻松地按照网格的结构进行扩展。两个或者多个不同的功能区间可以随意拼接，也可以随意分隔，只需要加一面隔断即可(图 57.23)。

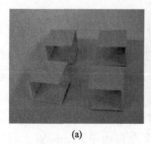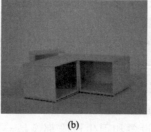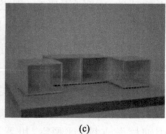

(a)　　　　　　　　　　(b)　　　　　　　　　　(c)

图 57.22　实验室模块的布局和组合

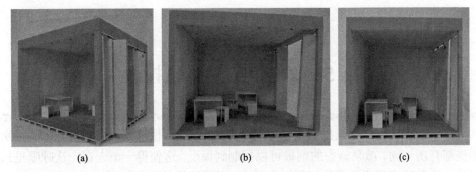

图 57.23 实验室模块的细节，如果两个或多个模块需要组合，其墙板灵活易用。
地板由欧式托盘组成，可以很容易地用叉车运输

上面描述这种空间，因其既有一个固定而整体的建筑大结构，又有一个非常灵活可变的内部系统，因此是最成功的设计案例。它巧妙地结合了客厅式的轻松亲切感和实验室对于高标准技术要求的实用性。

从建筑设施上来说，降低设备陈列的空间密度可以带来一种开放感，而一种让人可以自如移动的空间可能是未来实验室的设计方向。这是因为，实验室空间不仅需要激发人们的积极情感，还应当促进人与人之间的交流与沟通。现在，如果我们再回过头看看 Kenya Hara 对于日本神社中关于如何呈现虚空的评论，可能体会就更深了——理想的实验室不单是由精妙建筑元素构成的空间，更须有巨大的潜力去实现其各项功能。

参 考 文 献

[1] DIN EN ISO 8589:2014-10: Sensory analysis-General guidance for the design of test rooms (ISO 8589:2007+Amd 1:2014); German version EN ISO 8589:2010+A1:2014. (Beuth Verlag, Berlin)

[2] A. Janson, F. Tigges: Fundamental Concepts of Architecture: The Vocabulary of Spatial Situations (Birkhäuser, Basel 2014)

[3] K. Hara: White, 1st edn. (Lars Müller, Zurich 2009)

[4] Psalm 141, f.e. http://biblehub.com/psalms/141-2.htm

[5] M.B. Hundley: Keeping Heaven on Earth: Safeguiding the Divine Presence in the Priestly Tabernacle (Mohr Siebeck, Tübingen: 2011), Nielsen 1986: 3-15, 25-33, cited in

[6] F.W. North: Fallen idols of San Juan Chamula 2013

第58章 气味的微量投放

基于微泵的气味微量投放系统应用于鼻子附近,可使每分钟内多次呼吸的每次感受都有所不同。微泵施香的剂量可以控制到很少,这使得一个人在一次呼吸里只产生一次气味感受成为可能,而与此同时,屋子里的其他人却闻不到这个气味。基于这个体系,香氛剧情首次成为可能。通常,我们在使用剧情这个词时,指向的都是电影或者音乐,如今,我们可以针对气味也设计出剧情,而这一剧情未来甚至可以与视频、音频联动,被应用到电影、游戏和音乐产业中去。该技术也可以被应用到味觉培训的领域(如葡萄酒、食物),或是作为成人与儿童的嗅觉培训工具。

为了实现这一设想,需要一个小型并高效的微泵和一个极小的储香器,储香器用于放置气味物质,且死体积很小。本章讨论的是从储香器到鼻子的整个气味投放链、单次呼吸的气味投放动力学以及微量投放系统和微泵的技术现状。

58.1 气味的微量投放

人类的鼻子可以被视为能够感知鼻前特定区域特定分子的生物识别系统。想要形成一种气味印象,只需要气味分子经由一次吸气进入鼻子。根据气味类型的不同,对于一些气味来说,只需要吸入很少的分子就足以形成相应的气味印象。

传统的空气清新剂需要投放大剂量的分子填充整个房间。如果想要替换掉这个房间的气味,不能只是单纯地把另一种气味分子大量引入,因为这只会使得前后两种气味叠加在一起,而形成一种意外的混杂气息。想要这个房间里充满一种纯净的新气味,只能先让房间原本的气味排出并换气。使用传统的气味投放技术,在短时间内进行一次彻底变换非常难以实现。

新技术解决了这一难题。过去几年的研究使得小剂量的液体、气体分子以特定方式投放成为可能。新技术不仅能投放微量气体,而且其自身的设备体积和能耗都很小,这就使得其具备了几个优势:可安装在近鼻处、可穿戴、可用电池驱动。

因为每次的分子投放剂量极小,足够让人形成气味印象即可,而这种印象也能伴随着一次呼吸的结束而完美地消失。那么在极短的时间内,施以不同的香气,就能为气味设计出剧情。

光线和声音都有一个特性,就是能快速占据一个空间,然后快速消逝得无影无踪。这个特性被运用来制作电影和音乐,而这两个产业都产值惊人,但其核心无非就是快速变化的声光电。

如果运用了气味微量投放设备,香氛剧情就可以依据人的呼吸频率而设定。一个成年人的呼吸频率是每分钟 12～15 次[1]。在人的近鼻处安装一个拥有数个气味储香器的气味微量投放设备，就足以实现 1 分钟内 15 种不同气味的投放。气味与音画情节相结合，就可以应用到电影和音乐产业中。而这一技术也可以被应用到味觉培训的领域(如葡萄酒、食物)，或是作为成人与儿童的嗅觉培训工具。

58.1.1　气味分子的传送机制

气味分子的传送机制分为两部分：扩散和对流。

1. 扩散

由于浓度梯度的存在，分子从高浓度往低浓度处的运动叫扩散，这种机制具有各向异性特点。

假设一个球状气味云团，半径为 R_0，气味分子浓度为 c_0，其外围环境的空气中没有任何气味分子(图 58.1)。

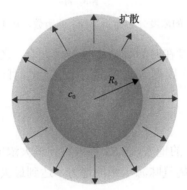

图 58.1　一种气味云团在空气中的扩散

基于半径 r 和时间 t 作为变量的浓度 $c(r,t)$，其扩散模式符合 Fick 定律[2,3]。

$$j = D\nabla c \qquad \text{(Fick 第一定律)}$$

$$\frac{\partial c}{\partial t} = D\nabla^2 c \qquad \text{(Fick 第二定律)}$$

将这两个方程结合起来解，可得浓度 $c(r,t)$ 随时间和半径变化的解

$$c(r,t) = \frac{1}{8} N_0 (\pi Dt)^{-\frac{3}{2}} e^{-\frac{r^2}{4Dt}} \qquad (58.1)$$

常数 N_0 描述了气味的总量，这可以通过在总空间上的积分来验证

$$\int_0^\infty \frac{c}{N_0} 4\pi r^2 dr = \int_0^\infty \frac{1}{8} (\pi Dt)^{-\frac{3}{2}} e^{-\frac{r^2}{4Dt}} 4\pi r^2 dr = \sqrt{\frac{1}{Dt}} \sqrt{Dt} = 1$$

D 是气味分子的扩散系数(在环境空气)。D 的单位是 m^2/s。空气的自然扩散系数是 $D=$

2×10^{-5} m²/s。分子量较大的分子(如气味分子)通常具有较小的扩散系数 D，如图 58.2 所示，在源周围半径 2 m 的空间内，浓度分布呈高斯型，扩散时间长达 5 小时。

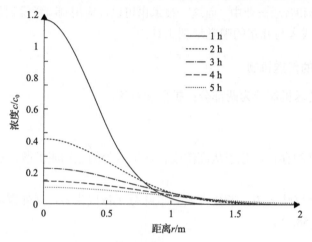

图 58.2　空气扩散的浓度分布作为半径 r 的函数，在 1～5 h 的不同时间

在给定的距离 r_1 处，浓度在时间 t_1 处增长到最大值，之后将下降，直到所有分子都分布在(无限)房间内。这个在距离 r_1 处局部浓度最大的时间 t_1 可以用式(58.1)来计算。

$$t_1 = \frac{r_1^2}{6D}$$

空气中，距离气味源 0.1 mm 的地方，0.83 秒内达到最大浓度，在距离 10 毫米的地方，83 秒内达到最大浓度，在距离气味源 1 米的地方，达到最大浓度的时间是 8333 秒(或者说是 2.3 h)。

这些结果表明，扩散是一个非常缓慢的过程(对于超过 1 mm 左右的距离)。只有直接在气味源的周围，扩散才是快速的。基于这一事实，我们可以得出结论，扩散不适合较长距离的气味运输。

在 r_1 处的浓度最大值 $c(r_1)$

$$c(r_1) = \frac{1}{8} N_0 \left(\pi \frac{r_1^2}{6} \right)^{-\frac{3}{2}} \mathrm{e}^{-\frac{3}{2}} = \frac{1}{8} \left(\frac{\mathrm{e}\pi}{6} \right)^{-\frac{3}{2}} \frac{N_0}{r_1^3}$$

浓度最大值的递减速率是至源距离的立方。

2. 对流

如果存在压力梯度，分子就会从高压处流向低压处。很小的压力梯度就足以使空气流动，比如风。在自然界中，大气压降小于 1 kPa 时就会产生风。此外，空气中的温度梯度(由热源)也会产生热对流，被加热的空气具有较低的密度，由于浮力的作用，会向上移动。运动体如人、开门或转动的风扇，也会产生对流作用。因此，想要气味分子短时间内在较远距离进行运输，要利用对流效应，而不是扩散。

呼吸就是这种效应的一个例子。通过在肺部形成一个负压，人得以吸入空气，连同气味分子也一同吸了进来。而肺部加压，就可以把用过的空气推出肺部，这就形成了一个呼吸循环。

通常一次呼吸的量是半升空气。吸气时，空气从一个几乎是球形的区域（这里定义为容积 V_1，图 58.3）被吸入。

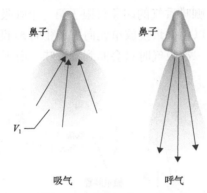

图 58.3　吸气和呼气循环作为对流输送的一个例子。吸气取自体积 V_1

在呼气时，肺部加压空气被加速，由于鼻子的管口效应，空气以定向气流的方式吹出。我们可以通过将手放在鼻前一厘米处体验一个呼吸周期。在吸气时，没有或只有一点空气流动的感觉，而在呼气时，可以感觉到气流从鼻子喷出。

正是由于这种不对称的流动，鼻子才能在下一次呼吸时吸进新鲜的空气，而不是吸入上一次呼出的空气。显然，这个特性对于每个人来说都是非常重要的，因为只有这样我们才能从每个呼吸周期中获得足够的氧气。

当然，这个特性不只适用于氧气，也适用于气味分子。

整个呼吸周期包括

$$吸气 \Rightarrow 停顿_1 \Rightarrow 呼气 \Rightarrow 停顿_2 \Rightarrow 吸气等$$

为了形成气味印象，气味分子必须被输送到 V_1 区域中（图 58.4）。

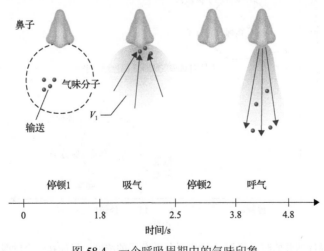

图 58.4　一个呼吸周期中的气味印象

气味分子微量投放装置可以将少量不同的气味分子输送到鼻前的 V_1 中。每一次呼吸完成，都可以形成一个不同的气味印象，这些不同的印象串联起来，就构成了香氛剧情。

呼气后，大部分咖啡气味分子从吸气区域 V_1 中挤出。在下一个呼吸周期的停顿1中，这些分子由于对流和扩散效应而减少，只有很少的咖啡气味分子还留在 V_1 中。与第一个呼吸周期开始时相比，第二个呼吸周期开始时，V_1 内咖啡气味分子的浓度要低得多，而且超出了人类的识别阈值。咖啡香气的印象仅限于第一个呼吸周期。在下一个呼吸周期中，另一种气味(如草莓)可以由微量投放单元向 V_1(图 58.5)投放。因此，人在第一次吸气时会闻到咖啡味，而在第二次吸气时只会闻到草莓味，而不会闻到之前的咖啡味。

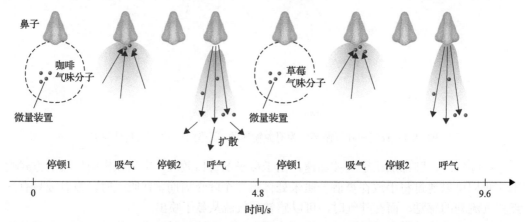

图 58.5　在气味装置中，微量装置会在不同的呼吸周期向鼻子输送不同的气味分子。在第一个呼吸周期开始时(例如)咖啡气味被分配到体积 V_1，在第二个呼吸周期开始时，草莓气味被分配到 V_1

香气分子的投放剂量需要精准控制。这个剂量要形成一个投放浓度，使得鼻子吸气时刚好能闻到，而在呼气或扩散后，浓度下降到鼻子的检测极限之外，如图 58.6 所示。

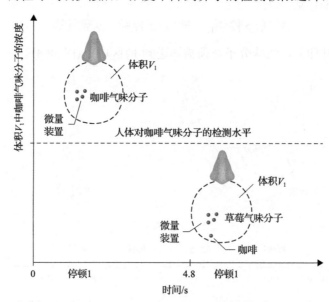

图 58.6　在两个呼吸周期开始时，体积 V_1 中咖啡气味分子的浓度：只能在一个呼吸周期内嗅到咖啡味

原则上，每一次呼吸，微量装置都可以投放不同的气味，再结合音视视频的使用，应用场景就多了一个新的维度。基于此可以开发出气味记忆的游戏，还可以开发训练人类鼻子的工具。

由于投放剂量体积小，只够微量投放装置的使用者在一次呼吸周期内闻到气味，因为扩散，该气味分子的浓度远低于同一房间内(除使用者外)其他人的检测水平，其他人将闻不到该气味。这使得微量投放装置也可以在公共场所使用，而不会打扰其他人。

58.2　气味分子的释放

气味分子要想被人从嗅觉上闻到，就必须被释放到空气中。液体或固体中的气味分子可以通过不同的机制释放到空气中。

- 固体或液体的释气。
- 液体的蒸发。
- 液体的雾化。

58.2.1　储香器

不管是令人愉悦的香气如花香或香水，还是像排泄物那样难闻的气味都可以被灵敏的鼻子感知，这是因为气味分子可以从液体或固体中快速释放到空气中。如果气味源周围有一个固定的空间区域(如结肠内的气体空间或密闭油箱中的环境)，那么分子浓度在一定时间内就会达到一个平衡值。也就是说，在一定时间内，从固体或液体中释放出来的分子数量与通过凝结作用返回固体或液体的分子数量相同。如果这个区域内的空气不断地流动交换，那么气味分子就会不断地离开环境空气，储香器中的气味分子就会耗尽。因此，一辆新车的气味在几年内就会消失，新木椅或者新地毯也是一样。

一个气味微量投放装置需要一个气味源、一个气味源附近一定体积的储香器(以一定浓度存储气味分子)、一套可让小剂量的气味分子从储香器中运送到鼻前的 V_1 中的传送装置。想要确定数量的气味分子被投放到 V_1 中，使得人的嗅觉系统刚好捕捉到这种特定的气味印象，就必须控制好储香器中的香气浓度。在每两次投放事件的间隔时间内(呼吸周期的倍数)，储香器的浓度都要回归初始值。随即，在这个间隔的时间内，之前已经被投放出去的相同数量的分子必须被固体或液体的储香器补足。

在一个给定的容器(体积 V_0，温度 T_0)中，气味样本(固体或液体)在时间 $t=t_0$ 时被完全清除，也就是说，在时间 t_0 时，这个容器里没有气味分子。假设这个容器在气味分子清除之后再次密闭，该容器里随时间变化气味分子的浓度是怎样的呢？(图 58.7 和图 58.8)

58.2.2　储香器的填充

在封闭、干净的储香器中填充气味分子，其分子浓度瞬时变化的计算非常复杂。蒸发和冷凝的参数取决于分子的类型、温度和压力。此外，气体体积中的浓度分布也必须考虑。

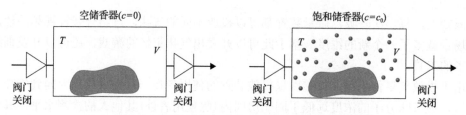

图 58.7　净化后用气味分子对储层进行再饱和

哪怕是水这一众所周知的物质，计算它的气态体积中的浓度分布也非常不易。一个有干燥空气的瓶子，装进一半的水，然后在时间 $t=0$ 时密闭，容器内空气中的湿度随时间的变化就很难计算。因为湿度不仅是时间函数，而且也有空间分布。水面正上方的湿度高于更上方。假如"扩散"只是唯一的湿度变化机制，那么在该容器中达到湿度平衡的时间将非常漫长，如图 58.2 所示。

然而，需要说明的是，即使在密闭的容器中，对流也是存在的。水的蒸发需要能量，而蒸发影响温度轻微的变化，从而改变密度，导致对流气流，然后水面上方的整体湿度才能达到平衡。

基于此，由于对流气流，可以认为，储香器上部空间中随处的气味分子浓度在一个具体时间点达到平衡。

利用这一假设，可以得出一个非常简化的计算模型，用于计算储香器在净化后，填充的气味分子随时间变化的浓度：假设温度恒定，气味源的液体或固体表面恒定自由，从液体（或固体）移动到空气中的分子数量是一个常数 α。

$$\frac{\mathrm{d}N}{\mathrm{d}t}\Big|_{液体\rightarrow气体} = \alpha$$

凝结的逆过程与空气中的气味分子数 N 成正比。

$$\frac{\mathrm{d}N}{\mathrm{d}t}\Big|_{气体\rightarrow液体} = -\beta N$$

而 β 是一个气态分子在下一个时间段中进入液相的冷凝概率。蒸发系数 α 和冷凝系数 β 都与液态或固态香源与容器内空气之间的自由表面 A 成正比。

净流量由微分方程给出

$$\frac{\mathrm{d}N}{\mathrm{d}t} = \frac{\mathrm{d}N}{\mathrm{d}t}\Big|_{液体\rightarrow气体} + \frac{\mathrm{d}N}{\mathrm{d}t}\Big|_{气体\rightarrow液体} = \alpha - \beta N$$

这个微分方程的解是

$$N(t) = \frac{\alpha}{\beta}(1 - \mathrm{e}^{-\beta t})$$

除以容器的体积 V_0，就可以得到顶空中气味分子随时间变化的浓度 $c(t)$

$$c(t) = \frac{\alpha}{V_0 \beta}(1 - \mathrm{e}^{-\beta t})$$

这一浓度遵循指数规律。设一个典型的时间常数 τ

$$\tau = \frac{1}{\beta}$$

顶空中 V_0 被气味分子饱和，其浓度为 c_0。时间常数与冷凝系数 β 成反比

$$c_0 = \frac{\alpha}{V_0 \beta}$$

图 58.8 显示了以时间为参数的浓度变化。

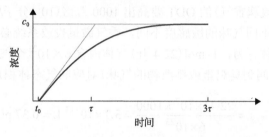

图 58.8　填充顶空：气味的时间依赖性浓度

参数 α 和 β 取决于分子特性、压力和温度，以及容器内液体或固体气味源的表面 O (图 58.8)。

$$c(t) = c_0 \left(1 - \mathrm{e}^{\frac{1}{\tau}} \right)$$

假设一个理想气体

$$pV = NkT$$

平衡浓度 c_0 可以用饱和分压 p_s 来描述。

$$c_0 = \frac{N}{V} = \frac{p_\mathrm{s}}{kT}$$

根据克拉佩龙-克劳修斯方程，饱和浓度 c_0 与饱和蒸汽压 p_s 成正比。假设蒸发气体的体积比液体的体积大得多，那么饱和蒸汽压 p_s 可被整合为

$$p_\mathrm{s}(T) = p_0 \mathrm{e}^{-\frac{Q_\mathrm{n}}{RT}}$$

而以时间为参数的浓度值是

$$c(t) = \frac{p_0}{kT} \mathrm{e}^{-\frac{Q_\mathrm{n}}{RT}} \left(1 - \mathrm{e}^{\frac{t}{\tau}} \right)$$

对于特定气味物质，摩尔蒸发热（或汽化焓）Q_n 值须已知，才能将方程量化。此外，Q_n

也略受温度的影响。在所有物质中，经验证明最好的无味物质是水。

经过 3τ 时间后，达至饱和浓度的99%以上。

58.2.3　识别阈值和检测阈值

气味检测阈值(ODT)可以被定义为产生气味印象(感觉到有气味)所需的气味分子浓度,而气味识别阈值(ORT)则可以定义为分辨出、识别出气味印象所需的气味分子浓度。ODT 浓度比 ORT 低 100 倍左右。

对于不同气味,人体的气味阈值差异很大。人类的鼻子对硫化氢(臭鸡蛋味)或粪臭素(C_9H_9N,排泄物)等气味非常敏感,其 ODT 仅为 10^7 分子/毫升空气。相比之下,人体对香叶醇($C_{10}H_{18}O$,玫瑰香气)的 ODT 要高出 1000 万倍(10^{14} 分子/毫升空气)[4]155。

由于人的鼻子对不同气味的敏感度不同,香气微量投放系统必然受此影响。假设气态香料具有理想的气体行为, 1 mol(22.4 升)气体内含 6×10^{23} 个气味分子,其气味检测水平为 10^7 个分子(如闻到臭鸡蛋或排泄物的气味)对应的气态体积是

$$V_{气味} = \frac{22.41\times10^7\times1000}{6\times10^{23}} = 3.7\times10^{-13} \text{ L} = 0.37 \text{ pL}$$

气体量 $V_{气味}$=0.37 pL,相当于边长为 7.2 μm 的立方体。而为了检测出玫瑰香气(10^{14} 个分子/毫升空气),其所对应的体积是 3.7 μL(边长为 1.5 mm 的立方体)。这意味着,即使是对于检测水平较高的气味,所需的气味分子体积也非常小。当然,这些检出限是训练有素的人的评价。未经培训人员的检出限可能更高。

58.3　气味微量投放系统的概念

如图 58.9 所示,微量投放链包括一个微泵或微扇,用于将气味分子从容器内的顶空输送到鼻前。在容器的入口和出口处有两个止回阀,避免在泵关闭时出现不正确的投放。

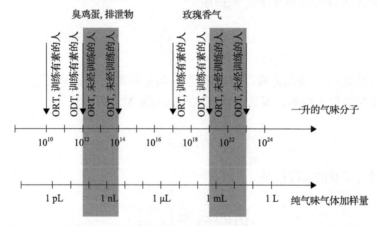

图 58.9　未经训练的人闻到的两种不同气味的低 ORT(白色)和 ODT(灰色)
底轴为理想气体的相应气体量

如果将微泵设置在容器之前(图 58.10 左侧)，那么它就不会被气味污染。如果要做一个可更换储香器的系统，那么这可能是首选方案。当然，与微泵设置于容器和鼻腔之间的方案相比，左侧装置微泵的系统，在定量投放精度方面要低一些。因为微泵的压力要够大才能冲开止回阀，而压力变大也增加了投放量。微泵右置的方案可以投放非常低气体量的纯气味分子，如果是非常小样品剂量的投放，那么可右置的解决方案可能更好。

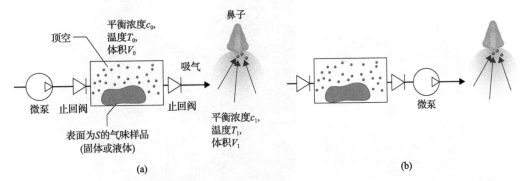

图 58.10　气味分子的微吸附链：(a)泵设置在储香器之前；(b)泵设置在储香器和鼻子之间

通常情况下，微扇只能达到几个帕(Pa)的极小背压。用微扇代替微泵，只有在以下三个条件下才有可能：一是止回阀被主动阀代替，二是有巨大的截面，三是流路上不能发生压降。

在其他情况下，都应使用能产生特定背压的微泵。

如图 58.10 所示，微泵是实现微量投放技术的关键部件。微泵必须能够处理微量的气体，在某些应用中，微泵自身必须非常小，而且要高效节能。

58.3.1　微泵

在过去的 25 年里，基于对电磁、压电、渗透、磁流体力学、热气动、静电或电流体力学等驱动原理的深入研究，许多不同类型的微泵被开发。对于香气的投放，气体需要先被填充，然后通过阀门向外运输。上述驱动原理中的一些不能被应用于泵送空气(渗透式、电流体力学式、磁流体力学式)，因为这些原理针对的是液体的特性。静电驱动也不行，因为它的冲程太小，无法将气体压缩到足够的压缩比。热气动驱动可以实现更高的冲程，但是巨大的能源消耗和低泵频率是其缺点。

基于这些原因，压电驱动的微泵就显得特别合适。

- 最常见的类型是带被动止回阀的微膜泵(图 58.11)。安装在膜片上的压电硅构成了驱动单元，并与泵腔的上部相连。两个被动式止回阀设置在泵室之外，引导气体流通。当施加负电压时，膜片会使泵室膨胀，从而产生负压，使气体通过进气阀吸入泵室[供给模式，图 58.11(b)]。当施加正电压时，膜片反向移动，压缩泵室，压力足够大时即可冲开出口阀门，将泵室内的气体推出去[泵模式，图 58.11(c)]，完成一次泵的循环。然后开始一个新的循环。
- 另一种常见的类型是准蠕动式微泵：三个压电硅被粘在一个膜片上，形成一个泵室和两个主动阀。以相移方式的压电驱动装置，流体(液体或气体)就可以从进口阀通过泵室输送到出口阀。由于对称设置，这种泵型可以双向运行(图 58.14)。

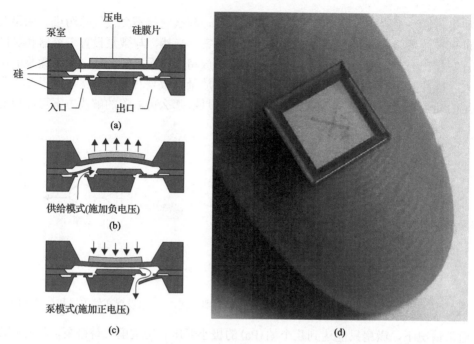

图 58.11　微泵示意图(a)带有压电执行器和被动止回阀。泵循环由供给模式(b)和泵模式(c)组成。(d)放在指尖上的微泵芯片(尺寸 7 mm×7 mm×1 mm)(由 Fraunhofer EMFT 提供)

这些泵的原理已通过不同技术实现：

- 硅微泵。
- 塑料微泵。
- 金属微泵。

1. 硅微泵

Debiotech 公司(瑞士)在开发医疗应用的硅微隔膜泵方面经验丰富，特别是在糖尿病的治疗领域。针对医疗应用，其已经开发出芯片尺寸为 10 mm×6 mm 的"纳米泵"[5,6]，并针对低流量的给药需求进行了优化；可以实现 2.5 mL/h 的投放速度，且精度很高，误差低于 5%。

在过去的 24 年里，Fraunhofer EMFT 一直致力于开发不同类型的压电驱动硅微隔膜泵[图 58.11(d)]。大多数类型的芯片尺寸为 7 mm×7 mm×1 mm。其中一个型号是针对高流量进行优化(最大空气流量 40 mL/min，液体流量 5 mL/min，空气背压 5 kPa，液体背压 50 kPa)。另外还有一型号的特点是低流量、高压力(最大空气流量 0.5 mL/min，液体流量 0.2 mL/min，空气背压 90 kPa，液体背压 600 kPa)[7]。

微泵采用了硅的微加工制造工艺(图 58.12)。三块单晶硅片(100 取向)采用双面光刻结构，硅湿法蚀刻(使用氢氧化钾溶液)。两片晶圆构成阀门单元，第三片晶圆构成驱动膜片。晶圆层之间的连接是通过硅熔焊来实现的(图 58.13)。这种键合技术需要非常光滑的表面(粗糙度低于 0.3 nm)和非常高的温度(高达 1100℃)，才能在晶圆层之间进行直接的硅-硅键合。硅熔焊没有黏结层，这有两个优点，一是不会有受到流体冲击的结构，二是立式泵的设计参数(特别是泵室高度)易于确定。

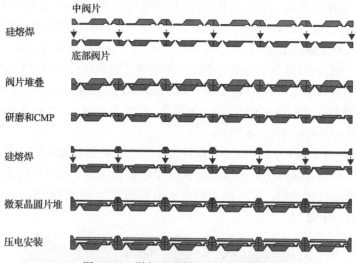

图 58.12　微加工硅微泵制造工艺流程

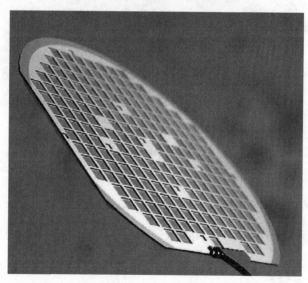

图 58.13　带有安装的压电体和 190 个微型泵(每个 7 mm×7 mm)的微泵晶片堆栈
(由 Fraunhofer EMFT 提供)

　　微泵的一个重要设计原则是要实现高压缩比(冲程体积和死体积之比),想要泵送气体就要减少死体积。如图 58.12 所示的硅泵,中间层的晶圆通过研磨工艺减薄,然后进行 CMP(化学机械抛光)工艺处理,以使第二硅片熔焊形成硅片堆叠。

2. 塑料微泵

　　香气微量投放系统中使用塑料部件的一个普遍问题是塑料材料会吸附气味分子。因此,只有当微泵不用于输送不同的气味分子时,才建议使用塑料材料。此外,许多塑料材料都会受到气味分子的腐蚀。

自 2008 年起，Bartels Mikrotechnik 就建立了塑料微泵的批量生产[8]。为了提高气泡容差，两个微泵被串联组装在一个壳体中。该微泵系统可实现 7 mL/min(水)和 18 mL/min(气)的流量，最大背压为 60 kPa(水)和 10 kPa(气)。包括驱动器在内，该泵的能耗小于 200 mW。尺寸(不含驱动单元)为 30 mm×15 mm×3.8 mm，质量为 2 g。

Micro Jet(中国台湾)提供了一系列不同的压电驱动的塑料材质的微型隔膜泵[9]。其中，型号为 PS31U 的液体微泵(尺寸 34.5 mm×34.5 mm×12.3 mm)，流量可达 100 mL/min(液体)，背压可达 35 kPa。型号为 GS51C 的气流微泵(尺寸为 53.5 mm×53.5 mm×14.5 mm)，气流速度为 200 mL/min，背压为 5 kPa。

Fraunhofer EMFT 与 RKT GmbH 合作开发了一个三腔塑料微泵[10]，由一个注塑成型的塑料体、一个粘在金属体上的金属膜片和三个粘在金属箔上的压电陶瓷组成。中间的压电管是用来驱动行程量的，而外面的两个压电管则可以分别打开和关闭一个阀座。该泵可以双向运行(图 58.14)。

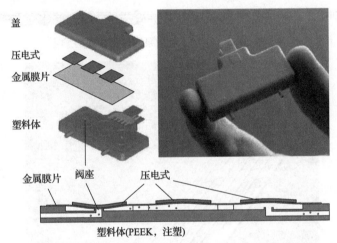

图 58.14　具有三个压电致动单元的塑料微泵(准蠕动操作)(由 Fraunhofer EMFT 提供)

该泵可达到 3 mL/min 的水流量[图 58.15(a)]，和 30 mL/min[图 58.15(b)]的空气流量。

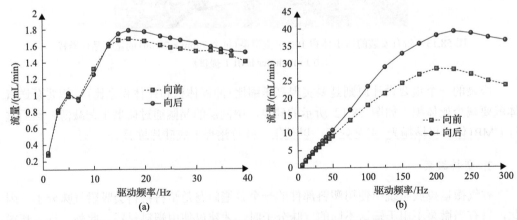

图 58.15　水(a)和空气(b)用准蠕动塑料泵的频率依赖性流量特性

3. 混合材质微泵

Fraunhofer EMFT、RKT GmbH 和 PI Ceramics Paritec GmbH 一起开发了一种多材料微泵(图 58.16)。该泵有一个由压电驱动的钢制驱动膜片和一个带硅止回阀的塑料泵体,通过热压印集成。该泵为高性能[11]而开发,直径为 30 mm,厚度为 4 mm,水的流量可达 150 mL/min,空气的流量可达 350 mL/min。

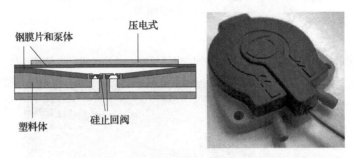

图 58.16　Paritec 的多材料微泵的微型运行(由 Fraunhofer EMFT 提供)

如图 58.17 所示,这是一种带有双层压电设计的多材料微泵的性能图表。由于其出色的性能,该微泵可以被认为是该类微泵的代表之作。不过,由于几种材料(硅、金属、塑料)的组合使用,这种微泵较难实现低成本的制造。

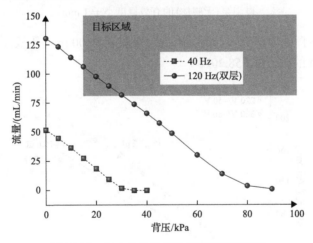

图 58.17　与水有关的微动微泵的背压流量

4. 金属微泵

菊池精工株式会社开发了一种用金属箔制成的压电驱动微隔膜泵[12]。该金属泵的尺寸为 7 mm×7 mm×1.6 mm,最大流量 3.5 mL/min,最大背压(液体)90 kPa。该微泵可以说是目前全球最小的金属微泵。

针对高流量的应用,Fraunhofer EMFT 开发了一种由钢片箔组成的微泵(图 58.18)。图 58.19 所示为该微泵各部分的剖面图,以说明用于金属箔连接的激光焊接技术。

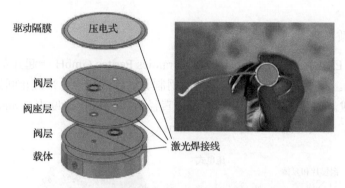

图 58.18　金属微泵由激光切割的钢箔组成，并通过激光焊接在一起

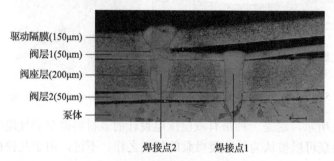

图 58.19　金属微泵的横截面，带有激光焊接的焊接槽。四个钢层的厚度为 450 μm，压电厚度为 300 μm，
微型泵(无阀体)的有效厚度小于 1 mm

微泵 μP303 的直径为 d=25.6 mm，驱动膜片厚度为 100 μm，压板厚度为 200 μm[13]。
该泵实现了 20 kPa 的背压(图 58.20)。

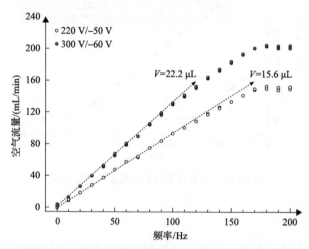

图 58.20　在两种不同的驱动电压(无背压)下，Fraunhofer EMFT 金属微泵的空气流量取决于运行频率

58.3.2　蒸发

气味分子从液态到气态的转变可以通过将液体加热到沸点以上来实现。气味分子蒸
发，可以通过风扇等方式将气味分子输送到人的鼻子里。Sniffman 香味分配器[14]，在压

电致动器的驱动下，小液滴被喷射到加热板上并蒸发(图 58.21)。之后，气味分子被风扇吹到出口到达人的鼻子。

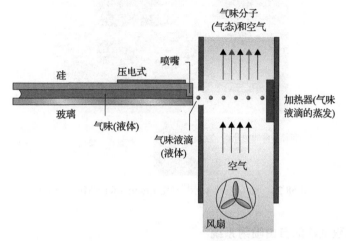

图 58.21　Sniffman 香味分配器的原理

液滴的生成机制类似于压电驱动的喷墨打印机。泵室必须用完全没有气泡的气味液体来填充。驱动压电产生压力波，压力波传到喷嘴，产生体积很小的液滴，大约 50 pL。这种投放原理与其他喷洒体系相似，如微滴[15]和喷点[16]。可以实现超过 1000 Hz 的极高液滴频率。

Sniffman 原理的缺点是，由于储液器是开放的，可能会产生不必要的气味，泵室内的气泡会导致喷射器失灵(无耐气泡性)，而缺乏耐气泡性是这种喷墨法的普遍缺点。

58.3.3　气味微量投放集成系统

Fraunhofer EMFT 对于另一种实现香味投放系统的方法进行了尝试。一个纳升级的微泵将少量气味液体从储液器输送到加热室，加热器激活后将气味蒸发。一个具有高流量的空气微泵将蒸发的气体通过一个微型喷嘴(图 58.22)推送出去。该系统的模型已经开发完成(图 58.23)。

蒸发法的缺点一方面是加热器的能耗，另一方面是气态的气味分子有可能在内部冷壁上或在气味投放装置上发生不必要的凝结。此外，加热量的控制必须针对每种不同类型的气味液体进行专门的优化。

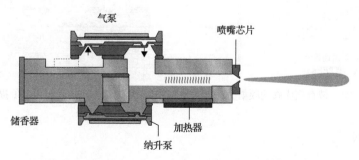

图 58.22　Fraunhofer EMFT 开发的香气微量投放系统

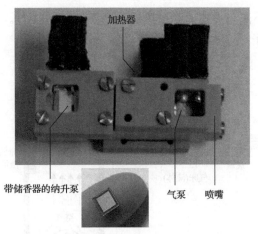

图 58.23　微量系统演示[19](由 Fraunhofer EMFT 提供)

58.3.4　基于体积位移的自由喷射系统

还有一种喷射技术具有不同的喷射产生原理：驱动器的设计不仅能产生压力波，而且能使泵室内的行程体积发生变化，从而通过喷嘴向外形成喷射。该射流喷射量约为 50 nL，因此比喷墨技术大三个数量级。基于这种喷射原理的产品是德国 Biofluidix 公司生产的管道喷射系统[17]。

与喷墨原理相比，这种喷射器具有更好的耐气泡性；然而，泵室的重新填充频率受到表面张力的限制。在泵室的重新填充过程中，液体在喷嘴处必须保持表面张力，这才能避免从喷嘴处反向吸入空气。这就是为什么根据表面张力和喷嘴的直径，喷射频率的最大值是 100 Hz。

提高喷射频率的一种方法是微泵与喷嘴的集成[18]。微泵的止回阀可以实现快速加注(图 58.24)，这样就可以实现几百赫兹的喷射频率。此外，这种集成体不仅有自吸性而且耐气泡性较高。

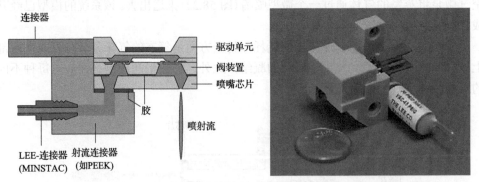

图 58.24　带有集成阀的喷射分配器的原理和原型[18](由 Fraunhofer EMFT 提供)

58.3.5　雾化器

除了顶空概念(蒸发或释气)的运用，气味分子也可以通过雾化原理被微量投放。微驱动器，特别是几百千赫驱动的压电超声雾化器可以产生小液滴。液体(如香水)与压电驱动的金属膜片接触，会产生气溶胶，并被输送到鼻子。根据压电频率的不同，产生的液滴大小也不同，从亚微米到十分之一微米级之间都可以实现。

最近开发的医用吸入雾化器使用的是一种金属隔膜。用激光以特定孔径在金属隔膜上钻很多孔，形成一个金属筛。在金属筛周围粘有一圈压电陶瓷。筛网上药物与筛孔接触时，使用超声频率的驱动电压驱动压电陶瓷，金属筛随之振动，就会在筛的上方形成药滴雾。药滴的直径与孔的直径相关，并呈尖锐尺寸分布。药滴的大小决定了它们被吸入人体肺部的程度：直径在 3 μm 及以下的药滴可以被深层吸入，而直径大于 15 μm 的药滴则不行。这也是为什么 Pari 公司的 eFlow 雾化吸入器采用金属膜片和 3 μm 喷嘴的原因。与医疗应用不同的是，气味微量投放反而不能让香味液滴被吸入人的肺部，因为这会带来潜在的健康损害。

用雾化器进行香气微量投放有两个缺点。

- 必须确保香气液滴不会对使用者造成伤害。因此，雾化器技术所产生的液滴直径必须足够大，这样才不会被吸入肺部。
- 由于气溶胶直径大，与蒸发或释气相比，香气的消耗量要大得多。这意味着，同样的气味印象需要更大的投放量。另外，大的香气液滴会污染使用者周围的环境，产生不必要的持久性气味。

58.4　气味微量投放系统的最新应用

由于投放量可以控制到很少，因此气味微量投放系统可以实现以下新功能：

- 可实现短时间内改变香气印象(即便是在两次呼吸之间)。
- 香气分子可以集中投放在一个很小的区域，使得只有微量投放系统的使用者能闻到香气，而旁边的人则闻不到。

这些技术背后的应用场景大多还没有实现。本章将讨论新的潜在应用。

58.4.1　新型精确的嗅辨仪

气态气味样品的精确定量，可用于以特定方式的气味传递。如此一来，传统嗅辨仪的准确性也随之提高。通过注入空气鼓泡将气味分子从液体[嗅辨仪的发展现状，图 58.25 (a)]送到载气(通常是空气)，这种方式其实不够精确。更精确的方法是直接从气味液体的顶空中取样，然后用微泵[图 58.25 (b)]将其加载到气流中。因为顶空的香味分子浓度已知，就可以精确地调整载流中的香气浓度。

Fraunhofer EMFT 公司的 μP001FW 型微泵的冲程量为 250 nL，在 1 Hz 的工作频率下，流量为 15 μL/min，最大流量为 40 mL/min。这使得浓度可以在 3 个数量级的范围内进行调整。为了确保投放的高精度，在微泵及其外壳和顶空与载流之间的流体管中实现较小的死体积非常重要。

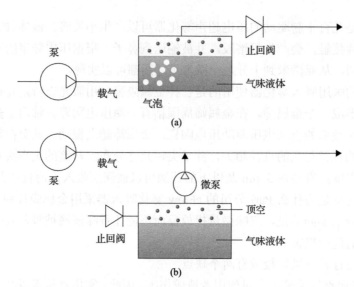

图 58.25　使用微泵将气味传递到载流中的常规嗅辨仪(a)和新型嗅辨仪(b)的微泵输香示意图

58.4.2　用微量投放系统训练嗅探犬

训练过的狗可以参与地震或雪崩后的救援；狗可以在机场、车站探测非法毒品或爆炸物，或在地雷区帮助排雷。目前，在犬校训练一只嗅探犬大约需要 4 个月的时间，而使用安装在狗的口鼻处的微量投放装置可以让训练更快、更准确。

1. 医学应用：用微泵训练的嗅探犬进行早期肺癌检测(LC)

通过对患者呼出的气体进行分析，可以使得检测过程完全无创，这套系统可以作为早期体外诊断肺癌的新工具。

早期诊断对提高患者的预后和治愈率至关重要。但到目前为止，尚未有成熟的肺癌筛查方法。在英国，肺癌的 1 年生存率为 29.4%，5 年后降至 7.8%。由于晚期肺癌基本不可治，如果能在肺癌早期就发现(目前往往只是偶然发现)，根据美国癌症协会(ACS)的数据，患者的存活率要高得多，可达 47%(而不是所有阶段的 10%以下)。

目前诊断肺癌的方法有 X 射线检测和支气管镜检查。然而，通过 X 射线诊断早期肺癌(1 期)很困难，5～10 mm 的圆斑很容易被忽略。利用嗅探犬的新诊断方法可能使得肺癌早期诊断向前迈出一大步。

虽然使用诊断传感器设备(如电化学传感器或模式识别传感器)从呼吸样本中检测肺癌是可行的，但是目前我们还没有找到明确的检测目标。不过，动物的鼻子是检测肺癌生物标志物的一种选择。为了能让检测变得真正可行，诸多领域和学科的知识空白都有待填补，一种收集生物标志物的"活体传感器"系统才能被构建。颇具前瞻性的临床试验已经表明，动物的鼻子(尤其是嗅探犬)有可能从患者的呼气中检测出肺癌[6,20]。为了训练出嗅探犬的诊断能力，必须综合运用新的多学科方法，对嗅探犬进行量化和规模化的训练，这样嗅探犬才能够找准患者呼气中的靶向有机化合物。

　　假设某有机化合物伴随着人的呼气被运送出来，可能作为肺癌的生物标志物被探测，那么借助分析呼气样本的传感器技术，相关生物标记物数量的定量参考体系就可以被建立。这样一来，再考虑到犬类鼻子的灵敏度，探测体系就能被精准地量化。

　　在此前的一项前瞻性临床试验中，传统训练的嗅探犬被用来区分肺癌患者和健康人的呼气样本。在 220 名受试者中，检测出肺癌患者的敏感性为 71%，检测出健康人的敏感性是 93%。因此可以认为，患者呼吸中确实存在肺癌特有的有机化合物。将这些结果与既有的多模态诊断能力进行比较发现，显然狗比传统的诊断工具更能检测出肺癌。

　　然而，用狗来诊断肺癌有一个很大的弊端，那就是动物很难被科学地认定为肺癌的检测设备，无论对于医生还是患者来说都很难。癌症威胁生命，这种重大疾病的诊断目前不可能由动物来决定，特别是在其难以验证的情况下。此外，医疗行业，尤其是大型昂贵医疗器械的生产商，都表示他们的诊断方法和手段有客观的标准，且经过了审批程序、可验证、可追溯。对于嗅探犬来说，这种检测手段明显不具备可追溯性。

　　最新的训犬方法和 100 年前相同——将沾上目标气味的玩具隐藏起来让狗寻找。狗找到了玩具就会被奖励。在训练过程中，到底有多少目标分子到达狗的鼻子其实无法被测量。因此，实际上并没有办法对狗的训练层级进行分级量化。为了提高用狗诊断的接受度，急需对狗进行训练。要让每只狗的鼻子都能分辨出呼吸样本中的肺癌标志性有机化合物。

　　微量系统可能是解决此问题的突破点。将带有病患呼气样本的存储器连上微泵，然后把微泵安在狗的口鼻处，由于这个装置非常小巧，所以不会干扰到狗的正常活动。训导员则可以控制这个微泵将少量的样本直接送入狗的口鼻（图 58.26）。

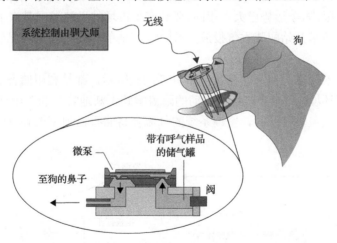

图 58.26　微量系统训犬的概念

　　将带有小型遥控的微量投放系统安装在狗的口鼻处，可用于狗的训练。Fraunhofer EMFT 公司和 Lisar 犬校联合开发了一套微量投放系统，包含有一个微泵、电子器件、储香器和一个止回阀（图 58.27），并在 Lisar 犬校成功地测试了该系统（概念验证）。

　　有了这种微量投放工具，一方面可以更快地训犬（4 周而不是 4 个月），另一方面，可以将训练的气味分子投放量降到较低的水平，并且可以精确地校准到一个确定的浓度。

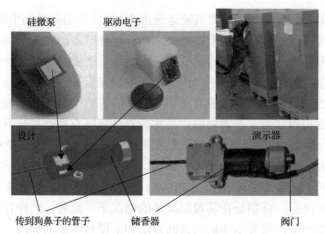

图 58.27　用于训犬的微量投放系统演示(由 Fraunhofer EMFT 和 Lisar 犬校提供)

　　特别是对于肺癌的检测实验,将患者的呼气样本放在一个储香器中,训导师可以用反复多次定量投放的方式,来确认狗的反应,还可以用同样的装置训练另一只狗,以确定它和第一只狗的反应是否相同。

　　因此,这套微量投放系统可用以建立嗅探犬诊断系统。

58.4.3　车辆中的香氛

　　标致和雪铁龙集团十多年前就开始提供一套使用香味棒的香气发散控制系统,目前在标志 308 和雪铁龙 DS3 Cabrio 车型上已经实现应用。过去,对于这种类型的应用在汽车市场上还很有限,如今形势已大不相同,亚洲汽车市场的迅速发展带来了新的契机[21]。近来,奔驰 S 级轿车开始配载香气投放系统[22],其他的车企也在为自己的产品开发香气投放解决方案。

　　气味投放技术类似于顶空的概念,如图 58.25 所示,都是利用储香器顶部的封闭空间生成一个香气环境,一个步进电机驱动的附盖瓣阀不断地打开和关闭(图 58.28),就不断地释放香气。当盖被打开时,空调系统的气流会将储香器顶空的香气带走,并输送到车内[23]。

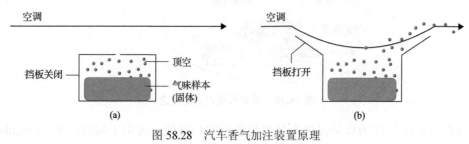

图 58.28　汽车香气加注装置原理
(a)封闭;(b)开放

58.4.4　游戏的香氛

　　香氛剧情设计可以与游戏的视频和音频相结合。为此需要综合一种由电池供电的、集成多种气味微量投放装置(如 32 种不同气味)、可程序化运作的头戴耳机系统。游戏软件可以通过无线方式(如通过蓝牙)控制头戴耳机中的微量投放装置,根据当前的游戏情景,让用户感受到游戏场景中的气味。

针对不同的游戏,可以更换相应气味盒进行匹配,并将其安装在鼻子附近(如在头戴耳机的喉部)。比如与 F1 赛车相关的电子游戏可能需要与隧道、森林、刹车片发热、燃料的气味投放相配合,而气味与记忆力训练的游戏、学习分辨花与植物的游戏、探索古堡的冒险游戏需要的气味各不相同。

58.4.5　销售场景的香氛

微量投放装置的另一个未来应用是在超级市场或购物中心——即在销售场景进行香氛营造。Airplay[24]是这一领域的先驱之一。许多商品的购买决策都受到香氛的影响(药店、水果店、果汁店等)。顾客可以在用户界面上选择产品,在显示器上的产品信息旁,香气投放装置向顾客提供所选产品的气味。一旦客户做出购买决定,就会得到一个灯光信号,帮助他快速找到产品。

气味微量投放的另一种未来可能是对不同顾客采用专门定制的香氛来取代商场中的香氛(投放到整个空间的)。因为不同的客户有不同的气味偏好。根据客户的情况,可以提供某种特定的香氛,而这种香氛可以被下一位客户的另一种香氛所取代。在这里,需要一种类似于汽车香氛的微量投放技术。

58.4.6　手机应用中的香氛

在过去的十年里,人们已经进行了一些将气味融入手机的尝试。摩托罗拉公司于 2003 年 1 月提交了便携式电子设备中气味传递的发明(US 20040203412A1),而 2004 年三星公司申请了具有气味传递功能的手机专利[25]。2005 年,现代推出了 mp 280 香水手机,该手机具有一个可填充式的香水储存器[26]。2007 年,索尼爱立信的一款具有香气传递功能的手机(SO703i)进入了市场。2008 年,isi 和 Convisual 为手机开发了一个香气功能[27]组件,香气可以由一个内含多个储香器的盒子释放。最近,Scentee(东京)公司开发了一种气味微量投放模块,它可以安装在手机的耳机接口[28]。每一粒香囊的电量都可以实现 100 次香气释放,用户可以在各种香气中进行选择释放。

在手机应用中集成气味传递功能有很多难题需要解决。一方面,输送装置和香气存储难以小型化,特别是有多种气味要被释放。另一方面,微量投放技术的能耗要非常低,才能满足手机的要求。然后,当微量投放功能关闭时,储香器必须能密闭。最后,储香器必须可以更换,而且所有部件的成本都必须非常低。

还有一种可能是提供香气卡,卡上附着不同的液体或固体香气材料。每个储香器都对应一个加热器,由电子装置系统控制。想要释放特定的气味,激活气味材料附近的加热器即可。这种方式的好处是不需要泵或阀门。缺点是加热器能耗高、储香器不严密导致气味不精准、香味蒸气会在手机上凝结等。

为了克服这些缺点,需要小型化和低成本的微泵、微风扇和微阀技术来支持。由硅制成的微泵和微阀似乎最有可能在未来满足这些小型化方面和成本方面的要求。

58.5　结　　语

香气微量投放是一个新兴领域，可用于许多新的场景。为了实现这些愿景，需要在靠近人鼻子的区域，建立可以释放一个或几个不同气味的、极小释放量的气味输送系统。综合考虑所有的气味输送技术，基于微泵的系统似乎是最合适的。安装在鼻子附近（如在耳机的麦克风处）的微泵，将投放非常少量的气味，人只需呼吸一次就可以闻到。这项技术可以让人类感知到类似于画面剧情（电影）或声音剧情（音乐）的香氛剧情。

参 考 文 献

[1] Wikipedia: Atemfrequenz, http://de.wikipedia.org/wiki/Atemfrequenz , last accessed December 29, 2016

[2] K. Heinrich: Unpublished Notice (Fraunhofer EMFT, Munich 2014)

[3] D. Meschede: Gerthsen Physik, 24th edn. (Springer, Berlin, Heidelberg 2010) p. 278

[4] E.J. Speckmann, J. Hescheler, R. Köhling: Das olfaktorische System. In: Physiologie, ed. by E.J. Speckmann, J. Hescheler, R. Köhling (Elsevier, München 2013)

[5] L.-D. Piveteau (Debiotech): Disposable patch pump for accurate delivery, ONdrugDelivery No. 44, pp. 16-20 (September 2013)

[6] M. McCulloch, T. Jezierski, M. Broffman, A. Hubbard, K. Turner, T. Janecki: Diagnostic accuracy of canine scent detection in early- and late-stage lung and breast cancers, Interact. Cancer Ther. 5, 30-39 (2006)

[7] M. Richter, M. Wackerle, S. Kibler, M. Biehl, T. Koch, C. Müller, O. Zeiter, J. Nuffer, R. Halter: Miniaturized drug delivery system TUDOS with accurate metering of microliter volumes, AMA Conf. 2013, Nürnberg (2013) pp. 420-425

[8] Bartels Mikrotechnik, Dortmund: http://www. bartels-mikrotechnik.de/

[9] Microjet Technology, Taiwan: http://www.curiejet. com/en/products/, last accessed December 12, 2016

[10] M. Richter, Y. Congar, J. Nissen, G. Neumayer, K. Heinrich, M. Wackerle: A multi-material micropump for applications in microfluidics, Proc. First Int. Conf. Multi-mater. Micro Manufacture, ed. by W. Menz (Elsevier, Amsterdam 2005) pp. 397-400

[11] M. Herz, M. Wackerle, M. Bucher, D. Horsch, J. Lass, M. Lang, M. Richter: A novel high performance micropump for medical applications, Proc. Int. Conf. New Actuators (2008) pp. 823-826

[12] Kikuchi Seisakusho, Japan: http://www. kikuchiseisakusho.co.jp/, last accessed April 21, 2014

[13] C. Wald: Unpublished Results (Fraunhofer EMFT, Munich 2014)

[14] S. Haselhoff, S. Beckhaus: Benutzerindividuelle, tragbare Geruchsausgabe in Virtuellen Umgebungen, http://imve.informatik. uni-hamburg.de/files/26-VRAR-Olfaktorisch_HaselhoffBeckhaus. pdf, last accessed December 12, 2016

[15] Microdrop Technologies GmbH, Norderstedt: http:// www.microdrop.de/, last accessed May 17, 2014

[16] GeSIM Gesellschaft für Silizium-Mikrosysteme mbH, Großerkmannsdorf:http://www.gesim.de/, last accessed May 17, 2014

[17] BioFluidix GmbH, Freiburg i.Br.: http://www.biofluidix.com/en-products-pipejet-.html, last accessed May 17, 2015

[18] M. Wackerle, A. Drost, M. Richter: A novel device for high frequency ejection of nanoliter jets, Proc. Actuator, ed. by H. Borgmann (MESSE Bremen, Bremen 2002) pp. 227-230

[19] S. Raith: Entwicklung eines Demonstrators zur Mikrodosierung von Duftstoffen, Ph.D. Thesis (Univ. Applied Sciences, Munich 2010)

[20] R. Ehmann, E. Boedeker, U. Friedrich, J. Sagert, J. Dippon, G. Friedel, T.Walles: Canine scent detection in the diagnosis of lung cancer: Revisiting a puzzling phenomenon, Eur. Resp. J. 39, 669-676 (2012)

[21] Magazin Stern: Autohersteller gehen in die Duft offensive, http://www.stern.de/auto/service/parfuemspender-fuer-fahrzeuge-autohersteller-gehen-in-die-duft-offensive-2080826.html, last accessed Mai 4, 2014

[22] Daimler, Stuttgart: http://www.mercedes-benz.de/content/germany/mpc/mpc_germany_website/de/home_mpc/passengercars/home/world/innovation/fragrance_s-class.html, last accessed Mai 4, 2014

[23] P. Kroner, U. Fritsche, T. Rais: Modulares Luftgütesystem für den Innenraumkomfort, Automobiltech. Z. 112(1), 54-60(2010), S. Jahrgang

[24] Airplay AG, München: http://www.airplay-ag.net/ technik/

[25] Phone Area Team: Samsung develops a perfume spraying phone, http://www.phonearena. com/news/Samsung-develops-a-perfume-sprayingphone_id1187, posted March 27, 2006; last accessed December 12, 2016

[26] R. Block: Hyundai's MP280 perfumephone, http://www.engadget.com/2005/11/16/hyundais-mp-280-perfumephone/, posted November 11, 2005; last accessed December 12, 2016

[27] yg(www.golem.de): Patentantrag: Dufthandy sendet Grüße mit Veilchenduft, http://www.golem.de/0805/59457.html, posted Mai 5, 2008; last accessed December 12, 2016

[28] G. von Schoenebeck: Wenn eine Nachricht kommt, duftet das Smartphone http://www.ingenieur.de/Themen/Smartphones-Tablets-Co/Wenn-Nachricht-kommt-duftet-Smartphone, last accessed December 8, 2013

彩　　图

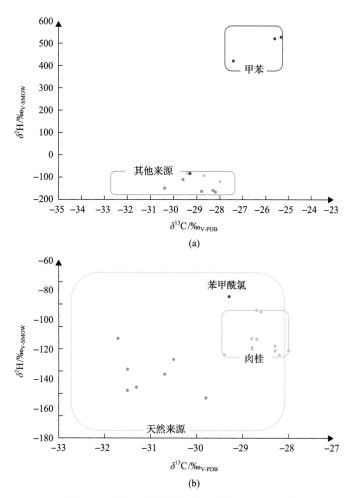

(a)

(b)

彩图 39 不同来源苯甲醛的多元素 IRMS 分析

(a)概述了苯甲醛的来源,如甲苯(红色)和其他来源(蓝色);(b)概述了其他来源,
如各种天然来源(绿色)、苯甲酰氯(红色)和肉桂(黄色)(未发表的数据,Symrise AG)

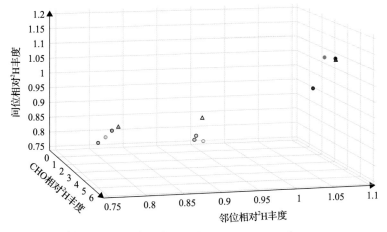

彩图 40 不同来源苯甲醛中不同位置的相对 ^{2}H 丰度

蓝色表示苦杏仁;绿色表示肉桂;紫色表示甲苯;三角形符号:文献值;
圆圈:未发表数据 Symrise AG

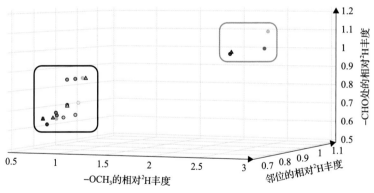

彩图 41　不同来源香兰素不同部位的相对 ^{2}H 丰度

概述包括深蓝色的愈创木酚源和黑圈中的其他来源(紫色木质素源；绿色香草豆源，浅绿丁香酚源，
浅蓝的阿魏酸源；蓝色三角形符号：文献值，圆圈：未发布数据 Symrise AG)

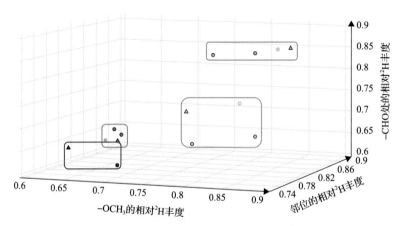

彩图 42　不同来源香兰素不同部位的相对 ^{2}H 丰度

紫色木质素；绿色香草豆源，橙色丁香酚源；浅蓝色的阿魏酸源；
三角形：文献值，圆圈：未发表数据 Symrise AG

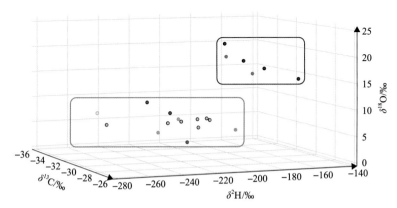

彩图 43　γ-癸内酯不同来源的多元素 IRMS 分析(紫色：其他来源，蓝色和绿色：
天然来源；未公布数据 Symrise AG)

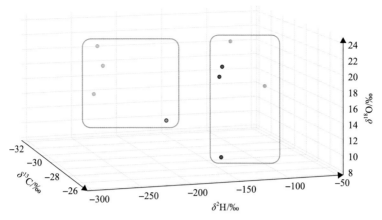

彩图 44 δ-癸内酯不同来源的多元素 IRMS 分析(绿色：天然来源,
蓝色：其他来源；未公布数据 Symrise AG)

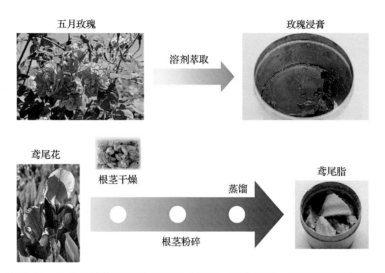

彩图 45 从天然植物到调香师的调香原料。两个例子：五月玫瑰和鸢尾花
(图片由 Jean-François Vieille 提供)

彩图 46 天竺葵的叶和花(*Pelargonium graveolens*). 天竺葵精油由其新鲜叶子
经水蒸气蒸馏制得(图片由 Jean-François Vieille 提供)

彩图 47　香水是一种艺术品，体现了人们对美好的
永恒追求（图片来自 ra2 studio-Fotolia.com）

跋

为酒为醴，烝畀祖妣，以洽百礼。
有飶其香，邦家之光。有椒其馨，胡考之宁。
匪且有且，匪今斯今，振古如兹。

《周颂·载芟》

数千年前，华夏先民便以酒之馥郁、谷之芬芯、椒之辛馨来祭祀天地、礼敬祖先，展述幸福生活、憧憬美好未来。西人亦有相似的传承，以芳香悼念亡者、祭拜神明，甚或以之为沟通神灵的媒介。气味在穴居野处之时已开始影响人类的生活，融入于人类文化、宗教的形成发展之中。时至今日，气味的研究与应用，既是一门学科、也是一种文化，既是一种技术、也是一种艺术，延至市场，更是一种巨大且长远的经济利益。

那么，气味是什么？

在不同的人看来，似乎有不同的答案。例如，园丁熟悉的气味是泥土、青草、鲜花混合的芬芳，厨师熟悉的气味是各种香料和动物脂肪以及肉类烹制出的风味，酿酒师熟悉的气味是酒精中裹挟的各种水果、药草或皮革的香味，药剂师熟悉的气味是各种药材或药品散发的气息，化妆品销售员熟悉的是各种香水的美妙感觉。

气味何处来？

水果中的香味是怎么出现的？为什么烤羊肉串的香味如此诱人？啤酒的香味和酵母有关还是和酒花有关？茶的香味怎么才能浓郁绵延？面包的香味是在高温下烘烤出来的吗？米饭的香味和大米的品种有关还是和蒸煮的工艺有关？

气味如何用？

人体气味和疾病有关吗？芳香疗法有没有科学道理？气味破案靠不靠谱？气味营销有没有效？气味可以减肥吗？气味可以缓解抑郁吗？

气味何处去？

人工智能可以调香吗？气味图书馆可以实现吗？气味的沉浸式体验是否能契合真实？电脑软件可以实现预测气味吗？气味地图可以绘制完成吗？

有关气味的疑问有很多。这本书可能回答了一些问题，也可能还有些问题悬而未决。在今天，气味对我们生活的影响越发凸显，我们对气味的关注也更加强烈。

鼻腔黏膜中大约有 400 种(种类数量因人而异，不完全相同)嗅觉受体捕获气味分子，但这些嗅觉受体究竟是如何被气味分子激活或抑制的，却始终是个谜。

法国马赛细胞交互作用神经生物学及神经生理病理学实验室的吉勒·西卡尔(Gilles Sicard)甚至总结道："虽然存在许多气味分子，但我们体验到的气味却是大脑构建的产物，并非真实存在！"

美国伊利诺伊理工学院的安德鲁·德拉夫尼耶克(Andrew Dravnieks)于 1985 年完成的"气味全图"成为他们研究的起点。法国第戎味觉科学和食品科学中心的蒂埃里·托马-当甘(Thierry Thomas-Danguin)即明确指出：德拉夫尼耶克的"全图"绝无仅有，它收入了大量气味，而且是系统分析的成果，可以当之无愧地充当嗅觉机制研究的起点。

在"气味全图"所勾勒的多维空间中，研究人员发现，144 种气味分子实际集中为 10 个集群或主要趋势。"10 谈不上是一个神奇数字。在通过更广泛的数据进行进一步分析之前，我们仍不确定嗅觉究竟是几维的。"贾森·卡斯特罗指出。

蒂埃里·托马-当甘指出，"我们输入了 144 种气味分子，最终得到了 10 种基本气味。但在这两者之间，仍是一个巨大的'黑匣子'，里头交织着化学、生物学、神经科学、认知科学，甚或是心理学。"

于气味应用而言，我们一直在吐故纳新以期断鳌立极，而对于气味的本质而言，我们依然懵懂！

历时两年，这本篇幅巨大的气味专著终于全部翻译完成。在即将完成译稿的一瞬，我们突然觉得似乎一切又回到了起点。看似我们将英文全部翻译成了中文，但我们真正理解了本书原著者的用意吗？难道我们只是从一种纯科学技术的角度去看待这本书吗？语言差异所引起的对技术的偏颇，其实并不能代表文化差异所产生的误解。即使我们完全理解了原著者的用意，仍然可能会有翻译后所表达的意思不能完全与原著相同的情况。

惟愿我们在气味研究的探索之路上能够触及技术与艺术、科学与人文、真实与构想之间的某种交融，以使我们的生活更为绚烂多彩。

王凯　冯涛

2021 年 4 月于昆明